"十四五"时期国家重点出版物出版专项规划项目

先进制造理论研究与工程技术系列·电气工程及其自动化系列

电力测试技术及系统

林海军　张旭辉　朴伟英　王北一　编著

哈尔滨工业大学出版社

内 容 简 介

本书以电力系统及其自动化为背景,以电力参数测量为基础,以电量变送器及计算机远动系统、智能电能表为对象,介绍测试技术在电力系统中的应用,并给出电量变送器及智能电能表的实际设计方案和电路。

全书共 7 章,在第 1 章绪论的基础上,依次论述了电压、电流、频率、相位、功率和电能等基本电力参数的测量原理;电量变送器及计算机远动系统的设计;智能电能表的工作原理、功能及校验技术;电力系统谐波分析及检测;智能电网技术及应用,并给出了典型电能测试仪表及系统的详细设计方案和电路。

本书内容新颖、资料丰富、理论联系实际,系统性和实用性强。本书可以作为高等院校测试技术及仪器、电力系统及自动化、电子与电气工程、机电一体化等专业的教材,也可以作为从事电工仪表设计开发、电力自动化系统组建的工程技术人员的参考书。

图书在版编目(CIP)数据

电力测试技术及系统/林海军等编著. —哈尔滨:
哈尔滨工业大学出版社,2024.9

ISBN 978-7-5603-7103-0

Ⅰ.①电…　Ⅱ.①林…　Ⅲ.①电气测量　Ⅳ.
①TM93

中国版本图书馆 CIP 数据核字(2017)第 288239 号

策划编辑　王桂芝
责任编辑　王会丽
出版发行　哈尔滨工业大学出版社
社　　址　哈尔滨市南岗区复华四道街 10 号　邮编 150006
传　　真　0451-86414749
网　　址　http://hitpress.hit.edu.cn
印　　刷　哈尔滨市工大节能印刷厂
开　　本　787 mm×1 092 mm　1/16　印张 20.25　字数 503 千字
版　　次　2024 年 9 月第 1 版　2024 年 9 月第 1 次印刷
书　　号　ISBN 978-7-5603-7103-0
定　　价　59.80 元

(如因印装质量问题影响阅读,我社负责调换)

前　言

　　电力系统是电磁测量领域的一个重要服务对象,是测控技术与仪器专业的主要应用场所之一,本书正是为了适应这一领域的需要而编撰的。它主要研究如何将测控技术与仪器的理论和技术应用于电力系统运行过程,设计出智能电网建设和发展所需的仪器、设备及系统。

　　电力测试技术及系统是我国高等院校测试技术及仪器、电力系统及自动化、电子与电气工程、机电一体化类等专业的主干专业课程。以往的教学内容主要取自仪器设计类、电力系统自动化等不同书籍,以及零散的资料和前沿动态,系统性不强,不便于掌握和利用。鉴于上述原因,我们根据高等教育面向 21 世纪教学内容和课程体系改革计划,尝试将电磁测量、测控技术与仪器、计算机系统等相关理论知识,电力系统运行和自动化知识,智能电网新的体系架构,加之近些年的电力系统自动化领域产品开发、生产调试、系统测试和工程应用的研究、实践成果和实践经验,充实了近几年国内外最新技术文献中测控技术及计算机的新理论、新技术和新方法,以及专业课程教学实践积累,整理编撰成本书,希望既能满足教学需要,也能成为业界工程技术人员较好的参考书。

　　全书共 7 章,第 1 章是绪论,介绍了电力系统及其自动化、电力系统的新发展——智能电网、电力参数测试技术及电能表概述;第 2 章是电力参数测量,详细阐述了电压、电流、频率、相位、功率和电能等基本电力参数的测量原理和分析方法;第 3 章是电量变送器及计算机远动系统,介绍了交流电压和电流变送器、功率变送器和三相电能变送器的功能、技术指标和设计方案,以及频率变送和计算机远动系统的硬件设计及程序流程;第 4 章是智能电能表,全面、系统地讲述了智能电能表的工作原理,智能电能表的分时计量、最大需量计量、预付费计量等主要功能及实现方法,以及智能电能表的校验技术及系列标准简介等;第 5 章是电力系统谐波分析及检测,介绍了电力系统谐波产生的原因及治理方法、谐波的定义及限值等;第 6 章是智能电网技术及应用,介绍了智能电网的框架结构和智能电网发展关键技术,以智能家居监控系统设计为例,讲述了智能电网与物联网的结合与应用系统设计;第 7 章是典型电能测试仪表及系统设计,包括电路和软件程序的编制方法。

在本书中,林海军负责撰写第1章、第2章和第3章的内容,张旭辉负责撰写第4章和第6章的内容,朴伟英负责撰写第5章的内容,王北一负责撰写第7章的内容。

感谢全国电工仪器仪表标准化技术委员会刘献成主任和关文举教授级高工对本书的撰写给予的支持和帮助。感谢为本书提供参考资料的所有作者,感谢有关企业人士为本书提供了详细的素材,丰富了本书的内容,体现出了本书的现实意义和价值!

电力测试技术及系统的发展将是一个渐进而漫长的过程,随着智能电网建设的深入开展,必将会有大量的新需求和新技术不断涌现,需要我们密切跟踪和深入研究。

由于电力测试技术的发展迅速,并限于作者的经验和水平,书中难免有疏漏和不足之处,敬请广大读者批评指正。

作　者

2024 年 6 月

目　　录

第1章 绪 论

电力行业是测控技术与仪器专业的重要服务对象之一,且随着各种新技术的应用而较迅速地向智能化发展。为了更好地为该行业服务,要加强相关理论和应用技术的研究,了解智能电网框架下先进测量系统的构建方法,学会电参量的测量原理,掌握电量变送器、远程终端设备(remote terminal unit,RTU)和智能电能表的设计和校验方法。

本书以电力系统为对象,针对从发电、输电、变电、配电到最终用户等各个环节中的测量、控制和组建系统的需求,介绍其中的主要电力参数的模拟和数字的测量原理和方法,分析典型仪表、装置和系统的功能、组成、方案及电路。为了帮助读者正确掌握各主要参数的测量仪表、装置和系统的应用环节和设计方法,本书从宏观到微观逐渐深入地介绍电力测试技术及系统。

1.1 电力系统及其自动化

电力系统是一个庞大、复杂的综合系统,涉及电力电子、测量、控制、通信、计算机、网络等多方面的知识,且可靠性要求高,特别是智能电网概念的提出,更加丰富、完善、优化了电力系统的功能。同时,也对测量、控制、通信及网络技术等各个方面提出了更高的要求。

1.1.1 电力系统运行控制的复杂性

当今世界发展已经进入"智能时代化",智能制造成为工业生产的关键词,仅在我国就存在着大量的、各种各样的工业生产系统。其中,现代电力系统规模巨大,其覆盖着数百万平方千米的辽阔土地,连接着广大的城市和乡村,联通了各个厂矿企业、机关部门、学校和千家万户,它的高低压输配电线路像蜘蛛网一样纵横交错,各种规模的火力、水力、风力和太阳能发电厂及变电站遍布各地。各种运行参数互相影响,瞬息万变 …… 因而,现代电力系统已被公认为是一种最典型的具备多输入、多输出功能的大系统。

与其他工业生产系统相比,现代电力系统的运行控制更为集中统一,也更为复杂。各种发电、变电、输电、配电和用电设备有条不紊地运行着,各个环节环环相接,严密和谐,不能有半点差错。

由于大规模储能技术尚未成熟及适用化,因此电能还不能像其他工业产品那样可以储存以调剂余缺,而是"以销定产",即用即发,需用多少就发出多少。然而,大大小小的工厂和千家万户的用电设备的开开停停,却是随机的。电力系统的用电负荷时时刻刻都在变化着,发电及其他供电环节必须随时跟踪用电负荷的变化,不断进行控制和调整。可以想象这种运行控制任务有多么复杂和繁重。

不仅如此,由于电力生产设备是年复一年、日复一日地连续运转,有些主要环节几年才能检修一次,因此它们随时都有可能发生故障。况且还存在着风、雪、雷、雹等无法抗拒的自然灾害,更增加了发生故障的概率。而电力系统一旦发生事故,就会在一瞬间影响到广大的地区,危害十分严重,必须及时发现和排除。所有这一切,都决定了现代电力系统必须要有一个强有力的,拥有各种现代化手段且能够保证电力系统安全、经济运行的指挥控制中心,这就是电力系统的调度中心。

控制指挥这样巨大复杂的电力系统需各级调度中心(所)的调度人员和遍布各地的发电厂、变电站值班运行人员凭借各种各样的仪表和自动化监控设备,齐心协力严密配合。

1.1.2 电力系统运行控制的目标

电力系统运行控制的目标就是始终保持整个电力系统的正常运行,安全经济地向所有用户提供合乎质量标准的电能;在电力系统发生偶然事故时,迅速切除故障,防止事故扩大,尽早恢复电力系统的正常运行。另外,还要使电力生产符合环境保护的要求。

简单地说,电力系统运行控制的目标可以概括为八个字:安全、优质、经济、环保。

1. 保证电力系统运行的安全

电力企业的职工都知道,电力生产中最常提的口号是"安全第一"。安全就是不发生事故,这是电力企业的头等大事。因为人们都了解,电力系统一旦发生事故,其危害是非常严重的,轻者导致电气设备的损坏,使少数用户停电,给生产造成一定的损失;重者则波及系统的广大区域,甚至引起整个电力系统的瓦解,使成千上万的用户失去供电,使生产设备受到大规模严重破坏,甚至造成人员的伤亡,使国民经济遭受巨大的损失。因此,努力保证电力系统的安全运行是电力系统调度中心的首要任务。

电力系统发生事故既有外因也有内因。外因如狂风、暴雨、雷电、冰雪及地震等自然灾害;内因则是电力系统本身存在着薄弱环节、设备隐患或运行人员技术水平差等多方面因素。一般来说,电力系统的事故多半由外因引起,又会因内部的薄弱环节或调控不当而扩大。

要想完全避免任何事故的发生是不可能的,但在事故发生后迅速而正确地予以处理,使造成的损失降低到最低限度却是可以办到的。

要做到这点,一方面需要电力系统本身更加"强大",发电能力和相应的输电、变电设备都留有足够的裕度,各种安全和自动装置非常灵敏可靠,电力系统自身具有抵抗各种事故的能力;另一方面需要肩负电力系统运行控制重大职责的各级调度中心具有相应的调度技术水平。

这里说的调度技术水平有两层含义:一是指调度人员本身的知识和技术水平,二是指调度中心拥有的调度设备的自动化程度。调度运行人员技术水平高,有着扎实而广博的理论知识,又有长期丰富的实践经验,在事故面前临危不乱,从容镇定,自然能够做出迅速而正确的判断和处理;但如果没有现代化的调度控制技术手段也是不行的。现代电力系统不断扩大,结构日趋复杂,监视控制所需的实时信息越来越多,仅凭人的知识、技术和经验会越来越难于应对。只有采用由当代最新技术装备起来的电网调度自动化系统,才能使调度人员真正做到统观全局、科学决策、正确指挥,保证电力系统的安全运行。

2. 保证电能符合质量标准

与其他任何产品一样,电能也有严格的质量标准,即频率、电压和波形三项指标。

首先介绍波形,发电机发出电压的波形是正弦波,由于电力系统中各种电气设备在设计时都已充分考虑了波形问题,因此在一般情况下,用户得到的电压波形也是正弦波。如果波形不是正弦波,其中就会包含多种高次谐波成分,这会给电子设备带来不良影响,也会对通信线路造成干扰,还会降低电动机的效率,导致发热并影响正常运行。甚至还可能使电力系统发生危险的高次谐波谐振,使电气设备遭到严重破坏。特别是现代电力系统中加入了许多电力电子设备,如整流、逆变等环节,都会使波形发生畸变,它们是产生谐波的"源"。为此,要加强对波形的自动化监测和采取有效的自动化消除谐波措施。

频率是电能质量标准中要求最严格的一项,频率允许的波动范围在我国是 $50\ Hz \pm 0.2\ Hz$(有的国家是 $\pm 0.1\ Hz$)。使频率稳定的关键是保证电力系统有功功率的供求数量时时刻刻都要平衡。如前所述,负荷是随时变动的,因此只能让发电厂的有功功率时刻都跟踪负荷的有功功率,随其变动而变动。现在调频过程是由自动装置自动进行的,但是如果负荷突然发生了大幅度的变化,超出了自动调频的可调范围,频率还会有较大变化。例如,负荷突然增加许多,系统中全部旋转备用的容量都已用上还不够时,频率就会下降。这时就要由调度员命令增开新的发电机组。为此,调度中心总是预先进行负荷预测,安排好第二天的开机计划和系统运行方式,以避免上述情况的发生。负荷预测得准不准,日发电计划安排得合适不合适,对系统频率能否稳定有决定性的影响。总之,要想始终保持系统频率合格,就必须依赖一整套自动化的调节控制系统。

电压允许变动的范围一般是额定电压 15% 左右。使电压稳定的关键在于系统中无功功率的供需平衡,并且最好是在系统的各个局部就地平衡,以减少大量无功功率在线路上传输。具体的调压措施有发电机的励磁调节、调相机和静止补偿器的调节、有载调压变压器的分接头调节及并联补偿电容器组的投切等。现在这些调压措施有些是自动进行的,有些则是依调度人员的命令由各现场值班运行人员操作调节的。现代电力系统也必须有一整套自动化的无功/电压调控系统,才能满足各行各业越来越高的对维持电压稳定的要求。

3. 保证电力系统运行的经济性

电力系统运行控制的目标,除了首要关注的安全问题和电能质量问题外,还要尽可能地降低发电成本,减少网络传输损失,全面地提高整个电力系统运行的经济性。

对于已经投入运行的电力系统,其运行的经济性完全取决于系统的调度方案。要在保证系统必要的安全水平的前提下,合理地安排备用容量的组合和分布,综合考虑各发电机组的性能和效率,火电厂的燃料种类或水电厂的水源情况,以及各发电厂距离负荷中心的远近等多方面因素,计算并选择出一个经济性能最好的调度方案。

按照此最优方案运行,将会使全系统的燃料消耗(或者发电成本)最低。

但是此最优方案并不是一劳永逸的,因为它是根据某一时刻的负荷分布计算出来的,而负荷又随时处在变化之中,所以每隔几分钟就需要重新计算新的最优方案,这样才能使系统运行始终处于最优状态。

这种计算实时性强,涉及的因素多,计算量很大。显而易见,采用人工计算是无法胜任的,必须依靠功能强大的计算机系统。

4. 保证符合环境保护的要求

能源和环境是人类赖以生存和发展的基本条件。电力是现代社会不可或缺的重要能源,同时电力的生产又对环境产生很大的影响。目前全球性的四大公害 —— 大气烟尘、酸雨、气

候变暖(温室效应)、臭氧层破坏,都与能源生产和利用方式直接相关,当然也与电力生产过程密切相关。因此,符合环境保护的要求,也应是电力系统运行控制的目标之一。

1997年,我国年排放烟尘达1 873万t,其中燃煤占70%。大气中SO_2(酸雨的原因)的87%来自煤的燃烧。在引起温室效应的主要因素——CO_2的排放量中,燃煤排放的占75%左右。此外,燃煤排放物中还有微量的多环芳香烃、二噁英等致癌物质。

要想解决火电厂燃煤所带来的环境问题,必须采用先进的洁净煤技术、粉尘净化控制技术、烟气脱硫技术及生物能源技术等一系列高新技术。

应当说:"节能即环保!"在这方面,电力系统调度也同样肩负着重大的责任。采用先进的调度自动化系统,开发加入环境指标的优化运行高级应用程序,一定可以为保护人类环境做出贡献。

1.1.3　电网调度自动化系统简介

电力系统的运行控制需要自动化。在电力系统中早已有了许多自动化装置,如:快速准确切除故障的继电保护装置和自动重合闸装置;保持发电机电压稳定的自动励磁调节装置;保持系统有功平衡和频率稳定的低频自动减负荷装置等。这些自动装置大多"就地"获取信息,并快速做出响应,一般不需要远方通信的配合,这既是其优点,也是其缺点。因为它们功能单一,不能从系统运行全局进行优化分析,互相之间无法协调配合,更无法做出超前判断,从而采取预防性措施。

电网调度自动化系统则是基于对全系统运行信息的采集分析,做出纵观全局的明智判断和控制决策,因此必须依赖一套可靠的通信系统。在电力系统自动化的进一步发展中,电网调度自动化系统可以和火电厂自动化、水电厂自动化、变电站综合自动化、配电自动化及前述各种自动装置进行协调、融汇和整合,实现更高层次上的电力系统综合自动化。

电网调度自动化系统是一个总称,由于各个电网的具体情况不同,因此可以采用不同规格、不同档次、不同功能的电网调度自动化系统。其中最基本的一种称为监视控制与数据采集系统(supervisory control and data acquisition,SCADA),而功能最完善的一种称为能量管理系统(EMS)。也有的是在SCADA的基础上,增加了一些功能,如自动发电控制(AGC),经济调度(EDC)等。下面简要介绍SCADA和EMS。

1. SCADA

SCADA主要包括以下一些功能:① 数据采集(遥测、遥信);② 信息显示(显示器或动态模拟屏);③ 远方控制(遥控、遥调);④ 监视及越限报警;⑤ 信息的存储及报告;⑥ 事件顺序记录(sequence of event,SOE);⑦ 数据计算;⑧ 事故追忆(disturbance data recording,DDR),亦称扰动后追忆(PDR)。

2. EMS

EMS主要包括SCADA、AGC/EDC(自动发电控制／经济调度功能)、状态估计、网络拓扑、网络化简、偶然事故分析、静态和动态安全分析、在线潮流、最佳潮流及调度员培训仿真等一系列功能。

一般把状态估计及其后面的一些功能称为电网调度自动化系统的高级应用功能,相应的这些程序被称为高级应用软件(PAS)。

EMS并没有一个确切的功能目录,随着新技术新要求的出现,加入这个系统的功能还会不断增加。一般认为,增加了状态估计功能之后系统才可能运行安全分析等高级软件,也才可以称为 EMS。

1.1.4 配电自动化简介

配电自动化这一术语是 20 世纪 90 年代初由美国提出的。通常把从变电、配电到用电过程的监视、控制和管理的综合自动化系统称为配电管理系统(distribution management system,DMS)。其内容包括 SCADA、地理信息系统(geographic information system,GIS)、网络分析和优化、工作管理系统、需方管理(demand side management,DSM)。其中,SCADA 包括配网进线监视、配电变电站自动化、馈线自动化和变压器巡检及低压无功补偿;需方管理包括负荷监控与管理、远方抄表与计费自动化几个部分。图 1.1 所示为能量管理系统和配电管理系统在电力系统中的关系。

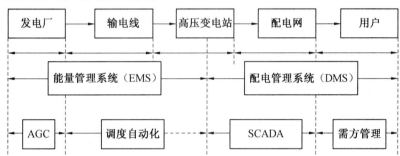

图 1.1 能量管理系统和配电管理系统在电力系统中的关系

配电自动化系统(distribution automation system,DAS)是配电管理系统的一部分,是一种可以使配电企业在远方以实时方式监视、协调和操作配电设备的自动化系统。其内容包括 SCADA、配电地理信息系统和需方管理几个部分。配电自动化系统和配电管理系统的涵盖关系如图 1.2 所示。

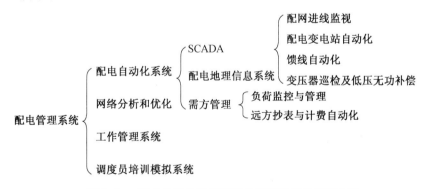

图 1.2 配电自动化系统和配电管理系统的涵盖关系

配电自动化系统是配电管理系统最主要的内容。除此之外,配电管理系统还具有网络分析和优化(network analysis,NA)、工作管理系统(work management system,WMS)和调度员培训模拟系统(dispatcher training simulator,DTS)几个部分。

网络分析和优化包括潮流分析和网络拓扑优化,目的在于通过以上方法减少线损、提高电压质量等。此外,还包括降低运行成本、提高供电质量所必需的分析等。

工作管理系统是指对设备进行监测,并对采集的数据进行分析以确定设备实际磨损状态。并据此检修规划的顺序进行计划检修。

调度员培训模拟系统是指通过用软件对配电网的模拟仿真的手段,对调度员进行培训。当调度员培训模拟系统的数据来自实时采集时,也可帮助调度员在操作前了解操作的结果,从而提高调度的安全性。

本书介绍的电力测试技术就应用于电力系统自动化的诸多环节。其中,电量变送器、RTU 等用于电力调度自动化和配电自动化的电量测量或控制环节,电度表用于系统中各个网口、关口和直接用户的电能的计量环节,通信技术用于智能电网的相关通信环节,电力线载波主要用于集中抄表和智能小区的环节等。

1.2 电力系统的新发展 —— 智能电网

1.2.1 智能电网发展的动因

21 世纪的电力工业面临巨大的挑战,为了满足经济社会发展的新需求,实现电网的升级换代,许多国家和政府根据本国能源资源和电力系统的发展特点,逐步形成了以智能电网为核心内容的电力系统发展规划。智能电网就是电网的智能化,它建立在集成的、高速双向通信网络的基础上,通过先进的传感和测量技术、智能设备制造技术、通信技术、信息处理技术及决策支持系统技术的应用,实现电网的安全、可靠、经济、高效、环境友好和使用安全的目标。结合国内外智能电网的发展背景及驱动力,将智能电网的本质动因归纳为如下几个方面。

智能电网主要包括四大模块,即高级计量架构(advanced metering infrastructure, AMI)、高级配电运行(advanced distribution operation, ADO)、高级输电(advanced transmission operation, ATO)和高级资产管理(advanced asset management, AAM)。其中,AMI 是智能电网的关键体系,而智能电能表又是 AMI 的核心。

1. 实现大系统的安全稳定运行,降低大规模停电的风险

电力系统突发性灾害最严重的后果是大面积停电,大面积停电会使正常的工作与生活秩序陷入瘫痪,造成重大的经济损失和社会影响。如 2003 年美国东北地区发生的"8·14"大停电事故给这个区域所造成的经济损失约 $40 \sim 100$ 亿美元。近几年来,美、加、英等国大面积停电事故陆续发生,充分暴露了基于资源大范围全局优化理念而发展起来的大型互联同步电网的脆弱性。一般的观点认为,提高系统的全局可视化程度和预警能力,使用较好的、灵巧的和快速的控制实现自愈,是增强电网的可靠性和避免事故扰动引起系统崩溃的关键。进而考虑到复杂大电网对自然灾害和人为有选择性的恶意攻击是脆弱的(对后者尤为脆弱),未来的电网会成为更鲁棒的 —— 自治的和自适应的基础设施,能够通过自愈的响应减小停电范围和快速恢复供电。从美国的大停电可以看出,缺乏在电网调度上的统一管理是导致大面积停电的主要原因。就我国而言,应加强各级调度之间的协调,提高调度运行水平,完善应急预案体系和组织体系,确保发生严重事故时电网的安全稳定运行。

2. 分布式电源的大量接入和充分利用

随着全球能源需求的快速增长,对能源资源供应的可靠性及国家能源安全提出了严峻考验;全球气候变暖和环境污染问题日益严重,使得环保约束更加严格。基于能源安全和可持续发展的考虑,世界上许多国家已把发展可再生能源技术提升到国家战略的高度,并投入大量的资金,以期夺取技术制高点。

分布式发电是靠近其服务负荷的小规模电力发电,分布式发电能够降低发电成本、提高供电可靠性、减少碳排放量和扩大能源选择。在可再生的清洁能源中,太阳能和风能由于在地理上是分布式的,因此分布式的太阳能和风能发电技术受到广泛的重视,许多国家制定政策,推广太阳能和风能发电技术。属于分布式电源的还有小型、微型燃气轮机,如冷热电联产系统(combined heat and power,CHP)。

随着技术的日益进步,电网会逐渐摆脱单一集中式发电模式,而转向分布式发电辅助集中式发电模式。由于风电、光伏发电等受天气条件影响较大,且具有间歇性和不可控性,因此要求未来的电网更为坚强和兼容,能够解决可再生资源的大规模开发、接入及消纳等问题,具备更强的互动能力,以真正实现绿色能源的有效利用。

3. 峰荷问题和需求侧管理

电力负荷是随时间而变化的,如在炎热夏天的下午,当无数商业用户和住宅的空调开到最大时,用电需求会大幅增高,以致达到全年负荷功率最大值(称为全年的"峰荷")。为满足供需平衡,电力设施必须根据全年的峰荷来规划和建造。

由于系统处于峰荷附近的时间每年很短,因此电力资产利用率低下。某地电力资产利用率曲线如图 1.3 所示。

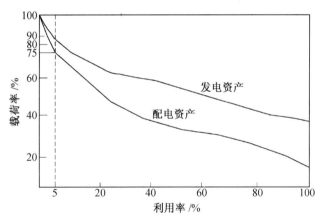

图 1.3　某地电力资产利用率曲线

图 1.3 中现实电网资产的利用率约为 55%,而发电资产利用率也不高。其中占整个电网总资产 75% 的配电资产的利用率更低,年平均载荷率仅约 44%,即一年内只有少数时间资产是被充分利用的,一年中仅有 5% 的时间,即 438 h,其载荷率超过 75%,浪费了大量的固定资产投入,不符合可持续发展的要求。

解决该问题的办法之一是缩小负荷曲线峰谷差。同时为了应对电网偶然事件和电力负荷的不确定性,电力系统必须随时保持(10% ~ 13%)发电容量裕度(又称旋转备用),以确保可靠性和峰荷需求,这也增加了发电成本和对发电容量的需求。幸运的是,现实系统中存在着大量能与电网友好合作的负荷,如空调、电冰箱、洗衣机、烘干机和热水器等,它们在电力负荷高峰(电价高)的时段可以暂停使用,而适当平移到供电不紧张(电价低)的时段再使用,帮助电网实现电力负荷曲线的削峰和填谷。某地典型峰荷日峰荷期间各类负荷组成如图 1.4 所示。

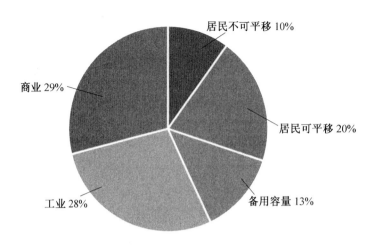

图 1.4　某地典型峰荷日峰荷期间各类负荷组成

在某地典型峰荷日的峰荷时刻,居民用电功率占到峰荷的30%,而其中2/3,即20%属于可与电网友好合作的负荷,其值超过占峰荷13%的备用容量。其中可平移的负荷所占比例也很大。如果能有效地开放配电市场,通过需求响应或用户侧用电管理实现削峰填谷,将可以显著地提高资产利用率,并减少对系统发电和输电总容量的需求。

削峰填谷不仅可以显著地提高资产利用率,减少对系统发电和输配电总容量的需求,同时也可以提高发电效率和降低网损。而要调动电力用户与电网友好互动的积极性,需要开发高级的配电市场,实行分时或实时电价,使消费者从中获利的同时感到舒适和方便。

我国城市中居民用电功率在年典型峰荷日的峰荷时大多占到峰荷的15% ～ 20%,其中约有1/2是可以与电网友好合作的可平移负荷。应该注意到,如果能削减6% ～ 8%的峰荷,其所节约的电力资产额已是巨大的。更何况,商业用户和工业用户负荷,均具有与电网友好合作的潜力。我国某大城市的夏天负荷组成如图1.5所示。

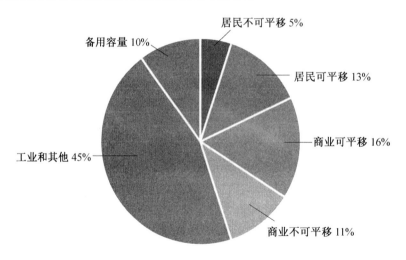

图 1.5　我国某大城市的夏天负荷组成

这种需求侧用户与电网之间的友好合作,在必要时也可取代备用容量来支持系统的安全运行。如美国得克萨斯州经历风力发电突然的、未预料的急剧下降:在 3 h 里发电下降

130 万 kW。此时一个紧急启动的需求响应程序,使大型工业和商业用户在 10 min 内恢复了大部分供电,起到了对此类间歇性电源波动性缓冲的作用。这一紧急需求响应程序可实施的前提是,电网公司与用户之间预先签订了协议。

4.对电网各种约束(提高可靠性、提高电能质量、节能降损和环保)日益严格

近些年,通信和信息技术得到了长足的发展,数字化技术及应用在各行各业日益普及。美国在 20 世纪 80 年代,内嵌芯片的计算机化的系统、装置和设备,以及自动化生产线上的敏感电子设备的电气负载还很有限,而在 20 世纪 90 年代这部分用电就大约占总负荷的 10% 了,到了 2014 年这部分电力负荷的比重已升至 40%。它对电网的供电可靠性和电能质量提出了很高的要求。

调查表明,每年美国企业因电力中断和电能质量问题所耗掉的成本超过 1 000 亿元,相当于用户每花一美元买电,同时还得付出 30 美分停电损失。其中,仅扰动和断电(不计大停电)每年的损失就达 790 亿美元。目前的电网不仅满足不了数字化社会的需要,而且它在数字化技术的自身应用力方面也相对落后,特别是在配电网方面,利用通信技术和信息技术的进步可使配电网的实时监控和资产管理日益经济可行。表 1.1 给出了美国电力科学院(EPRI)对未来 20 ~ 30 年用户对供电可靠性需求的预测。

表 1.1 美国电力科学院(EPRI)对未来 20 ~ 30 年用户对供电可靠性需求的预测

对可靠性的要求	目前占总用户比率	未来 20 ~ 30 年占总用户比率
99.999 9%	8% ~ 10%	60%
99.999 999 9%	0.6%	10%

随着产业结构的调整和产业的升级,我国会有越来越多的数字化企业对供电可靠性和电能质量提出更高的要求。众所周知,用户电能质量问题多起源于配电网。而事实上,配电网也是提高用户供电可靠性的瓶颈。

综上所述,需要把目前的电网加以转换,使其成为能够适应上述要求的电气系统,即智能电网。

除上述从电网角度看的智能电网的 4 方面驱动智能电网发展的动力外,智能电网的一个关键目标是要催生新的技术和商业模式,为经济和科技发展提供新的支撑点,实现产业革命。智能电网可以带动可再生能源发电设备、智能仪表、电动汽车和智能家电等众多产业的发展。智能家电是指带有通信模块的空调、电暖气、电冰箱、洗衣机、烘干机和热水器等设备,这些设备可依据动态电价和电网的状态对能量消耗进行动态控制。

1.2.2 智能电网的概念及特征

1.智能电网的概念

目前,智能电网还没有统一的概念,从研究来看,智能电网是以物理电网为基础(我国的智能电网是以特高压电网为骨干网架、各电压等级电网协调发展的坚强电网为基础),将现代先进的传感测量技术、通信技术、信息技术、计算机技术和控制技术与物理电网高度集成而形成的新型电网。它以充分满足用户对电力的需求和优化资源配置,确保电力供应的安全性、可靠性和经济性,满足环保约束,保证电能质量,适应电力市场化发展等为目的,实现对用户可靠、经济、清洁、互动的电力供应和增值服务。

天津大学余贻鑫院士给出如下定义:智能电网是指一个完全自动化的供电网络,其中的每一个用户和节点都得到实时监控,并保证从发电厂到用户端电器之间的每一点上的电流和信息的双向流动。智能电网通过广泛应用的分布式智能和宽带通信,以及自动控制系统的集成,能保证市场交易的实时进行和电网上各成员之间的无缝连接及实时互动。

智能电网是自动的和广泛分布的能量交换网络,它具有电力和信息双向流动的特点,同时它能够监测从发电厂到用户电器之间的所有元件。它将分布式计算和提供实时信息的通信的优越性用于电网,并使之能够维持设备层面上即时的供需平衡。

也有文献提出了"互动电网"的概念,指在创建开放的系统和建立共享的信息模式的基础上,以智能电网技术为基础,通过电子终端使用户之间、用户和电网公司之间形成网络互动和即时连接,实现数据读取的实时、高速、双向的总体效果,实现电力、电信、电视、远程家电控制和电池集成充电等的多用途开发。互动电网可以整合系统中的数据,优化电网的管理,将电网提升为互动运转的全新模式,形成电网全新的服务功能,提高整个电网的可靠性、可用性和综合效率。

根据IBM中国公司高级电力专家Martin Hauske的解释,智能电网有3个层面的含义:首先利用传感器对发电、输电、配电、供电等关键设备的运行状况进行实时监控;然后把获得的数据通过网络系统进行收集、整合;最后通过对数据的分析、挖掘,达到对整个电力系统运行的优化管理。

智能电网利用传感、嵌入式处理、数字化通信和IT技术,将电网信息集成到电力公司的流程和系统,使电网可观测(能够监测电网所有元件的状态)、可控制(能够控制电网所有元件的状态)和自动化(可自适应并实现自愈),从而打造更加清洁、高效、安全、可靠的电力系统。前期电网与智能电网的比较见表1.2。

表1.2　前期电网和智能电网的比较

电网	前期电网	智能电网
数据信息	不完善	完全而准确
拓扑结构	辐射状为主	网状的
电源结构	集中式发电	集中式发电和分布式发电并存
与用户交互	较少	很多
运行与管理	人工的设备校核	远程监控
可靠性	容易故障和电力中断	抵御灾害能力较强
故障恢复	人工的	自愈的

2. 智能电网的特征

根据我国的智能电网规划,以及欧美国家对智能电网的研究和实践,智能电网应该具备以下特征和性能:坚强、自愈、清洁、经济、互动、优质。

(1)坚强。

安全可靠,更好地对人为或自然发生的扰动做出辨识与反应。在自然灾害、外力破坏和计算机攻击等不同情况下保证人身、设备和电网的安全。智能电网具有稳固的网架结构、强大的电力输送能力、接纳多元化电源接入的能力,能够保障安全可靠的电力供应。智能电网能够有效提高电网安全稳定水平,具有强大的资源优化配置能力和抵御风险的能力。当电网发生各种扰动时,仍能保持对用户的可靠供电,而不发生大面积的停电事故;当电网发生极端故障时,如极端气候条件下、自然灾害或人为的破坏,仍能保证电网的安全运行;二次系统具有确保信息安全的能力和防御计算机病毒破坏的能力。

(2)自愈。

实时掌控电网运行状态,及时发现、快速诊断和消除故障隐患;在尽量少的人工干预下,快速隔离故障、自我恢复,避免大面积停电的发生。自愈能力是实现电网安全可靠运行的主要保障。智能电网具有灵活的拓扑结构,具有实时、在线、连续的安全评估和分析能力;具有强大的预警控制系统和预防控制能力;具有自动故障诊断、故障隔离和系统自我恢复的能力。智能电网能够实时掌控电力系统的运行状态,并积极采取预防性的控制措施,及时发现和消除故障隐患;电网故障时,在无须或少量人工干预的情况下,实现电力网络中故障元件的自动隔离或恢复正常运行,并且利用分布式电源和微电网等技术设备,避免大面积停电的发生。

(3)清洁。

智能电网既能适应大电源的集中式接入,也能支持风电、太阳能等可再生能源的大规模友好接入,减少电力生产过程中的环境污染和温室气体排放,满足电力与自然环境、经济社会和谐发展的要求。

(4)经济。

优化资源配置,提高设备传输容量和利用率;在不同区域间进行及时调度,平衡电力供应缺口;支持电力市场竞争的要求,实行动态的浮动电价制度,实现整个电力系统优化运行。支持电力市场和电力交易的有效开展,实现资源的合理配置,降低网络损耗;采用新技术、新设备,提高能源利用效率;提高输变电设备传输容量和利用率,降低运营成本;考虑大量分布式电源接入的影响,开展节能调度,在大范围内实现资源的优化配置。

(5)互动。

实现与客户的智能互动,以最佳的电能质量和供电可靠性满足客户需求。重视电力用户需求,与用户进行沟通和双向信息交流,增加用户的选择,为用户提供优化用电建议,对用户的供电进行远程监视和控制。在智能电网中,用户是电力系统不可分割的一部分,用户可根据其自身需求和电力系统的实时电价水平来调整消费。同时需求侧响应(DR)将使用户在电能消费中具有更多的选择,减少或转移负荷高峰时的电力需求,可以使电力公司减少效率低下的调峰电厂的运营,降低资本开支和营运开支,同时也提供了大量的环境效益。实时通知用户其电力消费的成本、实时电价水平、电网的运行状况、计划停电信息及其他一些服务,同时用户也可以根据这些信息制定自己的电力使用方案。

(6)优质。

通过开展需求侧管理,运行实时电价等经济手段进行峰谷电价平衡,以最佳的电能质量和供电可靠性满足用户的需求,为用户提供清洁稳定的电能。实现资产规划、建设、运行维护等全寿命周期环节的优化,合理地安排设备的运行与检修,提高资产的利用效率,有效地降低运行维护成本和投资成本,减少电网损耗。电网将在自然状态和计算机状态下更安全,新技术的配置将可以更好地识别和应对人为的和自然的侵害。

1.2.3　我国智能电网的结构预测

目前,我国城市化的步伐正在加快,对于用户系统,通过在用户端安装智能仪表来建设智能家庭,在此基础上建设智能建筑,进而形成智能小区和智能城市;随着新能源并网技术的不断成熟,将会有越来越多的新能源接入高压配电网中,并且不断有新型能源基地通过输电网接入电力系统;在广域测量系统(wide area measurement system,WAMS)的基础上建设特高压(高压)输电网的实时动态监控和保护系统;在建设数字化变电站的基础上建设智能的控制中心。智能电网的中期规划预测如图1.6所示。

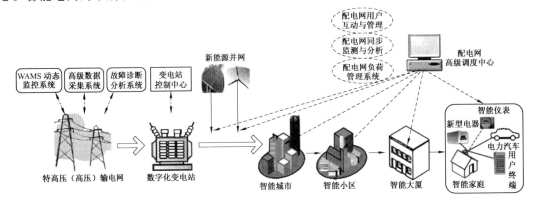

图 1.6　智能电网的中期规划预测

通过对现代智能电网的结构,以及智能电网对我国电力系统各个环节影响的分析,可初步规划符合我国国情的,以特高压为大区电网输电骨架、以高压输电为区域电网核心,配电网的电压等级改造和用户智能设备的换代相结合的中国式智能电网远景基本结构,如图1.7所示。

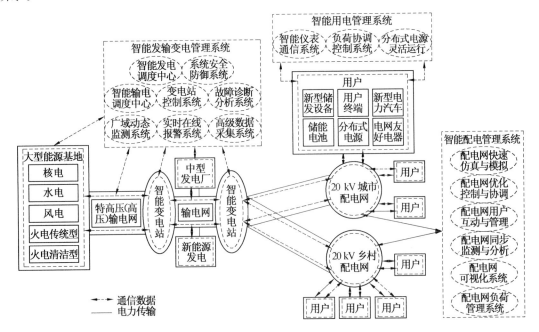

图 1.7　中国式智能电网远景基本结构

1.3　电力参数测试技术

1.3.1　主要电力参数及相关测量仪表和装置

在电力系统中,主要的参数包括交流电压、交流电流、直流电压、直流电流、频率、相位(或功率因数)、有功功率、无功功率、有功电能、无功电能及负序和零序电压或电流。根据相数的不同,有功和无功功率测量、有功和无功电能测量还有单相和三相的区别。

在电力系统中,电力参数具体的测量仪表和装置主要有板表、电量变送器、电量变送仪表、电能表、多功能表、网口表、RTU 等。每一类仪表根据测量电量的不同,又有多种类型,以变送器为例,分为交流电压、交流电流、频率、相位(或功率因数)、直流电压、直流电流、有功功率、无功功率、有功电能、无功电能及功率总加型变送器等多种类型。

电能表的种类也比较多,可以根据不同的指标进行分类,如根据相数的不同分为单相和三相电能表;根据用户单元的多少可以分为单用户和多用户电能表;根据费率功能可以分为单费率和复费率电能表等。

1.3.2　电力参数测试技术发展

综观电力参数测试技术的发展过程和趋势,从不同的角度总结如下。

(1)从测量准确度角度看,电力参数测试技术经历了从低到高的逐渐进步过程。以电能表为例,电能表刚出现时,测量精度较低,以 2 级(测量准确度 2%)为主,随着测量方法和元器件设计、制作技术水平的发展,测量精度逐渐提高,在线仪表精度等级达到 0.2 级,单、三相标准表已经达到 0.005 级。

(2)从所采用的元器件来看,电力参数测试技术经历了从分立元器件到小规模集成电路,再到厚膜电路及专用集成电路的发展过程。仍然以电能表为例,经历了从早期的机械式分立元件电能表,到专用集成电路(如 AD7755、AD7758 等)的发展阶段。

(3)从测量技术手段来看,电力参数测试技术经历了从模拟电路测量技术到采样测量技术的发展过程,并逐渐向智能化测量的方向发展。这很容易从电能表和远动装置等的发展过程中看出。

具体来说,由于电力参数包括电压、电流、频率、相位、有功和无功功率、有功和无功电能等很多种,其测量技术经历了各自不同的发展过程,有着各不相同的测量原理和方法,主要参数的常用测量原理和方法将在第 2 章详细介绍。下面仅概要介绍几个主要电参量的测量方法。

1.3.3　交流电压的测量

从测量的角度考虑,一般根据被测电压的数值大小分为高、中、低三个范围。通常的分类方法是:对于直流电压,$10^2 \sim 10^6$ V 为高电压,$10^{-4} \sim 10^2$ V 为中电压,$10^{-9} \sim 10^{-4}$ V 为低电压;对于交流电压,$10^3 \sim 10^5$ V 为高电压,$10^{-3} \sim 10^3$ V 为中电压,$10^{-7} \sim 10^{-3}$ V 为低电压。

由于高压放电的分散性比较大,因此一般对测量准确度的要求不高,按现行国际标准无论是有效值还是峰值都只要求误差不超过 ±3%。测量高电压常用的方法如下。

(1)利用气体放电测量交流电压及脉动直流电压的最大值。这种测量方法的测量准确度

可达 ±3%,且具有结构简单、不易损坏的优点,但测量手续麻烦、费时较多且设备笨重。

(2)用静电压表测交、直流高电压。量程为 200～500 kV,准确度为 1.5%～2.5%,频率范围为 0～1 MHz。

对低电压及微小电压(10^{-6} V 以下)的测量,常采用检流计与各类测量放大器相结合的方法来实现。检流计是用来检测微弱电量的高灵敏度的机械式指示电表,一般用在电桥、电位差计中作为指零仪表,也可用来测微弱电流、电压及电荷等。检流计主要有磁电系检流计、光电放大式检流计、冲击检流计、振动检流计和振子等。

对于高电压可以采用降压处理的方式进行测量,而低电压及微小电压的测量常采用测量放大器进行放大,将其变为中电压再进行测量。直流电压的测量相对要简单一些,但也要考虑安全及电磁兼容等各种要求。

交流电压的测量相对复杂。由于交流电压可用平均值、有效值、峰值来表征,因此测量不同的值有不同的方法。但从变换的方式分,测量方案主要有两种:一种是通过交直流变换器,将交流电压转换成相应的直流电压进行测量;另一种是根据定义,采用数字化测量技术进行测量。

1. 交流电压平均值的测量

交流电压平均值的表达式为

$$\overline{U} = \frac{1}{T}\int_0^T |u(t)|\, dt \tag{1.1}$$

在电路上,平均值的测量常使用线性检波器,这是一种模拟测量方法。为了获得转换精度高、线性度好、频率范围宽和动态过程短的检波效果,通常采用运算放大器的负反馈特性克服二极管检波的非线性,构成线性检波器(也称平均值检波器)。

2. 交流电压峰值的测量

对于交流电压或一些脉冲信号常需要进行峰值的测量。当输入信号的波峰系数一定时,将信号的峰值保持一段时间,然后进行测量,该变换电路就称为峰值检波器或峰值保持器,这也是一种电压的模拟测量方法。

3. 交流电压有效值的测量

在实际应用中,交流电压的有效值比峰值、平均值更为常用。因为非正弦电压的有效值不能用峰值或平均值予以换算。交流电压有效值的数学表达式为

$$U_{rms} = \sqrt{\frac{1}{T}\int_0^T u^2(t)\, dt} \tag{1.2}$$

实际测量中,遇到的往往是失真的正弦波且难以知道其波形参数,因此不能采用"平均值测量按照有效值标定的方法"进行有效值测量。

在交流电压测量中,如果能够按照定义直接得到电压的有效值,这样的变换器称为真有效值变换器。有效值电压表采用模拟方法进行交-直流变换的主要有热耦式、急降式、对数反对数式等类型。具体转换原理将在第 2 章介绍。

4. 交流电压的数字采样测量

现代电子技术及微型计算机的发展,推动了等间隔多点采样计算法的工程应用。它不但简化了系统的硬件结构,提高了电压测量的准确度,而且也为功率测量、波形分析等提供了条件。目前这种方法在智能化仪表中也得到了广泛的应用,虚拟仪器技术的出现使得对电力参

数的测量变得高效、简单。

计算机通过 A/D 转换器、采样保持器和通道开关获得被测电压波形的离散数据点(瞬时值),将这些离散数据点送入微处理器进行数据处理,然后采用数值分析中的梯形法求定积分的公式求得交流电压的有效值和平均值,通过搜索内存法得到波形的正负峰值等。详细方法将在第 2 章介绍。

1.3.4 频率测量技术

频率是单位时间内被测信号重复出现的次数,其表达式为

$$f = \frac{N}{t} \tag{1.3}$$

式中,t 为计数时间;N 为计数值。

目前,利用标准频率和被测频率进行比较来测量频率是广泛采用的方法,计数法测量频率是这种方法的代表。由于频率和周期的倒数关系,为了保证测量的准确度,当频率较高时通常采用计数法测量频率;当频率较低时也可以采用计数法测周期,进而间接实现频率的测量。这样可以使相对误差小些。

现代电子技术的发展和标准频率源的建立,使得频率的测量方法、测量范围和测量准确度获得了迅速的发展。数字频率计不但可以完成频率的测量,还可以测量周期及时间间隔等。随着微型计算机应用技术的发展,频率测量技术和方法将更加灵活多样。

1.3.5 功率测量技术

电功率的计算表达式为

$$P(t) = U(t)I(t) \tag{1.4}$$

由式(1.4)可知,测量功率就是要测量出电压和电流的乘积。完成这种相乘的单元称为乘法器。乘法器有很多种,按照工作原理不同可分为模拟乘法器、数字乘法器和模数混合乘法器。

模拟乘法器主要有时分割乘法器、可变跨导型乘法器和霍尔效应乘法器。时分割乘法器又分为电压输入型与电流平衡型两种,时分割乘法器在早期的功率及电能的测量中得到了普遍应用。可变跨导型乘法器较易集成,工作频带宽,但准确度不高。霍尔效应乘法器的特点是电流、电压回路彼此独立互不影响,电路简单便于检测与校准,但受材料的制约灵敏度较低,后来随着材料和工艺的提高灵敏度也有所提高。

随着电子技术与计算机技术的发展,数字乘法器技术在有功和无功功率测量及有功和无功电能的测量中得到广泛应用,显示出一定的优势。

1.4 电能表概述

作为测量电能的专用仪表 —— 电能表,自诞生至今已有 100 多年的历史。因为 1 kV·h 的电能量被定义为一度电,所以根据计量单位,电能表俗称电度表或千瓦时表。

电能表在电能管理用仪器仪表中占有很大比例,它的性能直接影响着电能管理的效率和科学化水平。随着电力系统及其相关产业的发展及电能管理系统的不断完善,电能表的结构

和性能也经历了不断更新、优化的发展过程。

1.4.1 电能表的发展历史

电能表的发展历史可以追溯到 19 世纪 70 年代末期,其发展过程可以分为感应式(机械式)电能表、脉冲式(机电式)电能表和电子式(多功能)电能表三个阶段。

1. 感应式电能表

最早的感应式电能表是爱迪生于 1880 年利用电解化学原理制成的直流电能表,这种电能表又称为电解式电能表,重达几十千克,且无精度保证。交流电的出现和应用对电能计量仪表的功能提出了新的要求,交流电能表应运而生。1888 年,费拉里斯(Ferraris)发表了关于旋转电磁场可以驱动通盘旋转的论文,给感应式电能表的产生奠定了理论基础。1889 年,布勒泰发明了世界上第一块没有独立电流铁芯,即感生电流由交变磁场本身产生的单磁通式感应式交流电能表。这块电能表的质量是 36.5 kg,其中电压铁芯质量是 6 kg。1890 年,带电流铁芯的多磁通式感应式电能表诞生,其转动组件是一个铜环,制动力矩靠交流电磁铁产生。19 世纪末,人们又逐步改用永久磁铁产生制动力矩以降低转动组件旋转速度并增加转矩,并用铝制圆盘取代铜制圆转盘。

感应式电能表是利用处在交变磁场的金属圆盘中的感应电流与有关磁场形成力的原理制成的,具有制造简便、可靠性高和价格便宜等特点。经过近一百年的不断改进与完善,感应式电能表的制作和工艺技术已经成熟。通过双重绝缘、加强绝缘和采用高质量双宝石轴承、磁推轴承等技术手段,其结构和磁路的稳定性得以提高,电磁振动被削弱,使用寿命大大延长,且过载能力明显增强。由于感应式电能表结构简单、耐用、安全、价格低廉又便于批量生产,因此在过去的 100 多年中,感应式电能表在交流电能计量领域被广泛应用。感应式电能表按用途可分为单相、三相有功、三相无功电能表,直接接入式和经互感器接入式电能表等不同形式。

用电量的急剧增长及由此引发的能源供需矛盾的加剧,使感应式电能表暴露出一些先天的弱点。首先,就其原理和结构来看,感应式电能表的机械磨损、机械阻力、放置角度不同等因素会造成种种误差,其准确度一般为 2.0 级和 1.0 级,最高只能达到 0.5 级。但对大用户和大电网的电能管理,高准确度的电能计量仪表尤为重要,斯波尔特公司的统计数字表明,36 000 块 2.0 级电能表用于小用电户电能测量的总的误差只有 ±0.054%,而用电大户安装一块 0.2 级电能表的综合测量误差已达 ±0.07%。此外,感应式电能表是针对窄带低频的正弦电压和电流设计的,但现代电力系统中采用硅整流和换流技术,这些非线性负荷产生大量高次谐波,致使电网电压产生畸变、波动和三相不平衡,造成感应式电能表指示不准确,使操作人员因此做出错误的分析判断。

2. 脉冲式电能表

随着电能开发及利用的加快,对电能管理和电能表性能提出了更高的要求。第二次世界大战之后,欧洲经济遭受了很大的破坏,在战后重建过程中,各地区的电费很难如期收取,这不仅给电力公司的经营者带来巨大损失,也不利于当地电力公司扩大生产,应对重建过程带来的能源紧张。为了改善收取电费的问题,人们想到了采用先付费、后用电的购电模式。为了支持这种营销模式,必须有一种新式的具有预先付费功能的电能表才能真正实现这一设想,不久脉冲式电能表应运而生。

这种电能表由机械和电子两部分组成,机械部分以感应式电能表的电磁系统为工作组件,在旋转铝盘的圆周上均匀分度并作上标记(打孔、铣槽或印上黑色分度线条等),用穿透式或反射式光电头发射光束。通过采集铝盘旋转的标记,由光电传感器完成电能－脉冲的转换和处理,实现电能的测量,然后经电子电路完成电能脉冲的累加、运算、处理,实现无费用后自动跳闸断电等功能。

脉冲式电能表在国外早已有成熟产品,并自 20 世纪 70 年代初就逐渐在一些工业化国家被大面积采用,它是感应式电能表向全电子式电能表发展过程中的过渡产品,对分时电价、需量电价的实施起了积极的推动作用,但是这种电能表的测量主回路仍沿用感应式测量机构的原理,导致它同样具有感应系电能表一样的准确度低、适用频率范围窄等缺点。随着电力部门对电能表功能要求的日益扩展及电子行业的飞速发展,脉冲式电能表逐渐退出了历史舞台。

3. 电子式电能表

为了替代由感应系测量机构测量交变电能,从 20 世纪 70 年代起,人们开始研究并试验采用电子电路的方案。由于电能是电功率对时间的积分,因此任何电子电路式电能计量方案的第一步都是确定电功率。因而,使用乘法器是实现测量电功率和电能的电子电路式测量方案的共同特点。

全电子式电能表是在 20 世纪 70 年代后期发展起来的,因其没有机械转动部分和计数机构,故又称为静止式电能表或固态电能表。但受当时电子技术水平的制约,全电子电能表仅用于标准表。随着电子技术的迅猛发展,电子器件的性能在 20 世纪 80 年代有了质的飞跃,且价格大幅度下降,电子式电能表的生产有了长足的进步。到 20 世纪 80 年代末 90 年代初,很多大公司相继推出了全电子式多功能电能表。

1.4.2 电子式电能表分类及特点

电子式电能表是通过对用户供电电压和电流实时采样,采用专用的电能表集成电路,对采样电压和电流信号进行处理并相乘转换成与电能成正比的电能表,通过计度器或数字显示器显示。

1. 电子式电能表分类

常用的交流电能表按接线方式可分为直接连接式和间接(经电压、电流互感器)接入式两大类,电压模拟量输入直接接通 220 V/380 V 电压的电能表称为低压电能表,而经过电压互感器接通的电能表称为高压电能表。电子式电能表按乘法器工作原理分为模拟乘法器型电子式电能表和数字乘法器型电子式电能表。目前,国内外生产使用的模拟乘法器型电子式电能表中采用的模拟乘法器,主要有时分割乘法器、可变跨导型乘法器和霍尔效应乘法器。

时分割乘法器又分为电压输入型与电流平衡型两种。电压输入型时分割乘法器的优点是输入阻抗高、输入信号电流小、以电压进行整定和便于直观地实施模拟相乘;缺点是存在开关场效应管尖峰效应、导通电阻不可忽略及较高运放漂移等,其满度和零点的稳定性问题也不易解决。因而,在使用基于这种乘法器制成的电子式功率表或电能表时,改换不同量程需要重新调零,且它们的零漂明显。电流平衡型时分割乘法器也称时间－脉冲乘法器、标号－空号乘法器(mark－space multiplier),其优点是依据电流平衡原理等形成的特性,可克服电压输入型时分割乘法器存在的尖峰效应及因使用较多运算放大器所引起的零漂,并且电路简单,准确度高,性能稳定;缺点是受到输入隔离变压器、互感器的限制,工作范围较窄,一般仅用于工频信号的测量。

可变跨导型乘法器较易由单片集成电路实现,准确度一般为±0.5%,工作频率范围宽达数兆赫兹。

霍尔效应乘法器的特点是电流、电压回路彼此独立互不影响,电路简单,便于检测与校准。较早期的霍尔组件受所用材料的制约灵敏度较低,导致当时采用霍尔效应乘法器电路制成的电子式电能表的准确度不高。近年来,用新材料制成的霍尔组件的性能明显改善,它带动了采用霍尔效应乘法器电路制成的电子式电能表准确度等性能指标的提高。

由于利用乘法器实现电能测量方案的第一步是完成电压、电流相乘,即先获得功率,因此根据实际需要还专门制造有既能测量功率又能测量电能的电子式功率电能表。有些类型的电子式电能表虽不称作功率电能表,但也具有测量功率的功能。

数字乘法器型电子式电能表则是以微处理器为核心,经电压互感器(PT)、电流互感器(CT)变换的被测电压和电流由模/数(A/D)转换器完成数字化处理后,微处理器对数字化的被测对象进行各种判断、处理和运算,从而实现多种功能。这种类型的电能表利用位数较多的A/D转换电路或自动量程转换电路,原理上可达到很高的测量准确度,且它在一定周期内对电压、电流信号进行采样处理的方法,保证了测量准确度可不受高次谐波的影响。考虑到电能管理现代化的必然发展趋势,需要访问多种信息并要求决策与电价器具之间的双向通信,而数字乘法器型电子式电能表功能的扩展十分方便,容易与配电自动化系统集成,适应工业现代化和电能管理现代化飞速发展的需求,电子式电能表应运而生。

按被测量不同电子式电能表可分为有功电能表和无功电能表。电能可以转换成各种能量。如通过电炉转换成热能,通过电机转换成机械能,通过电灯转换成光能等。在这些转换中所消耗的电能为有功电能,而记录这种电能的电表为有功电能表。电工原理表明,有些电器装置在做能量转换时首先需要建立一种转换的环境,如电动机、变压器等要先建立一个磁场才能做能量转换,还有些电器装置需要先建立一个电场才能做能量转换。建立磁场和电场所需的电能都是无功电能,而记录这种电能的电表为无功电能表。无功电能在电器装置本身中是不消耗能量的,但会在电器线路中产生无功电流,该电流在线路中将产生一定的损耗。无功电能表是专门记录这一损耗的,一般只有较大的用电单位才安装这种电能表。

按附加功能不同电子式电能表可分为多费率电能表、预付费电能表、多用户电能表、多功能电能表、载波电能表等。多费率电能表也称分时电能表、复费率表,俗称峰谷表,是近年来为适应峰谷分时电价的需要而提供的一种计量手段。它可按预定的峰、谷、平时段的划分,分别计量高峰、低谷、平段的用电量,从而对不同时段的用电量采用不同的电价,发挥电价的调节作用,鼓励用电客户调整用电负荷,移峰填谷,合理使用电力资源,充分挖掘发、供、用电设备的潜力,属电子式或脉冲式电能表;预付费电能表俗称卡表,用户采用磁卡或电卡预购电,按照协议好的特定付费方式完成电能计量、数据处理及用户用电控制,包括计量单元、指示器、负荷开关和其他辅助装置,可防止用户拖欠电费,属电子式或脉冲式电能表;多用户电能表是将多用户计量单元和智能处理单元封在一个表壳内,同时测量多个电能用户有功电能的仪表,对每个用户独立计费,共享智能处理单元,因此可达到节省资源便于管理的目的,还利于远程自动集中抄表;多功能电能表由测量单元和数据处理单元等组成,除计量有功(无功)电能量外,还具有分时、测量需量等两种以上功能,可完成多种计量方式、负载管理,并能显示、储存和输出数据,电力系统常采用多功能电能表对大、中型用户的各种电能进行计量,并可通过有线、无线等通信方式实现遥信、遥测和遥控功能;载波电能表利用电力载波技术实现远程自动集中抄表,属电子式电能表。

电子式电能表按测量电路接入电源的性质不同可分为直流电能表和交流电能表;按接入相数可分为单相表和三相表两大类,其中三相表又分三相三线和三相四线两种;按测量电能的准确度等级可分为1级和2级,1级表示电能表的误差不超过±1%,2级表示电能表的误差不超过±2%;按用途和使用场合可分为安装式电能表和标准式电能表。安装式电能表用于工农业和民用电能的计量,需常年连续不断地工作,是一种常用的电能计量工具,从经济实用上考虑其准确度等级要比标准式电能表稍低,一般为0.2级、0.5级、1.0级、2.0级;标准式电能表用于量值的传递和检验,精度等级比较高,要求达到0.01级、0.05级。

2. 电子式电能表特点

电子电能表与机械式电能表相比,除具有测量精度高、性能稳定、防窃电能力强、误差曲线平直、功率因数补偿性能较强、功耗低、体积小和质量轻等优点外,因为单片机的应用它还可以实现更丰富的功能,如复费率、最大需量、有功和无功电能记录、事件记录、负荷曲线记录、功率因数测量、电压合格率统计和串行数据通信等。电子式电能表应用领域很广,并因为它具有强大的通信功能而广泛应用于远程抄表,为用电管理所需的电能计量数据远程自动采集和自动计费、为电厂考核上网报价商业运营,以及为大型企业内部能源自动化管理提供先进的技术手段。电子式电能表具有以下特点。

(1)功能强大、易扩展。

一只电子式电能表相当于几只感应式电能表,如一只功能全面的电子式电能表相当于两只正向有功表、两只正向无功表、两只最大需量表和一只失压计时仪,并能实现这7只表所不能实现的分时计量、数据自动抄读等功能。同时,表计数量的减少有效地降低了二次回路的压降,提高了整个计量装置的可靠性和准确性。

(2)准确度等级高且稳定。

感应式电能表的准确度等级一般为0.5~3.0级,并且由于机械磨损,误差容易发生变化,而电子式电能表可方便地利用各种补偿轻易地达到较高的准确度等级,并且误差稳定性好,电子式电能表的准确度等级一般为0.2~1.0级。

(3)启动电流小且误差曲线平整。

感应式电能表要在0.3%Ib(基本电流,也称标定电流)下才能启动并进行计量,误差曲线变化较大,尤其在低负荷时误差较大;而电子式电能表非常灵敏,在0.1% Ib下就能开始启动并进行计量,且误差曲线好,在全负荷范围内误差几乎为一条直线。

(4)频率响应范围宽。

感应式电能表的频率响应范围一般为45~55 Hz,而电子式电能表的频率响应范围为40~1 000 Hz。

(5)受外磁场影响小。

感应式电能表是依据移进磁场的原理进行计量的,因此外界磁场对表计的计量性能影响很大。而电子式电能表主要依靠乘法器进行运算,其计量性能受外磁场影响小。

(6)便于安装使用。

感应式电能表的安装有严格的要求,若悬挂水平倾度偏差大,甚至明显倾斜,将造成电能计量不准。而电子式电能表采用的是电子式的计量方式,无机械旋转部件,因此不存在上述问题,另外其体积小,质量轻,便于使用。

（7）过负荷能力大。

感应式电能表是利用线圈进行工作的，为保证其计量准确度，一般只能过负荷 4 倍，而电子式电能表可过负荷 6 ～ 10 倍。

（8）防窃电能力更强。

窃电是我国城乡用电中一个无法回避的现实问题，感应式电能表防窃电能力较差。新型的电子式电能表从基本原理上实现了防止常见的窃电行为。例如，ADE7755 能通过两个电流互感器分别测量相线、零线电流，并以其中大的电流作为电能计量依据，从而实现防止短接电流导线等的窃电方式。

1.4.3　电子式电能表技术的发展与应用

微电子技术和计算机技术的高速发展是电子式电能表迅速进步、日益成熟的主要技术支撑。准确度高、可靠性高的元器件及大规模集成电路等的采用，使电子式电能表的使用寿命、准确度、稳定度等技术指标均显著改善。计算机化使电子式电能表功能的增添变得容易，并逐步使电能管理的自动化与智能化成为现实。

20 世纪 80 年代中后期，随着电子电路设计与制造新技术的出现，电子式电能表在各种现场环境下的工作可靠性问题被解决。随后相继出现了多种寿命长、可靠性高、适合现场使用的电子式电能表。其中一些表种已可在很宽的电压、电流范围内进行自动量程切换；1.0 级、0.5 级、0.2 级收费用电子式电能表相继商品化，且有些电子式电能表的准确度已达到 0.01 级。电子式电能表在实施复杂的多费率、最大需量和电能数据传输及交换等方面具有明显的优越性，实现了集测量有功电能、无功电能、视在功率、功率因数、缺相指示等几十个特征参数的多功能化。

在多费率和最大需量型电子式电能表方面，其中的电子装置已将这两种功能与数据传输及交换等结合在一起，使仪表的日历时间为 20 ～ 30 年，包括了对节假日、季节转换日期、夏日制转换日期、每日时段安排等 4 种总量多达约 100 个特定时间参数的可编程确定与实现。能做到时间、日期和数据信息的顺序或选择显示，且同时还具有数据读取、交换和负载开关可编程控制等功能。

进入 20 世纪 90 年代，智能型集成电路（IC）卡预付费电能表应运而生。这种表体现了先购电再用电的管理思想。使用这种电能表时，只需将记录有购、用电信息的电子钥匙插入其中即可用电。当所购电能即将用尽时这种表便可自动提醒用户及时再购电。这种表的使用不仅可促进用电政策的推广，还能在一定程度上对窃电有所防范，使供电管理部门不再花费大量人力挨门挨户地抄表、统计用电量，为电能计量的智能化管理奠定了基础。由于电子式电能表已发展到可对用户的用电参数进行分析计算然后实施控制处理，即已具有一定的智能特点，因此又有了智能电能表之称。

当今，电子式电能表已发展到与电能的智能化计量管理密不可分的水平，它与电能表收费管理软件、IC 卡收费管理软件、掌上电脑管理软件、IC 卡发卡机构及 IC 卡自动查询子系统等共同组成了智能型复费率（分时）电能计量管理系统。该系统中电能表上设有 IC 卡接口，可兼容接受预付费 IC 卡和定费收费 IC 卡；若用户不用 IC 卡，则供电管理部门还可定期使用计算机，通过电子式电能表上另设的手持式计算机接口获得用户用电信息。无论采用上述哪种获取信息的方式，系统所得到的用户用电信息都能通过联网微机准确无误地显示出来。该系统以计算机信息处理技术为支撑,实现了从计费到收费全过程的科学化管理,可在不同的用电时段内,分别将用电超高峰期、高峰期、平均期、低谷期的用电时间与用电量准确地记录下来,并对在低谷期内的用电,自动按低于平均值的规定价格计算,而对那些用电量突发剧增(即短时瞬间超载)的用户自动按最高价格计算电费。因此,启用该系统能促使用电者有计划、有选择地合理安排用电时间,有助于平抑负荷曲线目标的实现。

20 世纪 70 ~ 80 年代,欧美一些国家相继开始对远距离的电能表数据的采集等进行探索性研究。电子式电能表的出现,有力地推动了远程自动抄表技术的发展。日本九州电力公司当时已开始试用电力线载波、地线载波及光缆通信于远程抄表和监测表计误差;澳大利亚则借助邮电线路试验进行远程电能表数据的抄取;美国波士顿迪生公司及费城电力公司的配电线路载波远程抄表系统也先后投入试运行。1988 年,美国弗吉尼亚电力公司为电能抄表员装备了手持式微机。电能表数据被键盘录入微机,在其中完成处理与统计等,与人工抄表相比,抄表、誊写、统计等的出错率都大为降低。经过不断改进,这种计算机化电能数据抄表系统日趋完善,在一些国家中逐渐成为抄收电能表数据的主要手段。

1990 年以来,电能表自动抄表技术更新更为迅速。1992 年,埃及开罗配电公司开发双模式民用电能监视抄表系统。这个系统的要功能是:① 及时并准确地记录用户的耗电量;② 杜绝过去那种因人工录入和处理等造成的错误。其第一个功能是通过脉冲式电能表实现的,测量机构圆转盘的机械旋转圈数被变换成电子脉冲,脉冲的累加值作为耗电量数据存入电子式寄存器,该数据可经通信的方式取得。该系统中,抄表员手持的抄表微机可采集并存储 1 000 块电能表的数据;它既可用无线通信方式与数据收集装置通信,又可由人工录入方式得到信息。

我国从 20 世纪 80 年代初开始研制电子式多费率电能表,经历了机械钟、电子钟、微处理器分时开关等发展阶段。进入 20 世纪 90 年代,年产量达数万块,同时需求量也逐年上升。1992 年底,国家物价局和能源部联合发布了《关于东北电网实施峰谷分时电价的批复》,揭开了我国发展多费率电能表的序幕。在 1995 年 4 月召开的全国计划用电工作会议上,对分时电价的推行做了具体安排部署,进一步将多费率电能表推向全面发展的新阶段。

我国从 20 世纪 90 年代初开始研制全电子式电能表,其产品大多为斯伦贝谢模式。1994 年,威胜集团、恒通公司等相继推出了三相电子式多功能电能表和电子式多费率电能表;河南驻马店电表厂引进了德国 EMH 公司的三相电子式电能表技术;河南思达电子仪器股份有限公司、黑龙江龙电电气有限公司等许多公司和企业也相继研制开发出了多种类型、规格的单相和三相电子式电能表。经过引进、消化和吸收,我国电子式电能表的研制与生产已开始进入创新和符合国情的快速发展阶段。

电子式电能表产品向多功能方向发展,在编程、抄表技术方面已由最初的人工操作进步到目前应用广泛的抄表器自动编程抄表,并正由本地向远程编程抄表方面拓展。同时,电子式电能表线性度高、过载能力强、功耗低、抗高次谐波干扰能力强、灵敏度高、具备防窃电能力并带分时计费功能,即具有较高的技术附加值,适合现代电能管理的需要。电力工业的发展需要电能计量仪表制造业的进步与之相适应。发电、输电、配电和用电均需要准确地计量电能。在世界性能源匮乏的今天,电能的节约与更有效利用意义重大。

综上所述,电子式电能表具有准确度高、功能扩展性强、易于实现多费率和通信等一系列优点,在现代电能计量与管理中逐步占据主导地位。

习 题

1.电力系统的运行控制目标是什么？电网调度自动化系统的结构和功能是什么？

2.配电自动化系统的结构、组成和功能是什么？

3.什么是智能电网？我国智能电网的结构怎样？

4.在电力系统中,电力参数测量仪表主要有哪些？

5.电压的测量方法有哪些？有效值测量方法有哪些？有哪几种模拟乘法器？

6.高频频率如何测量？低频频率如何测量？

7.电能是指使电以各种形式做功(即产生能量)的能力,是科学技术发展、人民经济飞跃的主要动力。电能有严格的质量标准,即频率、电压和波形三项指标。在我国频率允许的波动范围是多少赫兹？ 使频率稳定的关键是什么？

8.电能也有严格的质量标准,即频率、电压和波形三项指标。在我国电压允许的波动范围是多少？ 使电压稳定的关键是什么？具体的调压措施有哪些？

第 2 章　电力参数测量

2.1　电压的测量

如前所述,电压通常根据被测的数值分为高、中、低三个范围。高、低压的测量方法在第 1 章中已经简单介绍了,本章重点介绍中压的测量方法。

交流电压的测量,多数情况需要测量电压的有效值。交流电压的测量方案主要有两种:一种是通过交直流变换器,把交流电压转换成相应的直流电压进行测量,由于交流电压可以用平均值、有效值、峰值表征,对于一个已知波形,这三者之间有一定的关系,因此也就出现了平均值变换器、有效值变换器和峰值变换器;另一种是根据定义,采用数字化测量技术进行。

在交流电压测量中,如果能够按照定义直接得到电压的有效值,这样的变换器称为真有效值变换器。非正弦电压的有效值不能用峰值或平均值予以换算,因此在实际应用中,交流电压的有效值比峰值、平均值更为常用。

热电偶式变换器是真有效值变换器的一种,几乎不存在原理误差,不受波形、频率的影响,简单可靠。但由于热电偶具有内阻低(从被测量信号吸收的功率大)、响应速度慢、受环境影响大、刻度非线性等特征,因此目前在计量校准仪器上应用较多,在工程上应用很少。

2.1.1　电压测量取样用电压互感器

交流电压的测量常使用电压互感器,电压互感器将高压信号变换成低压信号,并起到隔离的作用。电压互感器是一种仪用互感器,副边工作在近于空载状态,如图 2.1 所示。

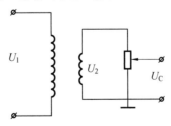

图 2.1　电压互感器

电压互感器与功率变压器的不同之处在于,功率变压器是用来传递能量的,主要考虑的是效率,而电压互感器是用来测量电压的,对它的要求主要是准确度高、线性度好。从互感器的等值电路看,为了实现高准确度,就必须减小空载电流。因而电压互感器铁芯采用高导磁材料制成,并从工艺上降低漏磁。为了有较好的线性度,电压互感器要工作在低磁通密度状态下(从准确度考虑,也不容许工作在磁饱和状态)。

另外,由于电压互感器容量小,又工作在近于开路状态,原副边导线很细,不能出现短路,因此为了人身安全经常接有熔断器保护,且电压互感器副边的一端要求接地。

2.1.2　电压的平均值测量方法

由于在实际电压测量中,总是将交流电通过检波器变换成直流电压再进行测量,因此在电压测量中,平均值一词通常是指交流电压检波以后的平均值。根据检波器的种类又分为半波平均值 $\overline{U}_{+\frac{1}{2}}$、$\overline{U}_{-\frac{1}{2}}$ 及全波平均值 $\overline{U}$,其数学定义为

$$\overline{U}_{+\frac{1}{2}} = \frac{1}{T}\int_0^T U(t)\,\mathrm{d}t, \quad (U(t) \geqslant 0)$$

$$\overline{U}_{-\frac{1}{2}} = \frac{1}{T}\int_0^T U(t)\,\mathrm{d}t, \quad (U(t) < 0)$$

$$\overline{U} = \frac{1}{T}\int_0^T |u(t)|\,\mathrm{d}t$$

对不含直流成分的纯交流电压来说,$\overline{U} = 2\overline{U}_{+\frac{1}{2}} = 2\overline{U}_{-\frac{1}{2}}$。在电压测量中,若不加说明,平均值是指全波平均值。

平均值检波器输出的直流电压(或流过指示电流表的电流)正比于输入交流电压的平均值。平均值检波器有半波式和全波式两种,其原理电路如图 2.2 所示,其中图 2.2(a)(b)为半波平均值检波器,图 2.2(c)(d)为全波平均值检波器。

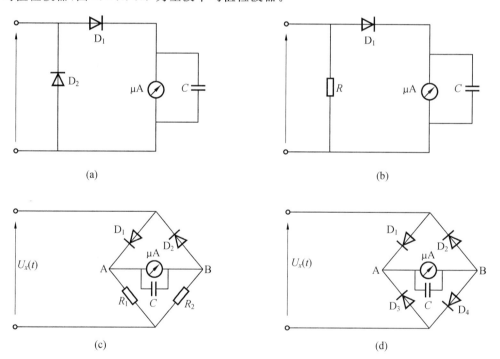

图 2.2　平均值检波器原理电路

平均值检波电路中,与微安表(μA)并联的电容器 C 用来滤除检波后电流中的交流成分,以避免表针因流过交流电流而抖动,并消除其在微安表动圈电阻上产生的热损耗。流过微安表的电流正比于被测电压的半波平均值或全波平均值,因为微安表动圈转动的惯性,其指针将

指示其平均值。

平均值检波器与峰值检波器在电路形式上虽相同,但二者却有很大差别,峰值检波器中电容器的充电时间常数比放电时间常数小得多,而平均值检波器中的电容器充、放电时间常数近似相等。

平均值检波器中,由于检波二极管在被测电压整个周期内都导电,因此其输入阻抗很低。一般在检波器前面接有放大器,组成放大 — 检波式电子电压表,以提高电压表的输入阻抗和灵敏度。对放大器的要求是:放大倍数足够大,以提高灵敏度;增益稳定,以减小测量误差;输入阻抗高,以避免对被测电路的影响;输出阻抗低,以便连接检波器;通频带宽,以使可测电压频率范围宽。

平均值检波器电路简单,灵敏度高,波形失真小,因此得到了广泛的应用。平均值检波器一般都用于放大 — 检波式的毫伏电压表中。

平均值在电路上的实现常使用线性检波器。为了获得转换精度高、线性度好、频率范围宽和动态过程短的检波效果,通常采用运算放大器的负反馈特性克服二极管检波的非线性,构成线性检波器,也称平均值检波器。

图 2.3 所示为反相半波检波器。当输入信号 $U_i > 0$ 时,运放的输出电压小于 0,二极管 D_2 导通,D_1 截止,运放处于深度负反馈状态,检波器的输出电压 $U_o = 0$。当 $U_i < 0$ 时,D_2 截止,D_1 导通,$U_o = -\dfrac{R_2}{R_1}U_i$,即输出电压与输入电压成正比,实现了线性检波。其中 D_1 为检波二极管,由于它接至运放组成的反相比例放大器的深度负反馈环内,因此有效地克服了非线性,D_2 的接入是为了防止当 $U_i > 0$ 时因为 D_1 的截止,造成运算放大器的开环使用。

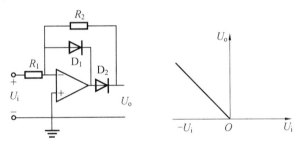

图 2.3　反相半波检波器

2.1.3　交流电压峰值的测量

任意一个周期性的交流电压 $u(t)$,在一个周期内所出现的最大瞬时值,称为该交流电压的峰值,以 U_P 表示。峰值有正峰值(U_{P+})和负峰值(U_{P-})之分,其几何意义如图 2.4 所示。

峰值检波器输出的直流电压正比于输入的交流电压的峰值。其主要形式有串联式峰值检波器、并联式峰值检波器和倍压式峰值检波器。

1. 串联式峰值检波器

串联式峰值检波器由检波二极管 D、检波电容 C 和检波负载电阻 R 组成。串联式峰值检波器原理电路和检波波形如图 2.5 所示。由于检波二极管 D 和检波负载电阻 R 串联,故称为串联式峰值检波器。串联式峰值检波电路元件参数满足

$$RC \gg T_{max}, \quad R_d C \ll T_{min}$$

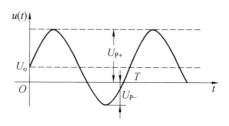

图 2.4　交流电压峰值的几何意义

$T_{\max}$ 和 $T_{\min}$ 分别是被测信号的最大周期和最小周期,R_{d} 包括二极管正向导通电阻及被测电压的等效信号源内阻。由于充电时间常数小,放电时间常数大,因此 $\overline{U}_{\mathrm{C}} = \overline{U}_{\mathrm{R}} \approx U_{\mathrm{P}}$,实际上检波器输出电压的平均 $\overline{U}_{\mathrm{C}}$ 值略小于 U_{P},用 K_{d} 表示峰值检波器的检波系数,则有

$$\overline{U}_{\mathrm{C}} = \overline{U}_{\mathrm{R}} = K_{\mathrm{d}} U_{\mathrm{P}}$$

式中,K_{d} 略小于 1。

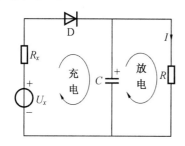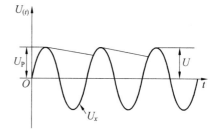

图 2.5　串联式峰值检波器原理电路和检波波形

由于检波电容器 C 能快速充电,而又极缓慢地放电,因此电容器两端的平均电压与被测电压的峰值 U_{P} 近似相等。如果用一个高内阻的直流电压表来检测负载电阻 R 上的电压,就可以直接用来测量交流电压的峰值。

由上述可见,峰值检波器中电容器因充放电时间不等而维持其上电压为输入电压的峰值,检波二极管只在一个周期的很小部分(输入电压峰值附近)导通,故峰值检波器的输入阻抗很大,可以直接接到被测电路进行测量,而不致改变被测电路的状态。同时为了避免引线电感和分布电容对测量的影响,常把检波器做成一个精巧的探头,就近接到被测量点以尽量缩短测量引线。

2. 并联式峰值检波器

图 2.6 所示为并联式峰值检波器原理电路和检波波形,元件参数 $RC \gg T_{\max}$,$R_{\mathrm{d}}C \ll T_{\min}$。在 U_x 正半周,通过二极管 D 迅速给电容 C 充电;在 U_x 负半周,电容上电压经过电压源及 R 缓慢放电,电容 C 上平均电压接近 U_x 峰值,即

$$U_{\mathrm{C}} \approx U_{x\mathrm{P}}, \quad U_{\mathrm{R}} = U_x - U_{\mathrm{C}} \approx U_x - U_{x\mathrm{P}}, \quad |\overline{U}_{\mathrm{C}}| = |\overline{U}_{\mathrm{R}}| \approx U_{\mathrm{P}}$$

3. 倍压式峰值检波器

为了提高检波器输出电压,实际电压表中还采用了倍压式峰值检波器,其原理电路和检波波形如图 2.7 所示。在 U_x 负半周,U_x 经 D_1 给电容 C_1 充电,U_{C1} 迅速达到 U_x 峰值;在 U_x 正半周,U_{C1} 和 U_x 串联经 D_2 给电容 C_2 充电,U_{C2} 迅速达到 U_x 峰值,即 $U \approx 2U_{\mathrm{P}}$。

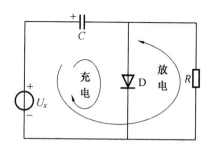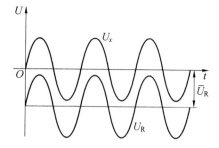

图 2.6　并联式峰值检波器原理电路和检波波形

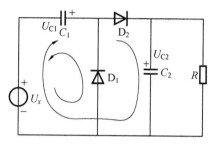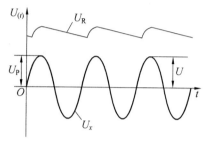

图 2.7　倍压式峰值检波器原理电路和检波波形

　　由于检波负载电阻 R 很大，不能直接串接电流表来测量，因此峰值检波器后面必须接入输入阻抗大而输出阻抗小的阻抗变换电路（如射极跟随器）及放大器等，组成检波－放大式电子电压表。因为放大器用于放大检波后的直流电压，因此必须是直接耦合放大器，并要求其增益高而零漂小，输入阻抗大，输出阻抗小。

　　并联式或倍压式峰值检波器在检波－放大式超高频毫伏电压表中经常出现。

　　图 2.8 所示为同相型多重反馈峰值检波实用电路。A_1、A_2 一般选择具有频带宽和高输入阻抗的运放。其原理是：当 $U_i > 0$ 时，D_2 截止，D_1 导通，A_1 的输出经 R_2、D_1、R_1 向电容 C 充电；R_f 组成深度电压负反馈，减小了二极管 D_1 的非线性误差；D_2 是防止 $U_i < 0$ 时，运放 A_1 开环运行。同时 R_2、R_1、C 构成滞后补偿网络，从而增大了检波器的稳定度。

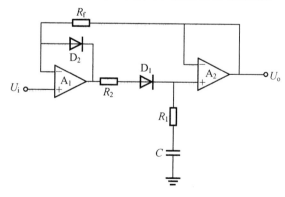

图 2.8　同相型多重反馈峰值检波实用电路

　　对于一次性的峰值检波，如要测量一个脉冲的峰值，由于脉冲上升沿很陡，因此要求电容值减小，使得电容充电结束时电容两端的电压更加接近峰值；而当脉冲过去后又要求电容上的电压尽量能保持较长的一段时间，以便利用 A/D 转换将其转换为数字量，即实现"快采、慢测"。为此可采用两级峰值检波器,第一级解决"快采"问题,第二级解决"慢测"问题。

2.1.4 电压的有效值测量方法

在实际工作中,经常说某一交流电压多少伏,这里所说的"多少伏"就是电压的有效值。有效值的物理意义是:交流电压一个周期内,当一纯电阻负载中所产生的热量与另一直流电压在同样情况下产生的热量相等时,这个直流电压的值就是该交流电压的有效值,记为 U_{rms}。数学上,有效值与均方根同义,有

$$U_{rms} = \sqrt{\frac{1}{T}\int_0^T u^2(t)\,dt} \tag{2.1}$$

由式(2.1)可以看出,要获得有效值(均方根)响应,必须使 A/D 转换器具有平方律关系的伏安特性。

在实际应用中,交流电压的有效值比峰值、平均值更为常用。因为非正弦电压的有效值不能用峰值或平均值予以换算。

波峰系数等于被测电压的峰值与有效值之比,即

$$K_P = \frac{U_P}{U_{rms}} \tag{2.2}$$

纯正弦交流电压的波峰系数为 $K_P = \sqrt{2}$。

波形系数等于有效值和平均值之比,用 K_f 表示。正弦波波形系数为 1.11。实际测量中,遇到的往往是失真的正弦波,且难以知道其波形参数(K_P 和 K_f),在此情况下,根据波形参数以电压的平均值或峰值来标定有效值就不准确了,应该采用真有效值变换的测量方法。

在交流电压测量中,如果能够按照定义直接得到电压的有效值,这样的变换器称为真有效值变换器。有效值电压表内部所使用的检波电路为有效值检波器,其输出直流电压正比于输入交流电压的有效值。目前常用四种有效值检波器,并且除特殊情况外,各类电压表的示值一般都是按正弦波有效值确定的。常用的有效值检波器有如下四种。

(1)二极管平方律检波式有效值检波器。

根据半导体二极管在其正向特性的起始部分具有近似的平方律关系进行检波。

半导体二极管在其正向特性的起始部分,具有近似的平方律关系,如图2.9所示。图中 E_0 为偏置电压,当信号电压 U_x 较小时,有

$$i = k[E_0 + U_x(t)]^2 \tag{2.3}$$

式中,k 是与二极管特性有关的系数(称为检波系数)。因为电容 C 的积分(滤波)作用,流过微安表的电流正比于 I 的平均值 $\bar{I}$,$\bar{I}$ 的表达式为

$$\begin{aligned}
\bar{I} &= \frac{1}{T}\int_0^T i(t)\,dt \\
&= kE_0^2 + 2kE_0\left[\frac{1}{T}\int_0^T U_x(t)\,dt\right] + k\left[\frac{1}{T}\int_0^T U_x^2(t)\,dt\right] \\
&= kE_0^2 + 2kE_0\bar{U}_x + kE_{xrms}^2
\end{aligned} \tag{2.4}$$

式中,kE_0^2 为静态直流电压,可通过调零电路抵消。又因为 $\bar{U} = 0$,所以

$$\bar{I} = kU^2 \tag{2.5}$$

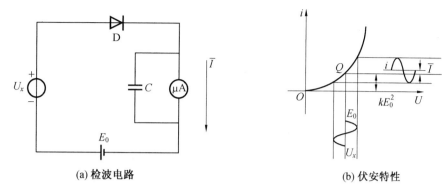

(a) 检波电路　　　　　　　　　(b) 伏安特性

图 2.9　　二极管的平方律关系

（2）分段逼近式有效值检波器。

根据有效值的定义，要求有效值检波器应具有平方律关系的伏安特性。分段逼近式有效值检波器是利用二极管正向特性曲线的起始部分，电压与电流近似成平方关系，从而进行有效值的转换。

检波器的输出与交流电压有效值的平方成正比，因此表头刻度是非线性的。采用这种检波器的电压表使用的元件较多，电路较为复杂。

图 2.10 所示为分段逼近式有效值检波电路及其平方律伏安特性。

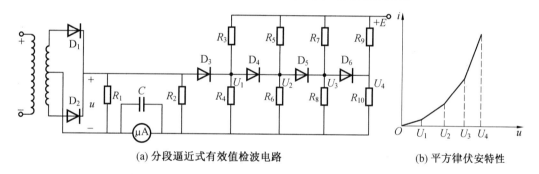

(a) 分段逼近式有效值检波电路　　　　　　　　(b) 平方律伏安特性

图 2.10　　分段逼近式有效值检波电路及其平方律伏安特性

分段逼近式有效值检波电路工作原理如下。

由二极管 $D_3 \sim D_6$ 和电阻 $R_3 \sim R_{10}$ 构成的链式网络相当于与 R_2 并联的可变负载。接在宽带变压器次级的二极管 D_1、D_2 对被测电压进行全波检波。输入电压越高，导通的二极管个数越多，与 R_2 并联的总电阻越小，微安（μA）表头的分压比越大，可使其伏安特性成平方律关系，而使流过微安表的电流正比于被测电压有效值的平方。

（3）热电转换式有效值检波器。

热电转换式有效值检波器利用热电效应及热电偶的热电转换功能来实现有效值的变换。将交流电压有效值转换为直流电压。由于存在热惯性，采用热电转换式的有效值电压表需要等指针偏转稳定后再读数，因此这种电压表响应速度慢，过载能力差。

（4）计算式有效值检波器。

计算式有效值检波器包括最陡急降式、对数反对数式和采样计算式等类型。

由于热电偶式有效值电压表存在两个缺点：一是有热惯性，加电后要等到指针偏转稳定后才能读数;二是加热丝过载能力差,容易烧坏,因此在现代电压表中广泛应用模拟计算式有效值检波器,即利用集成乘法器、积分器和开方器等计算电路,按有效值的定义,直接完成有效值的计算。

无论被测电压是正弦波还是非正弦波,有效值电压表测量得到的都是有效值,其表头读数都为待测电压的有效值,不需要进行波形换算,理论上不存在波形误差,因此也称为真有效值电压表。

但在实际测量中,当利用有效值电压表测量非正弦波时,一方面受到电压表线性工作范围的限制,当测量波峰因数大的非正弦波时,有可能削波,使得这部分波形得不到相应测量,另一方面受到电压表带宽限制,使高次谐波受到损失。这两个原因会导致波形产生误差,使得电压表的读数偏低。

在测量非正弦电压时,有效值电压表的测量误差最小,其次是平均值电压表,峰值电压表的测量误差最大。

1. 最陡急降有效值检波器

能直接测量真有效值的检波器称为有效值检波器。有效值检波器的原理图如图 2.11 所示。A_1、A_2 为差分放大器,A_3 为倒相器,A_4 为积分器,M 为乘法器。

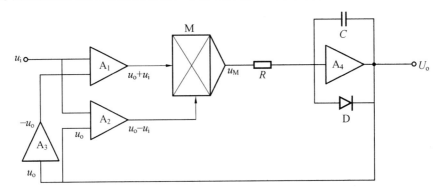

图 2.11 有效值检波器的原理图

由图 2.11 可知

$$u_M = K(u_o^2 - u_i^2) \tag{2.6}$$

式中,K 为 M 的传递系数。

将 u_M 分解为傅里叶级数的直流分量为

$$a_0 = \frac{1}{T}\int_0^T K(u_o^2 - u_i^2)\mathrm{d}t = Ku_o^2 - \frac{K}{T}\int_0^T u_i^2 \mathrm{d}t = K\left(u_o^2 - \frac{1}{T}\int_0^T u_i^2 \mathrm{d}t\right) \tag{2.7}$$

式中,后一项为 u_i 的有效值的平方。

从而得到 $a_0 = K(u_o^2 - u_i^2)$。乘法器的输出进入积分器后,交流分量被消除,只有直流分量起作用,其输出为

$$U_o = -\frac{1}{RC}\int_0^T K(u_o^2 - u_i^2)\mathrm{d}t \tag{2.8}$$

当 $u_o > u_i$,即 $u_o^2 - u_i^2 > 0$ 时,积分后使得 U_o 减小;反之当 $u_o < u_i$ 时,积分后使得 U_o 增加。因为系统的负反馈作用,最终必然达到 $u_o^2 - u_i^2 = 0$,即 $u_o^2 = u_i^2$,也即输出 U_o 的值就是输入 u_i 的有效值。

另外，即使 $u_o < 0$，$|u_o| > 0$，而 $u_o^2 - u_i^2 > 0$，这将会使得积分器的输出 U_o 朝着反方向继续增大，使系统变为正反馈，所以必须加二极管 D 使输出总是大于零。

2. 对数反对数原理的真有效值测量

AD536、AD636、AD637、AD736、AD737 都是有效值测量集成电路，其中 AD736 低价、低功耗的真有效值(true RMS)测量芯片可以对输入信号进行真有效值、平均整流值和绝对值的测量。它们实现真有效值测量的原理就是对数反对数原理，如图 2.12 所示。

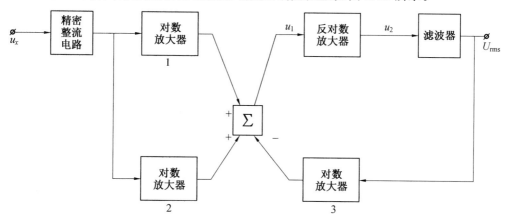

图 2.12　对数反对数原理

对数反对数原理线路由 3 个完全相同的对数放大器、1 个反对数放大器、1 个总加器和 1 个滤波器组成。被测电压 u_x 首先经过精密整流电路变成直流脉动电压(不滤波)，然后分别接到两个对数放大器 1 和 2，变换器的输出电压 U 反馈到另一个对数放大器 3。这 3 个对数放大器的输出通过总加器和差变为 u_1，然后接到反对数放大器上，其输出变为 u_2，u_2 经过滤波器取平均即为所需的输出 U，$U = U_{rms}$，其间的运算关系为

$$u_1 = \lg u_{x(1)} + \lg u_{x(2)} - \lg U = \lg \frac{u_x^2}{U} \tag{2.9}$$

$$u_2 = \lg^{-1} u_1 = \frac{u_x^2}{U} \tag{2.10}$$

而

$$U = \overline{u_2} = \frac{\overline{u_x^2}}{U}$$

所以

$$U^2 = \overline{u_x^2}$$

$$U = \sqrt{\overline{u_x^2}} = U_{rms} \tag{2.11}$$

这种变换量程宽、过载能力强、响应快、可以用于波峰系数为 7 以下电压有效值的变换，应用广泛。但对于高频电压，会因为放大器的频率特性问题影响测量准确度，需要增加高频补偿电路。

3. 真有效值测量精度与谐波的关系

如果采用真有效值测量电路，则从理论上讲测量精度与波形无关。但因受具体电路特性的限制，测量精度与波形有一定的关系。具体来说，主要是受电路的频率响应和可能被测幅度的范围所限制，以致造成有效值相等，但波形不同的被测信号，可能有一部分信号的高次谐波

分量超出了电路的允许频率范围,从而导致精度下降。

任何非正弦信号,都可以按傅里叶级数展开,凡超过有效值测量电路频响之外的高次谐波分量都将被滤除,以致造成测量误差。下面以方波为例来说明。

方波的傅里叶级数展开式为

$$U = \frac{4A}{\pi}\left(\sin \omega t + \frac{1}{3}\sin 3\omega t + \frac{1}{5}\sin 5\omega t + \cdots\right) \qquad (2.12)$$

式中,A 为方波的幅值。

方波的有效值是

$$U_{rms} = \frac{4A}{\sqrt{2}\pi}\sqrt{1 + \left(\frac{1}{3}\right)^2 + \left(\frac{1}{5}\right)^2 + \cdots} = A \qquad (2.13)$$

假定基波频率是 1 kHz,仪器通频带是 20 kHz,则仪器实际测的只是 1~19 次谐波的有效值,即

$$U_{rms} = \frac{4A}{\sqrt{2}\pi}\sqrt{1 + \left(\frac{1}{3}\right)^2 + \left(\frac{1}{5}\right)^2 + \cdots + \left(\frac{1}{19}\right)^2} \qquad (2.14)$$

则误差为

$$\Delta = \frac{U_0 - U_1}{U} = \frac{U_0 - A}{A} \approx -1\%$$

显然,信号频率越高,误差就越大。若方波的频率为 20 kHz,则此时误差为

$$\Delta = \frac{4}{\sqrt{2}\pi} - 1 \approx -9.96\%$$

因波峰因数 $K_P = \dfrac{峰值}{有效值}$,虽然有效值相等,但波峰因数不同的信号其峰值也各不相同。波峰因数越大,峰值就越大。此时,信号有效值可能在测量的量程范围之内,但由于波峰因数太大,其幅值可能会超过测量电路的最大动态范围,因此引起误差。另外,即使测量电路的动态范围足够大,但是高波峰因数信号的高次谐波分量比较丰富,结果超出测量电路的通频带,因此也会引起误差。

测量有效值时,常常按放大器的动态范围给出波峰因数的指标,然后再根据通频带,采用方波来计算出测量误差与脉冲频率的关系。

2.1.5 电压的数字采样测量方法

现代电子技术及微型计算机的发展,推动了等间隔多点采样计算法的工程应用。其不但简化了系统的硬件结构,提高了电压测量的准确度,而且也为功率测量、波形分析等提供了条件。目前这种方法在智能化仪表中也得到了广泛的应用,虚拟仪器技术的出现使得对电力参数的测量变得高效、简单。

电压的数字采样测量原理如图 2.13 所示,图 2.13(a) 所示为这种方法的原理框图。计算机通过 A/D 转换器、采样保持器和通道开关获得被测电压波形的离散点数据(瞬时值)u_0,u_1,$\cdots$,u_{n-1},u_n,将这些离散数据点送入微处理器进行数据处理,所得波形图如图 2.13(b) 所示。然后采用数值分析中的梯形法求定积分的公式求得交流电压的有效值和平均值,通过搜索内存法得到波形的正负峰值,由此还可以求出电压波形的波峰系数。

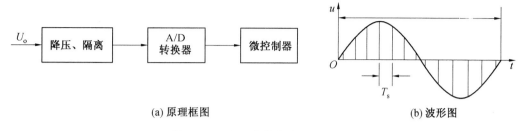

(a) 原理框图　　　　　　　　　　　　　　(b) 波形图

图 2.13　电压的数字采样测量原理

图 2.13(b) 中电压波形的周期为 T,每个周期采样点数为 $n+1$,采样周期为 T_{s},则交流电压有效值为

$$U_{\mathrm{rms}} = \sqrt{\frac{T_{\mathrm{s}}}{T}\left[\frac{1}{2}(u_0^2 + u_n^2) + u_1^2 + u_2^2 + \cdots + u_{n-1}^2\right]}$$

交流电压平均值为

$$\overline{U} = \frac{T_{\mathrm{s}}}{T}\left[\frac{1}{2}(u_0 + u_n) + u_1 + u_2 + \cdots + u_{n-1}\right]$$

这里有两个因素影响测量准确度,如下:

(1) 采样频率(应该满足采样定理);

(2) 被测信号的频率有可能是变化的,这时如果不相应改变采样频率就不能保证测量准确度。

2.2　电流的测量

电流的测量一般按电流的强弱分为大、中、小三个范围。对于直流电流:$10^2 \sim 10^5$ A 为大电流;$10^{-6} \sim 10^2$ A 为中等电流;$10^{-17} \sim 10^{-6}$ A 为小电流。对于交流电流:$10^3 \sim 10^5$ A 为大电流;$10^{-3} \sim 10^3$ A 为中等电流;$10^{-7} \sim 10^{-3}$ A 为小电流。

2.2.1　直流大电流的常用测量方法

1. 分流器法

分流器法常用于 10 kA 以下电流的测量,具有结构简单、牢固可靠、抗干扰能力强等特点。现已有准确性为 0.1% ~ 0.5%,测量范围为 0 ~ 10 kA 的分流器。但分流器与被测电路有电的联系,所以安装使用不便,且体积庞大,笨重。

2. 直流互感器法

直流互感器法与被测电路无直接电的联系,安装较为方便,测量准确度一般为 0.5% ~ 1%。近年来,出现了各种补偿式直流互感器,使得测量准确度得到提高(可达 0.02%),测量范围为 0 ~ 200 kA。

直流互感器的工作原理就是饱和电抗器的原理。其一次绕组相当于饱和电抗器(SR)的直流控制绕组,而二次绕组则相当于交流绕组。

饱和电抗器是一种无功补偿装置,由一个多相的谐波补偿自饱和电抗器与一个可投切电容器并联组成。饱和电抗器对无功功率实施控制,而电容器提供超前功率因数的偏置。简单的铁芯饱和电抗器不能作为这种补偿器来使用,因为它会导致电压和电流波形的严重畸变。

饱和电抗器的谐波通过采用特殊设计的多路耦合芯式三－三型电抗器来最小化。这种电抗器由 9 个等距分布的铁芯构成,在任何时刻,9 个铁芯中只有一个是非饱和的。此外,每个铁芯在每个周期的正向和负相交替饱和一次,这样,1 个周期内就有 18 种不同的非饱和状态。这个过程导致产生的特征谐波次数为 $18k\pm1(k=1,2,3,\cdots)$ 次,也就是 17、19、35、37 等次谐波。饱和电抗器的附加内部补偿将谐波水平进一步削弱到小于 2%,因此减小了采用外部滤波器的必要性。

直流互感器基本线路如图 2.14 所示,图 2.14(a) 为其原理图,图中铁芯上一次绕组 N_1 通过直流电流 I_1,二次绕组 N_2 接交流电压 U_2。则当改变电流 I_1 时,由于铁芯中磁导率 $\mu(\mu=B/H)$ 的改变,绕组 N_2 的总阻抗也会改变,从而改变了取自交流网路的电流 I_2。这是直流互感器的基本原理。

但是这样的结构还不同于直流互感器,因为交流电流 I_2 仅在一个半波周期的时间内与被测量的直流电流 I_1 成比例。

通常直流互感器用两个相同的铁芯(A、B),铁芯上的一次和二次绕组的结法为,在交流电压 U_2 的一个半波周期内,一个铁芯中的直流磁通与交流磁通方向相同,另一个铁芯中交、直流磁通则反向;在下个半波周期内两铁芯中磁通作用相反,如图 2.14(b)(c) 所示。两个铁芯轮换工作,直流互感器在整个周期连续工作,且交流绕组的相反联结,使两个一次直流绕组中交流电势相反,相互抵消了。

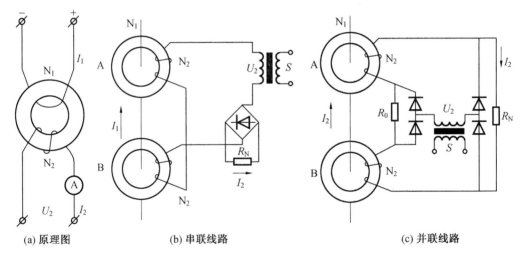

(a) 原理图   (b) 串联线路   (c) 并联线路

图 2.14　直流互感器基本线路

直流互感器二次电流 I_2,可以用直接接在二次回路的电磁式电流表测量。但二次电流常用桥式固体整流器整流,则可用磁电式有等距刻度的电流表测量,该电流表灵敏度高且损耗小。

直流互感器有串联、并联两种基本线路。串联线路还可以在二次侧加中间交流互感器,然后整流,使之具有二级电流比,便于测量大电流。

3. 直流比较仪法

直流比较仪法测量范围为 $0\sim20\ \text{kA}$,测量准确度高达 0.000 01%。但要求被测电流稳定,且仪器中所用磁芯的要求较高,所以一般用于校验仪器。

4. 霍尔效应法

用被测电流产生的磁场在霍尔元件片上感应的电势确定被测电流,或用霍尔元件作为直流比较仪中的零磁通检测器。后者测量范围为 $0 \sim 200$ kA,准确度可达 0.2％,且抗干扰能力强,是一种很有前途的方法。

5. 磁位记法

磁位记法是一种轻巧的测量装置,被测电流范围几乎不受限制,抗外磁场能力强,测量准确度可达 0.5％。

6. 核磁共振法

核磁共振法把被测电流转换成磁感应强度,再转换成核磁共振频率,测量装置可直接用数字频率表读取,属于绝对测量的范畴,是测量技术发展的方向。目前已有准确度达 0.05％,可测 200 kA 的装置。

2.2.2　交流大电流的常用测量方法

1. 互感器法

互感器法在工频范围内多采用互感器。近年来新研制出的零磁通补偿型电流互感器准确度达到 0.01％,测量范围为 $0 \sim 10$ kA。

2. 磁位计法

磁位计法使被测电流的变化在磁位计里产生感应电势,再由积分、放大、存储等环节组成电子测量设备。可测稳态及暂态大电流,测量范围由几百安培至几万安培,准确度可达 0.5％。

3. 磁光效应法

磁光效应法利用线性偏振光通过磁场作用下的介质时,其偏振方向会旋转,旋转角正比于磁场沿光线路径的线积分原理确定被测电流。这种方法适于测量高压大电流,因为只需将磁光物质置于被测电流附近,其他装置可远离测量点,所以安全、方便。这种测量方法的频率响应好,可用于高频大电流的测量,但准确度不高,一般仅为 1％ $\sim$ 5％。

对微电流(10^{-9} A 以下)的测量也可采用测量微小电压所用的方法。本节主要讨论中等量值范围电流的测量方法。

2.2.3　中等电流的几种常用测量方法

1. 在被测电路中直接串入电阻的方法

图 2.15 所示为在被测电路中直接串入电阻进行取样的方法。取样电压一般要经过放大器放大再接到测量装置上。

为达到一定的测量准确度,对电阻 R 有一些特殊的要求,如下。

(1)电阻 R 的数值选择要合理,要与 R 所通过的电流相适应。R 过大,会对被测电流产生较大影响。但从 R 上取得的电压值也不能太微弱,否则也会影响测量准确度。一般使电阻上的电压为 $40 \sim 100$ mV。

(2)电阻 R 的热稳定性要好,须采用电阻温度系数小的材料制作。同时,结构上要注意满足电阻 R 的允许功耗和散热条件,一般应使 R 的允许功耗比实际功耗大几倍。

(3)在交流电路中,特别是频率较高的情况下,电阻 R 必须选择无感电阻,并且在线路的

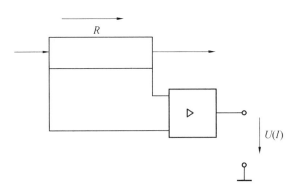

图 2.15　在被测电路中直接串入电阻

连接上要注意减小电感和分布电容。

（4）电阻 R 最好是四端钮电阻，即具有一对电流接点串联到电路，一对电位接点引出电压，以降低接触电阻对准确度的影响；对于大电流测量，最好采用标准化的分流器。

（5）为了避免对测量电路产生不良影响和危险，放大器通常采用隔离放大器。

2. 电流互感器法

电流互感器副边接电阻取样如图 2.16 所示。交流电路中串接一电流互感器（原边），电流互感器的副边接一电阻 R，从 R 上取得电压接到放大器或交直流变换器上。电阻 R 除数值大小由互感器的容量伏安值决定外（一般常用电流互感器为 10 V·A 或 5 V·A），也要考虑图 2.16 线路对取样电阻 R 的要求。

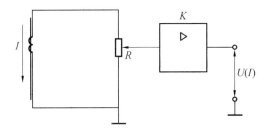

图 2.16　电流互感器副边接电阻取样

电流互感器有以下作用。

（1）原副边电路起到了电隔离作用。

（2）对交流大电流进行测量时，电阻直接串入被测电路，损耗太大。通过电流互感器副边接入电阻，折算到原边电路，电阻值很小，对工作电路的影响可以减小。但是电流互感器的接入对瞬态电流的测试（如短路电流）是不利的。

电流互感器的工作原理如下。

电流互感器与电压互感器一样，也是一种仪用互感器，所不同的是其副边工作在近乎短路的状态。电流互感器的初级和次级的安匝数是常数，图 2.17 所示为其等值电路。

电流互感器的设计制造工艺有较高的要求，具体如下。

（1）必须采用高导磁材料，并工作在低磁密状态下，在整个量程内不出现饱和，保证 Z_m 足够大。

（2）在工艺上保证原副边耦合好，使漏抗尽量减小。

由于电流互感器副边匝数远大于原边，因此在使用时副边绝对不允许开路。否则，会使原

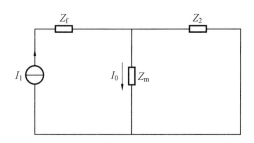

图 2.17 电流互感器等值电路

边电流完全变成激磁电流,铁芯达到高度饱和状态使铁芯严重发热并在副边产生极高的电压,引起互感器的热破坏和电击穿,并对人身及设备造成伤害。

此外,为了人身安全,互感器副边一端必须可靠接地(安全接地)。

对直流大电流的测量也广泛采用直流互感器,关于直流互感器的工作原理请参看有关资料,此处不再赘述。

2.3 频率和相位测量

2.3.1 频率的测量

现代电子技术的发展和标准频率源的建立,使得频率的测量方法、测量范围和测量准确度获得了迅速的发展。

目前,利用标准频率和被测频率进行比较来测频是广泛采用的方法,计数法测频是这种方法的代表,数字频率计不但可以完成频率的测量,还可以测量周期、时间间隔等。随着微型计算机应用技术的发展,测频技术和方法将更加灵活多样。

1. 计数法测频的原理

频率是单位时间内被测信号重复出现的次数,即

$$f = \frac{N}{t} \tag{2.15}$$

计数法测频就是按此定义设计的测量方案,其原理如图 2.18 所示。被测信号 f_x 接输入 A 端,经过整形放大,变成脉冲信号送往闸门,而控制闸门开与关的标准时间间隔(时基)由振荡器整形放大再分频后产生,分频的宽度是可调的。这样,在闸门开启时间内通过 A 端输入的脉冲数与开启时间之比即为频率。使开启时间 t 均为 $10N$ (s)(N 为任意整数),即可从显示器上直读被测频率。

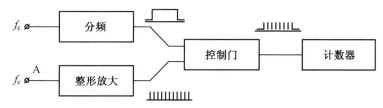

图 2.18 计数法测频原理

根据式(2.15)用计数法测频时,频率测量的误差为

$$f_x = \frac{\Delta N}{t} - \frac{N}{t^2}\Delta t \tag{2.16}$$

总相对误差一般可采用分项误差绝对值合成,即

$$\frac{\Delta f_x}{f_x} = \left|\frac{\Delta N}{N}\right| + \left|\frac{\Delta t}{t}\right| \tag{2.17}$$

(1) 计数法测频的量化误差。根据数字技术原理,计数电路可能存在 ±1 个脉冲误差,这是量化误差,也是理论误差,即 $\Delta N = \pm 1$ 是不可避免的。延长计数时间(控制闸门的时基增大),或者将 f_x 倍频,使 N 增大,可使相对误差减小。但由于受计数器位数的限制,N 不可能太大。

一般情况下,由于晶体振荡器的频率稳定度很高,因此 $\Delta f_c / f_c$ 远小于 $1/N$。所以,频率测量误差主要是量化误差,频率越低,相对误差就越大。

(2) 闸门开启时间误差。式(2.17)中 Δt 为闸门开启时间误差,即时基误差,主要取决于晶体振荡器频率 f_c 的稳定度和准确度。此外也会受分频电路等开关速度及其稳定性的影响。

所以有

$$\frac{\Delta t}{t} = \frac{\Delta f_c}{f_c}$$

因此,式(2.17)就可写成

$$\frac{\Delta f_x}{f_x} = \frac{1}{N} + \frac{\Delta f_c}{f_c}$$

2. 计数法测周期

同一个频率计通过转换开关稍作变动也可以用来测信号周期,图 2.19 所示为周期测量原理框图。被测信号 T_x 由 B 端输入,经过整形、放大、分频(m 倍)后控制闸门的开与关,而计数脉冲由石英晶体振荡器经放大整形分频后(时标 T_0)提供。

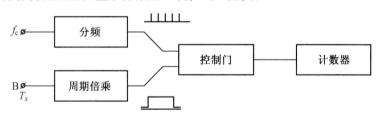

图 2.19 周期测量原理框图

此时被测信号周期为

$$T_x = NT_0$$

由上式可得,周期测量误差为

$$\Delta T_x = \Delta N T_0 + \Delta T_0 N$$

总相对误差取分项误差的绝对值合成,得

$$\frac{\Delta T_x}{T_x} = \left|\frac{\Delta N}{N}\right| = \left|\frac{\Delta T_0}{T_0}\right|$$

(1) 量化误差。

与测量频率法一样,计数法测周期同样存在 ±1 个脉冲的原理误差,即 $\Delta N = \pm 1$。为了减

小相对误差。可以采用周期倍乘的方法,即将被测信号 f_x 分频 m 倍,计量 m 个周期内的脉冲数,然后取 m 个周期内的平均值 $T_x = NT_0/m$。通常取 m 为 10 的 n 次幂(n 为正整数)。

(2) 触发误差。

测量周期一般是将 B 端输入被测信号 f_x 进行过零触发控制阀门的,而被测信号均存在不同程度的噪声,使触发提前或推迟,触发误差如图 2.20 所示。

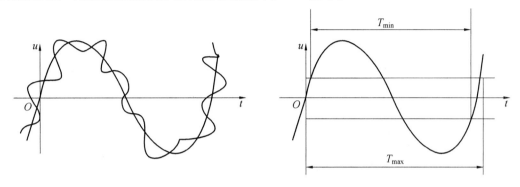

图 2.20　触发误差

为了减小触发误差,要注意适当提高信号电平,增大信噪比。

另外,如果晶体振荡器的稳定度不好,也会使标准频率脉冲产生计数误差,只是这种情况很少发生。

3. 中界频率

由上述可知,周期与频率的测量均存在 $\Delta N = \pm 1$ 的量化误差。为了保证测量的准确度,当频率比较高时,直接测量信号频率,这时示值大,相对误差较小;而当频率比较低时,测量信号的周期能使相对误差较小。

因频率与周期互为倒数关系,即

$$f_x = \frac{1}{T_x}$$

其相对误差为

$$\frac{\Delta f_x}{f_x} = -\frac{\Delta T_x}{T_x}m$$

在不考虑 Δf_x 与 ΔT_x 的正负时,则为

$$\frac{\Delta f_x}{f_x} = \frac{\Delta T_x}{T_x}$$

对于一个被测频率信号,究竟是测频率还是测周期存在一个分界点,即中界频率问题。在中界频率处,二者的相对误差应该是相等的。如果只考虑量化误差,则 $\Delta f_x = 1$、$\Delta T_x = 1$ 在中界频率处,两者计数值 N 应该是相等的。

测量频率时,有

$$f_x = \frac{N}{t}, \quad N_f = f_x t \quad （t \text{ 为时基}）$$

测量周期时,有

$$T_x = \frac{N}{m}T_0, \quad N_T = \frac{mT_x}{T_0} \quad （T_0 \text{ 为时标}）$$

在中界频率处,有

$$f_m = f_x = \frac{1}{T_x} = \frac{1}{T_m}, \quad N_f = N_T$$

所以有

$$f_m t = \frac{m}{f_m T_0}$$

即

$$f_m = \sqrt{\frac{m}{t T_0}}$$

上式说明,中界频率与所使用的周期倍乘 m、时基 t、时标 T_0 有关。一般电气测试多数是低频信号,所以相对来说测量周期的情况较多。

2.3.2 相位的测量

相位是交流信号的一个重要参数,相位的数字化测量应用类似频率测量时间的原理。

1. 相位－频率转换器原理

相位－频率转换式数字相位计原理如图 2.21 所示。由图可知,被测相位为

$$\phi_x = \frac{T_x}{T} \times 360° = \frac{360°}{T} T_0 N_x$$

式中,T_0 为时标脉冲的周期;N_x 为在 T_x 时间内的计数值;T 为被测信号的周期。

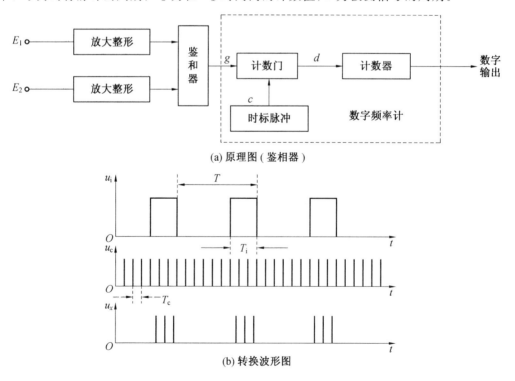

(a) 原理图(鉴相器)

(b) 转换波形图

图 2.21　相位－频率转换式数字相位计原理

由于 T 也是未知量,因此必须经历两次测量,并经过计算得到 ϕ_x。因为 $T = N_T T_0$,所以

$$\phi_x = \frac{N_x}{N_T} \times 360°$$

由上式可知,该测量方法的测量精度直接受时标频率的影响。例如,精度要求为 0.1°,则要求 $\frac{T_0}{T} \leqslant \frac{0.1°}{360°}$,$f_0 \geqslant 3\,600 f_x$,即当被测信号频率增大时,时标信号频率响应加大到 3 600 倍。

另外,当输入信号为正弦波时,必须首先经过整形变为方波信号。转换时的门限电平的漂移会给测量带来较大的误差。

2. 相位测量的误差

(1) 用异或门鉴相克服门限电平平移带来的误差。

整形门限电平发生漂移是测量误差之一,为了讨论方便,假设通道 A 为理想状态,通道 B 的门限电平发生漂移。从图 2.22 可以看出,尽管门限电平产生漂移,但由于采用了异或门,图中 C_1 是正常情况下异或门输出波形,C_2 是门限电平产生漂移后异或门输出波形,两者虽然形状不同,但总面积是相等的,因此总的计数脉冲不变,这就克服门限电平漂移所带来的误差。

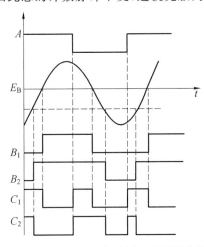

图 2.22　整形器门限电平漂移对测量的影响

(2) 用平均法减小噪声干扰。

噪声对相位测量的影响如图 2.23 所示。由于噪声干扰使 T_x 的前沿和后沿时间均可能产生随机的摆动,如在图 2.33 中 1、2 和 3、4 间摆动,因而增加了测量误差。噪声是随机的,在一个周期内可能使 T_x 增加,而在另一个周期内可能使 T_x 减小,采用平均测量可以减弱噪声对相位测量精度的影响。

平均法测量相位的原理与图 2.21 相似,仅仅在计数门输入条件中增加一个时基信号 T_s,如图 2.24 所示。以 T_s 为采样时间,且 $T_s > T$,其倍数 $n = T_s/T$,则在每次采样时间 T_s 内的度数为

$$N = nN_x = \frac{T_s}{T} \frac{T}{360° T_c} \phi_x = \frac{T_s}{T_c} \frac{\phi_x}{360°}$$

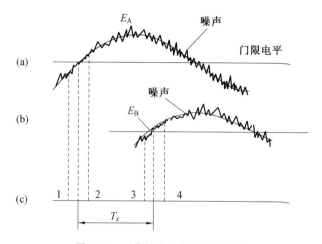

图 2.23 噪声对相位测量的影响

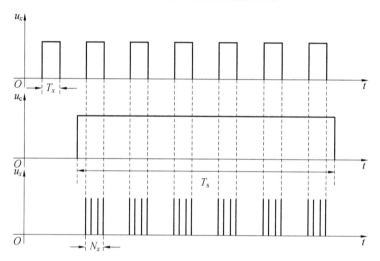

图 2.24 平均法相位－频率转换波形

2.4 单相功率和电能的测量

2.4.1 单相功率测量

时分割乘法器式功率－电压转换器功率的数学表达式为

$$p(t) = u(t)i(t)$$

将 $u(t)$ 和 $i(t)$ 输入乘法器中相乘,便得到一个与功率 p 成正比的模拟电压,再将此电压经 V/F 转换变为频率量输入计数器计数,并确定计数时间 Δt,计数值便反映了在这段时间内的平均功率。

如果时间 Δt 足够短,则平均功率近似地反映了它的瞬时功率。时分割乘法器式功率测量原理如图 2.25 所示。

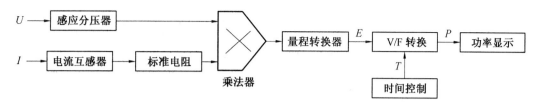

图 2.25　时分割乘法器式功率测量原理

（1）时分割乘法器。

时分割乘法器原理和波形如图 2.26 所示。时分割乘法器由节拍方波 $\pm E_\mathrm{r}$，参考电压 $\pm U_\mathrm{R}$，积分器 A 和比较器组成。电压 U_x 进行脉冲宽度调制，即将节拍方波 $\pm E_\mathrm{r}$ 提供的周期 T 分割为 T_1 和 T_2，其时间差 $T_2 - T_1$ 正比于 U_x。叙述如下。

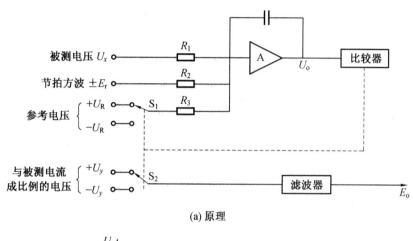

(a) 原理

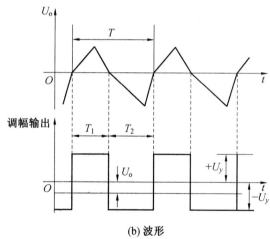

(b) 波形

图 2.26　时分割乘法器原理和波形

当系统稳定后，节拍方波在积分器中正负面积相等，无电荷积累。由于 $|\pm E_\mathrm{r}| > |U_{x\max}| + |\pm U_\mathrm{R}|$，即由 $\pm E_\mathrm{r}$ 决定了积分器充放电的转折。节拍周期 T' 与转换周期 T 相等。当积分器输出过零时，比较器翻转，并控制开关 S_1 在积分器输出 $U_\mathrm{o} > 0$ 时，接通 $+U_\mathrm{R}$；在 $U_\mathrm{o} < 0$ 时，接通 $-U_\mathrm{R}$，则积分器的输出表达式为

$$\frac{1}{R_1 C}\int_0^T U_x \, dt + \frac{1}{R_2 C}\left(\int_0^{T_1} U_R \, dt - \int_{T_1}^{T_1+T_2} U_R \, dt\right) = 0$$

$$\frac{U_x}{R_1}T - \frac{U_R}{R_2}(T_2 - T_1) = 0$$

$$\overline{U}_x = U_R \frac{R_1}{R_2} \frac{T_2 - T_1}{T}$$

$$T_2 - T_1 = \frac{R_2}{R_1} \frac{T}{U_R} U_x \tag{2.18}$$

若比较器的输出同时控制开关 S_2，则在 $U_o > 0$ 时，接通 $+U_y$；在 $U_o < 0$ 时，接通 $-U_y$，即在 T_1 期间输出幅度为 $+U_y$，在 T_2 期间输出幅度为 $-U_y$，并经滤波器后，输出 E_o 为

$$E_o = \frac{U_y T_1}{T} + \frac{-U_y T_2}{T} = -\frac{T_2 - T_1}{T} U_y$$

将式(2.18)代入上式得

$$E_o = -\frac{R_2 T U_x U_y}{R_1 U_R T} = K'_p U_x U_y$$

其中，比例系数 $K'_p = -\dfrac{R_2}{R_1 U_R}$，令 $U_y = I_x R_y$，则

$$E_o = -\frac{R_2 U_x I_x R_y}{R_1 U_R} = -\frac{R_2 R_y}{R_1 U_R} I_x U_x = K_p I_x U_x \tag{2.19}$$

其中，比例系数 $K_p = -\dfrac{R_2 R_y}{R_1 U_R}$。

从上面的分析可知，时分割乘法器是在一个节拍周期内的瞬时时间相乘，如果节拍方波的周期很短，则 E_o 反映了 I_x 和 U_x 的瞬时值之积，即瞬时功率。

设

$$U_x = K_x U_m \sin(\omega t + \varphi), \quad I_x = K_y I_m \sin \omega t$$

式中，K_x 为电压互感器(或分压器)的变换系数；K_y 为电流互感器(或分流器)的变换系数。

则

$$E_o = K_p K_x K_y U_m \sin(\omega t + \varphi) I_m \sin t$$

$$= K'\left[\frac{1}{2} U_m I_m \cos \varphi - \frac{1}{2} U_m I_m \cos(2\omega t + \varphi)\right] \tag{2.20}$$

$$= K U_m I_m \cos \varphi - K U_m I_m \cos(2\omega t + \varphi)$$

式(2.20)中第二项 $K U_m I_m \cos(2\omega t + \varphi)$ 可通过滤波器滤掉。因此输出 E_o 反映了在节拍周期 T 内的有功功率。

(2)时分割乘法器式数字功率表及其误差。

如图 2.25 所示，时分割乘法器式数字功率表由电压互感器、自动补偿式电流互感器及标准电阻、时分割乘法器、量程转换器和功率显示器五部分构成。被测功率可表示为

$$P = \frac{K_M K_L F}{K_m K_r Z_B} \tag{2.21}$$

式中，K_M 为感应分压器衰减系数；K_L 为电流互感器变化；K_m 为时分割乘法器的传递系数；K_r 为量程转换器分压系数；Z_B 为电流互感器的负载阻抗；F 为压频变换器的输出频率。

按照式(2.21)，时分割乘法器式数字功率表的主要误差有以下几点。

（1）电压互感器的比差 δ_1 与相角差 δ_2。

（2）电流互感器的比差 δ_3 与相角差 δ_4。

（3）电流互感器负载阻抗的幅值误差 δ_5 与相位误差 δ_6。

（4）时分割乘法器的传递系数 K_m 的幅值误差 δ_7，即当乘法器两个输入端加入同一标准交流电压 1 V 时，输出直流 E_c 偏离理论值的相对误差。

（5）时分割乘法器传递系数 K_m 的相位误差 δ_8，即 U_x 与 U_y 两个交流电压量在时分割乘法器中相乘之前产生等效位移。

（6）时分割乘法器传递系数 K_m 的非线性误差 δ_9 与漂移误差 δ_{10}。

（7）量程转换器分压系数 K_r 的系数 δ_{11}。

（8）功率显示器的传递误差 δ_{12}。

2.4.2　采样计算法数字式单相功率和电能测量

根据平均功率的表达式 $P = \dfrac{1}{T} \displaystyle\int_0^T ui\,\mathrm{d}t$ 可获得采样计算法测量功率，若在电压周期整数倍的范围内进行 N 次抽样，取样速度为 $\dfrac{1}{T_s}$，则得平均功率的计算公式为 $P = \dfrac{1}{N} \displaystyle\sum_{k=1}^{N} u_k i_k$。

这实际上是由微型计算机组成的典型双路数据采集系统构成的。而数字电度表则是在瓦特计的基础上再乘测量时间获得的，或者直接规定在一个周期内采样 N 次，将采样值累加并记录测量时间而获得。

2.5　三相有功和无功功率的测量

电力系统通常采用三相制方式运行。当三相电压幅值相等，正相序相位依次相差 120° 时称为三相电压平衡（或对称）；否则，称为三相电压不平衡（或不对称）。当三相负载阻抗相等时，称为三相负载平衡（或对称）；否则，称为三相负载不平衡（或不对称）。只有三相电压和三相负载都平衡时，三相电流才能够平衡（或对称）。通常把三相电压和三相负载都平衡的三相电路称为平衡（或对称）三相电路；把二相电压平衡、三相负载不平衡，或者三相电压和三相负载都不平衡的三相电路称为不平衡（或不对称）三相电路，在本书中又将前者称为简单不平衡三相电路，将后者称为完全不平衡三相电路。

本章介绍三相电路有功功率和无功功率的常用测量方法。有的方法适用于完全不平衡三相电路，有的方法适用于简单不平衡三相电路，有的方法仅适用于平衡三相电路。这些测量方法是三相有功功率和无功功率变送器测量原理的基础，也是检定功率变送器时标准功率表接线的根据。

要评价各种测量方法的优劣，就要分析计算三相电量对称性对测量误差的影响。用一般电工理论计算不平衡三相电路的有功功率和无功功率相当复杂，用对称分量法求解较为简便。

2.5.1　用对称分量法计算不平衡三相电路

1. α 算子

任何相量乘算子 j 后，就表示把这个相量沿逆时针方向旋转 90°。在计算三相电路时，因在正常情况下,各相电量(电压、电流)之间的相位差是120°,为了计算方便,经常采用 α 算子。α 算子定义如下:

$$\alpha = e^{j120°} = -0.5 + j0.866 \tag{2.22}$$

α 算子是一个幅值为1、初相角为120°的相量。当某个相量乘 α 算子时,表示该相量沿逆时针方向旋转了120°,但幅值不变。为了计算方便,根据 α 算子的基本定义将其运算关系列举如下:

$$-\alpha = e^{j(-60°)}$$
$$\alpha^2 = e^{j(-120°)}$$
$$-\alpha^2 = e^{j60°}$$
$$\alpha^3 = 1 = e^{j0°}$$
$$\alpha^4 = \alpha$$
$$1 - \alpha = \sqrt{3}\,e^{j(-30°)}$$
$$1 - \alpha^2 = \sqrt{3}\,e^{j30°}$$
$$1 + \alpha = -\alpha^2 = e^{j60°}$$
$$1 + \alpha^2 = -\alpha = e^{j(-60°)}$$
$$\alpha - \alpha^2 = \sqrt{3}\,e^{j90°} = j\sqrt{3}$$
$$\alpha^2 - \alpha = \sqrt{3}\,e^{j(-90°)} = -j\sqrt{3}$$
$$\alpha - 1 = \sqrt{3}\,e^{j150°}$$
$$\alpha^2 - 1 = \sqrt{3}\,e^{j(-150°)}$$
$$\alpha + \alpha^2 = -1 = e^{j180°}$$
$$1 + \alpha + \alpha^2 = 0$$

引入 α 算子的概念以后,对于完全对称的三相电压和三相电流就可以用下述方式表达,即

$$\dot{U}_B = \alpha^2 \dot{U}_A, \quad \dot{U}_C = \alpha \dot{U}_A$$
$$\dot{I}_B = \alpha^2 \dot{I}_A, \quad \dot{I}_C = \alpha \dot{I}_A$$

2. 不对称三相相量的对称分量

在三相(A、B、C)电路中,任何不对称的三相电压或电流 $\dot{A}$、$\dot{B}$、$\dot{C}$ 都可以认为是由正序分量 $\dot{A}_1$、$\dot{B}_1$、$\dot{C}_1$,负序分量 $\dot{A}_2$、$\dot{B}_2$、$\dot{C}_2$ 和零序分量 $\dot{A}_0$、$\dot{B}_0$、$\dot{C}_0$ 三组完全对称的分量组成的,如图2.27所示。

由正序、负序、零序分量的定义可知

$$\dot{B}_1 = \alpha^2 \dot{A}_1, \quad \dot{C}_1 = \alpha \dot{A}_1$$
$$\dot{B}_2 = \alpha \dot{A}_2, \quad \dot{C}_2 = \alpha^2 \dot{A}_2$$
$$\dot{B}_0 = \dot{C}_0 = \dot{A}_0$$

不对称三相相量用对称分量法表示时,可以写成下述形式:

$$\begin{cases} \dot{A} = \dot{A}_0 + \dot{A}_1 + \dot{A}_2 \\ \dot{B} = \dot{B}_0 + \dot{B}_1 + \dot{B}_2 = \dot{A}_0 + \alpha^2 \dot{A}_1 + \alpha \dot{A}_2 \\ \dot{C} = \dot{C}_0 + \dot{C}_1 + \dot{C}_2 = \dot{A}_0 + \alpha \dot{A}_1 + \alpha^2 \dot{A}_2 \end{cases} \tag{2.23}$$

因为各组分量严格对称,所以只要知道 $\dot{A}_0$、$\dot{A}_1$、$\dot{A}_2$ 这三个基本相量,则其他有关相量也就知道了。由式(2.23)可以解得

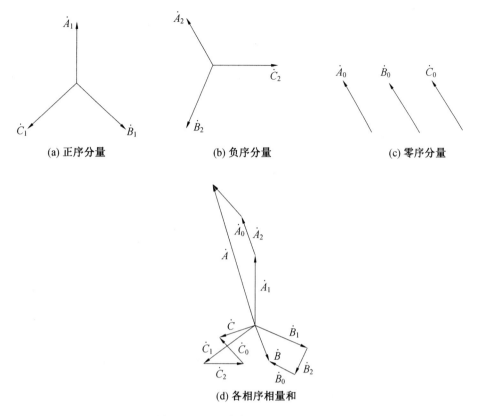

(a) 正序分量　　　　(b) 负序分量　　　　(c) 零序分量

(d) 各相序相量和

图 2.27　不对称三相相量的对称分量

$$\begin{cases} \dot{A}_0 = \dfrac{1}{3}(\dot{A} + \dot{B} + \dot{C}) \\[2mm] \dot{A}_1 = \dfrac{1}{3}(\dot{A} + \alpha\dot{B} + \alpha^2\dot{C}) \\[2mm] \dot{A}_2 = \dfrac{1}{3}(\dot{A} + \alpha^2\dot{B} + \alpha\dot{C}) \end{cases} \qquad (2.24)$$

也就是说,只要知道不对称三相电量 $\dot{A}$、$\dot{B}$、$\dot{C}$,也可以按式(2.24)求出三组对称分量 $\dot{A}_0$、$\dot{A}_1$、$\dot{A}_2$。

由式(2.24)的第一个公式还可以得出以下推论。

(1) 在三相三线电路中,零序电流为零,因为三相电流的相量和为零。

(2) 在三相四线电路中,零序电流为中线电流的 1/3,因为中线电流等于三相电流相量之和。

(3) 在任何三相电路中,其线电压都不含有零序分量,因为线电压的相量和为零。

3. 不对称三相电量的对称分量的图解法

除了利用式(2.24)可以求出不对称三相电量的对称分量外,还可以通过图解法求出。设一组不对称的三相相电压 $\dot{A}$、$\dot{B}$、$\dot{C}$ 和与之对应的三相线电压 $\dot{K}$、$\dot{L}$、$\dot{M}$ 为已知,其相量图如图 2.28(a) 所示,求其正序分量 $\dot{A}_1$ 和负序分量 $\dot{A}_2$ 时,只要以 23 边(即 $\dot{A}$ 所对的边)为底在上下分别绘两个等边三角形,设其顶点为 O 和 O',连接 O_1,相量 O_1 为负序分量 $\dot{A}_2$ 的 3 倍,连接 O'_1,相量的 O'_1 为正序分量 $\dot{A}_1$ 的 3 倍,证明于后。

由图 2.28(a) 可得，$\dot{C} = \dot{B} - \dot{L}$，$\dot{A} = \dot{B} + \dot{K}$，代入式（2.24）的后两个公式得

$$\dot{A}_2 = \frac{1}{3}(\dot{B} + \dot{K} + \alpha^2\dot{B} + \alpha\dot{B} - \alpha\dot{L}) = \frac{1}{3}(\dot{K} - \alpha\dot{L})$$

$$\dot{A}_1 = \frac{1}{3}(\dot{B} + \dot{K} + \alpha\dot{B} + \alpha^2\dot{B} - \alpha^2\dot{L}) = \frac{1}{3}(\dot{K} - \alpha^2\dot{L})$$

即

$$3\dot{A}_2 = \dot{K} - \alpha\dot{L} = O_1$$

$$3\dot{A}_1 = \dot{K} - \alpha^2\dot{L} = O_1$$

综合图 2.28(a) 即得到了证明。

从图解法可以直接得到以下结论。

（1）接于同一线电压的所有不同的星形负载的相电压的正序分量和负序分量是相同的，所不同的只是零序分量。

（2）如果线电压是对称的，则作星形连接的不对称负载的相电压不含负序分量。同理可知，在线电流对称时，三角形连接的不对称负载的相电流不含负序分量。

（3）相电量的对称性通常用电压不对称度 ε_U 和电流不对称度 ε_1 来表示，其表达式分别为

$$\varepsilon_U = \frac{U_2}{U_1} \times 100\%$$

$$\varepsilon_1 = \frac{I_2}{I_1} \times 100\% \tag{2.25}$$

式中，U_1、U_2 为三相电压（线电压和相电压）正序分量和负序分量的有效值；I_1、I_2 为三相电流（线电流和相电流）正序分量和负序分量的有效值。

由以上推论可知，线电压和相电压的不对称分量相等，线电流和相电流的不对称分量相等。

用图解法也可以求出不对称三相电量的零序分量。

图 2.28(b) 中，以 $\dot{K}$ 和 $\dot{L}$ 为两条边作一个平行四边形 1234，连接对角线 24，离点 2 的 $\frac{1}{3}$ 处

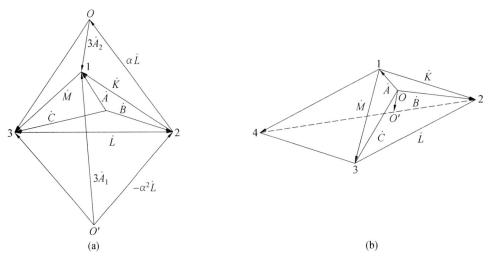

图 2.28　不对称三相电量的对称分量的图解法

作点 O'，则 $\overrightarrow{OO'}$ 所代表的相量即为所求的零序分量 $\dot{A}_0$。证明于后。

$$\dot{A}_0 = \frac{1}{3}(\dot{A} + \dot{B} + \dot{C}) = \frac{1}{3}(\dot{B} + \dot{K} + \dot{B} + \dot{B} - \dot{L}) = \dot{B} + \frac{1}{3}(\dot{K} - \dot{L})$$

根据图 2.28(b) 可知 $\overrightarrow{OO'} = \dot{B} + \frac{1}{3}(\dot{K} - \dot{L})$，于是得证。

由几何学可知，O' 为三角形 123 的重心。所以，当相电压组的 O 点恰位于三角形 123 的重心时，相电压就不含零序分量，这时不对称的三相相电压的相量和必为零；反之，若一组不对称三相相量的相量和为零，则该组不对称三相相量无零序分量。所以，不对称三相线电压和三线制时的不对称三相线电流无零序分量。

（4）用对称分量法计算三相功率。

可利用复数功率的概念来计算三相电路的功率。在三相电路中，复数功率等于各相相电压（复数）与同相相电流的共轭复数乘积之和。该和的实数部分是有功功率，虚数部分是无功功率。

取电压 $\dot{U}_A$ 为参考相量，设 $\dot{U}_A$ 的正序、负序、零序分量分别为 $\dot{U}_1$、$\dot{U}_2$、$\dot{U}_0$，则三相电压可用对称分量表示为

$$\begin{cases} \dot{U}_A = \dot{U}_{A1} + \dot{U}_{A2} + \dot{U}_{A0} = \dot{U}_1 + \dot{U}_2 + \dot{U}_0 \\ \dot{U}_B = \dot{U}_{B1} + \dot{U}_{B2} + \dot{U}_{B0} = a^2\dot{U}_1 + a\dot{U}_2 + \dot{U}_0 \\ \dot{U}_C = \dot{U}_{C1} + \dot{U}_{C2} + \dot{U}_{C0} = a\dot{U}_1 + a^2\dot{U}_2 + \dot{U}_0 \end{cases} \tag{2.26}$$

设 $\dot{I}_A$ 的正序、负序、零序分量分别为 $\dot{I}_1$、$\dot{I}_2$、$\dot{I}_0$，则三相电流的共轭复数分别为

$$\begin{cases} \dot{I}_A^* = (\dot{I}_{A1} + \dot{I}_{A2} + \dot{I}_{A0})^* = (\dot{I}_1 + \dot{I}_2 + \dot{I}_0)^* = \dot{I}_1^* + \dot{I}_2^* + \dot{I}_0^* \\ \dot{I}_B^* = (\dot{I}_{B1} + \dot{I}_{B2} + \dot{I}_{B0})^* = (a^2\dot{I}_1 + a\dot{I}_2 + \dot{I}_0)^* = a\dot{I}_1^* + a^2\dot{I}_2^* + \dot{I}_0^* \\ \dot{I}_C^* = (\dot{I}_{C1} + \dot{I}_{C2} + \dot{I}_{C0})^* = (a\dot{I}_1 + a^2\dot{I}_2 + \dot{I}_0)^* = a^2\dot{I}_1^* + a\dot{I}_2^* + \dot{I}_0^* \end{cases} \tag{2.27}$$

设三相四线制电路的复数功率为 $\dot{S}$，则

$$\begin{aligned} \dot{S} &= \dot{U}_A\dot{I}_A^* + \dot{U}_B\dot{I}_B^* + \dot{U}_C\dot{I}_C^* \\ &= \dot{U}_A(\dot{I}_1^* + \dot{I}_2^* + \dot{I}_0^*) + \dot{U}_B(a\dot{I}_1^* + a^2\dot{I}_2^* + \dot{I}_0^*) + \dot{U}_C(a^2\dot{I}_1^* + a\dot{I}_2^* + \dot{I}_0^*) \\ &= (\dot{U}_A + a\dot{U}_B + a^2\dot{U}_C)\dot{I}_1^* + (\dot{U}_A + a^2\dot{U}_B + a\dot{U}_C)\dot{I}_2^* + (\dot{U}_A + \dot{U}_B + \dot{U}_C)\dot{I}_0^* \end{aligned} \tag{2.28}$$

由式（2.24）可知

$$\begin{cases} \dot{U}_A + a\dot{U}_B + a^2\dot{U}_C = 3\dot{U}_1 \\ \dot{U}_A + a^2\dot{U}_B + a\dot{U}_C = 3\dot{U}_2 \\ \dot{U}_A + \dot{U}_B + \dot{U}_C = 3\dot{U}_0 \end{cases}$$

将此关系代入式（2.28）可得

$$\begin{aligned} \dot{S} &= 3\dot{U}_1\dot{I}_1^* + 3\dot{U}_2\dot{I}_2^* + 3\dot{U}_0\dot{I}_0^* \\ &= 3U_1I_1\angle\varphi_1 + 3U_2I_2\angle\varphi_2 + 3U_0I_0\angle\varphi_0 \\ &= 3U_1I_1(\cos\varphi_1 + \mathrm{j}\sin\varphi_1) + 3U_2I_2(\cos\varphi_2 + \mathrm{j}\sin\varphi_2) + 3U_0I_0(\cos\varphi_0 + \mathrm{j}\sin\varphi_0) \\ &= (3U_1I_1\cos\varphi_1 + 3U_2I_2\cos\varphi_2 + 3U_0I_0\cos\varphi_0) + \mathrm{j}(3U_1I_1\sin\varphi_1 + \\ &\quad 3U_2I_2\sin\varphi_2 + 3U_0I_0\sin\varphi_0) \\ &= P + \mathrm{j}Q \end{aligned}$$

$$\tag{2.29}$$

式中，φ_1、φ_2、φ_0 分别是正序、负序、零序电压分量和电流分量之间的夹角，当电流滞后于电压时

为正；P、Q 是三相电路的有功功率和无功功率。

式(2.29)的实部就是三相四线电路的有功功率，等于正序、负序、零序分量形成的有功功率之和；虚部就是三相四线电路的无功功率，等于正序、负序、零序分量形成的无功功率之和。

在三相三线电路中，零序电流为零，所以有

$$\dot{S} = 3\dot{U}_1 \dot{I}_1^* + 3\dot{U}_2 \dot{I}_2^*$$
$$= 3U_1 I_1 \cos \varphi_1 + 3U_2 I_2 \cos \varphi_2 + j(3U_1 I_1 \sin \varphi_1 + 3U_2 I_2 \sin \varphi_2) \qquad (2.30)$$
$$= P + jQ$$

式(2.30)的实部就是三相三线电路的有功功率，等于正序分量和负序分量形成的有功功率之和；虚部就是三相三线电路的无功功率，等于正序分量和负序分量形成的无功功率之和。

2.5.2 三相有功功率的测量

1. 三相三线电路有功功率的测量

三相三线电路有功功率的测量几乎全部采用两功率表法，其接线图如图 2.29(a) 所示，图中的两个功率表 PW1、PW2 也可以是三相功率表的两个测量元件，图 2.29(b) 所示为其相量图。

设负载为星形接线，则该线路所反映的复数功率 $\dot{S}$ 可表示为

$$\dot{S} = \dot{U}_{AB} \dot{I}_A^* + \dot{U}_{CB} \dot{I}_C^*$$
$$= (\dot{U}_A - \dot{U}_B)(\dot{I}_1^* + \dot{I}_2^*) + (\dot{U}_C - \dot{U}_B)(\alpha^2 \dot{I}_1^* + \alpha \dot{I}_2^*)$$
$$= [\dot{U}_A - (1 - \alpha^2)\dot{U}_B + \alpha^2 \dot{U}_C]\dot{I}_1^* + [\dot{U}_A - (1 + \alpha)\dot{U}_B + \alpha \dot{U}_C]\dot{I}_2^*$$
$$= 3\dot{U}_1 \dot{I}_1^* + 3\dot{U}_2 \dot{I}_2^*$$

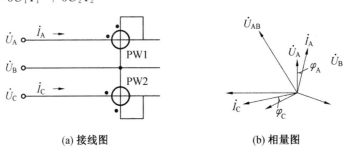

(a) 接线图　　　　　　　　　　　(b) 相量图

图 2.29　用两功率表测量三相三线电路有功功率

功率表读数 P_q 反映的是该复数功率的实数部分，即

$$P_q = \mathrm{Re}\dot{S} = \mathrm{Re}[3\dot{U}_1 \dot{I}_1^* + 3\dot{U}_2 \dot{I}_2^*] = 3U_1 I_1 \cos \varphi_1 + 3U_2 I_2 \cos \varphi_2 \qquad (2.31)$$

式(2.31)的右边与式(2.30)中复数的实部相等，可见用这种接线方式测量三相三线电路的有功功率时，不但能反映正序分量的有功功率，而且能反映负序分量的有功功率。也就是说，可以正确测量不平衡三相三线电路的有功功率。而且，这种测量方法只用两只功率表，接线简单，因而获得了广泛的应用。

当负载为三角形接线时，可以得出同样的结论。

2. 三相四线电路有功功率的测量

用三功率表法测量三相四线电路有功功率的接线图如图 2.30(a) 所示，图中的三个功率表 PW1、PW2、PW3 也可以是三相功率表的三个测量元件，图 2.30(b) 所示为其相量图。

该三相四线电路所反映的复数功率 $\dot{S}$ 可表示为

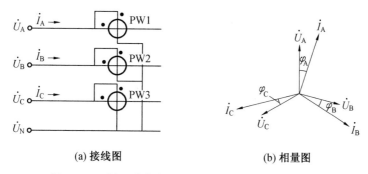

(a) 接线图   (b) 相量图

图 2.30   用三功率表法测量三相四线电路有功功率

$$\dot{S} = \dot{U}_A \dot{I}_A^* + \dot{U}_B \dot{I}_B^* + \dot{U}_C \dot{I}_C^*$$

上式与式(2.28)相等,所以与式(2.29)也相等。功率表反映的是该复数功率的实部,亦即式(2.29)的实部。可见,三只功率表的读数和就是被测三相电路的有功功率。也就是说,这种测量电路可以正确测量不平衡三相四线电路的有功功率。

2.5.3   三相电路无功功率的测量

1. 用单功率表跨相 90° 接线测量三相三线电路的无功功率

用单功率表跨相 90° 接线测量三相三线电路无功功率的接线图如图 2.31(a) 所示,图 2.31(b) 所示为其相量图。

该三相三线电路所反映的复数功率 $\dot{S}$ 可表示为

$$
\begin{aligned}
\dot{S} &= \dot{U}_{BC} \dot{I}_A^* = (\dot{U}_B - \dot{U}_C) \dot{I}_A^* \\
&= \left[(a^2 \dot{U}_1 + a \dot{U}_2 + \dot{U}_0) - (a \dot{U}_1 + a^2 \dot{U}_2 + \dot{U}_0) \right] (\dot{I}_1^* + \dot{I}_2^*) \\
&= (a^2 - a) \dot{U}_1 \dot{I}_1^* + (a - a^2) \dot{U}_2 \dot{I}_2^* + (a^2 - a) \dot{U}_1 \dot{I}_2^* + (a - a^2) \dot{U}_2 \dot{I}_1^* \\
&= \sqrt{3} \dot{U}_1 \dot{I}_1^* \left[\cos(-90°) + j\sin(-90°) \right] + \sqrt{3} \dot{U}_2 \dot{I}_2^* \left[\cos(90°) + j\sin(90°) \right] + \\
&\quad \sqrt{3} \dot{U}_1 \dot{I}_2^* \left[\cos(-90°) + j\sin(-90°) \right] + \sqrt{3} \dot{U}_2 \dot{I}_1^* \left[\cos(90°) + j\sin(90°) \right] \\
&= \sqrt{3} U_1 I_1 \left[\cos(\varphi_1 - 90°) + j\sin(\varphi_1 - 90°) \right] + \\
&\quad \sqrt{3} U_2 I_2 \left[\cos(\varphi_2 + 90°) + j\sin(\varphi_2 + 90°) \right] + \\
&\quad \sqrt{3} U_1 I_2 \left[\cos(\varphi_{12} - 90°) + j\sin(\varphi_{12} - 90°) \right] + \\
&\quad \sqrt{3} U_2 I_1 \left[\cos(\varphi_{21} + 90°) + j\sin(\varphi_{21} + 90°) \right]
\end{aligned}
$$

$$(2.32)$$

式中,$\dot{U}_1$、$\dot{I}_1$、φ_1 为相电压的正序分量、相电流的正序分量及二者之间的相位差;$\dot{U}_2$、$\dot{I}_2$、φ_2 为相电压的负序分量、相电流的负序分量及二者之间的相位差;φ_{12} 为相电压的正序分量 $\dot{U}_1$ 与相电流的负序分量 $\dot{I}_2$ 之间的相位差;φ_{21} 为相电压的正序分量 $\dot{U}_2$ 与相电流的负序分量 $\dot{I}_1$ 之间的相位差。

功率表读数 P_q 反映的是该复数功率的实数部分,即

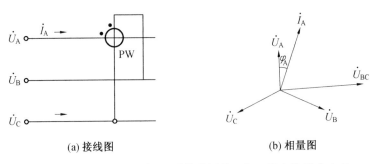

(a) 接线图   (b) 相量图

图 2.31　用单功率表跨相 90° 接线测量三相三线电路无功功率

$$P_q = \mathrm{Re}\dot{S} = \sqrt{3}U_1 I_1 \cos(\varphi_1 - 90°) + \sqrt{3}U_2 I_2 \cos(\varphi_2 + 90°) +$$
$$\sqrt{3}U_1 I_2 \cos(\varphi_{12} - 90°) + \sqrt{3}U_2 I_1 \cos(\varphi_{21} + 90°)$$
$$= \sqrt{3}U_1 I_1 \sin\varphi_1 - \sqrt{3}U_2 I_2 \sin\varphi_2 + \sqrt{3}U_1 I_2 \sin\varphi_{12} - \sqrt{3}U_2 I_1 \sin\varphi_{21}$$
$$= \frac{1}{\sqrt{3}}\big[(3U_1 I_1 \sin\varphi_1 + 3U_2 I_2 \sin\varphi_2) +$$
$$(-6U_2 I_2 \sin\varphi_2 + 3U_1 I_2 \sin\varphi_{12} - 3U_2 I_1 \sin\varphi_{21})\big]$$
$$= \frac{1}{\sqrt{3}}(Q_s + \Delta Q) = \frac{1}{\sqrt{3}}Q_x$$
$$Q_s = 3U_1 I_1 \sin\varphi_1 + 3U_2 I_2 \sin\varphi_2$$
$$\Delta Q = -6U_2 I_2 \sin\varphi_2 + 3U_1 I_2 \sin\varphi_{12} - 3U_2 I_1 \sin\varphi_{21}$$
$$Q_x = Q_s + \Delta Q \tag{2.33}$$

式中，Q_s 为被测三相三线电路无功功率的实际值；ΔQ 为无功功率的测量误差（绝对误差）；Q_x 为有功功率表测得的无功功率值。

所以

$$Q_x = \sqrt{3}P_q \tag{2.34}$$

式 (2.34) 中的 $\sqrt{3}$ 是功率表接线系数。也就是说，当按照这种方式连接时，功率表的读数乘接线系数 $\sqrt{3}$ 即可换算成无功功率的测得值。显然，这种测量方法存在误差，其绝对误差为 ΔQ，这种误差是由测量原理不完善引起的，是不可消除的。

用相对误差表示的测量误差为

$$\gamma = \frac{\Delta Q}{Q_s} = -\frac{6U_2 I_2 \sin\varphi_2 - 3U_1 I_2 \sin\varphi_{12} + 3U_2 I_1 \sin\varphi_{21}}{3U_1 I_1 \sin\varphi_1 + 3U_2 I_2 \sin\varphi_2}$$
$$= -\frac{2\varepsilon_U \varepsilon_I \sin\varphi_2 - \varepsilon_I \sin\varphi_{12} + \varepsilon_U \sin\varphi_{21}}{\sin\varphi_1 + \varepsilon_U \varepsilon_I \sin\varphi_2} \tag{2.35}$$

式中，ε_U、ε_I 为三相电压不对称度和三相电流不对称度。

当三相电量平衡时，$\varepsilon_U = 0$、$\varepsilon_I = 0$，则 $\gamma = 0$，附加误差等于零。

当三相电压平衡，三相电流不平衡（即三相负载不平衡）时，$\varepsilon_U = 0$、$\varepsilon_I \neq 0$，则

$$\gamma = \frac{\varepsilon_I \sin\varphi_{12}}{\sin\varphi_1}$$

由以上分析可知，这种测量方式只适用于测量平衡三相电路无功功率，当三相电路不平衡时，会产生附加误差。

2. 用两功率表跨相 90° 接线测量三相三线电路的无功功率

用两功率表跨相 90° 接线测量三相三线电路无功功率的接线图如图 2.32(a) 所示,图 2.32(b) 所示为其相量图。

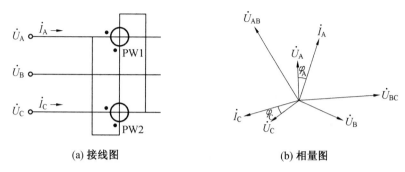

(a) 接线图　　　　　　　　　　　　　(b) 相量图

图 2.32　用两功率表跨相 90° 接线测量三相三线电路无功功率

该三相三线电路所反映的复数功率 $\dot{S}$ 可表示为

$$\dot{S} = \dot{U}_{BC}\dot{I}_A^* + \dot{U}_{AB}\dot{I}_C^*$$

$$= (\dot{U}_B - \dot{U}_C)\dot{I}_A^* + (\dot{U}_A - \dot{U}_B)\dot{I}_C^*$$

$$= [(\alpha^2\dot{U}_1 + \alpha\dot{U}_2 + \dot{U}_0) - (\alpha\dot{U}_1 + \alpha^2\dot{U}_2 + \dot{U}_0)](\dot{I}_1^* + \dot{I}_2^*) +$$

$$[(\dot{U}_1 + \dot{U}_2 + \dot{U}_0) - (\alpha^2\dot{U}_1 + \alpha\dot{U}_2 + \dot{U}_0)](\alpha^2\dot{I}_1^* + \alpha\dot{I}_2^*)$$

$$= 2(\alpha^2 - \alpha)\dot{U}_1\dot{I}_1^* + 2(\alpha - \alpha^2)\dot{U}_2\dot{I}_2^* + (\alpha^2 - 1)\dot{U}_1\dot{I}_2^* + (\alpha - 1)\dot{U}_2\dot{I}_1^*$$

$$= 2\sqrt{3}\dot{U}_1\dot{I}_1^*[\cos(-90°) + j\sin(-90°)] + 2\sqrt{3}\dot{U}_2\dot{I}_2^*[\cos(90°) + j\sin(90°)] +$$

$$2\sqrt{3}\dot{U}_1\dot{I}_2^*[\cos(-150°) + j\sin(-150°)] + 2\sqrt{3}\dot{U}_2\dot{I}_1^*[\cos(150°) + j\sin(150°)]$$

$$= 2\sqrt{3}U_1I_1[\cos(\varphi_1 - 90°) + j\sin(\varphi_1 - 90°)] +$$

$$2\sqrt{3}U_2I_2[\cos(\varphi_1 + 90°) + j\sin(\varphi_1 + 90°)] +$$

$$\sqrt{3}U_1I_2[\cos(\varphi_{12} - 150°) + j\sin(\varphi_{12} - 150°)] +$$

$$\sqrt{3}U_2I_1[\cos(\varphi_{21} + 150°) + j\sin(\varphi_{21} + 150°)]$$

$$\tag{2.36}$$

式中,符号含义同式(2.32)。

功率表读数 P_q 反映的是该复数功率的实数部分,即

$$P_q = \mathrm{Re}\dot{S} = 2\sqrt{3}U_1I_1\cos(\varphi_1 - 90°) + 2\sqrt{3}U_2I_2\cos(\varphi_2 + 90°) +$$

$$\sqrt{3}U_1I_2\cos(\varphi_{12} - 150°) + \sqrt{3}U_2I_1\cos(\varphi_{21} + 150°)$$

$$= 2\sqrt{3}U_1I_1\sin\varphi_1 - 2\sqrt{3}U_2I_2\sin\varphi_2 - \sqrt{3}U_1I_2\cos(30° + \varphi_{12}) -$$

$$\sqrt{3}U_2I_2\cos(30° - \varphi_{21})$$

$$= \frac{2}{\sqrt{3}}\{(3U_1I_1\sin\varphi_1 + 3U_2I_2\sin\varphi_2) +$$

$$[-6U_2I_2\sin\varphi_2 - 1.5U_1I_2\cos(30° + \varphi_{12}) - 1.5U_2I_1\cos(30° - \varphi_{21})]\}$$

$$= \frac{2}{\sqrt{3}}(Q_s + \Delta Q) = \frac{2}{\sqrt{3}}Q_x$$

$$Q_s = 3U_1I_1\sin\varphi_1 + 3U_2I_2\sin\varphi_2$$

$$\Delta Q = -6U_2 I_2 \sin \varphi_2 - 1.2U_1 I_2 \cos (30° + \varphi_{12}) - 1.5U_2 I_1 \cos (30° + \varphi_{21})$$
$$Q_x = Q_s + \Delta Q \tag{2.37}$$

式中,Q_x 为被测三相三线电路无功功率的实际值;ΔQ 为无功功率的测量误差(绝对误差);Q_s 为有功功率表测得的无功功率值。

所以

$$Q_x = \frac{\sqrt{3}}{2} P_q \tag{2.38}$$

式(2.38)中的 $\sqrt{3}/2$ 是功率表接线系数。显然,这种测量方法也存在原理性误差。

用相对误差表示的测量误差为

$$\gamma = \frac{\Delta Q}{Q_s} = -\frac{6U_2 I_2 \sin \varphi_2 + 1.2U_1 I_2 \cos (30° + \varphi_{12}) + 1.5U_2 I_1 \cos (30° - \varphi_{21})}{3U_1 I_1 \sin \varphi_1 + 3U_2 I_2 \sin \varphi_2}$$
$$= -\frac{2\varepsilon_U \varepsilon_I \sin \varphi2 + 0.5\varepsilon_I \cos (30° + \varphi_{12}) + 0.5\varepsilon_U \cos (30° - \varphi_{21})}{\sin \varphi_1 + \varepsilon_U \varepsilon_I \sin \varphi_2} \tag{2.39}$$

式中,ε_U、ε_I 的含义同式(2.35)。

当三相电量平衡时 $\varepsilon_U = 0$、$\varepsilon_I = 0$,则 $\gamma = 0$,附加误差等于零。

当三相电压平衡,三相电流不平衡(即三相负载不平衡)时,$\varepsilon_U = 0$、$\varepsilon_I \neq 0$,则

$$\gamma = \frac{0.5\varepsilon_I \cos (30° + \varphi_{12})}{\sin \varphi_1}$$

由以上分析可知,这种测量方式也只适用于测量平衡三相电路的无功功率,当三相电路不平衡时候,会产生附加误差,但比单功率表法要小一些。

3. 用三功率表跨相 90° 接线测量三相三线电路无功功率

用三功率表跨相 90° 接线测量三相三线电路无功功率的接线图如图 2.33(a) 所示,图 2.33(b) 所示为其相量图。

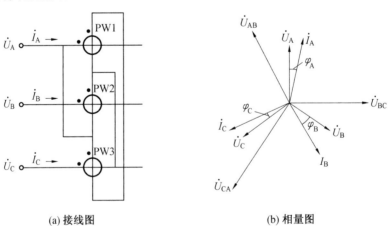

(a) 接线图　　　　　　　　　　　　　(b) 相量图

图 2.33　用三功率表跨相 90° 接线测量三相三线电路无功功率

该三相三线电路所反映的复数功率 $\dot{S}$ 可表示为

$$\dot{S} = \dot{U}_{BC} \dot{I}_A^* + \dot{U}_{CA} \dot{I}_B^* + \dot{U}_{AB} \dot{I}_C^*$$
$$= (\dot{U}_B - \dot{U}_C) \dot{I}_A^* + (\dot{U}_C - \dot{U}_A) \dot{I}_B^* + (\dot{U}_A - \dot{U}_B) \dot{I}_C^*$$
$$= [(a^2 \dot{U}_1 + a\dot{U}_2 + \dot{U}_0) - (a\dot{U}_1 + a^2 \dot{U}_2 + \dot{U}_0)] (\dot{I}_1^* + \dot{I}_2^*) +$$

$$\left[(a\dot U_1 + a^2\dot U_2 + \dot U_0) - (\dot U_1 + \dot U_2 + \dot U_0)\right](a\dot I_1^* + a^2\dot I_2^*) +$$

$$\left[(\dot U_1 + \dot U_2 + \dot U_0) - (a^2\dot U_1 + a\dot U_2 + \dot U_0)\right](a^2\dot I_1^* + a\dot I_2^*)$$

$$\dot S = 3(a^2 - a)\dot U_1\dot I_1^* + 3(a - a^2)\dot U_2\dot I_2^*$$

$$= 3\sqrt3\,\dot U_1\dot I_1^* \angle -90° + 3\sqrt3\,\dot U_2\dot I_2^* \angle 90° \tag{2.40}$$

$$= 3\sqrt3\,U_1I_1 \angle \varphi_1 - 90° + 3\sqrt3\,U_2I_2 \angle \varphi_2 + 90°$$

功率表读数 P_q 反映的是该复数功率的实数部分，即

$$P_q = \mathrm{Re}\dot S = 3\sqrt3\,U_1I_1^* \cos(\varphi_1 - 90°) + 3\sqrt3\,U_2I_2^*\cos(\varphi_2 + 90°)$$

$$= 3\sqrt3\,U_1I_1\sin\varphi_1 - 3\sqrt3\,U_2I_2\sin\varphi_2$$

$$= \frac{3}{\sqrt3}\left[(3U_1I_1\sin\varphi_1 + 3U_2I_2\sin\varphi_2) + (-6U_2I_2\sin\varphi_2)\right]$$

$$= \frac{3}{\sqrt3}(Q_s + \Delta Q) = \frac{3}{\sqrt3}Q_x$$

$$\Delta Q = -6U_2I_2\sin\varphi_2 \tag{2.41}$$

式中，ΔQ 为无功功率的测量误差（绝对误差）。

所以

$$Q_x = \frac{\sqrt3}{3}P_q \tag{2.42}$$

式（2.42）中的 $\sqrt3/3$ 是功率表接线系数。显然，这种测量方法也存在原理性误差。

用相对误差表示的测量误差为

$$\gamma = \frac{\Delta Q}{Q_s} = -\frac{6U_2I_2\sin\varphi_2}{3U_1I_1\sin\varphi_1 + 3U_2I_2\sin\varphi_2} = -\frac{2\varepsilon_U\varepsilon_I\sin\varphi_2}{\sin\varphi_1 + \varepsilon_U\varepsilon_I\sin\varphi_2} \tag{2.43}$$

当三相电压平衡时，$\varepsilon_U = 0$，则 $\gamma = 0$，附加误差等于零。可见，这种测量方式适用于测量简单不平衡三相电路的无功功率，当三相电量完全不平衡时，会产生附加误差，但比两功率表法要小一些。

可以证明，三功率表跨相 90° 接线同样适用于测量三相四线电路的无功功率，但当三相电量完全不平衡时，产生的附加误差与式（2.33）稍有差别。

4. 用两功率表人工中性点接线测量三相三线电路无功功率

用两功率表人工中性点接线测量三相三线电路无功功率的接线图如图 2.34(a) 所示，图 2.34(b) 所示为其相量图。

由图 2.34(a) 可知，功率表电压回路采用人工中性点接法，加载功率表电压回路和 B 相电阻上的电压是相与人工中性点之间的电压（相电压）。在人工中性点电路中没有零序电流分量的通路，因此加在功率表电压回路上的电压的零序分量 $\dot U_0$ 不可能产生电流，当然对仪表读数不会产生影响，故在计算仪表读数时忽略 $\dot U_0$ 的存在。功率表读数 P_q 反应的是复数功率 $\dot S$ 的实部，即

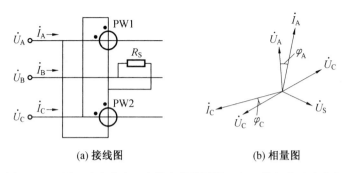

(a) 接线图　　　　　　　　(b) 相量图

图 2.34　用两功率表人工中性点接线测量三相三线电路无功功率

$$
\begin{aligned}
\operatorname{Re}\dot{S} &= \operatorname{Re}\left[\dot{U}_A \dot{I}_C - \dot{U}_C \dot{I}_A\right] \\
&= \operatorname{Re}\left[(\dot{U}_1 + \dot{U}_2)(\alpha^2 \dot{I}_1^* + \alpha \dot{I}_2^*) - (\alpha \dot{U}_1 + \alpha^2 \dot{U}_2)(\dot{I}_1^* + \dot{I}_2^*)\right] \\
&= \operatorname{Re}\left[(\alpha^2 - \alpha)\dot{U}_1 \dot{I}_1^* + (\alpha - \alpha^2)\dot{U}_2 \dot{I}_2^*\right] \\
&= \operatorname{Re}\left(\sqrt{3} U_1 I_1 \varphi_1 - 90° + \sqrt{3} U_2 I_2 \varphi_1 + 90°\right) \\
&= \sqrt{3} U_1 I_1 \sin \varphi_1 - \sqrt{3} U_2 I_2 \sin \varphi_2 \\
&= \frac{1}{\sqrt{3}}\left[(3 U_1 I_1 \sin \varphi_1 + 3 U_2 I_2 \sin \varphi_2) + (-6 U_2 I_2 \sin \varphi_2)\right] \\
&= \frac{1}{\sqrt{3}}(Q_s + \Delta Q) = \frac{1}{\sqrt{3}} Q_x \\
\Delta Q &= -6 U_2 I_2 \sin \varphi_2
\end{aligned}
$$

式中，ΔQ 为无功功率的测量误差（绝对误差）。

所以

$$
Q_x = \sqrt{3} P_q \tag{2.44}
$$

式（2.44）中的 $\sqrt{3}$ 是功率表接线系数。显然，这种测量方法也存在原理性误差。

ΔQ 的表达式与式（2.41）完全相同。可见，这种测量方法与三功率表跨相 90° 接线的绝对误差相等，因此相对误差也相等，所以这两种测量方法可以互相代用。二者的区别是，本测量方式使用两只功率表，只需要接入两相电流，而三功率表跨相 90° 接线测量方式使用三只功率表，需要接入三相电流。

习　题

1.在三相电路中，任何不对称的三相电压或电流 $\dot{A}$、$\dot{B}$、$\dot{C}$ 都可以认为是由正序分量 $\dot{A}_1$、$\dot{B}_1$、$\dot{C}_1$，负序分量 $\dot{A}_2$、$\dot{B}_2$、$\dot{C}_2$ 和零序分量 $\dot{A}_0$、$\dot{B}_0$、$\dot{C}_0$ 组成的。

（1）请画出正序分量 $\dot{A}_1$、$\dot{B}_1$、$\dot{C}_1$，负序分量 $\dot{A}_2$、$\dot{B}_2$、$\dot{C}_2$ 和零序分量 $\dot{A}_0$、$\dot{B}_0$、$\dot{C}_0$ 的相量图。

（2）利用 α 算子写出正序分量 $\dot{A}_1$、负序分量 $\dot{A}_2$ 及零序分量 $\dot{A}_0$ 的表达式。

2.理想运放如图 2.35 所示，已知两个稳压管的性能相同，$U_{D(on)} = 0.7$ V，$U_Z = 5.3$ V。若输入 $u_i = 3\sin 2\pi \times 10^3 t$（V），参考电压 $U_R = 3\cos 2\pi \times 10^3 t$（V），电容 C 上的初始电压 $U_C(0) = 0$。

（1）试画出 u_{o1} 和 u_o 的波形。

（2）若要求的变化幅度为 8 V，试求电容 C 的数值。

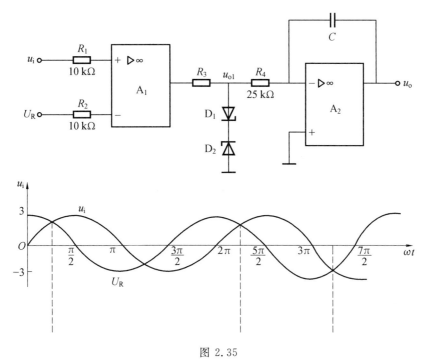

图 2.35

3. 图 2.36 所示为时分割乘法器电路图，被测电压转换为 U_x，被测电流转换为比例与被测电流成正比的电压 U_y，U_R 和 $-U_R$ 是正、负基准电压，其中基准电压 U_R 的幅值远大于输入电压 U_x；E_r 和 $-E_r$ 是正、负节拍方波电压；S_1、S_2 为两个受电平比较器控制并同时动作的开关，设开关 S_1 接通 $+U_R$ 的时间为 T_1，接通 $-U_R$ 的时间为 T_2，且 $T_1 + T_2 = T$。请分析时分割乘法器的工作原理。

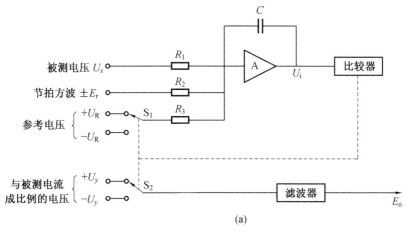

(a)

图 2.36

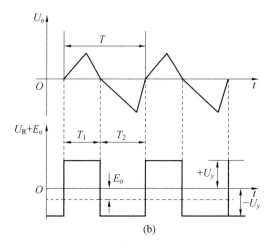

(b)

续图 2.36

4. 请说出什么是正序、负序和零序分量？已知三相电压或电流，如何求这三个分量？

5. 什么是有效值？真有效值测量常用的方法有哪些？

6. 简述最陡急降法的原理。

7. 简述对数反对数有效值测量原理。

第3章 电量变送器及计算机远动系统

3.1 概 述

3.1.1 电量变送器简介

变送器是一种物理量变换器件,它把输入的某种形式物理量按比例地变换为同一种形式或另外一种形式的物理量。本章主要介绍的是电量变送器,如电流变送器、电压变送器和功率变送器等。除电量变送器外,还有温度变送器、压力变送器等非电量变送器。非电量变送器一般被称为传感器。准确度和响应速度是对变送器的最基本技术要求。此外还应具有抗干扰能力强、性能稳定、运行可靠、调试方便的特点。

电量变送器是一种将被测电力参数(如电流、电压、功率、频率、功率因数等)转换成直流电流、直流电压并隔离输出模拟信号或数字信号的装置,适用于发电机、电动机、智能低压配电柜、空调、风机、路灯等负载电流的智能监控系统。

变送器还可以扩展功能,如可编程显示功能,根据倍率和量程可以显示一次侧实测数据,如一次侧电流、电压、功率等,具有倍率可调、量程可调、精度高的特点,可直接当作高精度电测仪表使用;RS485 接口,采用四字节浮点数传输,可与计算机连接,RS485 总线上可以同时接247 只电量变送器,实现遥测、遥控、遥信、遥调"四遥"功能。通过该接口,可接入可编程逻辑控制器(programmable logic controller,PLC)设备、各类现场总线控制器等装置。

1. 直流采样和交流采样

(1)直流采样。

采样也称抽样(sample),是将现场连续不断变化的模拟量在时间上离散化,即按照一定时间间隔 Δt 在模拟信号 $x(t)$ 上逐点采样其瞬时值,供计算机系统计算、分析和控制之用。直流采样就是先将交流模拟信号(U、I 等)转换成相应的直流模拟信号,然后由 A/D 转换器转换成相应的数字量,再进行采样

由交流模拟信号转换成相应的直流模拟信号这个任务,是由电量变送器来完成的。直流采样有如下特点。

① 直流采样对 A/D 转换器的转换速率要求不高。因为变送器输出值与交流电量的有效值或平均值相对应,变化已很缓慢。

② 直流采样后只要乘相应的标度系数便可方便地得到电压或电流的有效值或功率值。这使采样程序变得简单。

③ 直流采样的变送器经过了整流、滤波等环节,抗干扰能力较强。

④ 直流采样输入回路往往采用 RC 滤波电路,因而时间常数较大(几十至几百毫秒),使采样实时性较差,且因变送器输出反映的是有效值或平均值,不能反映被测交变量的波形变化,不能适用于微机保护和故障录波。

⑤ 直流采样需要很多变送器并组成笨重的变送器屏,增加了占用空间和投资。

(2) 交流采样。

交流采样不再采用各种以整流为基础的变送器,仅将交流电压、电流信号经过起隔离和降低幅值作用的中间 PT、中间 CT 后,仍以交流模拟信号供 A/D 转换器进行采样,然后通过计算得到被测量的有效值等参数。交流采样有以下特点。

① 实时性好,微机继电保护必须采用交流采样。

② 能反映原来电压、电流的波形及其相位关系,可用于故障录波。

③ 由于免去了大量常规变送器,因此占用空间和投资均可减小。

④ 对 A/D 转换器转换速率和采样保持器要求较高,一个交流周期内采样点数应较多(一般每周波采样 16 点、32 点,为分析高次谐波甚至需要采样 128 点以上)。

2. 变送器的分类

根据所变换物理量的性质,变送器可分为电量变送器和非电量变送器两大类。

(1) 属于电量变送器的有:交流电压变送器、交流电流变送器、有功功率变送器、无功功率变送器、直流电压变送器、直流电流变送器、有功电度变送器、无功电度变送器、频率变送器、相位变送器等。

(2) 属于非电量变送器的有:温度变送器、压力变送器、流量变送器、水位变送器、压差变送器、液面变送器等。

根据变换原理,变送器又分为电磁式常规变送器和微机型变送器。长期以来,都是沿用电磁式常规变送器。20 世纪末,微机型变送器开始出现并逐渐得到广泛应用。

3. 变送器的性能指标

变送器性能好坏对电网调度自动化系统的影响非常大,是调度自动化系统能否正常运行的关键。那么,变送器有哪些指标是比较重要的呢? 通常,在选择变送器时要注意以下指标。

(1) 准确等级。

目前,变送器使用的准确等级有 0.2 级和 0.5 级。其含义是:在标准条件下,变送器最大误差不超过 0.2% 和 0.5%。在运行现场,由于温度、磁场等条件不同于标准条件,因此允许有一定数量的附加误差。

(2) 抗干扰性能。

抗干扰性能主要指抗磁场干扰能力的强弱。当变送器选用 0～5 V 直流电压输出时,受磁场干扰影响较大,而选用 1 mA 恒流输出时,抗干扰能力较强。一般要求在磁场强度为 400 A/m 时,附加误差小于 0.5%。

(3) 耐压性能。

耐压性能是指输入端对输出端应能承受交流 1 000 V 持续 1 min,输入端对外壳应能承受交流 2 000 V 持续 1 min。短时耐受冲击电压是指正、负两个方向加标准波形为 1.2 μs/50 μs(1.2 μs 是电压从 0 上升到 90% 峰值的时间,也称波头时间;50 μs 是电压从峰值下降到 50% 峰值的时间,也称半峰值时间)尖脉冲 5 000 V 试验电压。

（4）抗电压、电流过载能力。

在电网事故情况下，电压、电流超过正常值许多倍，此时变送器应具有输出饱和性能，以保证后面的设备不受损害。一般过电压能力为允许短时 $1.5U_N$ 共 10 次，长期 $1.2U_N$ 持续 2 h，过电流能力为允许短时 $2I_N$ 共 10 次、$10I_N$ 共 5 次，长期 $1.2I_N$ 持续 2 h。

（5）温度影响。

要求变送器适应温度范围广，在温度变化时所引起的附加误差小。一般要求其在 $-40 \sim +80$ ℃ 下能可靠工作，且输出变化小于 0.5%。

（6）密封与抗潮性能。

一般变送器允许在相对湿度 95% 下正常工作。元件和印刷电路板表面应涂有防潮保护层。

（7）响应时间。

响应时间反映变送器的时间性能。它与时间常数既有联系又有区别，时间常数 τ 是指接入输入信号后输出从 0 快速上升到稳定值 $63.2\% = 1 - 1/e$ 的时间（衰减到 $36.8\% = 1/e$ 所需的时间），而响应时间 T 则是输出从 0 上升到稳定值 90% 的时间与输出从 100% 下降到稳定值 10% 的时间中的大值。一般产品的响应时间小于 300 ms。

（8）线性指标。

变送器输出与输入应当是成正比的，亦即线性的，但实际上不可能达到完全线性，即存在非线性误差，可用非线性度表示，如图 3.1 所示。图 3.1 中最大输出值用 I_{max} 表示，理想特性与实际特性的误差最大值用 ΔI_{max} 表示，则

$$非线性度 = \frac{\Delta I_{max}}{I_{max}} 100\%$$

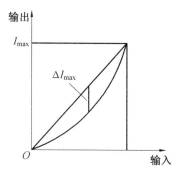

图 3.1　变送器的非线性度

一般产品输入在 $0 \sim 120\%$ 范围内时，非线性误差均应符合其准确度等级要求。

（9）产品分散性。

具有先进工艺和严格质量管理的厂家生产的变送器，其性能具有较好的一致性。而工艺方面条件差，尤其是手工生产的厂家生产的变送器，则有很大的分散性。

（10）长期稳定性能。

若所用均为优质元件并经严格老化筛选，铁芯冲剪后经过严格退火工艺，就能保证变送器运行后长期性能稳定，甚至几年内不必重新调校；相反，有的变送器一年，甚至半年就要重新调校，否则就不准确了。

（11）通用性能。

变送器结构模块化，"可更换性"好，维修方便。

（12）输出性能与负荷能力。

变送器有直流恒压输出与直流恒流输出两种方式，对负载的要求也有所不同。

3.1.2 RTU

配电变电站是配电网的重要组成部分，因此配电变电站自动化程度的高低，直接反映了配电自动化的水平。配电变电站一般要求是无人值守的，而自动化水平的提高是实现无人值守的基础。配电变电站自动化和输电网中变电站自动化采用的设备类似，即在站内安装 RTU，与输电网不同的是配电变电站自动化因为不需要考虑电力系统的稳定问题，保护和故障录波的要求都比较简单，但要求设备适应环境的能力要更强。

1. RTU 的发展

RTU 作为变电站自动化的主要设备，它的发展在一定程度上代表着变电站自动化系统的发展。我国的远动技术是在 20 世纪 50 年代发展起来的，至今经历了如下几个阶段。

20 世纪 50 年代，从苏联引进了有触点 RTU，通信速率低、精度低、功能弱。

20 世纪 60 年代，我国自行研制出无触点数字化综合 RTU，具有四遥功能，精度比有触点 RTU 有了很大提高，但可靠性和灵活性差。

20 世纪 70 年代中，我国电力系统中运行着的 RTU 是由硬件逻辑元件组合而成的，功能有限。

在变电站中，待传送的远动信息按时间先后编成一串电码。遥信量是开关量，对于开关量，经采样后可直接送入处理器，按规定好的时分多路制格式排列，然后串行发送出去。遥测量是模拟量，模拟量的输入分为电压互感器（TV）或电流互感器（TA）的输出。采集到的模拟量首先经变送器变成 0～5 V 的电压。后经 A/D 转换器把采样幅值转换为二进制数码后送入处理器，再经过二－十进制代码（BCD）转换，并将各路被测量按照规定好的时分多路制格式排列好，串行发送出去。这些遥测、遥信等信息，将送到调度所的模拟盘上去显示，从而实现远距离收集信息的自动化。另外，从电流互感器、电压互感器输出的电流、电压等模拟量，以及开关接点信息，通过电缆直接传送到变电站的主控制室中，为变电站的生产运行值班人员提供必要的信息。

20 世纪 80 年代起，基于微处理器的 RTU 迅速发展，具有了微处理器的速度快、功能强、应用灵活等优点。早期的 RTU 为单 CPU 结构的集中式 RTU，各功能模块间以并行总线相互联系，整个 RTU 中只有一个智能模块。

对于较大厂站，采集和处理数据较多，尤其是变电站综合自动化的发展，要求 RTU 有更大的容量和更丰富的功能，如一发多收、多规约转发、当地显示等，单 CPU 结构难以胜任，于是多 CPU 结构的分布式 RTU 成为更新一代的产品。

RTU 的另一个发展领域是交流采样，即省去变送器，直接通过 A/D 转换器采集工频交流信号，经数据处理得到其有效值。交流采样解决了采用传统变送器的响应速度慢、稳定性差及工程造价高的问题。

2. RTU 的主要功能和结构

RTU 是变电站自动化系统基础设备,应具有的基本功能包括以下各项。

(1)数据采集。

数据采集包括遥测量和遥信量的采集,即遥测(YC)和遥信(YX)功能。遥测量又包括模拟量,如电网重要测点的电压、电流、有功功率、无功功率等重要运行参数;数字量,如水位、温度、频率等能用数字式的表测量的量;脉冲量,如脉冲电能表的输出脉冲等。

遥测往往又分为重要遥测、次要遥测、一般遥测和总加遥测等。对于变电站,遥测功能常用于变压器的有功功率和无功功率采集;线路的有功功率采集;母线电压和线路电流采集;周波频率采集;主变油温采集和其他模拟信号采集。

遥信量也称开关量或状态量,常用于采集开关的位置信号、变压器内部故障综合信号、保护装置的动作信号、通信设备运行状况信号、调压变压器抽头位置信号、自动调节装置的运行状态信号和其他可提供继电器方式输出的信号,以及事故总信号及装置主电源停电信号等。

(2)执行命令。

根据接收到的调度命令,完成对指定对象的遥控(YK)、遥调(YT)等操作。遥控功能常用于断路器的合、分控制和电容器、电抗器的投切及其他可以采用继电器控制的场合。遥调功能常用于有载调压变压器抽头的升、降调节和其他可采用一组继电器控制的,具有分组升降功能的场合。

(3)与 SCADA 的数据通信。

要求 RTU 能按预定通信规约的规定,将采集的现场信息自动循环(或按调度端要求)上报 SCADA,并能接收调度端下达的各种命令。SCADA 是以计算机技术为基础的配电网生产过程控制与调度自动化系统,除应具有常规的"数据采集(遥测、遥信)、数据处理、报警、状态监视、遥控、遥调、事件顺序记录、统计计算、趋势曲线、事故追忆、历史数据的存储和制表打印"功能外,还应包括一些 SCADA 特有的功能,如支持无人值班变电站的接口,实现馈线保护的远方投切,定值远方切换,线路动态着色,地理接线图与信息集成等。

通信规约一般有应答式(Polling)、循环式(CDT)和对等式(DNP)等十余种,RTU 应最少具备其中的一种。通信波特率一般为 150 Baud、300 Baud、600 Baud 或 1 200 Baud 等,RTU 应具有通信速率的选择功能。另外,RTU 应具有支持光端机、微波、载波、无线电台等信道通信的转接功能。

(4)事件顺序记录(SOE)。

电网调度人员需要及时掌握电网事故发生时各断路器和继电保护的动作状况及动作时间,以区分事件顺序,做出运行对策和进行事故分析。事件顺序记录的一项重要指标是时间分辨率。分辨率可分为 RTU 内(即站内)与 RTU 之间(即站间)两种。SOE 的站内分辨率是指在同一 RTU 内,顺序发生一串事件后,两事件间能够辨认的最小时间。在调度自动化中,SOE 的站内分辨率一般要求小于 5 ms。其分辨率大小取决于 RTU 的时钟精度及获取事件的方法,这是对 RTU 的性能要求。

SOE 的站间分辨率是指各 RTU 之间顺序发生一串事件后,两事件间能够辨认的最小时间。它取决于系统时钟的误差及通道延时的计量误差、中央处理机的处理延时等,在调度自动化中,站间分辨率一般要求小于 10 ms,这是对整个自动化系统的性能要求。

为了保证事件记录的精度,对于断路器,应尽量采用断路器辅助接点的输出,对于继电保护,则尽量采用分项保护出口动作信号,而不采用信号继电器的输出。断路器的动作信号,理论上应从断路器的灭弧室中采集,但这是难以做到的。所以,用辅助接点的动作时间作为断路器的动作依据,有一定误差。对于配电系统自动化,由于层次多且测控对象分散,要确保上述SOE的分辨率很困难。为了追求过高的分辨率往往不得不大幅度提高系统造价,而这是很不值得的。因此对于配电自动化系统,SOE分辨率指标应适当放松甚至不做要求。

(5)系统对时。

RTU站间SOE分辨率是一项系统指标,它要求各RTU的时钟与调度中心的时钟严格同步。目前,采用措施如下。

① 利用北斗卫星导航系统(BDS)或全球定位系统(GPS)提供的时间频率同步对时,有效地确保SOE站间分辨率指标。这种方法需要在各站点安放信号接收机、天线及放大器,并通过标准RS232口和RTU相连。

② 采用软件对时,SC1801、CDT、DNP和Modbus等通信规约均提供了软件对时手段。但由于软件对时受到通信速率等因素影响,因此需要采取修正措施。因为要管理216个控点,所以往往需要采取分层集结的方式,使得软件对时的精度更受影响。但是采取软件对时的方法却不需要增加硬件设备。

(6)电能采集(PA)。

采集变电站各条进线和出线及主变两侧的电能值,传统做法是通过记录脉冲电能表的脉冲来实现,较先进的做法是通过和智能电能表通信获取电能值。

(7)自恢复和自检测功能。

RTU作为调度自动化系统的数据采集单元,必须确保永不停止地完成和SCADA的通信,上报当前采集情况并接收SCADA下达的各项命令。但RTU处于一个具有强大电磁干扰的工作环境中,使用中难免发生程序受干扰"跑飞"或通信瞬时中断等异常情况,甚至有时电源也会瞬时掉电。在上述情形下,若不加特殊处理,均有可能造成RTU死机,SCADA将因此无法收到变电站信息。因此要求RTU在遇到上述情形时,能在较短的时间内自动恢复,重新从头开始执行程序。另外,为了维护方便,通常要求RTU有自检程序。

(8)其他功能。

① 当地显示与参数整定输入,即在RTU上安装一个当地键盘和LED或液晶显示器,使得RTU的采集量在当地就可以显示到显示器上,也可通过小键盘输入遥测量的转换系数、修改电能底盘值和定义SOE点等。

② 一发多收。有时一台RTU往往要向不同的上级计算机系统发布信息,有时通信规约还不相同,此时就要实现多规约转发。采用集中式结构的微机远动装置,实现一发三收很不容易,而分布式多CPU的RTU,则可方便地解决这个问题。

③CRT显示,打印制表。有的RTU还具有当地显示功能,并能将异常相事故报告打印出来。

3. RTU 的分类

在硬件结构上,RTU可分为单CPU结构RTU和多CPU结构RTU。在采样方式上,RTU又可分为直流采样RTU和交流采样RTU两大类。在组屏方式上,RTU还可分为集中组屏和分散布置两类。在体系结构上,变电站的 RTU 可以分为集中式 RTU 和分布式 RTU 两大类,分布式 RTU 又可分为技术分布式 RTU 和全分布式 RTU 两大类。集中式 RTU 的主要特征是单 CPU、无微机保护功能、容量小、各模块间采用并行总线相联系,而并行总线不允许传输太长距离,因此均集中布置于一个机箱或机柜中,即集中组屏,二次连线多,主要适用于小区变电站、小型配电变电站和开闭所。

分布式 RTU 的特征是多 CPU、串行总线、智能模板,既可以集中组屏,又可以分散布置,是自动化系统的发展方向。

技术分布式 RTU 主要是按功能来区分,根据变电所监控功能的不同,遥信、遥测、遥控及遥调功能等按模块化设计,各自有独立的 CPU 负责采集和处理相关信息,安装方式以集中为主,二次连线也较多,主要适用于中小型配电站和中小型开闭所、大型配电变电站和开闭所的改造。

全分布式 RTU 则是按照线路、主变压器、电容器等不同对象进行设计,各自有独立的 CPU 完成对应的信息采集和控制,具有微机保护功能,安装方式以分散为主,主要适用于新建变电站和开闭所及变电站综合自动化。

在外形上,还可分作机柜式 RTU、机箱式 RTU、壁挂式 RTU 和单元模块化 RTU 等几类。

3.2　交流电压和电流变送器

交流电流变送器和交流电压变送器按测量原理的不同分为测量平均值和测量真有效值两大类。通常所说电气设备的额定电流、额定电压都是指真有效值。电量变送器是一种电子测量仪器,实现真有效值测量技术上难度稍大,花费成本较高,所以早期生产的电流、电压变送器都是反映平均值的,但按有效值确定。近年来,随着电子技术的迅速发展,出现了实现 A/D 真有效值转换的集成电路,真有效值电流、电压变送器的生产才变为现实。但因其成本较高,所以迄今为止,平均值电流、电压变送器仍存在。

20 世纪 60 年代和 70 年代生产的电流、电压变送器采用二极管整流、电容滤波、直接带负载方式,属于整流式固定输出负载变送器。这种变送器线性度不好,负载能力差。20 世纪 70 年代末,随着运算放大器的普遍使用,广泛采用二极管整流,恒流、恒压输出或绝对值检波,恒流、恒压输出方式使变送器的性能大为改善。本节简要介绍各种电流、电压变送器的工作原理。

3.2.1　电流、电压平均值变送器

正弦电流的有效值定义为

$$I = \sqrt{\frac{1}{T}\int_0^T i^2 \, \mathrm{d}t} = \sqrt{\frac{1}{T}\int_0^T I_\mathrm{m}^2 \sin^2(\omega t + \varphi) \, \mathrm{d}t} = \frac{I_\mathrm{m}}{\sqrt{2}} = 0.707 I_\mathrm{m}$$

正弦电压的有效值定义为

$$U = \sqrt{\frac{1}{T}\int_0^T u^2 \, \mathrm{d}t} = \sqrt{\frac{1}{T}\int_0^T U_\mathrm{m}^2 \sin^2(\omega t + \varphi) \, \mathrm{d}t} = \frac{U_\mathrm{m}}{\sqrt{2}} = 0.707 U_\mathrm{m}$$

正弦量在一个周期内的平均值等于零。通常所说正弦量的平均值是指其绝对值在一个周期内的平均值,或者正半周波形在半个周期内的平均值。

对正弦电流来说,它的平均值为

$$I_a = \frac{1}{T/2}\int_0^{\frac{T}{2}} i\,\mathrm{d}t = \frac{2}{T}\int_0^{\frac{T}{2}} I_m \sin \omega t\,\mathrm{d}t = \frac{2}{\pi}I_m = 0.637 I_m$$

正弦电压的平均值为

$$U_a = \frac{1}{T/2}\int_0^{\frac{T}{2}} u\,\mathrm{d}t = \frac{2}{T}\int_0^{\frac{T}{2}} U_m \sin \omega t\,\mathrm{d}t = \frac{2}{\pi}U_m = 0.637 U_m$$

有效值与平均值的比率称为波形因(系)数,用 k_f 表示,则

$$k_f = \frac{I}{I_a} = \frac{I_m}{\sqrt{2}} \Big/ \frac{2}{\pi}I_m = \frac{\pi}{2\sqrt{2}} = 1.1107 \approx 1.111$$

平均值电流、电压变送器只能测量被测量的平均值,但按有效值标定,即在变送器内部已乘波形因数 1.111。但当被测量波形发生畸变时,波形因数 k_f 随之改变,变送器将产生附加误差,称为波形引起的改变量。这种改变量是由测量原理引起的,与变送器的质量无关。所以这种变送器只能测量正弦电流或电压。

1. 整流式固定输出负载电流、电压变送器

(1)电流变送器。

二极管整流式固定输出负载电流变送器电路如图 3.2 所示。图中 W_1、W_2、W_3 是电流互感器的初级绕组,其中的抽头供改变输入量限用。W_4 是电流互感器的次级绕组。

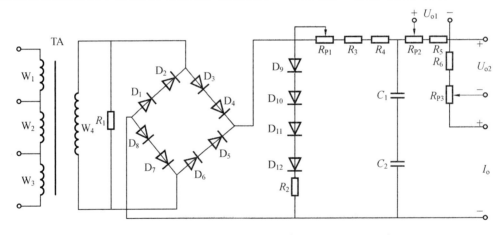

图 3.2　二极管整流式固定输出负载电流变送器电路

电流互感器 TA 既使输入回路与变送器回路在电气上隔离,又起改变电流的作用。电阻 R_1 是电流互感器的固定分流电阻,用以提高输出信号的稳定性。二极管 $D_1 \sim D_8$ 组成全波桥式整流电路。为了防止二极管反向击穿,每个桥臂使用两个二极管串联,因为考虑到变送器应能耐受 20 倍额定电流的冲击,此时变送器次级电压可能高达 300 V。电流互感器的铁芯是用硅钢片制成的,它的磁化曲线在起始阶段有非线性区,当被测电流较小(接近零值)时、铁芯导磁率较小,磁阻较大,互感器次级电流减小,输出直流信号变小。为了减小这种非线性误差,采用了由硅二极管 $D_9 \sim D_{12}$ 和电阻 R_2 组成的补偿电路。硅二极管的正向伏安特性曲线是一条指数曲线,其正向电阻是非线性的。电压越低,电阻越大,补偿电路对输出回路的分流作用越

小,使输出直流电流相对增大,可以抵消铁芯非线性的影响。合理选择 R_2 的阻值,可以调整二极管的工作点,以获得最佳补偿效果。

由于这种变送器不具备稳定输出的手段,输出电压和输出电流受负载电阻的影响很大,因此只能带固定负载,故称为固定输出负载变送器。为了改善负载特性,必须提高输出电阻的阻值,要求输出电阻不小于 40 kΩ。所以在线路中接有电位器 R_{P1} 和电阻 R_3、R_4。由于输出电阻如此之高,因此必须将互感器的次级电压提高到 60 V。

变送器有两组 5 V 电压输出和一组 1 mA 电流输出。电流输出端必须接有负载电阻,才能产生输出电流。输出电流流过 R_{P2} 和 R_5 时产生输出电压 U_{o1},流过 R_6 和 R_{P3} 时产生输出电压 U_{o2},如果电流输出端开路,也不可能有电压输出。

二极管整流式固定输出负载电流变送器的调试过程如下。

首先调整被测电流为较高标称值,然后调节 R_{P1} 使输出电流 $I_o = 1$ mA;其次调节 R_{P2},使输出电压 $U_{o1} = 5$ V;最后调节 R_{P3},使输出电压 $U_{o2} = 5$ V。必须先调整电流输出,后调整电压输出,顺序不能颠倒。

调试时各输出端必须接入与实际负载等值的电阻。使用中如果输出端所带负载发生变化,必须对变送器重新进行调试。可见,这种变送器的性能很差,现在已被淘汰。

（2）电压变送器。

二极管整流式固定输出负载电压变送器电路如图 3.3 所示。其电路结构和工作原理与电流变送器基本相同,二者的差别如下。

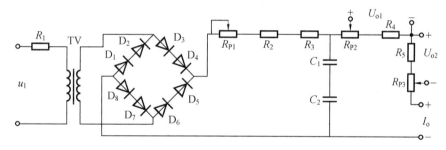

图 3.3　二极管整流式固定输出负载电压变送器电路

① 电压互感器 TV 既起隔离作用,又起改变电压的作用。电阻 R_1 起降压作用,使电压互感器 TV 的体积可以做得小一些。

② 电压互感器的铁芯也是用硅钢片制成的,与电流互感器一样,也存在磁化曲线非线性的问题。但因为被测电压的变化幅度比较小,一般不超出标称值 ±20% 的范围。也就是说,电压互感器一般不会工作在磁化曲线的起始部分,因此不必像电流互感器一样采用二极管补偿电路。

③ 由于电压变送器承受的过载冲击较小,因此在二极管桥式整流电路中,每个桥臂只用一只二极管。

2. 整流式恒流恒压输出电流、电压变送器

二极管整流式恒流恒压输出电流、电压变送器电路如图 3.4 所示,该变送器采用二极管整流,恒流恒压输出方式。图中 T 是电源变压器,二次电压经二极管组 D_{11} 进行桥式全波整流,经电容 C_1、C_2 进行滤波,产生 ±28 V 直流电压;由齐纳二极管 D_{21}、D_{22} 两个稳压电路产生

± 13 V 直流电压;由齐纳二极管 D_{23}、D_{24} 两个稳压电路产生 ± 6 V 直流电压。

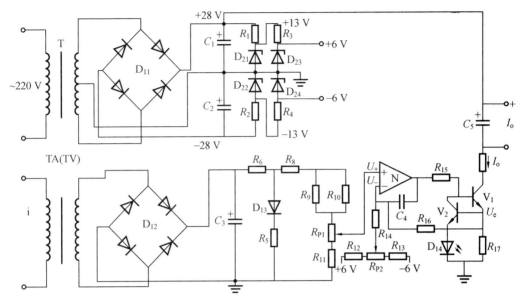

图 3.4 二极管整流式恒流恒压输出电流、电压变送器电路

变压器 TV 或变流器 TA 将输入电压或电流信号隔离和衰减,经二极管组 D_{12} 进行桥式整流,经电容 C_3 滤波,变换成直流电压。

电阻 R_5、R_6 和二极管 D_{13} 起非线性补偿作用,补偿的原理与图 3.2 相同。

热敏电阻 R_9 和电阻 R_{10} 起温度补偿作用,当温度上升时,整流管的正向压降增大,导致输出电压下降,由于热敏电阻具有负的温度系数,其阻值随温度的上升而减小,使 R_{P1} 滑动端输出的电压升高,从而减小温度的影响。

运放 N 与电容 C_4 组成有源滤波器,以便得到较平直的直流电压。在该电路中通过电阻 R_{16} 引入电流串联负反馈,提高了本级输入阻抗,改善了输出性能。

晶体管 V_1 起功率放大作用,以提高负载能力。

晶体管 V_2 和发光二极管 D_{14} 起保护作用。当输出电流 I_o 过大时,R_{17} 上的电压增大,V_2 管基极电流增加,管压降下降,集、基极偏置电压减小,使 V_1 管基极电流减小,限制输出电流 I_o 增大。

R_{12}、R_{13} 和 R_{P2} 用来设置偏置电流输出。例如,对于 $4 \sim 20$ mA 输出,当被测量等于零时,用来设置 4 mA 偏置电流。

电容 C_5 起滤波作用。

假定 V_1 管的共射极电流放大倍数 β 足够大,则可认为 $I_o \approx I_e = U_e / R_{17}$,$U_e \approx I_o R_{17}$,由图 3.4 可以看出($U_o$ 是电位器 R_{P2} 中间触电的电压)

$$\frac{U_o - U_-}{R_{14}} = \frac{U_- - U_e}{R_{16}} = \frac{U_- - I_o R_{17}}{R_{16}}$$

因为

$$U_- = U_+ = U_{in}$$

所以可得

$$I_o = \frac{R_{14} + R_{16}}{R_{14} R_{17}} U_{in} - \frac{R_{16}}{R_{14} R_{17}} U_o$$

上式表明，输出电流与输入电压成正比。

当 $U_{in} = 0$ 时，有

$$I_o = -\frac{R_{16}}{R_{14} R_{17}} U_o$$

可以看出，当输入电压为零时，只要调节 U_o 就可以使输出电流为 4 mA。

3. 绝对值检波式电流、电压变送器

对于整流式电流、电压变送器，二极管正向伏安特性的非线性，使整流的线性度变差，尤其在小信号下，整流失真相当严重，而且受温度的影响较大。用运算放大器和二极管组成的绝对值检波电路可以克服这一缺点。

绝对值检波式电流变送器电路如图 3.5 所示，其中虚线框内是绝对值检波电路，其工作原理如下。

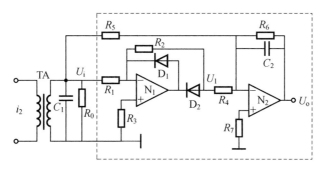

图 3.5　绝对值检波式电流变送器电路

当输入信号为正时，D_1 截止，D_2 导通，电压 U_1 为

$$U_1 = -\frac{R_2}{R_1} U_i$$

输出电压为

$$U_o = -\frac{R_6}{R_5} U_i - \frac{R_6}{R_4} U_1 = -\frac{R_6}{R_5} U_i + \frac{R_2 R_6}{R_1 R_4} U_i$$

若取 $R_5 = R_6 = 2R_1 = 2R_2 = 2R_4$，则

$$U_o = U_i$$

当输入信号为负时，D_1 导通，D_2 截止，则

$$U_1 = 0$$

$$U_o = -\frac{R_6}{R_5} U_i = -U_i$$

所以

$$U_o = |U_i|$$

上式表明，输出电压是输入电压的绝对值，所以称为绝对值检波电路。绝对值检波电路与全波整流电路的作用相同，但整流的线性度要好得多。为了使输出平滑，在 R_6 上并联了电容 C_2，起滤波作用。对于电流变送器，绝对值检波电路的输入端接在电流互感器的二次侧。R_0 用于将互感器的二次电流变为电压。图中 C_1 是相位补偿电容，用以补偿互感器的相位偏移。

对于电压变送器,只要将图 3.5 中的电流互感器 TA 用电压互感器 TV 取代,去掉 R_6 就可以了,其他部分相同,绝对值电路的输入端接在电压互感器的二次侧。

3.2.2 电流、电压真有效值变送器

1. 对数反对数原理真有效值电流、电压变送器

真有效值电流、电压变送器通常是由集成真有效值转换器构成的,其方框图如图 3.6 所示。被测交流信号经电流(电压)互感器进行隔离变换,由绝对值电路进行全波整流,再由真有效值转换电路进行 A/D 转换,最后由输出电路输出。

图 3.6 真有效值电流、电压变送器方框图

真有效值转换电路原理如图 3.7 所示,其工作原理如下。

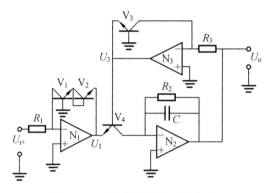

图 3.7 真有效值转换电路原理

设真有效值转换电路的输入信号 U_{i+} 是被测交流电压 u_{i+} 取绝对值后的单向脉动电压,其有效值就是交流电压的有效值,即

$$U_o = \sqrt{\frac{1}{T}\int_0^T u_{i+}^2 \, dt} = \sqrt{\overline{u_{i+}^2}} \tag{3.1}$$

在半导体物理学中已经证明,当流过 PN 结的电流 i 范围为 $10^{-9} \sim 10^{-3}$ A 时,其与 PN 结上的电压降 u 之间存在如下精确的关系式:

$$i = I_s(e^{\frac{qu}{kT}} - 1) \tag{3.2}$$

式中,q 为电子电荷量,$q = 1.602 \times 10^{-19}$ C;T 为绝对温度,单位是 K;k 为波尔兹曼常数,$k = 1.38 \times 10^{-23}$ J/K;自然对数的底 $e = 2.718\,281\,828\,459\,045\,(\sum 1/n, n$ 从 1 到无穷$)$;I_s 为反向饱和电流,单位是 A。

当 PN 结上的电压大于 100 mV 时,$e^{\frac{qu}{kT}} \gg 1$,式(3.2)可以写成

$$i = I_s e^{\frac{qu}{kT}} \tag{3.3}$$

将式(3.3)两端取对数得,$\ln i = \ln I_s + \ln e^{\frac{qu}{kT}} = \ln I_s + \frac{q}{kT}U$,由此得

$$U = \frac{kT}{q}\ln\frac{i}{I_s} \tag{3.4}$$

设晶体管 V_1、V_2、V_3、V_4 的发射极电流分别为 i_{e1}、i_{e2}、i_{e3}、i_{e4}，发射结电压分别为 U_{be1}、U_{be2}、U_{be3}、U_{be4}，反向饱和电流分别为 I_{s1}、I_{s2}、I_{s3}、I_{s4}。

如果认为晶体管 V_1、V_2、V_3、V_4 的发射极电流近似等于其集电极电流，运算放大器 N_1、N_2 的反相输入端为虚地，则有

$$i_{e1} = i_{e2} = \frac{U_{i+}}{R_1}, \quad i_{e3} = \frac{U_o}{R_3}$$

晶体管的发射结就是一个 PN 结，根据式(3.4)可以得出

$$U_1 = -(U_{be1} + U_{be2}) = -\left[\frac{kT}{q}\ln\frac{\frac{U_{i+}}{R_1}}{I_{s1}} + \frac{kT}{q}\ln\frac{\frac{U_{i+}}{R_1}}{I_{s2}}\right] = -\frac{kT}{q}\ln\frac{\left(\frac{U_{i+}}{R_1}\right)^2}{I_{s1}I_{s2}} \tag{3.5}$$

$$U_2 = -U_{be3} = -\frac{kT}{q}\ln\frac{\frac{U_o}{R_3}}{I_{s3}} \tag{3.6}$$

当电容器 C 不接入时，有

$$U_{be4} = \frac{kT}{q}\ln\frac{\frac{U_o}{R_2}}{I_{s4}} \tag{3.7}$$

由图 3.7 可知

$$U_2 - U_1 = U_{be4} \tag{3.8}$$

将式(3.5)～(3.7)代入式(3.8)，整理得

$$\ln\frac{\left(\frac{U_{i+}}{R_1}\right)^2}{I_{s1}I_{s2}} = \ln\frac{\frac{U_o}{R_2}\frac{U_o}{R_3}}{I_{s3}I_{s4}} \tag{3.9}$$

如果使 $R_1^2 = R_2R_3$，并由工艺选管保证 $I_{s1}I_{s2} = I_{s3}I_{s4}$，这时式(3.9)变为

$$U_{i+}^2 = U_o^2$$

所以

$$U_o = \sqrt{U_{i+}^2} = \sqrt{u_{i+}^2} \tag{3.10}$$

比较式(3.10)和式(3.1)可知，二者有一些差别。式(3.1)是将 u_{i+}^2 取平均值后再开平方，而式(3.10)直接将 u_{i+}^2 开平方。在电阻 R_2 上并联电容器 C 后可以起到将 u_{i+}^2 取平均值的作用，故式(3.1)得以实现，说明这种电路可以测量真有效值。

2. 最陡急降原理真有效值电流、电压变送器

最陡急降法，即当转换器输入端加上某一交变电压时，其输出端便产生一个直流电压，它极迅速地反馈到输入端，抵消被测电压在一个周期中的平均值，使乘法器的输出电压急速下降到零。当整个反馈环路达到平衡时，转换器输出的直流电压就是被测电压在一个周期中的均方根值。

最陡急降法电压真有效值转换电路如图 3.8 所示。图中，M 为四象限模拟乘法器，它由时分割乘法器组成，IC_1 为积分器，IC_2 为反相器，其增益为 -1。

假设 e_i 为变送器输入的交流电压，E_o 为变送器输出的直流电压，K 为乘法器的传递函数。由于 M 的 X_2 输入信号为 e_i，Y_2 输入信号为 $-e_i$，X_1 和 Y_1 输入端是反馈信号 E_o，故乘法器的输出信号为

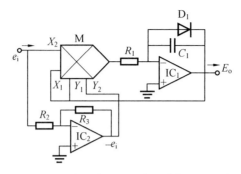

图 3.8　最陡急降法电压真有效值转换电路

$$\varepsilon = K(E_o + e_i)(E_o - e_i) = K(E_o^2 - e_i^2)$$

现将 ε 进行傅里叶分析,求得其直流分量为

$$\varepsilon_{ar} = \frac{1}{T}\int_0^T \varepsilon \mathrm{d}t = KE_o^2 - \frac{K}{T}\int_0^T e_i^2 \mathrm{d}t \tag{3.11}$$

如果 e_i 的有效值为 E_i,根据定义有

$$E_i = \sqrt{\frac{1}{T}\int_0^T e_i^2 \mathrm{d}t}$$

或

$$E_i^2 = \frac{1}{T}\int_0^T e_i^2 \mathrm{d}t \tag{3.12}$$

将式(3.11)代入式(3.12)得

$$\varepsilon_{ar} = KE_o^2 - KE_i^2 = K(E_o^2 - E_i^2) = \varepsilon \tag{3.13}$$

由于 ε_{ar} 中的交流分量已经被具有足够时间常数的积分器消除,故积分器的输出电压 E_o 为

$$E_o = -\frac{1}{RC}\int \varepsilon \mathrm{d}t = -\frac{1}{RC}\int \varepsilon_{ar} \mathrm{d}t = -\frac{1}{RC}\int K(E_o^2 - E_i^2)\,\mathrm{d}t \tag{3.14}$$

当 $E_o < E_i$ 时,$\varepsilon_{ar} < 0$,积分器使 E_o 增加;当 $E_o > E_i$ 时,积分器向另一个方向积分,使得 E_o 减小;当整个反馈环路达到平衡时,$\varepsilon_{ar} = 0$,此时 $E_o = E_i$,即输出的直流电压 E_o 等于输入的交流电压 e_i 的有效值 E_i。

3. 折线逼近式真有效值电流、电压变送器

根据有效值的计算公式,计算有效值要进行平方运算、求平均值运算和开平方运算,为了实现这个过程,工程师设计了折线逼近式有效值变换电路。图 3.9 所示为折线逼近式真有效值电流、电压变送器电路,该电路采用电流或电压互感器输入,经整流桥滤波后输入折线电路,折线电路由电阻和二极管组成,该部分电路随着输入电压的升高,使二极管导通的个数增加,从而使输入和输出之间通过折线模拟出平方曲线关系。

经过平方曲线后,再通过电容 C_1 的充电和放电过程,实现平均和开平方的运算,最终实现有效值的测量。后续电路为滤波、放大和输出电路,不再赘述。

在该电路中,针对电流和电压变送器,可以采用温度补偿和低量限线性修正的措施,具体方法可参考 3.2.1 节相关内容的介绍。

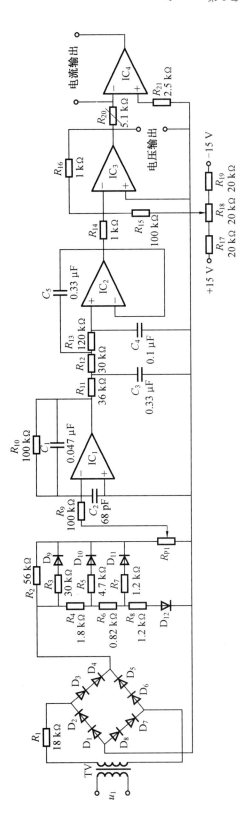

图 3.9　折线逼近式真有效值电流、电压变送器电路

3.3 功率变送器

功率变送器包括有功功率变送器和无功功率变送器,根据测量功率的相数还可分为单相功率变送器和三相功率变送器。本节在介绍单相功率变送器的基础上,通过两瓦法测量实现三相三线有功功率和无功功率的测量,三瓦法相对简单,从略。

3.3.1 有功功率变送器

前面已经介绍了乘法器及功率测量原理,本节介绍三相功率变送器典型电路的工作原理。

1. 功率测量电路分析

(1)调宽电路。

单相功率测量元件的电路原理图如图 3.10 所示,下面分析其工作原理。在图 3.10 中,功率测量元件的调宽电路由运放 N_1 构成的积分器和运放 N_2 构成的迟滞比较器组成。实际上它是一个自激式压控振荡器。下面分析其工作原理。

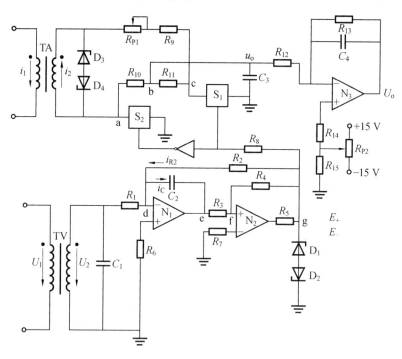

图 3.10 单相功率测量元件的电路原理图

自激振荡过程是,假定脉冲调宽电路输入交流电压(即电压互感器的二次电压)$U_2 = 0$。当迟滞比较器 N_2 输出高电平 E_+ 时,E_+ 通过电阻 R_2 对电容 C_2 充电,C_2 的极板 d 与运放 N_1 反相输入端相连,连接点为"虚地",近似为地电位。C_2 极板 d 上的电荷不断增加,电压不断增高,C_2 极板 e 上的电位不断下降,当降低至迟滞比较器 N_2 的阈值电压 U_- 时,比较器翻转,g 点输出负电位 E_-,C_2 通过 R_2 放电,使极板 e 的电位上升,当升至比较器的阈值电压 U_+ 时,比较器翻转,输出低电平 E_-。这个过程周而复始,形成自激振荡,其波形如图 3.11 所示。

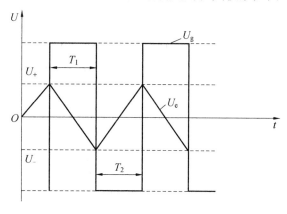

图 3.11　自激振荡波形

迟滞比较器的翻转特性很陡,输出电压等于稳压管 D_1、D_2 的稳定电压 E_+、E_-。比较器在 f 点电位 U_f 为零时翻转,由于运放 N_2 的输入电阻极高,可以认为无电流,因此通过 R_3、R_4 的电流相等。设图中 e、g 点的电压分别为 U_e、U_g,则

$$\frac{U_e - U_f}{R_3} = \frac{U_e - U_g}{R_3 + R_4}$$

所以

$$U_f = \frac{R_4 U_e + R_3 U_g}{R_3 + R_4} \tag{3.15}$$

如果比较器在 $U_f = 0$ 时,其输出端电位 U_g 由 E_- 向 E_+ 翻转,此时 e 点电位就是比较器的上升触发阈值电压 U_+,即 $U_e = U_+$;翻转前瞬间 $U_g = E_-$。将以上 U_f、U_e、U_g 值代入式(3.15)可得

$$U_+ = \frac{R_3}{R_4} E$$

如果比较器在 $U_f = 0$ 时,其输出端电位 U_g 由 E_+ 向 E_- 翻转,此时 e 点电位就是比较器的下降触发阈值电压 U_-,即 $U_e = U_-$;翻转前瞬间 $U_g = E_+$。将以上 U_f、U_e、U_g 值代入式(3.15)可得

$$U_- = -\frac{R_3}{R_4} E$$

比较器滞后电压(回差电压)为

$$\Delta U = U_+ - U_- = \frac{2R_3}{R_4} E = 2U_+ \tag{3.16}$$

ΔU 就是 N_1 输出的三角波电压的峰—峰值。显然,比较器输出电压的峰—峰值是 $2E$。

由于 d 点近似地电位,g 点电位不是 E_+ 就是 E_-,因此电容器 C_2 的充、放电电流恒定,其绝对值等于 E/R_2。在充电间隔 T_1 时间内,g 点电位是 E_+,电容器极板 e 的电位由 U_+ 变为 U_-,其电荷变化量为

$$\Delta Q = (U_- - U_+) C_2 = -2U_+ C_2 \tag{3.17}$$

又因为

$$\Delta Q = -i_C T_1$$

所以有

$$-2U_+\,C_2 = -i_{\mathrm{C}}T_1$$

$$T_1 = \frac{2U_+\,C_2}{i_{\mathrm{C}}} \tag{3.18}$$

将 $i_{\mathrm{C}} = E/R_2$ 代入式(3.18)得

$$T_1 = \frac{2U_+\,R_2 C_2}{E} = \frac{2U_+}{E}\tau$$

式中，τ 为时间常数，$\tau = R_2 C_2$。

在放电间隔 T_2 时间内，g 点电位是 E_-，电容器极板 e 的电位由 U_- 变为 U_+，其电荷变化为

$$\Delta Q = (U_+ - U_-)\,C_2 = 2U_+\,C_2 \tag{3.19}$$

又因为

$$\Delta Q = -i_{\mathrm{C}}T_2$$

所以有

$$2U_+\,C_2 = -i_{\mathrm{C}}T_2$$

$$T_2 = -\frac{2U_+\,C_2}{i_{\mathrm{C}}} \tag{3.20}$$

将 $i_{\mathrm{C}} = E_-/R_2$ 代入式(3.20)得

$$T_2 = \frac{2U_+\,R_2 C_2}{E} = \frac{2U_+}{E}\tau$$

三角波和方波的周期 T_{s} 为

$$T_{\mathrm{s}} = T_1 + T_2 = \frac{4U_+}{E}\tau \tag{3.21}$$

可见，当 $U_2 = 0$ 时，调宽电路输出波形为对称方波(占空比为 0.5)。

当交流电压 $U_2 \neq 0$ 时，充、放电电流 i_{C} 等于电流 i_{R_1} 与 i_{R_2} 之和，即

$$i_{\mathrm{C}} = i_{R_1} + i_{R_2} = \frac{u_2}{R_1} + \frac{U_{\mathrm{g}}}{R_2} \tag{3.22}$$

将 U_{g} 的两个稳态值 E_+ 和 E_- 代入上式得

$$i_{\mathrm{C}} = \begin{cases} \dfrac{U^2}{R_1} + \dfrac{E}{R_2} & (T_1) \\[2mm] \dfrac{U^2}{R_1} - \dfrac{E}{R_2} & (T_2) \end{cases} \tag{3.23}$$

将式(3.23)代入式(3.18)和式(3.20)得

$$\begin{cases} T_1 = \dfrac{2U_+\,C_2}{\dfrac{U_2}{R_1} + \dfrac{E}{R_2}} = \dfrac{2U_+\,R_1 R_2 C_2}{R_1 E + R_2 U_2} = \dfrac{2U_+\,R_1 \tau}{R_1 E + R_2 U_2} \\[5mm] T_2 = -\dfrac{2U_+\,C_2}{\dfrac{U_2}{R_1} - \dfrac{E}{R_2}} = \dfrac{2U_+\,R_1 R_2 C2}{R_1 E - R_2 U_2} = \dfrac{2U_+\,R_1 \tau}{R_1 E - R_2 U_2} \end{cases}$$

所以

$$\begin{cases} T_{\mathrm{s}} = T_1 + T_2 = \dfrac{4U_+\,R_1^2 E\tau}{R_1^2 E^2 - R_2^2 U_2^2} \\[5mm] T_2 - T_1 = \dfrac{4U_-\,R_1 R_2 U_2 \tau}{R_1^2 E^2 - R_2^2 U_2^2} \end{cases}$$

可得

$$\frac{T_2 - T_1}{T_1 + T_2} = \frac{R_2}{R_1 E} U_2 \tag{3.24}$$

由式(3.24)可以看出,输入电压的幅度和极性都能改变调宽脉冲的占空比。

① 当 $U_2 = 0$ 时, $T_1 = T_2$。

② 当 $U_2 > 0$ 时, $T_1 < T_2$。

③ 当 $U_2 < 0$ 时, $T_1 > T_2$。

调宽电路输出波形如图 3.12 所示,迟滞比较器输出波形为经交流电压调宽的等幅方波,积分器输出波形为经交流电压调宽的等幅锯齿波。

(2)调幅电路。

在图 3.10 中,测量元件的调幅电路由 TA 的次级绕组,以及电子开关 S_1、S_2、R_{p1}、R_9、R_{10}、R_{11} 等组成。如果 TA 的次级电流 i_2 处于正半周,则在调宽电路输出正向脉宽 T_1 间隔内,S_1 导通,S_2 截止,c 点接地,b 点为负电位输出;在调宽电路输出负向脉宽 T_2 间隔内,S_1 截止,S_2 导通,a 点接地,b 点为正电位输出;如果选择 $R_{10} = R_{11} = R_s$,且 S_1、S_2 的导通电阻基本相同,则在调宽电路输出脉冲正负半周内,b 点电位 U_b 的绝对值相等。R_{12} 阻值越大,受 S_1、S_2 导通电阻的影响越小。

在一个方波周期 T_s 内,输出电压平均值 $\bar{u}_o$ 为

$$\bar{u}_o = \frac{1}{T_s}(R_s i_2 T_2 - R_s i_2 T_1) = R_s i_2 \frac{T_2 - T_1}{T_1 + T_2} \tag{3.25}$$

将式(3.24)代入式(3.25)得

$$\bar{u}_o = \frac{R_2 R_s}{R_1 E} U_2 i_2 \tag{3.26}$$

式(3.26)说明,调幅电路输出电压(在进入滤波器之前)在一个方波周期内的平均值与被测有功功率的瞬时值成正比。

调幅电路输出电压在交流信号一个周期内的平均值 U_o 为

$$U_o = \frac{1}{T}\int_0^T \bar{u}_o \, \mathrm{d}t = \frac{1}{T}\int_0^T \frac{R_2 R_s}{R_1 E} U_2 i_2 \, \mathrm{d}t = \frac{R_2 R_s}{R_1 E} \frac{1}{T}\int_0^T U_2 i_2 \, \mathrm{d}t$$

$$= \frac{R_2 R_s}{R_1 E} U_2 I_2 \cos \varphi_2 = \frac{R_2 R_s}{R_1 E} \frac{U_1}{K_u} \frac{I_1}{K_i} \cos \varphi_2 \tag{3.27}$$

$$= \frac{1}{K} U_1 I_1 \cos \varphi_2 \approx \frac{1}{K} U_1 I_1 \cos \varphi_1 = \frac{1}{K} P_1$$

式中,U_2、I_2 为电压互感器次级电压和电流互感器次级电流的有效值;U_1、I_1 为电压互感器初级电压和电流互感器初级电流的有效值;φ_1、φ_2 为互感器初级电压、电流之间的相位差和次级电压、电流之间的相位差;K_u、K_i 为电压互感器和电流互感器的变比;P_1 为被测一次功率的平均值;K 为功率测量元件的变换比率。

式(3.27)说明,功率测量元件的输出电压与被测初级功率的平均值成正比。求平均值的过程是由 N_3 构成的滤波器电路实现的。

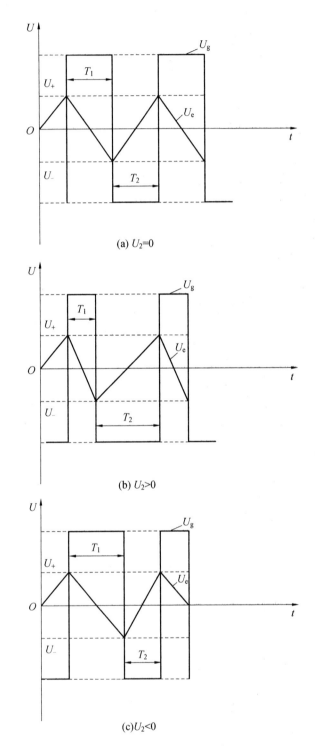

(a) $U_2=0$

(b) $U_2>0$

(c) $U_2<0$

图 3.12   调宽电路输出波形

（3）滤波电路。

功率变送器中常用的滤波器是图 3.13 所示的一阶低通有源滤波器。其传递函数为

$$\frac{U_\text{o}(\text{j}\omega)}{U_\text{i}(\text{j}\omega)} = -\frac{\dfrac{R_2 \dfrac{1}{\text{j}\omega C}}{R_2 + \dfrac{1}{\text{j}\omega C}}}{R_1}$$

$$= -\frac{R_2}{R_1}\frac{1}{1+\text{j}\omega R_2 C}$$

$$= -\frac{R_2}{R_1}\frac{1}{1+\text{j}\dfrac{f}{f_0}} \qquad (3.28)$$

式中，f_0 为滤波器的截止频率，$f_0 = \dfrac{1}{2\pi R_2 C}$。

式（3.28）的幅频特性为

$$K(\omega) = \frac{R_2}{R_1}\frac{1}{\sqrt{1+\left(\dfrac{f}{f_0}\right)^2}}$$

相频特性为

$$\varphi = \pi + \arctan\left(-\frac{f}{f_0}\right)$$

当 $f = 0$ 时，输入信号为直流，$K(\omega) = \dfrac{R_2}{R_1}$，$\varphi = 180°$；

当 $f = f_0$ 时，$K(\omega) = \dfrac{R_2}{\sqrt{2}\,R_1}$，$\varphi = 135°$；

当 $f \gg f_0$ 时，$K(\omega) = \dfrac{R_2 f}{R_1 f_0}$，$\varphi \approx 90°$。

设计时，使 $f_0 \ll 50\ \text{Hz}$，则滤波器不仅能滤除调宽方波的谐波，而且能滤除工频交流信号及其谐波。

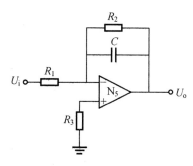

图 3.13　一阶低通有源滤波器

2. 三相功率变送器电路

常用的三相三线有功功率变送器的电路如图 3.14 所示。其由两个单相功率测量单元及加法器构成，实现三相三线有功功率变送器功能。具体的时分割乘法器电路较多，可以根据测量精度及成本的需要选用。

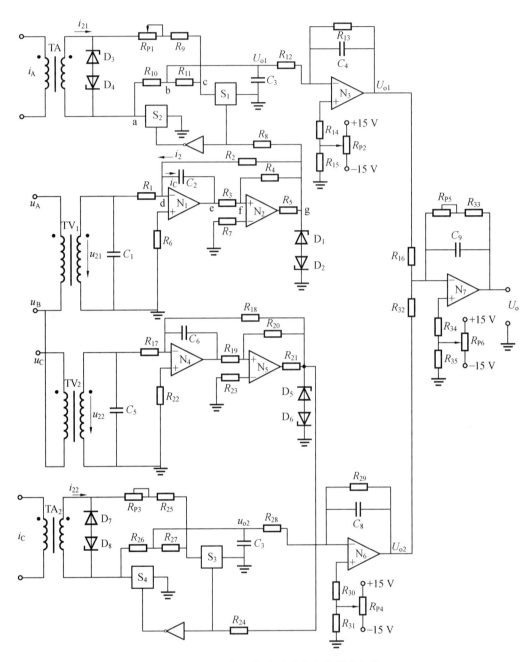

图 3.14　三相三线有功功率变送器的电路

3.3.2　无功功率变送器

无功功率变送器与有功功率变送器的核心电路都是时分割乘法器。根据时分割乘法器的工作原理,它不能直接测量无功功率,但可通过改变外部接线,或者在变送器内部采用使电压或电流移相 90° 的方法,将变送器的功率测量元件对有功功率的响应转换为对无功功率的响应。无功功率变送器与有功功率变送器的电路结构和元器件基本相同,可以通用,本节不再复述。本节主要介绍各种三相无功功率变送器的测量原理。

　　三相无功功率变送器种类较多,其中大部分与三相电路的对称性密切相关。为了便于分析,把三相电压和三相负载(阻抗或电流)都对称的三相电路称为平衡三相电路;把三相电压对称、三相负载不对称的三相电路称为简单不平衡三相电路;把三相电压和三相负载都不对称的三相电路称为完全不平衡三相电路,简称不平衡三相电路。对于各种无功功率变送器,按其对于三相电路对称性适应能力的不同,分为以下三类。

1. 适用于平衡三相电路的变送器

　　用于测量三相电路无功功率的变送器有单元件变送器、一个半元件变送器和两元件跨相 90° 接线变送器。两元件跨相 90° 接线变送器只能用于测量平衡三相电路的无功功率。单元件变送器和一个半元件变送器极少使用,从略。两元件跨相 90° 接线无功功率变送器与第 2 章所述两功率表跨相 90° 接线测量三相无功功率的原理完全相同,其接线图和相量图见第 2 章,当三相电路不平衡时产生的附加误差如前所述。

2. 适用于简单不平衡三相电路的变送器

　　为了减小三相电量对称性对无功变送器测量误差的影响,出现了多种形式的两个半元件无功功率变送器。这种变送器的测量元件仍然是两个,但在每个元件的电流回路或电压回路中增加了一个或者相当于增加了一个附加绕组,以改善变送器的性能。这种变送器在简单不平衡三相电路中工作时能够正确测量,不产生附加误差;但当用于完全不平衡三相电路时仍会产生附加误差。常见的两个半元件变送器有以下几种。

　　(1) 附加 B 相电流式无功功率变送器。

　　附加 B 相电流式无功功率变送器的接线图如图 3.15(a) 所示,图 3.15(b) 所示为其相量图。这种变送器的特点是,在每个测量元件电流互感器的初级增加了一个附加绕组,与主绕组的匝数相同,其中反向通以 B 相电流。

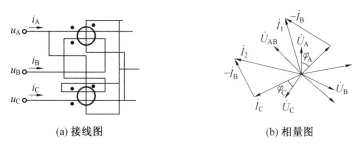

(a) 接线图　　　　　　　　　　　　　(b) 相量图

图 3.15　附加 B 相电流式无功功率变送器

　　用对称分量法对这种变送器的测量原理进行分析。该线路所反映的复数功率 $\dot{S}$ 可表示为

$$\begin{aligned}
\dot{S} &= \dot{U}_{BC}(\dot{I}_A - \dot{I}_B)^* + \dot{U}_{AB}(\dot{I}_C - \dot{I}_B)^* \\
&= (\dot{U}_B - \dot{U}_C)(\dot{I}_A^* - \dot{I}_B^*) + (\dot{U}_A - \dot{U}_B)(\dot{I}_C^* - \dot{I}_B^*) \\
&= (\dot{U}_B - \dot{U}_C)\dot{I}_A^* + (\dot{U}_C - \dot{U}_A)\dot{I}_B^* + (\dot{U}_A - \dot{U}_B)\dot{I}_C^* \\
&= \dot{U}_{BC}\dot{I}_A^* + \dot{U}_{CA}\dot{I}_B^* + \dot{U}_{AB}\dot{I}_C^*
\end{aligned} \tag{3.29}$$

　　比较式(3.29)和第 2 章的式(2.40)可知,二者复数功率的表达式完全相同。可见,附加 B相电流式无功功率变送器与三功率表跨相 90° 接线测量三相无功功率的原理相同。也就是说,这种变送器能正确测量简单不平衡三相三线电路的无功功率,用于完全不平衡三相三线电

路时,会产生如式(2.41)所示的附加误差。这种变送器还适用于简单不平衡三相四线电路。

(2) 交叉电流式无功功率变送器。

交叉电流式无功功率交送器的接线图如图 3.16(a) 所示,图 3.16(b) 所示为其相量图。这种变送器的特点是,在每个测量元件电流互感器的初级增加了一个附加绕组,其匝数等于主绕组匝数的一半,该绕组与另一测量元件的主绕组正向串联。

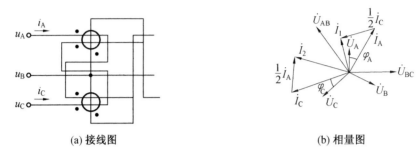

(a) 接线图　　　　　　　　　　　(b) 相量图

图 3.16　交叉电流式无功功率变送器

用第 2 章所述对称分量法对这种变送器的测量原理进行分析。该线路所反映的复数功率 $\dot{S}$ 可表示为

$$
\begin{aligned}
\dot{S} &= \dot{U}_{BC}(\dot{I}_A + \dot{I}_C)^* + \dot{U}_{AB}(\dot{I}_C + \dot{I}_A)^* \\
&= (\dot{U}_B - \dot{U}_C)\left(\dot{I}_A^* - \frac{1}{2}\dot{I}_C^*\right) + (\dot{U}_A - \dot{U}_B)\left(\dot{I}_C^* + \frac{1}{2}\dot{I}_A^*\right) \\
&= \frac{1}{2}(\dot{U}_A + \dot{U}_B - 2\dot{U}_C)\dot{I}_A^* + \frac{1}{2}(2\dot{U}_A - \dot{U}_B - \dot{U}_C)\dot{I}_C^* \\
&= \frac{1}{2}[(\dot{U}_1 + \dot{U}_2 + \dot{U}_0) + (a^2\dot{U}_1 + a\dot{U}_2 + \dot{U}_0) - 2(a\dot{U}_1 + a^2\dot{U}_2 + \dot{U}_0)](\dot{I}_1^* + \dot{I}_2^*) + \\
&\quad \frac{1}{2}[2(\dot{U}_1 + \dot{U}_2 + \dot{U}_0) - (a^2\dot{U}_1 + a\dot{U}_2 + \dot{U}_0) - (a\dot{U}_1 + a^2\dot{U}_2 + \dot{U}_0)](a^2\dot{I}_1^* + a\dot{I}_2^*) \\
&= \frac{3}{2}(a^2 - a)\dot{U}_1\dot{I}_1^* + \frac{3}{2}(a^2 - a)\dot{U}_2\dot{I}_2^* \\
&= \frac{3\sqrt{3}}{2}U_1 I_1 \angle(\varphi_1 - 90°) + \frac{3\sqrt{3}}{2}U_2 I_2 \angle(\varphi_2 + 90°) \\
&= \frac{3\sqrt{3}}{2}(U_1 I_1 \sin\varphi_1 - U_2 I_2 \sin\varphi_2) - j\frac{3\sqrt{3}}{2}(U_1 I_1 \cos\varphi_1 - U_2 I_2 \cos\varphi_2)
\end{aligned}
$$

(3.30)

两个功率测量元件的读数 P_q 反映的是该复数功率的实数部分,即

$$
\begin{aligned}
P_q = \operatorname{Re}\dot{S} &= \frac{3\sqrt{3}}{2}(U_1 I_1 \sin\varphi_1 - U_2 I_2 \sin\varphi_2) \\
&= \frac{\sqrt{3}}{2}[(3U_1 I_1 \sin\varphi_1 + 3U_2 I_2 \sin\varphi_2) + (-6U_2 I_2 \sin\varphi_2)] \\
&= \frac{\sqrt{3}}{2}(Q_s + \Delta Q) = \frac{\sqrt{3}}{2}Q_x
\end{aligned}
$$

式中,Q_s 是被测无功功率的实际值,$Q_s = 3U_1 I_1 \sin\varphi_1 + 3U_2 I_2 \sin\varphi_2$;$Q_x$ 是变送器的测量误差(绝对误差),$\Delta Q = -6U_2 I_2 \sin\varphi_2$;$Q_x$ 是变送器测得的无功功率值,$Q_x = Q_s + \Delta Q$。所以

$$Q_x = \frac{2\sqrt{3}}{3} P_q \tag{3.31}$$

式 (3.31) 中的 $2\sqrt{3}/3$ 是这种无功功率变送器的接线系数,生产时已在变送器内部乘过该系数,因而变送器可以指示被测无功功率。

由以上分析可知,这种变送器测量无功功率时的绝对误差 ΔQ 与第 2 章算得的绝对误差的表达式完全相同。可见,这种变送器测量三相无功功率时,与三功率表跨相 90° 接线和两功率表人工中性点接线具有相同的原理性误差。同理,这种变送器可以正确测量简单不平衡三相电路的无功功率,当用于完全不平衡三相电路时,会产生附加误差。

(3) 交叉电压式无功功率变送器。

交叉电压式无功功率变送器的接线图如图 3.17(a) 所示,图 3.17(b) 所示为其相量图。这种变送器的特点是,每个测量元件电压互感器的次级电压与另一个测量元件电压互感器次级电压的一半通过加法器同极性相加后,作为该测量元件的电压信号送入乘法器。相当于在每个测量元件电压互感器的初级增加了一个附加绕组,其匝数等于主绕组匝数的 2 倍,该绕组与另一测量元件的电压主绕组同极性并联。

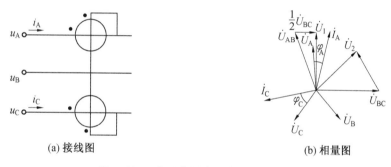

(a) 接线图　　　　　　　　　(b) 相量图

图 3.17　交叉电压式无功功率变送器

用第 2 章所述对称分量法对这种变送器的测量原理进行分析。该线路所反映的复数功率 $\dot{S}$ 可表示为

$$
\begin{aligned}
\dot{S} &= \left(\dot{U}_{BC} + \frac{1}{2} \dot{U}_{AB} \right) \dot{I}_A^* + \left(\dot{U}_{AB} + \frac{1}{2} \dot{U}_{BC} \right) \dot{I}_C^* \\
&= \dot{U}_{BC} \left(\dot{I}_A^* + \frac{1}{2} \dot{I}_C^* \right) + \dot{U}_{AB} \left(\dot{I}_C^* + \frac{1}{2} \dot{I}_A^* \right) \\
&= \dot{U}_{BC} \left(\dot{I}_A + \frac{1}{2} \dot{I}_C \right)^* + \dot{U}_{AB} \left(\dot{I}_C + \frac{1}{2} \dot{I}_A \right)^*
\end{aligned}
\tag{3.32}
$$

式 (3.32) 与式 (3.30) 相同,可见这种变送器与交叉电流式无功功率变送器的测量原理相同,因此变送器的接线系数也相等。同理,这种变送器可以正确测量简单不平衡三相电路的无功功率,当用于完全不平衡三相电路时,会产生附加误差,其相对误差表达式如式 (3.31) 所示。

3. 适用于完全不平衡三相电路的变送器

在各种类型的无功功率变送器中,只有两元件 90° 移相式和三元件 90° 移相式无功功率变送器适用于完全不平衡三相电路。也就是说,无论三相电路平衡与否,都能进行正确测量,不会产生原理性误差。两元件 90° 移相式无功功率变送器的接线图如图 3.18(a) 所示,图 3.18(b) 所示为其相量图。在这种变送器的每组测量元件中都设有一个 90° 的移相器,将输入

电压或电流移相 $90°$ 后加到电压回路或电流回路。在图 3.18(b) 中是将电压向滞后方向移动 $90°$。

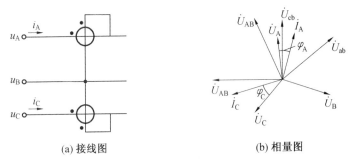

(a) 接线图　　　　　　(b) 相量图

图 3.18　两元件 $90°$ 移相式无功功率变送器

该线路所反映的复数功率 $\dot S$ 的实部,可表示为

$$
\begin{aligned}
\mathrm{Re}\,\dot S &= \mathrm{Re}\big[\dot U_{ab}\dot I_A^* + \dot U_{cb}\dot I_C^*\big] \\
&= \mathrm{Re}\big[-\mathrm{j}\dot U_{AB}\dot I_A^* - \mathrm{j}\dot U_{CB}\dot I_C^*\big] \\
&= \mathrm{Re}\big[-\mathrm{j}(\dot U_A - \dot U_B)\dot I_A^* - \mathrm{j}(\dot U_C - \dot U_B)\dot I_C^*\big] \\
&= \mathrm{Re}\big\{-\mathrm{j}\big[(\dot U_1 + \dot U_2 + \dot U_0) - (a^2\dot U_1 + a\dot U_2 + \dot U_0)\big](\dot I_1^* + \dot I_2^*) - \\
&\quad \mathrm{j}\big[(a\dot U_1 + a^2\dot U_2 + \dot U_0) - (a^2\dot U_1 + a\dot U_2 + \dot U_0)\big](a^2\dot I_1^* + a\dot I_2^*)\big\} \\
&= \mathrm{Re}\big\{-\mathrm{j}[2 - (a + a^2)]\dot U_1\dot I_1^* - \mathrm{j}[2 - (a + a^2)]\dot U_2\dot I_2^*\big\} \\
&= \mathrm{Re}\big[-\mathrm{j}3\dot U_1\dot I_1^* - \mathrm{j}3\dot U_2\dot I_2^*\big] \\
&= \mathrm{Re}\big[3U_1 I_1\angle\varphi_1 - 90° + 3U_2 I_2\angle\varphi_1 - 90°\big] \\
&= 3U_1 I_1\sin\varphi_1 + 3U_2 I_2\sin\varphi_2
\end{aligned}
\tag{3.33}
$$

比较式(3.33)和式(2.29)的虚部可知,二者相等。可见,该变送器的接线系数等于1,而且无论三相电路平衡与否,都能正确反映三相三线电路的无功功率。所以,常把这种变送器称为"真无功功率变送器"。但该变送器中使用了移相器,使其频率特性变差,受波形失真的影响也较大。

同理,可以证明,三元件 $90°$ 移相式无功功率变送器能正确反映三相四线电路的无功功率,其接线图和推导过程不再赘述。

经过误差分析可知,两个半元件变送器最适合电力系统使用,而两元件跨相 $90°$ 变送器受三相电量对称性的影响最大。

3.4　三相电能变送器

电能变送器又称电度变送器,是用于电能遥测的一种电子设备。它既具有智能电能表的主要功能,又具有变送器的某些特点,是一种特殊的电子仪器。

需要强调的是,功率变送器采用引用误差,而电能变送器采用相对误差,这意味着低量限电能变送器的精度要求高很多。

3.4.1　电能变送器原理

三相有功电能变送器和无功电能变送器一般都是在三相有功功率变送器和无功功率变送

器的基础上加上 V/F 转换部分构成的,其接线方式与功率变送器相同,不再赘述。本节主要介绍 V/F 转换原理。

三相三线有功电能变送器的原理框图如图3.19所示。图中虚框内的部分是 P/V 转换器,实际上就是电压输出的三相三线有功功率变送器;V/F 转换器将 P/V 转换器输出的直流电压转换为幅度恒定的电脉冲,脉冲频率与直流电压成正比,该脉冲作为高频脉冲输出,同时经分频器变成低频脉冲,以继电器触点或光电耦合三极管集电极开路方式输出。低频脉冲送入外附的电能显示记录装置,以显示和记录被测电量。设高频脉冲和低频脉冲分别为 f_H 和 f_L,则被测功率与 f_H 和 f_L 成正比,即

$$P = K_H f_H = K_L f_L \tag{3.34}$$

式中,K_H、K_L 是与 V/F 转换器参数有关的常量。

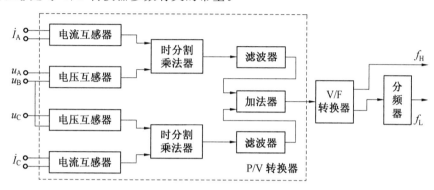

图 3.19　三相三线有功电能变送器的原理框图

根据电能的定义,可得被测电量 W 为

$$W = \int_0^t P \mathrm{d}t = \int_0^t K_H f_H \mathrm{d}t = K_H N_H \tag{3.35}$$

$$W = \int_0^t P \mathrm{d}t = \int_0^t K_L f_L \mathrm{d}t = K_L N_L \tag{3.36}$$

式中,K_H、K_L 为变送器的高频电能常数和低频电能常数;N_H、N_L 为在时间间隔 t 内输出高频脉冲和低频脉冲的个数。

式(3.35)、式(3.36)表明,被测电量与计量时间内变送器输出脉冲的个数成正比。

3.4.2　V/F 转换原理

V/F 转换的方式很多,其中定时复原式积分型 V/F 转换简单实用,获得了广泛的应用,图3.20 所示为其方框图,图 3.21 所示为其波形图。

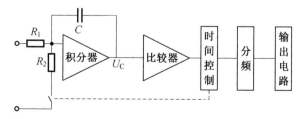

图 3.20　定时复原式积分型 V/F 转换方框图

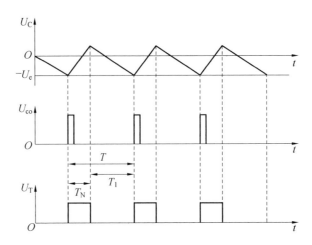

图 3.21   定时复原式积分型 V/F 转换波形图

在积分器输入端加入被测电压 U_x，积分器输出电压 U_C 是与 U_x 反极性的斜变电压。

假定 U_x 为正，积分器进行反向积分，U_C 不断下降，当其达到比较器的比较电平 $-U_e$ 时，比较器翻转。输出由低电平变成高电平，启动定时电路产生一个宽度精确等于 T_N 的正脉冲，使电子开关 S 接通，将基准电压 $-U_R$ 接入积分器输入端，积分器在 $-U_R$ 和 U_x 的共同作用下进行积分。因为设计时要保证 $\left|\dfrac{-U_R}{R_2}\right| > \left|\dfrac{U_{xm}}{R_1}\right|$，所以积分器进行正向积分，在固定时间 T_N 过后，S 断开，积分器又在 U_x 的单独作用进行积分，重复上述过程。定时脉冲经分频作为电能变送器的低频输出。

在一个积分周期里，积分电容反向充电电荷为

$$Q = \int_0^T \frac{U_x}{R_1}\mathrm{d}t = \frac{\overline{U_x}}{R_1}T$$

正向充电电荷为

$$Q' = \int_0^T \frac{U_R}{R_2}\mathrm{d}t = \frac{U_R}{R_2}T_N$$

根据电荷平衡原理可知

$$Q = Q'$$

所以有

$$\frac{\overline{U_x}}{R_1}T = \frac{U_R}{R_2}T_N$$

$$T = \frac{R_1 U_R}{R_2 \overline{U_x}}T_N \tag{3.37}$$

定时电路输出频率为

$$f = \frac{1}{T} = \frac{R_2}{R_1 U_R T_N}\overline{U_x} \tag{3.38}$$

从式(3.38)可以看出：

① 输出频率与被测电压的平均值成正比，实现了 V/F 转换功能。

②V/F 转换灵敏度为 $R_2/R_1 U_R T_N$。可见，增大 R_2 或减小 R_1、U_R、T_N 都可以提高灵敏度，

但是应满足 $\left|\dfrac{-U_R}{R_2}\right| > \left|\dfrac{U_{xm}}{R_1}\right|$。

对式(3.38)两边取对数,然后对 R_1、R_2、U_R、T_N 求偏微分得

$$\frac{\mathrm{d}f}{f} = \frac{\mathrm{d}R_2}{R_2} - \frac{\mathrm{d}R_1}{R_1} - \frac{\mathrm{d}U_R}{U_R} - \frac{\mathrm{d}T_N}{T_N}$$

由上式可得 V/F 转换的相对误差为

$$\gamma = \gamma_{R_2} - \gamma_{R_1} - \gamma_{U_R} - \gamma_{T_N} \tag{3.39}$$

式中,γ_{R_2}、γ_{R_1} 为电阻 R_2、R_1 的误差;γ_{U_R} 为基准电压 $-U_R$ 的误差;γ_{T_N} 为定时脉冲宽度 T_N 的误差。

式(3.39)中,各项误差中的已定系统误差分量,如 R_2、R_1、$-U_R$、T_N 的实际值对标称值的偏离很容易在调试时消除,所以实际起作用的是未定系统误差部分。例如 R_2、R_1、$-U_R$、T_N 的温度误差、$-U_R$ 的稳定度等。

由于式(3.39)中 γ_{R_2}、γ_{R_1} 的符号相反,因此只要选用温度系数相同或相近的电阻,其影响可以消除或减小。

当各误差项的大小相近时,综合误差可表示为

$$\gamma = \sqrt{\gamma_{R_1}^2 + \gamma_{R_2}^2 + \gamma_{U_R}^2 + \gamma_{T_N}^2} \tag{3.40}$$

设计变送器时,可以根据式(3.39)或式(3.40)对电阻的温度系数、基准电压的温度系数和稳定度、定时脉冲宽度的温度系数等进行合理分配。

定时电路输出的频率为 f 的脉冲经分频后以继电器触点或光电耦合三极管集电极开路方式输出,供外附记录装置显示和记录被测电能。

3.4.3　V/F 转换电路实例

1. 分立件电路

图 3.22 所示为电量变送器的 V/F 转换电路方框图。下面介绍部分环节的工作情况。

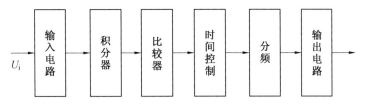

图 3.22　电量变送器的 V/F 转换电路方框图

(1) 输入电路。

为了简便,该变送器使用的 V/F 转换电路只使用了一个负基准电源,因而要求输入的直流电压始终保持正极性,而功率变送器输出的直流电压有正有负,因此在输入电路中要解决双极性变单极性的问题。图 3.23 所示为 V/F 转换的输入电路。

输入电路第一级是差动输入低通滤波器,截止频率为 $f_0 = 1/2\pi R_2 C$,抑制输入直流电压 U_i 中的高频干扰。输入端的两只二极管起限幅作用,在运算放大器 N_1 可能开环时,保护同相和反相输入端之间免受高电压的损害。第二级和第三级都是比例放大器,输出电压 U_{o1}、U_{o2} 分别与 U_i 同相和反相,以供输出电路进行极性鉴别。如果取 $R_1 = R_3$,$R_2 = R_4$,则运算放大器 N_1 的输出电压为

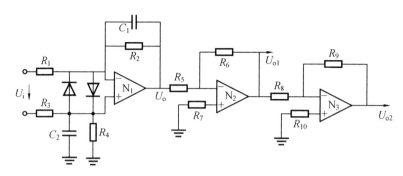

图 3.23　V/F 转换的输入电路

$$U_o = -\frac{R_2}{R_1}U_i$$

运算放大器 N_2 和 N_3 的输出电压为

$$U_{o1} = -\frac{R_6}{R_5}U_o = \frac{R_2 R_6}{R_1 R_5}U_i$$

$$U_{o2} = -\frac{R_9}{R_8}U_{o1}$$

取 $R_9 = R_8$，则有

$$U_{o2} = -U_{o1}$$

（2）输出电路。

V/F 转换的输出电路如图 3.24 所示。

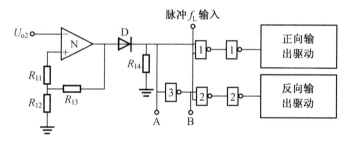

图 3.24　V/F 转换的输出电路

图 3.24 中的运算放大器电路是具有滞后特性的比较器，用于判别输入电压 U_{o2} 的极性。比较器的阈值电压为 $\pm\frac{R_{12}}{R_{12}+R_{13}}E$，其中 E 接近电源电压值。R_{12} 的阻值很小，所以阈值电压很小。设置阈值电压的目的是提高比较器的抗干扰性，避免在零输入电压时比较器工作不稳定。由输入电路可知，当输入电压 U_i 为正时，U_{o1} 为正，U_{o2} 为负，比较器输出高电平（接近电源电压 E_+），与非门 1 打开，与非门 2 关闭，由 V/F 转换电路产生的低频脉冲 f_L 经与非门 1 驱动正向输出继电器动作，或驱动正向输出光电耦合三极管导通；当输入电压 U_i 为负时，U_{o1} 为负，U_{o2} 为正，比较器输出低电平（接近电源电压 E_-），与非门 1 关闭，与非门 2 打开，由 V/F 转换电路产生的低频脉冲 f_L 经与非门驱动反向输出继电器动作，或驱动反向输出光电耦合三极管导通。A、B 分别是输入电压极性判别电平，用于控制图 3.26 中积分器输入端的电子开关。当输入电压 U_i 为正时，A 为高电平，B 为低电平；当输入电压 U_i 为负时，A 为低电平，B 为高电平。脉冲输出驱动电路如图 3.25 所示。图 3.25(a) 所示为继电器输出，图中 J 是干簧继电器或湿

簧继电器,每来一个 f_L 脉冲,三极管导通一次,继电器动作一次,其常开和常闭触点接通和断开一次,继电器触点接到电能显示记录装置,显示和记录被测电能。图 3.25(b) 所示为光电耦合三极管输出,每来一个 f_L 脉冲,三极管和发光二极管导通一次,在发光二极管的光照下,光电三极管导通一次。光电三极管集电极开路,接到电能显示记录装置。在这里低频脉冲输出没有采用电平输出的方式,而是采用机械触点或光电耦合三极管集电极开路输出的方式,以便使用者根据自己的设备情况自由选择触发电平,避免发生电能变送器输出脉冲电平与使用者电能显示记录装置电平不匹配的情况。电能变送器生产厂家一般都同时生产专用的电能显示记录装置,只要将变送器的继电器触点或光电耦合三极管集电极、发射极直接接到电能显示记录装置即可工作。如果所选用的显示记录装置需要电平输入,则应通过外接电源生成所需电平。

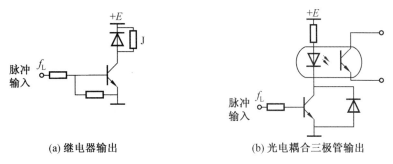

(a) 继电器输出　　　　　　　　　　(b) 光电耦合三极管输出

图 3.25　脉冲输出驱动电路

2. V/F 转换电路原理

V/F 转换电路原理如图 3.26 所示。由运算放大器 N_1 构成积分器,图 3.23 中的电压 U_{o1}、U_{o2} 作为积分器的输入电压。当输入电压 U_i 为正时,U_{o1} 为正,A 为高电平,B 为低电平,电子开关 S_1 接通,S_2 断开;当 U_i 为负时,U_{o2} 为正,B 为高电平,A 为低电平,开关 S_2 接通,S_1 断开。始终保证以正极性电压输入积分器。在输入电压的作用下,积分器开始进行反向积分,当其输出电平等于比较器 N_2 的比较电平 $-U_e$ 时,比较器翻转,产生一个高电平的窄脉冲,启动时间电路,时间电路是一个单稳态,输出一个宽度为 T_N 的正电平单脉冲,控制电子开关 S_0 闭合,将基准电压 $-U_R$ 接通,与 U_{o1} 或 U_{o2} 共同作用,使积分器进行正向积分,直到 T_N 时间间隔结束,S_0 断开,积分器在 U_{o1} 或 U_{o2} 的单独作用下重新进行反向积分,完成一次新的循环。上述过程的波形如图 3.21 所示。时间电路输出脉冲经分频电路分频后输出。

3. 由 LM331 构成的 V/F 转换电路

LM331 是 8 脚双列直插式封装集成电路,既能做 V/F 转换,又能做 F/V 转换。其主要技术参数如下。

① 频率转换范围为 1 Hz ～ 100 kHz。

② 线性优于 0.01%。

③ 温度系数为 $\pm 50 \times 10^{-6}$。

图 3.27 所示为 LM331 内部功能方框图。精密电流反射器产生的电流经开关 S 从 1 脚流出。电流的大小由接在 2 脚上的电阻 R_s 来控制,可在 10 ～ 500 μA 之间变化。因为内部电路的作用,2 脚对地有一个 1.90 V 左右的恒定电压。当工作电源电压 U_{CC} 在 4.5 ～ 20 V 范围内变化时,2 脚上的电压仅变化 $\pm 0.003\%$,而且温漂系数极小,约为 50×10^{-6},从而保证了性能

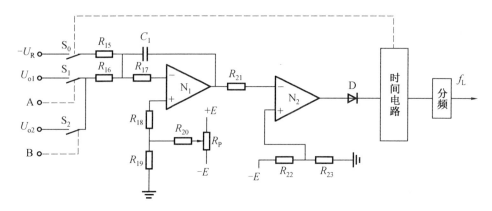

图 3.26 V/F 转换电路原理

的稳定。1 脚输出电流为 $i_R = 1.90\ \text{V}/R_s$，可见只要改变 R_s 的大小就可以控制电流 i_R 的大小。

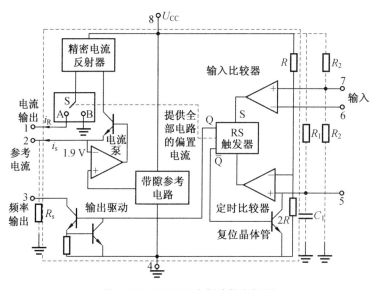

图 3.27 LM331 内部功能方框图

由 LM331 构成的 V/F 转换电路如图 3.28 所示，积分器在输入电压 $-U_x$ 作用下进行正向积分，积分器的输出电压 U_c 接到 LM331 芯片的 7 脚上。LM331 芯片 6 脚上的门限电平为 $U_6 = U_{CC}/2$，当 U_c 上升到 $U_c = U_6 = U_{CC}/2$ 时，输入比较器翻转，输出高电平，将 RS 触发器置位，$Q = \text{"1"}$，S 处于 A 位置，输出电流 i_R 等于参考电流 i_s，即 $i_R = i_s = 1.90\ \text{V}/R_s$。与此同时输出驱动器导通，3 脚输出"0"电平，复位三极管截止。i_R 加到积分器的求和端，在 i_R 和 $-U_x$ 的共同作用下，积分器进行反向积分，使 U_c 下降。

为了保证积分器反向积分的实现，设计时使 $i_s = U_{xmax}/R_1$，其中 U_{xmax} 是 U_x 的最大值。与此同时，电源电压 U_{CC} 通过 R_1 对 C_1 充电，当充电至 $U_5 = \dfrac{2}{3}U_{CC}$ 时，定时比较器翻转，RS 触发器复位，$Q = \text{"0"}$，S 处于 B 位置（接地），此时输出驱动器截止，3 脚输出"1"电平（3 脚通过 $10\ \text{k}\Omega$ 电阻接到 $+15\ \text{V}$ 电源），复位三极管导通，C_1 通过三极管迅速放电，此时 $i_R = 0$，积分器又在 $-U_x$ 的单独作用下进行正向积分，当 U_c 上升到 $U_c = U_6 = U_{CC}/2$ 时，输入比较器又翻转，又将 RS 触

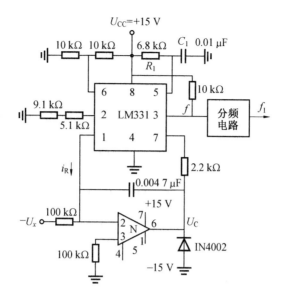

图 3.28　由 LM331 构成的 V/F 转换电路

发器置位,重复上述过程。如此把模拟输入电压 U_x 转换成频率。当输入电压 U_x 一定时,3 脚输出一定频率的脉冲序列。图 3.29 所示为由 LM331 构成的 V/F 转换波形图。

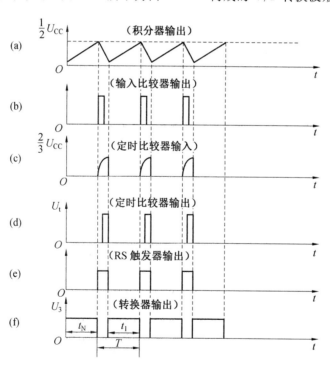

图 3.29　由 LM331 构成的 V/F 转换波形图

积分电容 C 正向充电电荷为

$$Q = \int_0^T \frac{-U_x}{R_1} \mathrm{d}t = \frac{-\overline{U_x}}{R_1} T$$

式中,T 为 3 脚输出信号的周期。

积分电容 C 反向充电电荷为

$$Q = i_R t_N \tag{3.41}$$

式中,t_N 是反向积分时间。电容 C_1 两端的电压为

$$U_{C1} = U_{CC}(1 - e^{-t/\tau}) \tag{3.42}$$

式中,$\tau = R_1 C_1$

当 $t = t_N$ 时,$U_{C1} = \dfrac{2}{3} U_{CC}$,代入式(3.42) 得

$$\frac{2}{3} U_{CC} = U_{CC}(1 - e^{\frac{t_N}{\tau}})$$

由上式可得

$$t_N = \tau \ln 3 = R_1 C_1 \ln 3$$

根据电荷平衡原理有

$$Q + Q' = 0, 即 Q = -Q'$$

由此可得

$$\frac{\overline{U_x}}{R_1} T = -i_R t_N = -\frac{1.90}{R_s} R_1 C_1 \ln 3$$

所以

$$f = \frac{1}{T} = \frac{R_s}{2.09 R_1 R_1 C_1} \overline{U_x} \tag{3.43}$$

式中,f 为 3 脚输出信号的频率。

由式(3.43)可知,输出信号的频率与输入模拟电压的平均值成正比,从而实现了 V/F 转换。

3 脚的输出频率经分频器变成供外附电能显示记录装置计数的低频脉冲 f_L。低频脉冲常数一般选为 $1/(W \cdot h)$,即每测量 1 W·h 的电能,变送器输出一个脉冲,或者说每输出一个脉冲表示测量了 1 W·h 的电能。

3.5　频率变送

频率是评价电能质量的重要技术指标,电网频率的变化会对用电设备的性能产生重要影响,因此频率的测量具有重要的意义。频率变送器用于将电网频率转换为可供远动装置使用的直流电压或直流电流。

利用 LM331 型 F/V 转换器构成的频率变送器方框图如图 3.30 所示。其核心电路是 F/V 转换电路,下面对其进行重点介绍。

图 3.30　利用 LM331 型 F/V 转换器构成的频率变送器方框图

1. LM331 工作原理

LM331芯片的内部结构前面已经介绍了，下面介绍其工作原理。输入交流电压信号U_i经整形、微分产生负的尖脉冲，将其加到6脚。脉冲频率与信号频率一致。在脉冲下降沿的作用下，使当6脚电压U_6低于7脚电压U_7时，输入比较器翻转，将RS触发器置位，$Q=$"1"，电流开关S接通，恒流电流i_1从1脚流出，经负载电阻R_L产生输出电压U_o。复位晶体管截止，正电源U_{CC}经电阻R_1给电容C_1充电，当5脚电平U_5达到$\frac{2}{3}U_{CC}$时，使定时比较器翻转，将RS触发器复位，$Q=$"0"，电流开关S断开，1脚无电流流出。复位晶体管导通，C_1上的电荷迅速放掉。当下一个微分脉冲到来时，重复上述过程。

在C_1充电期间，5脚电平为

$$U_5 = U_{CC}(1 - e^{-\frac{t}{R_1 C_1}})$$

当定时比较器翻转时$U_5 = \frac{2}{3}U_{CC}$，$t = t_1$，代入上式得

$$\frac{2}{3}U_{CC} = U_{CC}(1 - e^{-\frac{t_1}{R_1 C_1}})$$

式中，t_1是C_1的充电时间，也是1脚输出电流维持的时间，亦是输出脉冲的宽度。

解上式得

$$t_1 \approx 1.1 R_1 C_1 \tag{3.44}$$

由LM331的工作原理可知

$$i_1 = \frac{1.9\ \text{V}}{R_s} \tag{3.45}$$

设信号周期为T，则i_1的平均值为

$$I_1 = \frac{1}{T}\int_0^{t_1} i_1 \mathrm{d}t = \frac{t_1 i_1}{T} = f t_1 i_1 \tag{3.46}$$

将式(3.44)和式(3.45)代入式(3.46)得

$$I_1 = \frac{2.09 R_1 C_1}{R_s} f$$

输出电压的平均值为

$$U_o = I_1 R_L = \frac{2.09 R_1 R_L C_1}{R_s} f$$

由于R_1、R_L、C_1、R_s都是固定值，因此输出电压与信号频率成正比，从而实现 F/V 转换功能。

由于R_1、R_L、C_1、R_s的性能直接影响 F/V 转换的精度，因此应选用温度系数小的金属膜电阻和介质损耗小、稳定性好的电容，如聚酯氟乙烯电容或聚丙烯电容。

2. 电路工作原理

利用 LM331 型 F/V 转换器构成的频率变送器的电路图如图 3.31 所示，其各点的波形图如图 3.32 所示。在图 3.31 中，被测信号电压U_x经变压器 T 进行隔离和衰减，次级电压U_i经零比较器 N_1 整形，变成同频率的对称方波信号U_C，由R_1、C_1组成的微分电路在方波上升沿产生正的尖脉冲，在方波下降沿产生负的尖脉冲，正向尖脉冲对输入比较器不起作用，负向尖脉冲使输入比较器翻转，LM331 的工作过程如前面所述。

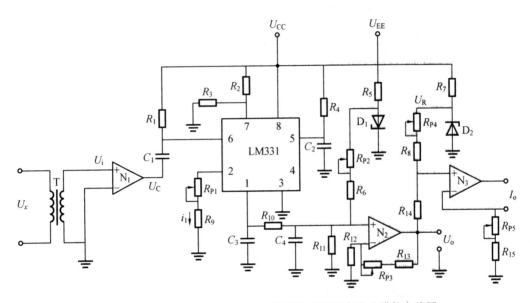

图 3.31　利用 LM331 型 F/V 转换器构成的频率变送器的电路图

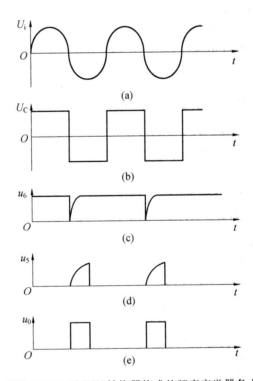

图 3.32　利用 LM331 型 F/V 转换器构成的频率变送器各点的波形图

由 1 脚流出的脉冲电流 i_1 经 C_3、C_4、R_{10} 构成的 π 型电容滤波器取平均值,由同相输入放大器 N_2 进行放大,得到输出电压 U_o。为了得到 $0 \sim \pm 5$ V 的输出范围,当被测频率等于中心频率(一般为 50 Hz)时,输出电压应为零。为此在 N_2 的同相输入端施加一个反向直流电流 I_R,I_R 由稳压管 D_1 的工作电压 U_{D1} 提供。N_3 是 U/I 转换器,将 $0 \sim \pm 5$ V 的输出电压转换为 $4 \sim 20$ mA 的输出电流。为了在输出电压等于 -5 V、0 V、$+5$ V 时,使输出电流分别等于 4 mA、

12 mA、20 mA,需要在 N_3 同相输入端接入一个正向基准电压 U_R,其由稳压管 D_2 提供,等于 D_2 的工作电压 U_{D2}。D/I 转换器采用电流串联负反馈原理。设 $R_R = R_8 + R_{P4}$,$R_o = R_{15} + R_{P5}$,由 N_3 电路图可以列出以下方程

$$U_3 = I_o R_o = U_R - \frac{U_R - U_o}{R_R - R_{14}} R_R \tag{3.47}$$

当 $U_o = -5$ V 时,$I_o = 0.2 I_{om}$;当 $U_o = 0$ V 时,$I_o = 0.6 I_{om}$;当 $U_o = +5$ V 时,$I_o = I_{om}$,I_{om} 是输出电流满度值,$I_{om} = 20$ mA。将以上数值代入式(3.47)并求解得

$$I_R = 1.33 U_R R_{14} \tag{3.48}$$

$$R_o = \frac{5 U_R}{I_{om}(3 + 0.4 U_R)} \tag{3.49}$$

D_2 选用 2DW7,工作电压为 6 V 左右,因为这一工作电压的稳压管具有较小的温度系数。所以 $U_R = U_V = 6$ V,代入式(3.48)和式(3.49)得 $I_R = 0.8 R_{14}$,$R_o = 278\ \Omega$,R_{14} 阻值的选择比较随意,如可选 $R_{14} = 10$ kΩ,则 $R_R = 8$ kΩ。

调试频率变送器时,通过 R_{P1} 将 LM331 的恒流输出电流 i_1 调整到设计值,这是通过使 $R_s = R_9 + R_{P1} = $ 设计值来实现的。接着在被测频率等于中心频率的情况下,调 R_{P2},使输出电压等于零。然后通过 R_{P3} 调整好满度电压输出。

例如,如果被测频率范围为 $45 \sim 55$ Hz,则当 $f = 45$ Hz 时,输出电压应为 -5 V,当 $f = 55$ Hz 时,输出电压应为 $+5$ V。

调整好电压输出,再调整电流输出。首先通过 R_{P4} 调整零位,即当被测频率等于 45 Hz 时使 $I_o = 4$ mA,然后通过 R_{P5} 调整电流输出的满度,即当被测频率等于 55 Hz 时,使 $I_o = 20$ mA。

3.6　计算机远动系统

3.6.1　远动技术的概念

由于生产过程自动化程度日益提高,人们不断谋求对生产过程,特别是对处于分散状态的生产过程的集中监视、控制和统一管理,因此就产生了远动技术的概念,并在综合了自动控制理论、计算机技术和现代通信技术之后迅速发展起来。

远动技术是一门多学科技术,它集通信、控制、数据采集等技术于一体,在工业生产、科学研究、国防现代化建设及人们的生活领域发挥着越来越重要的作用。

远动技术是 20 世纪提出的概念。目前对远动技术还没有较完整的定义,但是它包括传统的遥控、遥信、遥测、遥调等技术,所以可以给远动技术下一个粗略的定义:对物体或各种过程进行远距离测量和控制的综合技术,称为远动技术。远动系统具有在人和机器或者机器和机器之间远距离交换信息的功能。传统远动系统具有"四遥"功能 —— 遥控、遥测、遥信、遥调。

1."四遥"功能的定义

(1) 遥控(YK)。

遥控就是对被控对象进行远距离控制。被控对象可以是固定的,如工厂的机器,输油、输气、供水管道上的泵与阀,铁路上的变电所、分区亭、开闭所,电力系统的发电厂、变电站的开关

等;也可以是活动的,如无人驾驶飞机、卫星等。

(2)遥测(YC)。

遥测就是对被测对象的某些参数进行远距离测量。如可以遥测铁路牵引供电系统中变电所、配电室中的有功功率、无功功率、电度、电压、电流等电气参数及接触网故障点等非电气参数。又如在国民经济、科学研究和国防的许多部门,由于一些特殊原因,人们无法接近被测对象,就需要通过遥测来了解和监控被测对象的工作情况。采用遥测技术,可以提高各部门的自动化程度,改善劳动条件,提高劳动生产率,提高管理调度质量。

(3)遥信(YX)。

将被控站的设备状态信号远距离传送给调度端称为遥信,如开关位置信号、报警信号等。

(4)遥调(YT)。

调度端直接对被控站某些设备的工作状态和参数的调整称为遥调。如调节变电所的某些量值(如电压、功率因数等)。采用无源接点方式,要求其正确率大于 99.99%,在供电系统中遥调常用于有载调压变压器抽头的升、降调节和其他可采用一组继电器控制的具有分级升降功能的场合。

以计算机为主构成、以完成常规"四遥"功能为目标的监视控制和数据采集系统,简称为计算机远动系统,即 SCDAS 系统。远动系统的被控端称为远程终端设备(RTU)。计算机远动系统除完成常规"四遥"功能外,还可完成许多其他的数据处理和管理功能,可与其他系统联网,还可提供操作人员的在线培训、防误操作及辅助决策等功能。

2. 远动系统的分类

(1)按远动功能的实现方式分类。

① 布线逻辑式远动系统。

② 计算机远动系统。

(2)根据 RTU 采用的元件是否有接点分类。

① 有接点远动系统。

② 无接点远动系统。

(3)根据远动技术的信息传输方式分类。

① 循环式远动系统。

② 问答式远动系统。

(4)根据 RTU 的工作方式分类。

①1:1工作方式远动系统。1:1工作方式远动系统是指每个被控端对应一台调度端。

②1:N工作方式远动系统。1:N工作方式远动系统是指调度端一台装置对应 N 台被控端的远动系统。

③M:N工作方式远动系统。M:N工作方式远动系统是指调度端 M 台装置对应被控端的 N 台装置。

(5)根据遥控、遥测系统传输指令和信息是利用无线信道还是有线信道分类。

① 无线信道远动系统。常用的无线传输手段有无线电、红外、激光。

② 有线信道远动系统。常用的有线传输手段有邮电载波、有线载波、同轴电缆载波、电力线、电话线载波、光纤等。

（6）按被控对象是分散还是集中分类。

① 分散型远动系统。

② 集中型远动系统。

此外还可以根据被控对象是固定还是活动、是链式分布还是辐射式分布分别分为固定目标或活动目标远动系统、链式或辐射式远动系统。

计算机技术特别是微型计算机的发展为远动技术的突破性发展提供了条件。计算机技术与远动技术结合在一起，形成了当今的计算机远动技术。

3.6.2　计算机远动系统的基本组成

计算机远动系统的主要任务是对物体和各种过程实时进行远距离监控与调度，因此可以给出一个计算机远动系统组成的基本模式，图 3.33 所示为远动系统结构示意图。

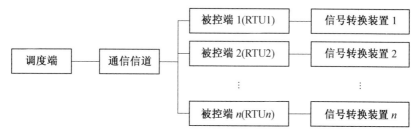

图 3.33　远动系统结构示意图

一个基本远动系统由现场信息转换与控制机构、RTU、通信信道和调度端四部分组成。

（1）现场信息转换与控制机构。

现场信息转换包括需要测量对象信息的转换与放大，以及被控对象的执行机构两部分。RTU 只能采集和接收符合要求的电信号，而测量对象则往往还有非电信号的物理量，如压力、流速、温度等。因此，由传感器将非电信号的量转换为电信号，并经放大和加工处理后，变为RTU 能接收的电信号。对于有些就是电信号的物理量，如电力系统中电流、电压、功率、电度等参数的测量，因其幅度大小不标准，故需要经过适当变换，使之满足 RTU 的要求。转换后电信号有的是数值随时间连续变化的模拟量，有的是数值离散化的脉冲量，有的是表示开关状态的开关量。

（2）RTU。

RTU 是位于远离调度端对现场实现监测和控制的装置。它接收并处理现场信息经转换后送来的模拟量、脉冲量和开关量；为每一个控制执行机构回路提供继电器的 $1 \sim 2$ 对常开或常闭节点（通常为常开节点）；为每一个调节执行机构回路提供继电器的 $1 \sim 2$ 对常开或常闭节点（通常为常开节点）；为每一个调节执行机构回路输出控制信号，输出信号为可调直流电压、可调脉冲数或可调脉冲宽度三种形式中的任意一种。随着微型计算机技术的发展，在RTU 中采用多 CPU（或多单片机）的分布式处理技术，使各功能模块化有利于提高 RTU 的各项性能指标。

（3）通信信道。

在计算机远动系统中用于传送远动数据的通信信道称为远动信道。远动信道的质量是确保计算机远动系统可靠运行的重要前提，计算机远动系统的调度端与各 RTU 通常构成 $1:N$

的集散监控与调度,通信信道则担负调度端与各 RTU 间数据传送的重任。

在一个计算机远动系统中,调度端和各 RTU 的质量再好,如果信道不过关,那么这样的远动系统也毫无用处。

(4) 调度端。

计算机远动系统最主要的人机界面部分的主要调度操作都在调度端实现,各 RTU 和子监控与调度系统采集到的有关数据都要定时或不定时在调度端予以汇总。根据调度端的设备配置可分为单机调度端、多机调度端、双机备用调度端和网络调度端。

3.6.3 RTU 的主要功能

RTU 被控端的远动设备实际上也是一个计算机,用来完成遥控接收、输出执行、遥测、遥信量的数据采集及发送的功能。下面介绍 RTU 的主要功能。

(1) 采集状态量信息。

通过一些接口电路,把变电所的断路器、隔离开关的状态转变为二进制数据,存储在计算机的某个内存区。

(2) 采集模拟量测量值。

采集即把变电所的一些电流量、电压、功率等模拟量,通过互感器、变送器、A/D 转换器变成二进制数据,存储在计算机的某个内存区。

(3) 与调度端进行通信。

把采集到的各种数据,组成一帧一帧的报文送往调度端,并接收调度端送来的命令报文。通信规约一般有应答式(polling)、循环式(CDT)、对等式(DNP) 等十余种,RTU 应备其中的一种。RTU 应具备通信速率的选择功能,还应有支持光端机、微波、载波、无线电台等信道的通信转换功能。通信中有一个重要的工作,即对发送的数据进行抗干扰编码,对接收到的数据进行抗干扰译码,如果发现有误则不执行命令。

(4) 被测量越死区传送。

每次采集到的模拟量与上一次采集到的模拟量(旧值)进行比较,若差值超过一定的限度(死区),则送往调度端;否则,认为无变化,不传送。这可以大大地减少数据的传输量。

(5) 事件顺序记录(SOE)。

在某个开关状态发生变化后,记录开关号、变化后的状态,以及变化的时刻。事件顺序记录有助于调度人员及时掌握被控对象发生事故时各开关和保护的动作状况及动作时间,以区分事件顺序,做出运行对策和事故分析。时间分辨率是事件顺序记录的重要指标,分为 RTU 内与 RTU 之间两种。

①SOE 的 RTU 内分辨率。

在同一 RTU 内,顺序发生一串事件后,两事件间能够辨认的最小时间称为 SOE 的站内分辨率,在调度自动化中,SOE 的站内分辨率一般要求小于 5 ms,其大小由 RTU 的时钟精度及获取事件的方法决定。

②SOE 的 RTU 之间分辨率。

SOE 的 RTU 之间分辨率,即站间分辨率,是指各 RTU 之间顺序发生一串事件后,两事件间能够辨认的最小时间,它取决于系统时钟的误差和通道延时的误差、中央处理机的处理延时等,在调度自动化中,SOE 的站间分辨率一般要求小于 10 ms,这是一项整个远动系统的性能要求指标。

（6）执行遥控命令。

调度端发来遥控命令，RTU 收到命令，确认无误后，即进行遥控操作，通过接口电路执行机构，使某个或多个断路器或隔离开关进行"合"或"分"的操作。

（7）系统对时。

RTU 站间 SOE 分辨率本是一项系统指标，因此它要求各 RTU 的时钟与调度中心的时钟严格同步。采用时钟同步的措施有以下两点。

① 采用 GPS。

利用 GPS 提供的时间频率同步对时，可确保 SOE 站间分辨率指标。该方法需要在各站点安装 GPS 接收机、天线、放大器，并通过标准 RS232 口和 RTU 相连。

② 采用软件对时。

循环式远动规约（CDT）、分布式网络规约（DNP）、Modbus（层报文传输协议）等规约提供了软件对时手段，可采用软件对时。由于受到通信速率的影响，因此需要采取修正措施。这种方法的优点是不需要增加硬件设备。

（8）自恢复和自检测功能。

RTU 作为远动系统的数据采集单元，必须保证不间断地完成和 SCADA 系统的通信，但 RTU 的工作环境恶劣，具有强大电磁干扰，运行中难免发生程序受干扰或通信瞬时中断等异常情况，有时也会发生电源瞬时掉电，这都会造成 RTU 死机，而使系统无法收到该被控对象的信息。因此要求 RTU 在遇到这些情况时，能在最短时间内自动恢复，重新从头开始运行程序，为了维护方便，通常要求 RTU 含有自检程序。

除以上功能外，RTU 还应具有以下功能。

（1）当地显示与参数整定输入。

在 RTU 上安装一个当地键盘和 LED 或 LCD 显示器，使得 RTU 的采集量在当地就可以显示到显示器上，也可通过键盘输入遥测量的转换系数和修改保护整定值等。

（2）一发多收。

有时一台 RTU 要向不同上级计算机发布信息，或通信规约不相同，需实现多规约转发。

（3）CRT 显示与打印制表。

要求 RTU 具有本地显示功能，并能将异常事故报告打印出来。

3.6.4　RTU 的硬件构成

传统的 RTU 是由晶体管或集成电路，通过逻辑设计构成的，称为布线逻辑远动（或硬件远动）。自从微型计算机应用于远动系统以来，远动系统的功能设计主要由软件的设计来实现，所以又称为软件远动。RTU 结构原理如图 3.34 所示。

计算机 RTU 的核心是计算机，RTU 的硬件设计经历了几个不同的阶段，分别是片级设计、模块级设计、系统机级设计。

1. 片级设计

片级设计是早期远动产品，其构成方法是自己选用计算机芯片 CPU、RAM、I/O 接口来构成，要进行元件的筛选与参数配合，其构成工作量比较大，费时。

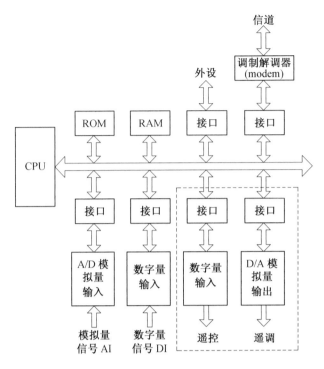

图 3.34 RTU 结构原理

2.模块级设计

由专门的工厂生产各种计算机功能模板,这些模板又称 OEM 模板,由许多芯片与电子元件在一块板上构成,可以完成独特的功能。常用的 OEM 板有 CPU 板、RAM/ROM 板、开关量输入板、模拟量输入板、开关量输出板、遥控板等。

硬件设计是根据需要选用适用的多块 OEM 板,通过总线插槽,相连成一个系统,设计比较灵活。

OEM 的生产有国标标准,即总线标准,工业控制常用的有 MULTI Bus、STD Bus。

3.系统机级设计

选用一台系统机作为主机,系统是一个完整的硬件与软件系统,功能齐全。但一般多用于信息处理,工业控制中不适宜。目前,随着计算机技术的发展,模块化计算机也具有系统机的功能。

3.6.5 RTU 软件

计算机远动系统的最突出特点是利用某种通信网络将分散在现场(或现场附近)执行数据采集和控制功能的各现场控制站与位于操作中心(或监视中心)的各个操作管理站连接起来,共同实现分散控制、集中管理的功能。构成计算机的监控系统的现场控制站在组成上和能力上有较大的差别,有的现场控制站功能很强,它可以完成几百点(甚至上千点)的数据采集,实现几十到上百控制回路,甚至可以实现一些高级控制功能、自适应功能和一些基本的专家系统功能。而有的现场控制站由一个简单的单片机组成,完成十几点到几十点的数据采集,实现几个控制回路。此外,有些现场控制站只具有采集处理功能而没有控制功能,它们只能称为采集站。但是,一个较通用的现场控制站一般应具备各种数据点(如模拟量输入、开关量输入、脉冲积累量输入）的采集、控制输出（模拟量输出、开关量输出、脉宽调制输出）、自动控制（包括连续调节控制和顺序控制）及网络通信功能。要实现上述功能，现场控制站应该配有一个功能完善的软件系统。

RTU 的软件功能模块结构框图如图 3.35 所示。

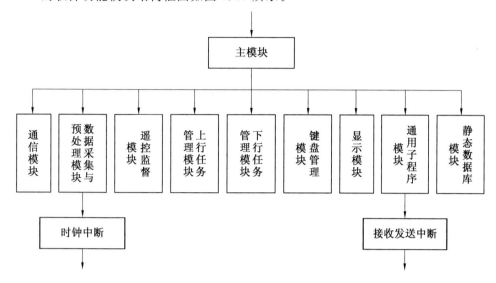

图 3.35　RTU 的软件功能模块结构框图

1. 主模块

主模块完成的功能是初始化、自检、时钟中断、系统各模块调度管理等，其结构框图如图3.36 所示。

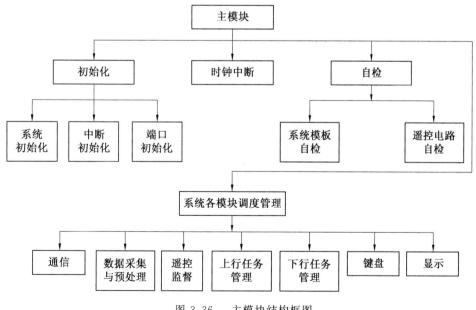

图 3.36　主模块结构框图

2. 通信模块

通信模块完成发送与接收的中断服务及各类报文的管理，并完成向主站发送上行报文，以及接收主站的下行报文的任务。另外,有关循环冗余校验(CRC)的建表、编译码等也在此完成。通信模块结构框图如图 3.37 所示。

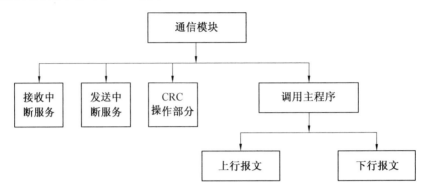

图 3.37　通信模块结构框图

3. 数据采集与预处理模块

数据采集与预处理模块主要完成遥测量的采集与滤波及故障仪的有关操作,其结构框如图 3.38 所示。

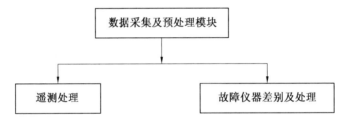

图 3.38　数据采集与预处理模块结构框图

4. 遥控监督模块

遥控监督模块主要完成有关遥控的继电器检查(包括错误统计),包括无返遥控检查、遥调检查、遥控撤销检查等。遥控监督模块结构框图如图 3.39 所示。

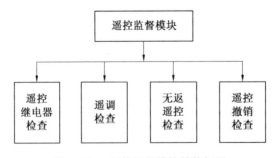

图 3.39　遥控监督模块结构框图

5. 上行任务管理模块

上行任务管理模块完成各类上行报文的处理,其结构框如图 3.40 所示。

6. 下行任务管理模块

下行任务管理模块完成各类下行报文的处理,其结构框图如图 3.41 所示。

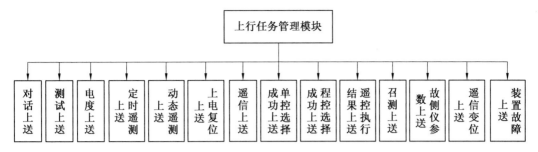

图 3.40 上行任务管理模块结构框图

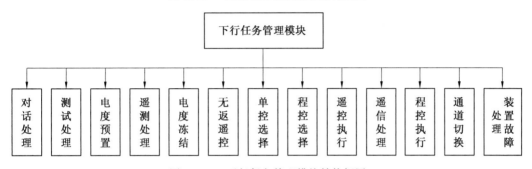

图 3.41 下行任务管理模块结构框图

7. 键盘管理模块

键盘管理模块完成键盘扫描、键值接收和有关处理(释放、防抖等),以及键值有效性分析及键值的具体处理。键盘管理模块结构框图如图 3.42 所示。

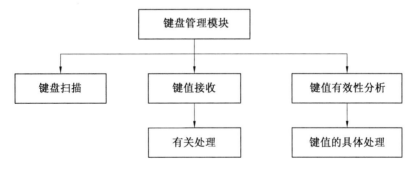

图 3.42 键盘管理模块结构框图

8. 显示模块

显示模块完成显示有关的所有处理。显示模块结构框图如图 3.43 所示。

图 3.43 显示模块结构框图

9. 通用子程序模块

通用子程序模块完成一些通用子程序的功能,如数据转换(进制之类的转换)、滤波等。通用子程序模块结构框图如图 3.44 所示。

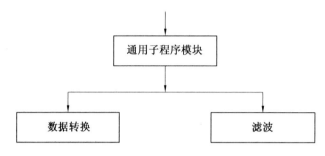

图 3.44　通用子程序模块结构框图

10. 静态数据库模块

静态数据库模块包括站管理总表、遥信状态表、单控表、程控表、遥测编码表、电度编码表、单控对象编码表、单控状态表、程控对象表、程控内容表等内容。静态数据库模块结构框图如图 3.45 所示。

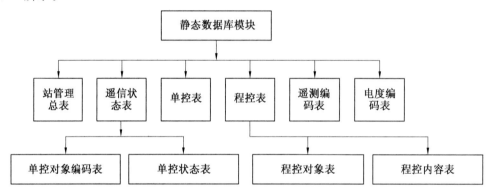

图 3.45　静态数据库模块结构框图

习　　题

1. 请问"四遥"功能是指什么?

2. 计算机远动系统由哪几部分组成? 请画出计算机远动系统结构示意图。

3. 什么是计算机远动系统的 RTU? 并请写出其英文。

4. RTU 的主要功能有哪些?

5. 请画出计算机远动系统中 RTU 的硬件结构原理图。

6. 已知绝对值检波电路如图 3.46 所示,请分析该电路的功能,并写出输出电压 U_o 的表达式。

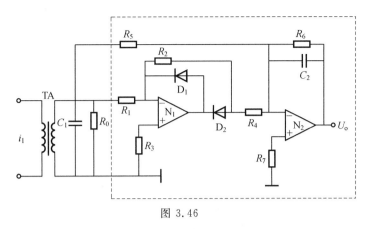

图 3.46

7. 设计整流式固定输出负载电流变送器电路。

（1）要求电路具有双电压输出，单电流输出；

（2）简要说明各个元件的作用；

（3）简述调试步骤及注意事项。

8. 对数反对数原理的真有效值变换电路如图 3.47 所示，输入电压为 U_i，试推导电路中节点电压 U_1、U_2 及输出电压 U_o 的表达式。

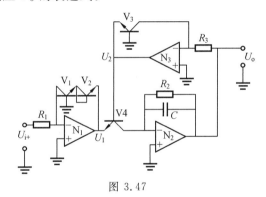

图 3.47

9. 计算机远动系统利用某种通信网络将分散在现场执行数据采集和控制功能的各现场控制站与位于操作中心的各个操作管理站连接起来，共同实现分散控制、集中管理的功能。除要求有功能完备的硬件外，现场控制站应该配有一个功能完善的软件系统。请画出计算机远动系统中 RTU 的软件模块总体结构框图。软件由主模块、通信模块、数据采集与预处理模块、上行及下行任务管理模块、键盘管理模块等功能模块组成。其中上行任务管理模块完成各类上行报文的处理，请画出计算机远动系统中 RTU 的上行任务管理模块结构框图。

10. 电压变送器分为直流电压变送器和交流电压变送器，交流电压变送器是一种能将被测交流电流（交流电压）转换成按线性比例输出直流电压或直流电流的仪器，广泛应用于电力、邮电、石油、煤炭、冶金、铁道、市政等部门的电气装置、自动控制及调度系统中。请设计整流式固定输出负载电压变送器电路。

（1）要求电路具有双电压输出，单电流输出；

（2）简要说明各个元件的作用；

（3）简述调试步骤及注意事项。

第4章　智能电能表

电能作为现代人类社会生活中最重要的基础能源,应用十分广泛。随着工、农、商业及居民生活用电的日益增长,电力系统必须不断增加发、供电量来满足国民经济飞速发展的需求。电能是一种商品,如何公平地买卖需依靠计量器具的准确性。电能的计量不同于常用的秤、尺等计量器具,它与用户用电瞬时同步完成,无法补测,也不能依靠反复多次测量保证测量的精确性,所以电能计量工作格外重要。电能表是当前电能计量和经济结算的主要工具,它的准确与否直接关系到国家与用户的经济利益。随着电子技术、测试技术和计算机网络技术的飞速发展,电能计量装置也发生了巨大变革。

4.1　概　述

4.1.1　智能电能表的定义

智能电能表(Smart meter)是一种新型全电子式电能表,具有电能量计量、实时监控、自动控制、信息交互及数据处理等功能,方便用户准确迅速地了解家庭的用电情况,制订节电计划。智能电能表是智能电网(特别是智能配电网)数据采集的重要基础设备,对于电网实现信息化、自动化、互动化具有重要支撑作用,其承担着原始电能数据采集、计量和传输的任务,是实现信息集成、分析优化和信息展现的基础,可提高电力企业的经营效率、促进节能减排,增强电力系统的稳定性。

智能电能表不同于传统电能表之处在于它是双向实时通信的,具有互动的特征,能够提供实时数据,为实施阶梯电价提供了可能。因此,智能电能表在设计中强调了更强的信息处理、交互、计量和通信能力,在国家电网公司公布的智能电网标准中,对这些指标也都做出了详细的规定。

智能电能表将改变以往人工抄表的历史,工作人员只需点击鼠标就可掌握用户用电情况。对于用户来说,用起来会更加便捷,用户可以提前在电表中预存一定数额的电费,这样在相当长的一段时间内都不用再往银行或者营业厅跑了。此外,用户还可以定期从银行直接往电表账户内转账。而通过信息交互功能,用户可以对家中用电情况一清二楚。当智能电能表中的余额少于一定的数值时,便会提醒用户及时付费。

4.1.2　智能电能表的应用

1. 结算和账务

通过智能电能表能够实现准确、实时的费用结算信息处理,简化了过去账务处理上的复杂流程。在电力市场环境下,调度人员能更及时、更便捷地转换能源的来源,未来甚至能实现全自动切换。同时用户也能获得更加准确及时的能耗信息和账务信息。

2. 优化分布式能源配置

分布式能源与配电网并网运行时还存在很多问题,供电企业通过智能电能表对配电系统进行实时监控、控制和调节,掌握分布式电源的特性及其与电网运行的相互影响,优化分布式能源配置,从而达到将电能以最经济与最安全的输配电方式输送给终端用户,提高电网运营的可靠性和能源利用效率。利用智能电能表可以帮助人们优先使用风电、太阳能等新能源。利用智能电能表的实时数据采集与量测功能制定更为准确的负荷预测,可以指导新能源优化调度。美国夏威夷大学开发的配电管理系统平台,采用智能电能表作为门户站综合了需求反应、住宅节能自动化、分布式发电优化管理等功能,实行了配电系统与主电网中新能源系统的协调控制。

3. 配网状态估计

目前,配网侧的潮流分布信息通常很不准确,主要是因为该信息是根据网络模型、负载估计值及变电站高压侧的测量信息综合处理得到的。通过在用户侧增加测量节点,将获得更加准确的负载和网损信息,从而避免电力设备过负载和电能质量恶化。通过将大量测量数据进行整合,可实现未知状态的预估和测量数据准确性的校核。

4. 提供故障分析依据

供电企业可以通过智能电能表对用户用电情况进行实时监测,实现异常状态的在线分析、动态跟踪和自动控制,提高供电可靠性,有助于实现配网元器件、电能表及用户设备的预防维护。当故障发生后可以通过智能电能表查询异常用电记录,为故障分析提供可靠的实时数据。如检测出电力电子设备故障、接地故障等导致的电压波形畸变、谐波、不平衡等现象。测量数据还能帮助电网和用户分析电网元件故障和网损等。

5. 用户能量管理

通过智能电能表提供的信息,可以在其上构建用户能量管理系统,从而为不同用户(居民用户、商业用户、工业用户等)提供能量管理的服务,在满足室内环境控制(温度、湿度、照明等)的同时,尽可能减少能源消耗,实现减少排放的目标。对于长时间开着热水器,以及不关电视机的电源开关等,用户通过分时段查询用电量就可以发现这些电器在不断电却不使用的时间段到底耗了多少电。

为用户提供实时能耗数据,促进用户调节用电习惯,并及时发现由设备故障等产生的能源消耗异常情况。在智能电能表所提供的技术基础上,电力公司、设备供应商及其他市场参与者可以为用户提供新的产品和服务,如不同类型的分时网络电价、带回购的电力合同、现货价格电力合同等。智能电能表能精准到"洗衣机、电冰箱、微波炉"等每个单体电器的用电量,"用电评价"功能可警示居民某个电器在某一时间段为高耗能电器。

6. 智能家电控制

智能电能表具有与智能家电通信的控制功能,为普及遥控家电打下基础。由智能电能表根据实时电价通过设定参数实现对家电的起停控制,削减用电高峰的负荷,提高用电低谷时的负荷,在不需要增加任何用户投资的情况下,通过改变大功率用电设备的使用时间,达到节约用电费用的目的,同时也对电网的削峰填谷做出贡献。用户在家里安装"智能互动终端"设备,与家中的每个电器相连,上网即可对家中电器远程遥控。

7. 缴费更方便

采用一卡通交电费的用户,经常是电业部门发出欠费提醒时,才发现卡里没钱或余额不够抵扣。低压用户信息采集系统建设以后,系统可以实时监控每家每户用了多少电、卡内还剩多少钱。用户一卡通里交的电费快用完时,电业部门会及时向用户发出短信提醒,避免用户欠费。经常出差在外的用户,往往不知道家里已经欠电费或欠费超过缴费时限,这样就会产生滞纳金。使用智能电能表后,其会根据用户与电业部门约定的条件自动断电,待重新扣费后可迅速开通,不会产生滞纳金。

8. 负荷远程控制

通过智能电能表可实现负荷的整体连接和断开,也可以对部分用户进行控制,从而配合调度部门实现功率控制;同时用户也可以通过可控开关实现特定负荷的远程控制。

9. 非法用电检测

智能电能表能检测出表箱开启、接线的变动、表计软件的更新等事件,从而及时发现窃电现象。对于窃电高发区,通过将总表的数据和其下所有表计数据进行比对,也可以及时发现潜在的窃电行为。

随着信息时代的推进及技术的发展,智能电能表作为智能电网的神经末梢,将在信息社会中发挥更大的作用,具有更加广阔的应用前景。

4.1.3 智能电能表发展趋势

目前,智能电能表的智能主要体现在抄表和付费便捷化方面,离真正意义的智能电能表还有差距。智能电能表最大的特点就是交互,就是用户和供电企业的信息交互。信息交互的关键是管理,管理更加便捷和人性化,人性化的管理要求芯片的信息处理能力更强。智能电能表的发展要采用先进计量体系(advanced metering infrastructure,AMI),必将走模块化、网络化及系统化的方向。

1. 采用 AMI

智能电能表也将趋向采用 AMI,并成为未来家庭区域网络(HAN)的组成部分。AMI 是指利用各种通信方式,将客户端电表资料传送回控制中心,并透过双向通信达成各种远程资料读取、提供、设定及控制等多种功能的系统。AMI 除改善传统人工抄表不经济、不精确与不实时的缺点外,还具备多种功能,如支持各种不同电价费率、提供用户能源使用信息并引导自发性节能、支持传送信号进行用户负载控制以回应电价改变的自动响应、支持故障侦测与远程开/关管理、改善负载预测、用户用电品质管理等。

AMI 相较于传统机械电表,优点在于具备双向通信功能,因此 AMI 可连接用电、发电甚至是储电系统等多方信息,实现相互流通,辅助电网朝向电力系统的高速公路发展。因此 AMI 主要优点在于促成节能减碳目标实现、改善供电品质及提升经济效率,因此在国家、电业、用户三方面都能提供多方面的效益。

在国家层面 AMI 可促成需求面管理,以及再生能源并网,因此有助于国家达成节能减碳政策目标。而对于电业而言,AMI 可提供负载控制通信功能,快速量测、诊断电力质量,来实现电网自愈功能(self—healing),提升供电品质;并可透过时间与电价机制的搭配,实现尖离峰平滑,以减缓新建电厂的压力;同时更容易获得用户的用电资料,故可提供更多创新服务。最后在用户层面,AMI 搭配显示器可使用电信息透明化,使用户能掌握更多信息,进行能源管理,并加强用户与电力系统的灵活互动,使用户可同时扮演发电者与电力消耗者的角色,有助于健全电力市场运作。

2. 模块化

智能电能表采用功能模块化设计,其有以下优点:① 只需通过更换部分功能模块就可以实现智能电能表的升级换代,而无须更换整个电能表,从而摆脱了传统电能表设计中的因不可更改导致的成批调换和淘汰,乃至整个系统需要重构的缺点;① 功能的模块化和结构的标准化,使供用电管理部门在选购智能电能表时不必过分依赖某一厂家产品,并为规范智能电能表的研制与开发提供可能;③ 可以通过现场或远程升级更换故障模块的方法,提高可维护性并节省维护费用。

3. 网络化

网络化可以实现将各种场合的电能数据进行实时采样和存储,并经有线或无线网络的传输,将信息实时或非实时地输送到用电信息管理系统中,通过数据共享和分析实现供用电管理部门对异地用电信息的实时或非实时的测量和监控。通过网络化可以将智能电能表的部分功能从接入层上移到网络层和数据管理平台层,通过数据共享和综合分析实现智能电能表的功能,简化智能电能表的设计。目前,可利用的通信网络有电力线载波(PLC)网、光纤与同轴电缆(HFC)网、固定电话(PSTN)网、无线移动(GSM/GPRS/CDMA)网。电力光纤入户工程在技术上实现了只需一次施工、一个通道,即可一次性解决缆线入户的问题,可取代以往电线、网线、电话线和有线电视等多条线路的多次施工。三网融合的目的就是资源共享,为电能信息数据的传输提供了稳定可靠和价格低廉的数据传输信道和网络,为智能电能表的网络化和系统化及其自动抄收的实现奠定了网络化基础。

4. 系统化

系统化是综合利用成熟的计算机技术和电力系统自动化技术,在数据控制管理平台实现海量用电数据的有效分析、处理与管理。在网络化和系统化的推动下,用电信息管理系统可以向着分布性和开放性的方向发展,使得用电信息管理功能的扩展更加灵活,性能不断提高,使用更加简便。

4.2　智能电能表工作原理

智能电能表是怎样来计量电能的呢? 智能电能表工作原理框图如图 4.1 所示。

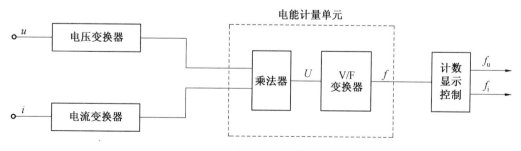

图 4.1　智能电能表工作原理框图

智能电能表是在数字功率表的基础上发展起来的,其采用乘法器实现对电功率的测量,被测量的高电压 u、大电流 i 经电压变换器和电流变换器转换后送至乘法器 M,乘法器 M 完成电压和电流瞬时值相乘,输出一个与输入量的平均功率成正比的直流电压 U,然后再利用 V/F 转换器,令 U 转换成相应的脉冲频率 f,将该频率分频,并通过一段时间内计数器的计数,显示出相应的电能。

4.2.1 输入变换电路

智能电能表中必须有电压和电流输入电路。输入电路的作用:一方面是将被测信号按一定的比例转换成低电压、小电流输入到乘法器中;另一方面是使乘法器和电网隔离,减小干扰。因此输入变换电路的变换精度直接影响到电能计量的准确性。

1.电流输入变换电路

要测量几安培乃至几十安培的交流电流,必须将其转变为等效的小信号交流电压(或电流),否则无法测量。电流输入电路有精密电阻分流器和电流互感器输入方式。直接接入式电能表一般采用锰铜分流片实现精密电阻输入变换作用;经互感器接入式电能表内部一般采用二次侧互感器级联,以达到前级互感器二次侧不带强电的要求。

(1)精密电阻输入变换电路。

安装式智能电能表,为了降低造价及便于大批量生产,一般采用精密电阻(锰铜片分流器)分流的输入变换电路,对输入变换电路的电阻要求具有足够高的精度、足够大的功率温度系数和较好的长期稳定性。

以锰铜片作为分流电阻 R_s,当大电流 $i(t)$ 流过时会产生相应的成正比的微弱电压 $U_i(t)$,其数学表达式为 $U_i(t)=i(t)R_s$。

将该小信号 $U_i(t)$ 送入乘法器,作为测量流过电能表的电流 $i(t)$。锰铜分流器和普通电流互感器相比,具有线性好和温度系数小等优点,且不会引进相角误差。

锰铜分流器 A 选用 F_2(锰铜线型号,即 6J13)锰铜片,厚度为 2 mm,取样电阻 R_s 为 175 $\mu\Omega$,则当基本电流为 5 A 时,1、2 之间的取样信号 $U_i(t)=0.875$ mV。锰铜分流器测量电路原理如图 4.2 所示。

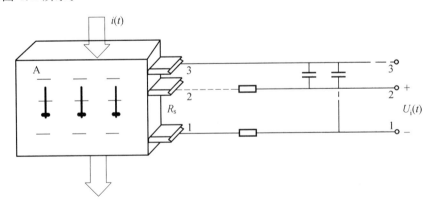

图 4.2　锰铜分流器测量电路原理

(2)电流互感器输入电路。

电流互感器在智能电能表输入电路中的使用较多,如三相智能电能表因存在线电压,故不能采用精密电阻直接取样,又如电子式标准电能表因具有多个电压和电流量程,故也多采用互感器输入电路。电流互感器电气原理如图 4.3 所示。

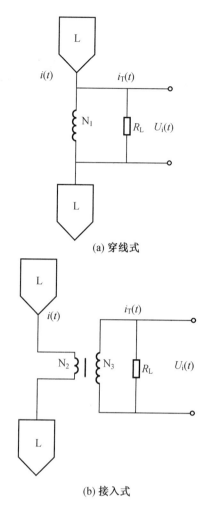

(a) 穿线式

(b) 接入式

图 4.3　电流互感器电气原理

$$i(t) = K_I i_T(t) \tag{4.1}$$

式中, $i(t)$ 为流过电能表主回路的电流; $i_T(t)$ 为流过电流互感器二次侧的电流; K_I 为电流互感器的变比。

$$u(t) = i_T(t)R_L = \frac{i(t)}{K_I}R_L \tag{4.2}$$

式中, $u(t)$ 为送往电能计量装置的电流等效电压; R_L 为负载电阻。

　　采用电流互感器作为电流输入电路最大的优点就是电能表内主回路与二次回路、电压和电流回路可以隔离分开,实现供电主回路电流互感器二次侧不带强电,并可提高智能电能表的抗干扰能力。为了保证智能电能表的测量精度,要求电流互感器有较高的精度,0.5 级以下的智能电能表其电流互感器结构原理与常用互感器一致,但由于智能电能表互感器二次负载比感应电能表的负载小得多,因此其电流互感器的铁芯采用具有高导磁率系数的坡莫合金或优质硅钢带制成,以尽量减小铁芯损耗和有限导磁率所产生的相角差。

2. 电压输入变换电路

　　与被测电流一样,将被测电网电压接入电能表一般有两种方法,经电阻分压网络或电压互感器转换为小电压方可送入乘法器。

(1) 电阻分压网络。

采用电阻网络的优点是线性好、成本低,缺点是不能实现电气隔离。实用中,一般采用多级(如 3 级)分压,以便提高耐压和方便补偿与调试。典型电阻网络接线如图 4.4 所示。

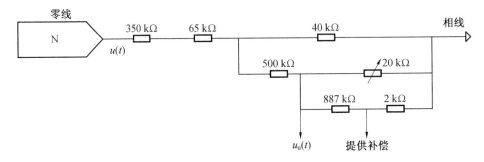

图 4.4　典型电阻网络接线

(2) 电压互感器变换电路。

采用电压互感器的最大优点是可实现一次侧和二次侧的电气隔离,并可提高智能电能表的抗干扰能力,缺点是成本高。电压互感器电路如图 4.5 所示。

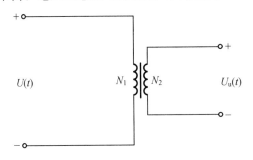

图 4.5　电压互感器电路

$$U(t) = K_u U_u(t) \tag{4.3}$$

式中,$U(t)$ 为被测电压;$U_u(t)$ 为送给乘法器的等效电压。

电压互感器也可采用高精度的组合铁芯式感应分压器。隔离式双级变压器结构的感应分压器由于采用了附加励磁的双铁芯,因此使空载误差大大减小,同时其单匝电压选择较高、绕制工艺设计合理、输出阻抗很低,因而带载能力较强、稳定性好,而且隔离式感应分压器抗共模干扰能力较强,适用于三相智能电能表。

4.2.2　乘法器电路

模拟乘法器是一种对两个互不相关的模拟信号(如输入电能表内连续变化的电压和电流)进行相乘作用的电子电路,通常具有两个输入端和一个输出端,是一个三端网络,如图 4.6 所示。理想的模拟乘法器的输出特性方程可表示为

$$U_o(t) = K U_x(t) U_y(t) \tag{4.4}$$

式中,K 是乘法器的增益。

模拟乘法器输出端的瞬时电压 $U_o(t)$ 与两个输入端的瞬时电压 $U_x(t)$ 和 $U_y(t)$ 的乘积成正比,且不含其他任何分量(图 4.6(a)),也可以简化为 $z = kxy$(图 4.6(b))。

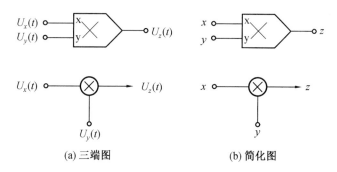

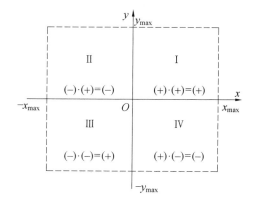

(a) 三端图   (b) 简化图

图 4.6   模拟乘法器符号图

从乘法的代数概念出发,模拟乘法器具有 4 个工作区域,由它的两个输入电压极性来确定。模拟乘法器的工作象限图如图 4.7 所示。

图 4.7   模拟乘法器的工作象限图

根据两个输入电压的不同极性,乘积输出的极性有 4 种组合,凡是能够适应两个输入电压极性的 4 种组合的模拟乘法器,称为四象限模拟乘法器。若只有一个输入端能够适应正、负两极性电压,而另一个输入端只能适应单一极性电压的模拟乘法器,则称为二象限模拟乘法器。若模拟乘法器在两个输入端分别限定为某一种极性的电压能正常工作,则称为单象限乘法器。

用于电能计量的乘法器有模拟乘法器和数字乘法器两种类型。实现两个模拟量相乘的方法多种多样,常见的模拟乘法器有霍尔效应乘法器、平方差法乘法器、热电变换型乘法器和时分割模拟乘法器。乘法器是智能电能表的核心部分,并非每一种模拟乘法器电路都适用于智能电能表。下面介绍智能电能表常用的时分割模拟乘法器和数字乘法器原理。

1. 时分割模拟乘法器

时分割模拟乘法器的工作过程实质上是一个对被测对象进行调宽调幅的工作过程。它在提供的节拍信号的周期 T 里,对被测电压信号 U_x 做脉冲调宽式处理,调制出一正负宽度 T_1、T_2 之差(时间量)与 U_x 成正比的不等宽方波脉冲,即 $T_2 - T_1 = K_1 U_x$;再以此脉冲宽度控制与 U_x 同频的被测电压信号 U_y 的正负极性持续时间,进行调幅处理,使 $u = K_2 U_y$;最后将调宽调幅波经滤波器输出,输出电压 U_0 为每个周期 T 内电压 U 的平均值,它反映了 U_x、U_y 两同频电压乘积的平均值,实现了两信号的相乘,输出的调宽调幅方波如图 4.8 所示。

也有的时分割模拟乘法器对电流信号 i_x、i_y 进行调宽调幅处理,输出的直流电流信号 I_0 表

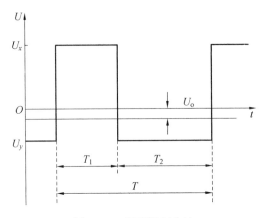

图 4.8　调宽调幅方波

示电流 i_x、i_y 乘积的平均值。前者称为电压平衡型时分割模拟乘法器,后者称为电流平衡型时分割模拟乘法器。被测电压转换为 U_x,被测电流转换成电压 U_y。图 4.9 中电路的上半部分是调宽功能单元,下半部分是调幅功能单元。由运算放大器 N_1 和电容 C_1 组成积分器,对经 R_1、R_2 输入的电流作求和积分;U_N 和 $-U_N$ 是正、负基准电压,在电路的设计中,基准电压 U_N 的幅值应比输入电压 U_x 大得多;S_1、S_2 为两个受电平比较器控制并同时动作的开关;电平比较器是具有两个稳态的直流触发器;运算放大器 N_2、电阻 R_4 和电容 C_2 组成了滤波器。积分输出电压 U_1 和三角波发生器产生的节拍三角波电压 U_2 都加到电平比较器上,当 $U_1 > U_2$ 时,电平比较器输出低电平,S_1、S_2 分别接 $-U_N$、$-U_y$;当 $U_1 < U_2$ 时,电平比较器输出高电平,S_1、S_2 分别接 $+U_N$、$+U_y$;当 $U_1 = U_2$ 时,为比较器转换状态。乘法器的输出电压 U_o 就是由 S_2 的动作所得到的幅度为 $\pm U_y$ 的不等宽方波电压经滤波后的直流成分。采用三角波信号的电压型时分割模拟乘法器电路原理如图 4.9 所示。

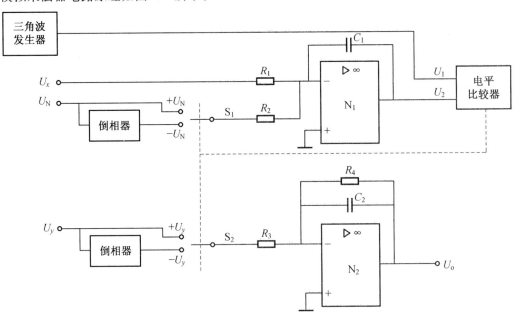

图 4.9　采用三角波信号的电压型时分割模拟乘法器电路原理

（1）调宽功能单元。

假定输入电压 U_x 为正值，积分器接通 U_x 和 $+U_N$，输出电压 U_1 从 a 点（图 4.10）逐渐向下变化（ab 段），在 ab 段内，$U_1 > U_2$，达到 b 点时，$U_1 = U_2$。由于三角波电压继续向上变化，致使 $U_1 < U_2$，于是电平比较器输出高电平，S_1 接通 $-U_N$，积分器输出电压 U_1 转而逐渐向上变化（bc 段），达到 c 点时，$U_1 = U_2$，紧接着三角波电压继续下降，$U_1 > U_2$，电平比较器输出低电平，S_1 接通 $+U_N$，电压 U_1 再次向下变化。如此反复，积分器输出电压 U_1 呈锯齿波形。采用三角波信号的时分割模拟乘法器波形如图 4.10 所示。

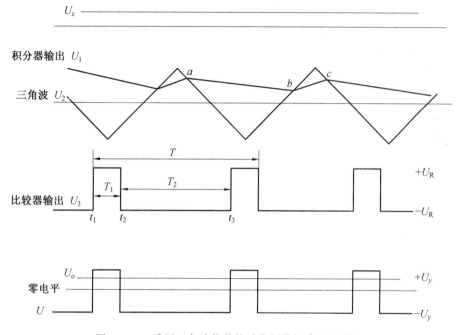

图 4.10　采用三角波信号的时分割模拟乘法器波形

设开关 S_1 接通 $+U_N$ 的时间为 T_1，接通 $-U_N$ 的时间为 T_2，且 $T_1 + T_2 = T$。当系统达稳态时，积分器在 T_1、T_2 时间段内的总积分电荷量应为零，即

$$\left(\frac{U_x}{R_1} + \frac{U_N}{R_2}\right) T_1 + \left(\frac{U_x}{R_1} - \frac{U_N}{R_2}\right) T_2 = 0 \tag{4.5}$$

$$\frac{U_x}{R_1}(T_1 + T_2) + \frac{U_N}{R_2}(T_1 - T_2) = 0 \tag{4.6}$$

$$T_1 - T_2 = -\frac{R_2 T}{R_1 U_N} U_x \tag{4.7}$$

也即开关 S_1 接通 $-U_N$、$+U_N$ 的时间差 $T_2 - T_1$ 与输入电压 U_x 成正比。

（2）调幅功能单元。

开关 S_2 在比较器的控制下与 S_1 同时动作，在 T_1 期间接通 $+U_y$，输出电压 U 为 $+U_y$，在 T_2 期间接通 $-U_y$，输出电压 U 变为 $-U_y$。经滤波器输出后，得到电压 U_o 为 U 的反向平均值，即

$$U_o = -U_y \frac{T_1 - T_2}{T} = \frac{R_2}{R_1 U_N} U_x U_y = K U_x U_y \propto U_i \tag{4.8}$$

即输出电压 U_o 与 U_i 成正比，因此整个电路是一个实现了 U、i 乘积运算的乘法器，其输出相当于 U_i、i 乘积的平均值，亦即平均功率。

在调宽电路中,受积分器积分电荷总量平衡条件的约束,对 U_x 的最大幅值有一定限制,其正边界是当 $T_1=0$、$T_2=T$ 时 $-U_N$ 所能平衡的 U_x 值,其负边界是当 $T_1=T$、$T_2=0$ 时 $+U_N$ 所能平衡的 U_x 值,因此 U_x 的幅值应满足

$$-\frac{R_1 U_N}{R_2} < U_x < \frac{R_1 U_N}{R_2} \tag{4.9}$$

至于 U_y,其输入幅值仅受为获取 $-U_y$ 的倒相器的动态范围所限制。

目前在智能电能表制造业中,采用时分割模拟乘法器的占有相当大的比例。与其他类型的模拟乘法器相比,时分割模拟乘法器的制造技术比较成熟且工艺性好,原理较为先进,具有更好的线性度,其最突出的优点是具有较高的准确度级别,可达到 0.01 级,基本上解决了如何提高准确度的问题。其主要缺点是带宽较窄,仅为数百赫兹。

2. 数字乘法器

微处理器在智能电能表中主要用于数据处理,而在其测量机构中的应用并不多。随着芯片速度的提高和外部接口电路的更加成熟,微处理器的功能将得到充分发挥和扩展,应用数字乘法器技术来完成功率 / 电能测量的前景十分广阔。

（1）基本原理。

采用数字乘法器,由计算机软件来完成乘法运算,可以在功率因数为 $0 \sim 1$ 的全范围内保证电能表的测量准确度。这是多种模拟乘法器难以胜任的。

微处理器控制双通道 A/D 转换,同时对电压、电流进行采样,由微处理器完成相乘功能并累计电能。平均功率表示为

$$P = \frac{1}{T} \int_0^T u(t) \times i(t)\, dt \tag{4.10}$$

式中,T 为交流电压、电流的周期。

以 Δt 为时间间隔将式(4.10)中的积分做离散化处理,即对电压、电流同时进行采样,则

$$\begin{cases} P = \dfrac{1}{T} \sum_{k=1}^{N} u(k) \times i(k) \\ T = N\Delta t \end{cases} \tag{4.11}$$

这就是用软件计算被测平均功率即有功功率的数学模型。从式(4.11)可以看出,平均功率的计算和功率求解过程与功率因数无关,因此可以得出采用数字乘法器的智能电能表的电能测量与功率因数无关的结论,这是此类电能表的一个重要特点。采用数字乘法器的智能电能表的基本结构框图如图 4.11 所示。

（2）数字乘法器电能专用芯片原理。

根据采样定理,对一连续波形经 A/D 变换器进行整周期数字采样,把连续波形离散化,微控制单元（microcontroller unit,MCU）用软件根据均方根算法计算出电流、电压的有效值,再相乘得出功率值的方法。每一块芯片有一个独立的时基信号发生器,功率值乘时间就可完成电能测量。此类电能专用芯片的测量原理采用过零同步采样法。

（3）数字乘法器电能专用芯片的 A/D 转换器。

数字乘法器原理的电能专用芯片对波形进行数据采样的 A/D 转换器主要有两类。

① 逐次比较型 A/D 转换器。

逐次比较型 A/D 转换器主要由四部分构成：一个比较器、一个 A/D 转换器、一个逐次逼近

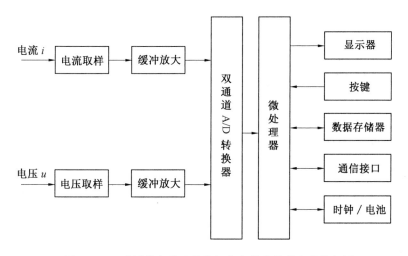

图 4.11 采用数字乘法器的智能电能表的基本结构框图

寄存器和一个逻辑控制单元。转换中的逐次逼近是按对分原理并由逻辑控制单元完成的。起动转换后,逻辑控制单元首先把逐次逼近寄存器的最高位置1,其他位都置0,逐次比较型 A/D 转换器的这个内容经数模转换后得到约为满量程输出一半的电压值。这个电压值在比较器中与输入信号进行比较。将比较器的输出反馈到数模转换器,并在下一次比较前对其进行修正。在逻辑控制单元的时钟驱动下,逐次逼近寄存器不断进行比较和移位操作,直到完成最低有效位的转换。由于提高分辨率需要相当复杂的比较网络和极高精度的模拟电子器件,因此难以大规模集成。所以逐次比较型 A/D 转换器原理的电能专用芯片的测量等级都不高,SA91 系列电能专用芯片为 1.0 级。

②Σ－Δ 原理 A/D 转换器。

近几年随着数据信号处理器(digital signal processor,DSP)技术的发展与完善,出现了一种基于有限长单位冲激响应滤波器(finite impulse response,FIR)(又称非递归型滤波器)数字滤波原理的 A/D 转换器,即 Σ－Δ 原理 A/D 转换器。该芯片主要采取了增量调制、噪声整形、数字滤波和采样抽取等技术。

Σ－Δ 原理 A/D 转换器主要由两部分组成,增量调置器和数字抽取滤波器,其中增量调置器以远大于奈奎斯特率的速度对信号进行"过采样";在将模拟信号样本形成 1 bit 码流的同时,对量化噪声进行"噪声成形"处理,使量化噪声在低频段很小,在高频段很高。数字抽取滤波器的作用是对高速码流进行抽取,同时对基带以外的量化噪声进行滤波,形成以奈奎斯特率抽样频率输出的高分辨率码流。其特点是能以较低的成本实现高线性度和高分辨率。所以Σ－Δ 原理A/D 转换器的电能专用芯片的测量等级都较高,如 AD7755 系列为 0.1 级。又由于Σ－Δ 原理A/D 转换器的转换原理为根据模拟信号波形的包络形状来进行量化编码,对波形幅值的变化不敏感,因此此类电能专用芯片具有良好的电磁兼容性。

A/D 转换器的准确度一般较高,其转换误差可以忽略。通过软件来完成采样及乘法计算的准确度与 Δt 的选取有关。Δt 越小,准确度越高,但计算量将增加,且会使实时性变差。由采样理论可知,连续信号离散后得到的时间序列不丢失原信号的信息,不仅采样频率要满足奈奎斯特定律,而且必须等分连续的信号周期,否则会产生测量误差。为此采用软件锁相技术将采样频率自动地锁定在输入信号频率的 N 倍上,这样可以在输入频率发生变化时自动调整采样间隔,使时钟的漂移变化不会给测量带来误差。

使用微处理器技术制造智能电能表的前景十分广阔,但成本高是其商品化的一个主要障碍;数字乘法器的发展还要依靠电路的集成和芯片价格的降低,但其功能强大、性能优越,在未来先进的电能管理领域中一定会广为应用。

4.2.3 电压/频率转换器

目前采用的电压/频率转换器,大多利用积分方式实现转换。智能电能表常用的双向积分式电压/频率转换器的原理电路如图 4.12 所示。

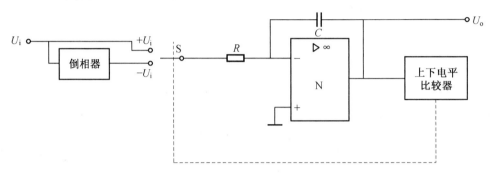

图 4.12 双向积分式电压/频率转换器的原理电路

双向积分式电压/频率转换器输出电压波形如图 4.13 所示。

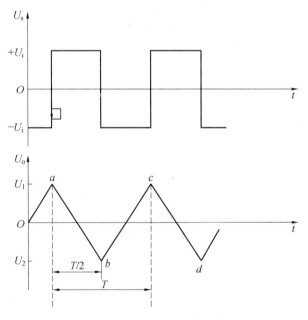

图 4.13 双向积分式电压/频率转换器输出电压波形

运放 N 和电容 C 组成积分器,上下电平比较器有两个比较电平 U_1、U_2。当开关 S 接通 $+U_i$ 时,电容 C 充电,输出电压 U_o 往负向变化(ab 段);当达到比较器的下限电平 U_2 时,比较器控制开关 S 接通 $-U_i$,C 放电,电压 U_o 往正向变化;当达到比较器的上限电平 U_1 时,S 再次接通 $+U_i$,如此反复,达到稳态后,便得到了周期为 T 的三角波。

由于 ab 段和 cd 段的积分斜率是一样的,因此积分时间也相等,均为 $T/2$。根据积分器输入、输出电压关系：

$$U_1 - U_2 = \frac{U_1}{RC}\frac{T}{2} \tag{4.12}$$

得到输出电压 U_o 的频率为

$$f = \frac{1}{T} = \frac{1}{2RC(U_1 - U_2)}U_\text{i} \propto U_\text{i} \tag{4.13}$$

即输出频率 f 与输入电压 U_i 成正比。

这种电压/频率转换器的主要特点是输出频率较低，选择高稳定性的 R、C 组件，可使其准确度长期保持在 $\pm 0.1\%$ 的水平。

4.2.4　分频计数器

在机电式电能表中，由光电转换器将电能信号转换成脉冲信号；而在智能电能表中，电能信号转化成相应脉冲信号的工作是由乘法器及电压/频率转换器完成的。这两种脉冲信号在送入计数器计数之前，需要先送入分频器进行分频，以降低脉冲频率。这样做，一方面是为了便于取出电能计量单位的位数（如百分之一度位）；另一方面是考虑到计数器长期计数的容量问题。

分频就是使输出信号的频率分为输入信号频率的整数分之一；计数就是对输入的频率信号累计脉冲个数。

在智能电能表中，分频器和计数器一般采用互补金属氧化物半导体（complementary metal oxide semiconductor，CMOS）集成电路器件。这是因为集成电路器件工作可靠性、抗干扰能力、功率消耗、电路保安和机械尺寸等一系列指标均优于分立元器件组成的电路。分频计数器原理框图如图 4.14 所示。

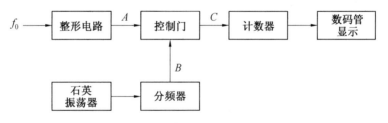

图 4.14　分频计数器原理框图

电压/频率转换器送来的脉冲信号 f_o 经整形电路整形后，可输出一系列规则的矩形波，并输入到控制门，分频计数器脉冲波形如图 4.15 中 A 点的波形所示。

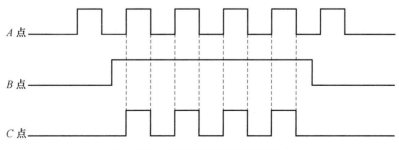

图 4.15　分频计数器脉冲波形图

把由石英晶体振荡器产生的标准时钟脉冲信号经分频后作为时间基准。将分频后的标准时钟脉冲信号,即图 4.15 中 B 点的波形也送至控制门,于是控制门打开,将计数脉冲输出,得到图 4.15 中 C 点的波形。计数器可记录时间 T 内通过控制门的脉冲数,每一个脉冲所代表的电量数经计算确定后,便可经译码电路由显示器显示出来。

4.2.5　显示器件与驱动电路

智能电能表显示电能量值的方法有两种:一种是使用继电器或步进电机驱动数码轮,类似于感应电能表的电驱动式计度器结构;另一种是使用数码显示器显示,常用的有液晶显示器(LCD)、发光二极管(LED)。

1. 电驱动式计度器

智能电能表的计度器为了达到降低电能表的造价和停电时不会丢失数据的要求,一般都采用传统的类似于感应式电能表的机械计度器,不同的只是通过步进电机来驱动计度器。由驱动器和显示器构成的电 — 机械装置,在智能电能表的电脉冲信号作用下产生转动力矩,带动计数显示器。

步进电机驱动式计度器由测量元件提供一个幅度在 0.1 ~ 6.4 V,工作脉冲宽度为 10 ~ 320 ms 的矩形电脉冲来驱动一个七位(或六位)十进制机械计数器滚轮。驱动器的功率消耗要求小于 0.1 V · A,一般在 0.04 W 左右。驱动器与显示器用螺钉连成一体。为防止外磁场干扰,还装有磁屏蔽罩对驱动器整体加以屏蔽防护。驱动器的引出线与金属屏蔽罩之间的绝缘电阻应大于 10 MΩ。

显示器外壳上侧有供安装用的安装孔,孔位与孔径应准确可靠,安装位置应以能够方便装卸为准。对于采用步进电机的分时计费电能表,如双费率表装有两只步进电机,在计度器芯片的控制下它可根据计度器芯片发出“正”或“反”走字信号,驱动上、下字轮正走或倒走。安装式智能电能表的好坏,很大程度上受电驱动式计度器的质量好坏的影响,这一点应予以足够的重视。

2. 发光二极管

发光二极管是利用在由特殊结构和材质制成的二极管上施加正向工作电压,当具有一定工作电流时,发出某一特定波长的可见光来实现显示功能的。根据同一正向工作电流下的发光强度可将其分为普亮、高亮和超高亮 3 种。发光二极管颜色有红、绿、黄等多种,具有温度范围宽(— 40 ~ 85 ℃)、在弱光背景下显示醒目和低成本等优点;缺点是寿命短(一般为 3 万 ~ 5 万 h)、耗电大(一般为 5 ~ 10 mA)、露天下显示不清等。

3. 液晶显示器

液晶显示器是利用一种液态晶体在一定电场下发生光学偏振而产生不同透光率来实现显示功能的。它根据光学原理可分为透射式、反射式和半透半反射式;根据视角大小可分为 TN型(视角为90°)和 STN 型(视角可达160°)两种;根据工作温度范围可分为普遍型(0 ~ 65 ℃)和宽温型(— 30 ~ 85 ℃)。液晶显示器在静态直流电场下寿命很短(一般为几千小时),而在动态交变电场下寿命很长(可达 20 万 h)。除具有长寿命的优点之外,还具有功耗小(小于 10 μA),在有一定采亮度时显示对比强等优点。

液晶显示器不但在结构上可直接替换步进电机计度器,而且具有步进电机计度器不可比拟的优点,如下。

（1）防窃电。

步进电机计度器的工作原理是首先将电信号转换为磁场，再利用磁力驱动转子转动，从而带动字轮进行电量显示，因此会受到外加强磁场的影响（在强磁场中会倒转），从而给盗电分子以可乘之机；而本产品是采用专用电路对输入的电能脉冲信号进行累加计量，和磁场无任何关系，故不受强磁场的影响。

（2）无卡死和数据丢失现象，性能可靠。

步进电机计度器由传达轴带动字轮进行电量显示，常因装配不好、长时间磨损或电压低等原因导致字轮卡死现象，以至不能正常计量，从而导致电量丢失，且驱动步进电机计度器的脉冲和电度表的电能计量脉冲具有一定的比例关系（若干个电能计量脉冲后步进电机动作一次），这样在停电时，会丢失一部分脉冲（如每 16 个脉冲步进电机计度器前进一下，则停电时不够步进电机计度器动作一次的累计脉冲数就会丢失，最多可丢失 15 个脉冲），也会导致电量丢失（这种情况在采用电能脉冲进行集中抄表的系统中最容易表现出来，会造成抄出的电量和步进电机计度器所计电量误差，从而产生争议）；而 LCD 显示器不但没有卡死现象，而且数据采用双重备份，且监测到停电即将数据存储在带电可擦可编程只读存储器（EEPROM）存储器内（该存储器即使在停电状态下数据也能保存 10 年以上），不受断电影响，从而彻底避免了数据丢失现象的发生。

（3）耗电小，工作电压范围宽。

LCD 显示器的消耗电流小（5 V 电源时小于 3 mA），很低的供电电压提供的能量也足够使其工作，故基本不受供电电压波动影响，因此可以适应很宽的交流工作电压范围。

（4）显示清晰。

步进电机计度器能显示的数字小数位只有一位，且读数时容易受人为误差影响，而 LCD 显示器能显示的小数位为两位，且直接由数字显示，显示清晰直观。

4.3　智能电能表的功能和分类

随着微电子和单片机应用技术的发展和普及，为电能表多功能、高精度的实现创造了有利条件。智能电能表可以通过相关的通信协议与计算机进行联网，通过编程软件实现对硬件的控制管理。因此其不仅可以实现正、反向有功功率和四象限无功功率计量功能，还具有远传控制（远程抄表、远程断送电）、复费率、识别恶性负载、反窃电、预付费用电等功能，而且可以通过对控制软件中不同参数的修改，来满足用户对控制功能的不同要求，其功能的拓展简单、方便、快捷。

4.3.1　电能计量功能

电能计量功能是电能表的基本功能，计量的准确度和稳定性是关键。单相电能表计量正、反向有功电能，而三相多功能电能表具有正反向有功电能计量、四象限无功电能计量和最大需量计量功能，可计量 A、B、C 三相的电压、电流、有功功率、无功功率，以及总的有功功率、无功功率及功率因数等。

4.3.2 多(复)费率功能

多(复)费率功能也称分时计量功能,即按不同时段分别计量用户用电情况。根据电网发、供、用电的实际情况,合理且科学地将一天 24 h 及节假日、休息日分为用电的尖、峰、平、谷不同时段,对不同时段的用电实行不同电价,用经济手段鼓励用户主动采取避峰填谷的措施。

随着我国经济的飞速发展,各行各业用电需求越来越大,不同时间用电量不均衡的现象日益严重。对于电力系统来说,电能在变换、传输和分配过程中遵循功率平衡原则,即发电机组所发出的有功功率和负荷所消耗的有功功率相平衡,有功功率保持平衡是保证电网频率稳定的决定因素。然而,电网负荷不断变化,在发、供电设备容量一定时,当电网负载处于高峰时,如果电力负荷大于发电机输出功率,将会使电网频率降低,频率过低将危及系统的安全运行;当电网负荷处于低谷时,由于发电机出力明显减少,使得发、供电设备容量利用率降低,系统运行很不经济。为缓解我国电力供需矛盾,调节负荷曲线,改善用电量不均衡的现象,1995 年 4 月,由国家计委、国家经贸委和电力工业部联合在上海召开的全国计划用电工作会议上决定,用 3 ~ 4 年时间,在全国各大电网内,有计划、分步骤全面推行峰、谷分时电价制度,提高负荷高峰时电能的售价,降低负荷低谷时电能的售价,鼓励低谷时段的电力消费,以提高电能利用率,降低居民的用电成本。

多费率电能表(multi dial time of day watt hour meter),又称分时计量电能表(time sharing watt hour meter)是配合电价制度改革的重要计量设备之一。其定义是:装有多个计数器的电能表,每一个计数器在编程所规定的时间间隔(时段)内对应不同的费率工作。根据 GB/T 15284—2022《多费率电能表 特殊要求》国家标准的"基本功能"要求中规定:多费率电能表具有时钟、日历,在 24 h 内至少可任意编程多个时段,最少间隔为 15 min,至少具有两个费率计数器;至少存储上月总电能和各费率时段电能量值,可通过通信接口传输数据;可用机电计数器或电子显示器显示,电子显示器需具备自检、计数器复零及显示方式选择功能;具有电量及需量数据存储功能,非易失性存储器的最少记忆时间应是 4 个月;时钟应具有校准功能,在常温下计时误差小于等于 0.5 s/d;具有事件记录功能,事件记录功能是当电能表的某些参数出现异常时,记录下异常情况的时间及异常情况下电能表的状态等,以备分析异常原因和追补电量。事件记录功能可用于监视电能表电路系统是否出现故障,使用条件是否正常等,就像飞机上的飞机事故记录器一样,记录事件越全面越好。标准规定应至少记录最后一次编程日期及编程的总次数。

多费率电能表可分为机械式、机电一体式和全电子式三种。

1. 机械式多费率电能表

机械式多费率电能表利用机械传动原理,通过齿轮组合机构,采用机械钟或石英钟作为控制时钟,将不同时段的用电量通过传动机构记录在不同的机械数码轮上。这种电能表由于机械结构复杂、对加工技术水平要求很高、容易发生机械故障、准确度低、功能单一,因此目前基本被淘汰。

2. 机电一体式多费率电能表

机电一体式就是机械和电子线路结合在一起,利用感应式智能电能表作为电能测量单元,并将与负载消耗的功率成正比的感应式电能表转盘的机械转动由电子电路转换成脉冲输出,送入数据处理单元进行分时电能计量处理及显示。

机电一体式多费率电能表有两种方式,其中一种是在感应式电能表的基础上加装电子脉冲装置,也称脉冲电能表。其除具有电能表本身的计度器用来显示累计总电量的功能外,还加装多个小型步进电机或电磁继电器式计度器,由时钟控制单元按设定的时段进行切换,时钟门控开关使脉冲分别驱动峰、谷计度器,从而实现高峰时段和低谷时段用电量的分别累积。机电一体式多费率电能表工作原理框图 1 如图 4.16 所示。

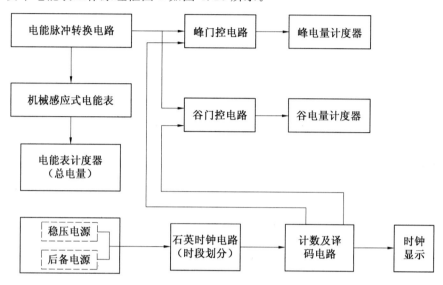

图 4.16　机电一体式多费率电能表工作原理框图 1

石英时钟电路由石英振荡器、石英振荡电路、分频及窄脉冲形成电路组成。石英振荡器具有稳定度和准确度高的优点,适于作为复费率电能表的时钟基准。石英振荡器经过分频电路后得到秒信号,秒信号输入计数电路中进行分、时计数,将时间进行分段编码,输出信号经显示译码电路,控制数码管显示当前时间。

机电一体式多费率电能表的另一种方式是利用感应电能表作为测量单元,将感应式电能表转盘的机械转动由光电耦合器件转换成脉冲输入到数字电路,由以微处理器为核心的数据处理单元实现各时段的电量累积、存储和总电量的计算,并送入显示器进行轮换显示,实现数据通信和编程控制,准确控制表内的日历时钟及各费率时段的设置,其工作原理框图如图4.17所示。

3. 全电子式多费率电能表

全电子式多费率电能表则改变了传统的感应式电能表的模样,没有转动的机械结构,全部利用电子技术及全新的电能计量原理,电能计量单元由电流和电压作用于固态(电子)器件而产生与电能成比率的输出量,其费率功能也由电子电路实现,便于充分发挥其特有的多功能优势。随着单片机的应用日益广泛,以单片机为核心实现分时计量功能的电能表使电能表的硬件部分大为简化,且易于实现智能化控制,方便扩展电能表的功能,其良好的性能价格比,以及制造业对其性能稳定性和可靠性的提高,目前已逐渐被人们认识,而且广泛地被电力系统采用。

全电子式多费率电能表的数字处理单元与图4.17的工作原理是相同的,两者的唯一区别是电能测量单元采用电子式电能计量芯片来实现。多费率电能表的硬件结构通常都具有测量单元、时钟电路、单片微处理器、显示器、计数器、存储器、电源、通信接口和操作键等几部分。

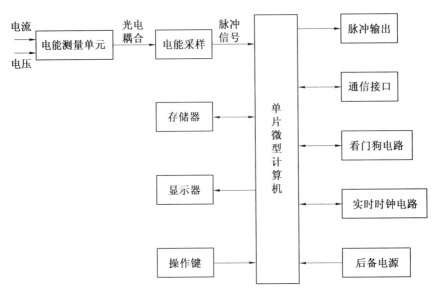

图 4.17　机电一体式多费率电能表工作原理框图 2

全电子式多费率电能表的工作原理框图如图 4.18 所示。

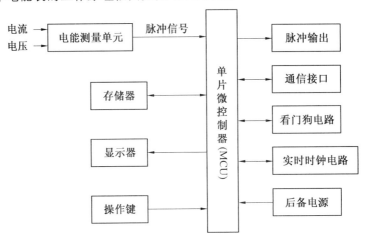

图 4.18　全电子式多费率电能表的工作原理框图

（1）电能测量单元。

电能测量单元采用专用电能计量芯片完成，如单相计量芯片 ADE7755、BL0955 和三相计量芯片 ADE7752、ADE7758 等。这些电能计量芯片的具体性能、工作原理和具体应用在 3.1 节已详细介绍，不再重复。

（2）单片微控制器。

单片微控制器（micro controller unit，MCU）即多费率电能表专用微控制器集成电路，也称为单片机，其主要功能是接收用电量信息，对其进行相应处理，然后显示处理结果。多费率电能表整体性能的优劣，很大程度上取决于单片机软硬件的性能。目前市场上单片机的种类很多，国内较常用的有 MCS－51 单片机、C8051F 系列单片机、外围接口控制器（peripheral interface controller，PIC）精简指令集系列单片机、MC68HC 系列单片机和超低功耗的 MSP430 系列单片机。单片机一般都具有多个 I/O 口，内部含有一定数量字节的程序存储器

ROM 和数据存储器 RAM,算术逻辑单元和控制器简称中央处理器(CPU),定时／计数器,通信接口,内部系统总线时钟,内置的硬件"看门狗"等。

I/O 口是构成 CPU 与外部交换信息的通道,可以作为数据口,对外部存储器进行读写;可以作为控制口,输出控制指令,如电机控制、继电器控制等;可以作为人机交互,如液晶显示、键盘输入等。

内部系统总线时钟在单片机中必不可少,用来保证中央处理器 CPU 按节奏正常地运行,由外部晶振直接提供,时钟频率的高低决定 CPU 运算速度的快慢。

(3) 实时时钟(RTC)。

除决定中央处理器 CPU 运算速度快慢的内部系统总线的时钟电路外,多费率电能表还必须具备准确的实时时钟(real time clock,RTC),才能保证各费率时段正确的切换。实时时钟可分为硬时钟和软时钟两种。硬时钟不需要单片机干预就能产生秒、分、时、日、月、年等时间／日历数据,并且遇闰年能自动修正;软时钟是利用单片机的程序通过对单片机内部和外部的定时中断,由软件程序对其计数,从而计算出实时时钟。软时钟产生的日历时间存于单片机内部的 RAM 中,可以方便地读数,实现定时抄表、不同季节的时段变动等功能。

常用的硬时钟芯片有 RTC4553A、DS1307、RX8025、DS1338 和 MC146818 等。软时钟如微控制器 BL0938 片内嵌有高精度低功耗的实时时钟,采用独立的电源供电,系统掉电时自动切换到备用电源,以保证时钟正常工作,高稳定的实时时钟电路可根据外部环境进行自动校准,实时时钟可以精确到秒,在(20 ± 2) ℃ 条件下运行时钟误差小于± 0.5 s/d,还可以通过远程控制或遥控校表。内置时钟的设计使系统设计简单化,不但节约了成本,还提高了系统可靠性。

(4) 存储器。

存储器包括程序存储器和数据存储器,程序存储器所存储的程序应要求具有很高的安全性,并且一般是不能随意修改的,因此大多数都采用只读存储器,也就是 ROM,它只能从中读取所存储的程序。而数据存储器 RAM 则需要随时写入或读出,一般来说,存储在 RAM 中的数据要靠电源来保持,一旦掉电,存储在 RAM 中的内容就会丢失。电能表的运行期间时刻要保存频繁更新的电量数据,以防止系统突然断电后用电信息丢失的现象出现。微控制器单片机的存储器是有限的,由于多费率电能表需要存储各时段多种项目的电能数据,及时间、日期、时段划分等参数,电能表脉冲常数等,因此需要在单片机外部扩充数据存储器。电能表数据存储器的选择十分重要也非常关键,在掉电时也不允许数据丢失。早期的解决方案是当电源掉电时,单片机检测到低电平测试信号,进入低功耗后备状态,由后备电池向存储器及相关电路提供工作电源,并且立即保存数据。为了能安全地存储更多重要的数据和信息,单片机外部一般接有电可擦除可编程只读存储器(electrically erasable and programmable read only memory,EEPROM)、快速闪存(flash memory ROM)以及铁电存储器(ferroelectric random access memory,FRAM)。

EEPROM 掉电数据不丢失,但它的数据更新速度慢,而且读写次数也有限(一般只有 10万次),因此频繁变化的数据不能随时更改,会影响电能表计量精度。由于 EEPROM 的擦写次数为 10 万次,因此不能来一个脉冲就写入 EEPROM,只能将脉冲暂存在 MCU 的 SRAM内,等脉冲记录到一定的值(1 度电)或到了一定的时间(1 h),再把数据写入 EEPROM,正是电数据不能实时写入 EEPROM 引起了一个问题,即停电怎么办。在停电时,MCU 内存储的平均电量为 0.5 度,如果系统不管掉电情况,那么电表的精度将会很低(以 10 万家用户计算,每停一次电,供电局将有 5 万度电因存储器的原因而丢掉)。为了解决这个问题,在电路上必须增加掉电检测电路,在检测到掉电后,把 MCU 中存储不到 1 度电的数据写入 EEPROM。由于 EEPROM 写入数据时,有 10 ms 写的周期,因此也引起了一个问题,即在停电后,必须有足够长的电压维持 EEPROM 写的时间,设计者的一般思路是利用滤波电路的大电容。由于电容内部是电解液,随着时间的推移,电容的容量将变小,因此为了使电表能使用 10 年,必须增大滤波电容的容量和提前检测到掉电。EEPROM 写入数据过程需要 10 ms,由于写入时间过长,因此容易受到干扰,而一旦受到干扰,写入的数据容易出错,此时出错,MCU 没有办法知道,为了解决这一问题,设计者必须把同一个数据写入 3 个不同的地址,通过程序对比分析然后再把数据读出来校正。

快速闪存是一种特殊的 EEPROM,它的主要特点是在不加电的情况下能长期保持存储的信息,它既有 ROM 的特点,又有很高的访问速度,而且易于擦除和重写,功耗较低,但价格较贵。

FRAM 存储单元的基本原理是铁电效应,是应用铁电薄膜的自发性极化形式储存的铁电存储器件,由于 FRAM 通过外部电场控制铁电电容器的自发性极化,与通过热电子注入或隧道效应而完成写入动作的 EEPROM 及快速闪存相比,FRAM 具有写入速度快(为 EEPROM、快速闪存的 1 000 倍以上)的优势,因为它在擦写时不需要高压,FRAM 可以在低电压(一般为 2～5 V)条件下完成读/写动作,因此写入时的功耗大为降低(为 EEPROM、快速闪存的 1/1 000～1/100 000)。另外由于不需要使用隧道氧化膜,其数据的重写次数与快速闪存和 EEPROM 相比也大大提高(EEPROM 或快速闪存为 10^5～10^6,FRAM 可以达到 10^{12})。由于 FRAM 的读写次数为 100 亿次,MCU 检测到一个脉冲就可以写入 FRAM 内,以 3 200 个脉冲为 1 度计算,FRAM 能存 300 万度电。对单相表和单相多费率表都是足够用的,由于电量数据是实时写入 FRAM 的,因此不担心掉电后数据会丢的问题,由于铁电存储器没有 10 ms 的写周期,因此不必担心电容的容量变小后会对 FRAM 数据存储有影响,因为铁电存储器内没有缓冲区,数据直接写到 FRAM 对应的地址中,所以写入的数据不会出错,即使出错,MCU 通过协议也可以知道,所以同一数据不必存储到 3 个不同的地址中。FRAM 具有这些优良性能,使其在智能电能表中越来越多地被应用。

(5)显示器。

多费率电能表用机电计数器和电子计数器来显示,机械显示器常用步进电机驱动,电子显示器常由 LED 数码管显示器和 LCD 液晶显示器两种,配以相应的驱动电路一起构成。LED 数码管显示器具有显示响应速度快、工作环境温度较宽、显示醒目视觉效果好、运行寿命长等优点,但其功耗相对较大。LCD 液晶显示器具有功耗小的优点,但其工作环境温度范围相对较窄,严寒酷暑环境下使用寿命将缩短,且视角小,环境光线暗时无法读数,需加背光处理,潮湿的环境也会使液晶显示器表面电阻降低,造成显示不正常。但因为液晶显示器可以显示字符和汉字,显示内容丰富,且功耗低,所以在多费率电能表中应用广泛。

(6)电源。

电源是指用来提供多费率电能表计量单元、单片机、时钟、存储、显示和通信电路工作所需的直流电源,优秀的电源设计是电能表可靠运行的基本保障。电源一般由直流稳压电源电路和后备电源电路构成。直流稳压电源电路是将电网交流电经降压、整流、滤波和稳压后,输出稳定的直流低电压作为表内电子电路供电,同时与交流供电网在电气上隔开,并尽量避免电网噪声的影响。在电网停电瞬间,提供停电信号,通知单片机进入后备低功耗状态,转入后备电源供电,不造成数据的丢失。后备电源电路由备用锂电池组成,由于电池使用费用高,因此一般只用于维持实时时钟,以及使用频次不高的停电显示和抄表功能。

直流稳压电源电路主要有两种形式。一种是线性电源,也就是常说的变压器降压供电方式,通过变压器可将外部电网电路和电能表内部的电子电路隔离,线性电源具有设计和制造简单、适应性强、可靠性经过大批量验证、成本低、抗干扰能力强、输出稳定性高、纹波噪声小等优点,已经成为智能电能表的主流。缺点是电压工作范围窄、功率密度小($0.1 \sim 0.2$ W/cm^3)、效率低(一般为30％～50％)、功率因数低、占用体积大,需要庞大而笨重的变压器及体积和质量相对大的滤波电容。小功率变压器的初级绕组线径很细,直径小于 0.1 mm,绕制工艺差的产品易发生断线或匝间短路故障;若变压器位置不当,则漏磁会造成电能表的误差,R 型、C 型铁芯变压器性能优于 E 型叠片铁芯变压器,不仅体积小而且漏磁也小得很。另一种是开关电源,其先将供电网的工频交流电转变为直流电,再通过功率开关管(晶体管或场效应管)以脉冲调宽 PWM 的方式,控制开关管的导通占空比来稳定输出电压。由于功率开关管在 PWM 驱动信号下,交替工作在导通－截止和截止－导通开关状态,转换速度非常快,频率一般可达到60 kHz 以上,使功率开关管上的功率损耗大为减小,转换效率大为提高,开关管的转换效率为60％～90％左右。同时,开关电源不使用功率变压器,因此体积小、质量轻。开关电源也具有一定的缺点,由于开关电源是通过控制开关高频导通与截止,通过储能组件如电感或高频变压器传输能量,再经滤波电容平滑得到既定的输出电压,因此开关电源输出纹波较大,(纹波是指叠加在直流稳定量上的交流分量)。开关电源电路中,功率开关管工作在开关状态,所产生的高频交流电压和电流会通过电路中的其他组件产生尖峰干扰和谐振噪声,若不采取一定措施进行抑制和消除,将会影响整机的正常工作。另外,开关电源产生的高频干扰还会通过电路中的磁性组件(如电感和开关变压器等)辐射到空间,使周围的电子仪器、设备和家用电器也同样受到干扰。随着数字技术的发展和成熟,现代开关电源技术更多地向数字方向发展,采用数字技术可减小电源高频谐波干扰和非线性失真,性能优良,工作电压范围宽,还带有健全的安全保护措施,在智能电能表中也有广泛应用。

(7) 通信接口。

多费率电能表需要通过通信接口电路与其他设备进行数据交换,实现对电网和电能表实时数据采集与监测,完成分时计量、电能量统计、电能量平衡、电能量管理及电力营业考核自动化等功能;并具有远程维护,授权 Internet 用户远程查询管理功能;可通过与 MIS、SCADA、DMS、EMS 等系统实现数据交换与共享,为其他子系统提供准确、完整的信息数据。

随着微电子技术的不断进步,许多通信方式都被应用到电能表通信中。其中比较常用的有以下几种。

① 红外通信。红外通信包括近红外通信、远红外通信。近红外通信是指光学接口为接触式的红外通信方式。远红外通信是指光学接口采用非接触式的红外通信方式,由于容易受到外界光源的干扰,因此一般采用红外光调制／解调来提高抗干扰度,远红外通信的主要特点是没有电气连接、通信距离短,所以主要用于电能表现场的抄录、设置。

② 有线通信。有线通信主要包括 RS232 接口通信、RS422 接口通信、RS485 接口通信等。由于有线通信具有传输速率高、可靠性好的特点,因此被广泛使用。

③ 无线通信。无线通信包括无线数传电台通信、通用分组无线业务(general packer radio service,GPRS)、第五代移动通信技术(5th generation mobile communication technology,5G)通信等。随着信息传递技术的飞速发展,无线通信技术在通信领域中发挥着越来越重要的作用。使用无线数传电台可以在几百米到几千米的范围内建立无线连接,具有传输速率高、可靠性好、不需要布线等优点。使用 GPRS 或 GSM 网络通信,还可以充分地利用无线移动网络广阔的覆盖范围,建立安全、可靠的通信网络。

④ 电力线载波通信。电力线载波通信是通过 220 V 电力线进行数据传输的一种通信方式。在载波电能表内部,除了有精确的电能计量电路外,还需要有载波通信电路。它的功能是将通信数据调制到电力线上,常见的调制方式有频移键控(frequency shift keying,FSK)、幅移键控(amplitude shift keying,ASK)和相移键控(phase shift keying,PSK)。处于同一线路上的数据集中器则进行载波信号的解调,将接收到的数据保存到存储器中,由此构成载波通信网络。电力线载波通信的特点是不需要进行额外的布线且便于安装;但是由于电力网路上存在着各种电器,存在着噪声高、衰减大的特点,因此限制了通信传输的距离和效率。

4.3.3　最大需量记录功能

在电力系统运行过程中,电力负荷随时间的改变而变化,当电力负荷高峰和低谷差别过大时,将不能充分利用发、供电设备的容量,使电网运行效率大打折扣。为了平抑电网负荷曲线,提高电网的负荷率,除对用户用电量实施分时计量,引导其避开高峰期用电外,还应把需量作为对大中型电力用户的一项重要的考核指标,采用计量最大需量的方法,引导用户均衡用电,避免使电网出现负荷尖峰。最大需量的计量方法就是限定了用户用电的最大需量,利用电能表测量用户各时段的用电需量,比较取出最大值,并与限定的最大需量进行比较,若超过了这一限定值,电能表将自动报警,警告用户降低用电需量,否则将自动切断电源,停止供电。目前,最大需量计量作为电能管理的一个重要手段已被广泛采用。

电能需量是指在某一指定时间间隔内电能用户消耗功率的平均值,这一时间间隔通常称为需量结算周期,我国电力部门一般将需量结算周期规定为 15 min。电能需量的表达式为

$$P = \frac{1}{T} \int_{0}^{T_0} p \, dt \tag{4.14}$$

式中,p 为瞬时功率;T_0 为结算周期;P 为 T_0 时间内的平均功率(也就是有功功率),即需量。例如,某机电脉冲式电能表的仪表常数为 1 500/kW·h,其每转产生两个脉冲,即一个脉冲代表 1/3 W·h,由输出脉冲可以求出其在 15 min(1/4 h)内的平均功率(需量)为

$$P = \frac{1}{T_0} \int_{0}^{T_0} p \, dt = 4 \int_{0}^{\frac{1}{4}} f_0 \, \frac{1}{3} \, dt \, (W) = \frac{1}{750} \int_{0}^{\frac{1}{4}} f_0 \, dt \, (kW) \tag{4.15}$$

即输出电能脉冲 f_0 经过 750 分频后,再在 15 min 内累加,即可求出需量。式(4.15)可用数字电路实现,也可以用计算机(单片机)软件实现。

最大需量就是在一个电费结算周期(如一个月)内所有需量的最大值。

为了求得电费结算周期内的最大需量,每次测得的需量值 A 都应与寄存器中保留的先前的最大需量值 B 进行比较。若 $A \leqslant B$,则寄存器中仍保留原来的最大的需量值 B;若 $A > B$,则以这次测得的需量值 A 代替原来的最大的需量值 B,存入寄存器中保存,以待再与下一个新的需量值进行比较。一个结算周期内寄存器的最终结果即为最大需量值。与分时计量功能的实现

相似,最大需量计量功能可以由数字电路实现,也可用单片机实现。一般将前者构成的电能表称为最大需量电能表,将后者构成的电能表称为智能型最大需量电能表。

1. 数字电路实现最大需量计量功能

由数字电路实现的机电脉冲式最大需量电能表的原理电路框图如图 4.19 所示。

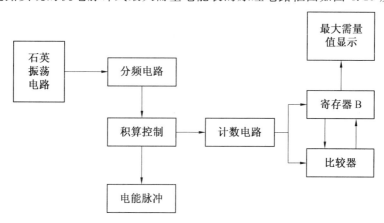

图 4.19　机电脉冲式最大需量电能表原理电路框图

机电脉冲式最大需量电能表以标准石英晶体振荡器时基电路(石英振荡电路)设定计算周期,通过多级分频电路,在每个计算周期开始或结束时发出一个脉冲控制信号,在计算控制电路的控制下,计数电路累计每个计算周期内的电能需量,并送入比较器与寄存器中存储的最大需量进行比较,找出新的最大需量,存入寄存器。

机电脉冲式最大需量电能表的结构框图如图 4.20 所示。

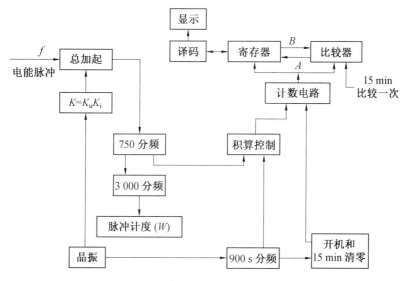

图 4.20　机电脉冲式最大需量电能表的结构框图

机电脉冲式最大需量电能表中的感应系测量机构的仪表常数为 1 500 r/(kW·h),圆转盘每转一圈经光电转换器输出两个脉冲;经 750 分频后,在计数电路内每隔一个计算周期(15 min)累计一次,可测得此周期的电能需量(记作 A)。750 分频器由 5G657 和 5G621 组成;计数电路由 5G659 组成,15 min 清零一次,即在 5G657 复位端输入清零脉冲。

电路中,5G623 作为寄存器,5G644 作为比较器。每隔 15 min 比较器将计数器的值 A 与寄存器内的值 B 由高位至低位进行一次逻辑比较。当 $A > B$ 时,比较器发出开通信号,使 A 取代 B,寄存在寄存器中,寄存后,计数器清零,重新计数;当 $A \leqslant B$ 时,比较器开通信号输出,寄存器仍保留原来的值 B。在整个电能计量过程中,寄存器始终保留最大值,即最大需量。

2. 单片机实现最大需量计量功能

以单片机为核心的智能型电能表一般都同时具有分时计量和最大需量计量两种功能,为方便起见,仍将这两种功能分开介绍。智能型最大需量电能表原理电路框图如图 4.21 所示。

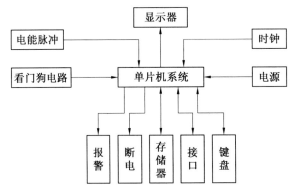

图 4.21 智能型最大需量电能表原理电路框图

由机电脉冲式或全智能电能表将被测电能转化为相应的脉冲信号送入单片机,同时,将计时脉冲加入单片机中,形成一个实时时钟。单片机在设定的计算周期内测出输入的电能脉冲数,就可获得用户的当前电能需量,该需量与内存中已记录的最大需量相比较,若大于内存中的最大需量,就用其代替内存中的原有数据,完成最大需量的记录。

将电能需量与通过键盘在内存中设定的需量限定值进行比较,如果超过需量限定值,单片机就输出信号报警,同时计入一次超量次数。当超过需量限定值若干分钟后,就输出控制信号,使执行机构动作,切断供电电源。

最大需量电能表与智能型分时计量电能表相比,在系统硬件上增加了报警电路和断电电路。报警电路一般由发光二极管或蜂鸣器等组成,当用户电能需量大于设定的需量限定值时,单片机输出信号,驱动发光二极管发光或蜂鸣器鸣叫。常用的两种报警电路如图 4.22 所示。

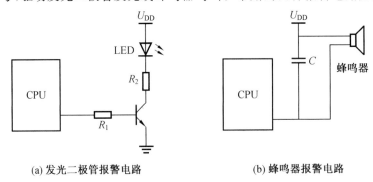

(a) 发光二极管报警电路   (b) 蜂鸣器报警电路

图 4.22 常用的两种报警电路

图 4.22(a) 所示为发光二极管报警电路,图 4.22(b) 所示为蜂鸣器报警路。在图 4.22(b) 中,电容 C 用于防止尖峰脉冲的干扰。

断电电路主要由跳闸继电器组成,当用户的电能需量持续超出需量限定值一定时间后,单片机将输出信号,使继电器动作,切断供电电源。 跳闸断电电路如图 4.23 所示。

用户正常用电时,单片机断电控制端输出高电平,继电器失电,用户用电主回路电源接通;当用户电能需量超出限定值一定时间后,单片机断电控制端输出低电平,使三

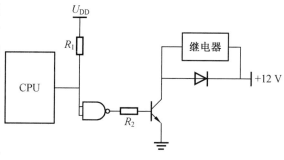

图 4.23　跳闸断电电路

极管导通,跳闸断电电源＋12 V 直接加在继电器线圈两端,继电器动作,切断用户供电主回路电源。

与智能型分时计量电能表的程序设计相似,最大需量电能表的控制程序对各种信号的处理可以采用查询方式,也可以采用中断方式。智能型最大需量计量电能表控制程序流程如图 4.24 所示,该程序对电能脉冲的处理采用了中断方式。

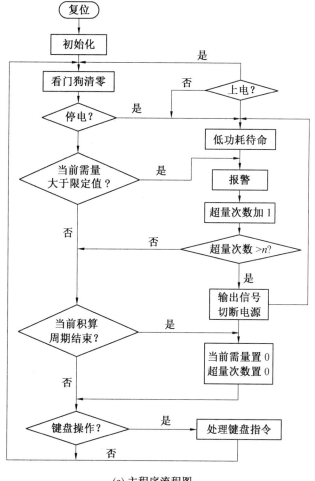

(a) 主程序流程图

图 4.24　智能型最大需量计量电能表控制程序流程

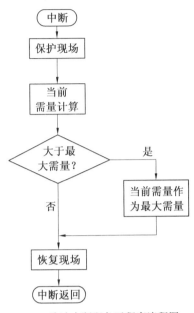

(b) 脉冲中断服务子程序流程图

续图 4.24

智能型最大需量计量电能表主程序流程图如图 4.24(a) 所示,主程序将当前需量与内存中设定的需量限定值进行比较,如果超出限定值,则单片机输出信号报警,同时做一次超量记录。当超出限定值一定时间后,单片机输出控制信号,使执行机构动作,切断供电电源。当一个计算周期结束后,将当前需量清零,重新记录新的需量。当一个电费结算周期完成后,按动按键可以使最大需量值迅速复零,同时,单片机将该数据存入存储器中,以备用户查询及复核,直到下一个结算周期复零,存储器中存入新的最大需量值后,再将该数据消除。智能型最大需量计量电能表脉冲中断服务子程序流程图如图 4.24(b) 所示。脉冲中断服务子程序主要用于实现最大需量计量。单片机接收输入的电能脉冲信号,进行当前需量计算,计算出当前需量值后,与内存中最大需量值进行比较,若大于内存中的最大需量值,则用当前需量值替换内存中原来的最大需量值;否则,中断返回。

在这种实现最大需量计量的方法中,其计算周期 T_0 是连续的,不相重叠。以计算周期 T_0 取 15 min 为例,它把 1 h 固定地划分为四个相等的时段,每段有每段的平均功率值,从而可以得到最大需量。但是负载的变化是随机的,因此按这种计算周期不相重叠的方式计算最大需量会产生误差。为了解决这个问题,有人采用计算周期部分重叠的滑差方式计算最大需量,以捕捉到真正的最大需量值。

4.3.4 电能测量遥控功能

红外遥控技术是 20 世纪 70 年代发展起来的新兴电子技术,它具有准确、可靠、价廉、非接触控制等特点,使其应用范围越来越广泛。电子式多功能电能表(如分时计量和最大需量计量电能表)是需要设定运行参数(如时段、脉冲常数等)的仪表,且在使用上还具有定期观测和抄录的特点。由于它们的运行参数需使用外接编程器设定,因此必须在表壳上安装编程器接口,并加以铅封。由于安装位置较高,因此对计量柜中的电能表的编程操作极为不便。为改进仪表的操作水平,可在电子式多功能电能表的设计中应用红外遥控技术,将电能表的编程设定、读数操作等通过红外遥控器实现。一套完整的红外遥控系统可分为 3 个部分:红外遥控发射器、红外遥控接收器和译码控制器。

1. 红外遥控发射器

D6121G 红外遥控发射器电路如图 4.25 所示。

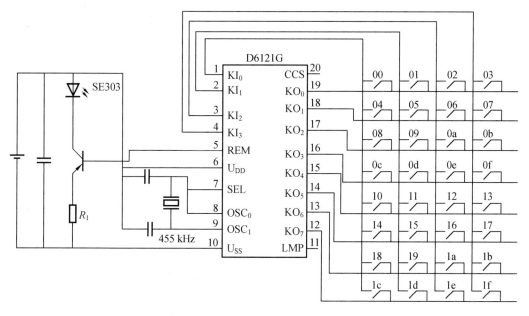

图 4.25　D6121G 红外遥控发射器电路

红外遥控发射器的核心是一片由振荡电路、定时电路、扫描信号发生器及缓冲器等构成的专用集成电路,其作用是将按键信号以串行码方式调制在载波信号上,并经红外发射管发射出去。这种专用电路的种类很多,编码方式和载波频率也不尽相同。现以 D6121G 为例,说明其工作原理。$KI_0 \sim KI_3$ 为矩阵键盘键控扫描输入,$KO_0 \sim KO_7$ 为矩阵键盘键控扫描输出。按键右上角标代表该键编码后相应的 16 进制数。编码工作由 D6121G 芯片内部完成。第 8 脚 OSC_0 为 455 kHz 振荡输出,第 9 脚 OSC_1 为 455 kHz 振荡输入;外接 455 kHz 陶瓷振荡组件产生的信号经内部电路 12 分频后,产生约 38 kHz 的调制用载波信号;REM 为调制后的遥控信号输出,输出信号经三极管放大,驱动红外发光管 SE303 工作。

2. 红外遥控接收器

早期的红外遥控接收器采用的是部分集成电路,如图 4.26(a) 所示。来自红外遥控发射器的红外光由光电二极管接收后,进入前置放大器放大;集成电路内部设有自动偏压控制电路,当输入信号强度变化时,它能自动调整放大器的偏置以控制放大器增益;放大器的输出信号经过限幅放大、带通滤波、峰值检波、积分平滑、波形整形等处理,最后输出串行码。

目前红外遥控接收器已发展成全集成电路,如图 4.26(b) 所示。它是三管脚式的集成电路,外形如三极管,有侧受光型和顶受光型两种,管脚 1 输出检波整形后的红外串行码。

在设计红外接收电路时,应注意所选择接收的载波频率必须与红外遥控发射器的频率相同。

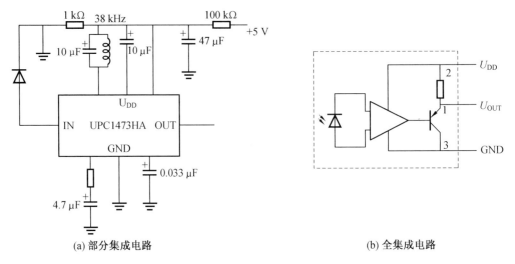

(a) 部分集成电路　　　　　　　　　　　　　　　(b) 全集成电路

图 4.26　红外遥控接收器的电路图

3. 译码控制器

译码控制器的功能是对接收解调后的串行键码进行译码,并根据键码值执行相应的操作,以实现相应功能的遥控。

红外遥控电子式多功能电能表的译码工作由电能表中的单片机系统完成。接收放大器发出的串行信号直接送至单片机中断脚,单片机平时处于查询该脚状态,当该脚接收到有效起始码时,认为有红外串行码输入,开始接收。单片机根据接收到的 8 位数据码,判断出遥控器上被按下的是哪个键,并执行该键所定义的操作,这一过程称为译码。

以 D6121G 红外遥控发射器为例,其红外串行码波形如图 4.27 所示。串行码由起始码、用户码(8 位)、用户反码(8 位)、数据码(8 位)及数据反码(8 位)组成。起始码是 9 ms 宽的低电平,用户码由发射电路中 D6121G 芯片的 CCS 管脚接法决定。传送码的"0""1"由传送信号的脉冲间隔决定。两次负脉冲的间隔为 1.12 ms 时,表示"0";间隔为 2.24 ms 时,表示"1"。

可约定红外遥控发射器上编码"OB"的键为"读数"键,其作用是单击该键,电表显示一项数据。当遥控发射器 D6121G 芯片扫描键盘发现该键被抄表员按下,就按照起始码、用户码(00H)、用户反码(FFH)、数据码(O0H)及数据反码(F4H)的顺序自动编码,并经调制后发射出一组串行码。红外接收器接收到的是调制红外波,经内部电路解调后,由第 1 脚发出还原的串行码[起始码、用户码(00H)、用户反码(FFH)、数据码(0BH)及数据反码(F4H)],并送至单片机。单片机接收串行码,据其中的用户码判断是否是专用遥控器发出的信号,用数据码判断遥控器上按下的是哪个按键;反码则用来校验接收的用户码和数据是否正确。若数据码为"OB",则说明遥控发射器上按下的是"读数"键,执行读数操作,由内部过程控制显示下一项数据,完成红外遥控操作。

由于红外遥控器的接收口是开放的,因此从安全保密角度出发,必须要有加密措施。一般加密措施有两种:一是设定用户码的硬件加密,用户码是 8 位串行码,由红外发射器中硬件电路决定,通过对用户码的识别,单片机系统将只接收特定遥控器的信号;二是设计编程密码的软件加密,在进行遥控编程等操作之前,必须先输入正确的密码,否则不接受遥控操作。这样,即使有相同的遥控器,不知其密码也无法操作。

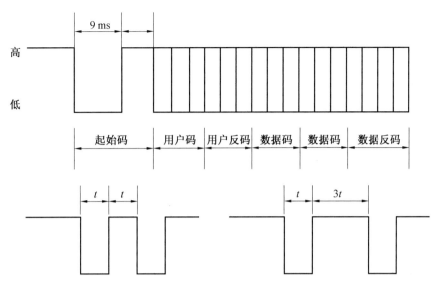

图 4.27　D6121G 红外串行码波形

在红外遥控系统中,虽然发射、接收芯片均有抗干扰及滤除杂波的功能,但外界红外干扰源对系统的影响仍无法避免。因此,有必要在软件设计中加以处理。处理方法主要有:增加软件延时,消除窄脉冲干扰;判别用户码,排除其他遥控器的干扰;对数据码与数据反码进行校验,以避免误码;等等。

4.3.5　预付费功能

在电能管理工作中,拖欠电费的问题对电力系统发展构成制约。为解决收费难问题,人们设计出了预付费电能表。预付费电能表体现着"先购电、后用电"的管理模式,装设后,用户须预先到供电部门购买一定的用电量,预付费电能表能控制用户的用电数不超过其购买的用电量。因此可以说,预付费电能表是一种控制型计量仪表。预付费的控制方式有投币式和插卡式,而卡又有磁卡、IC 卡(又称电卡、电子钥匙)之分,其区别在于数据存储方式和使用的记忆材料不同。由于电能表的预付费功能是通过投币或插卡等方式实现的,故现将预付费功能与具体仪表的特点结合在一起加以介绍。

1. IC 卡式电能表

每一个 IC 卡式电能表都有一个编码和用于插入 IC 卡的插槽,每一户用户有一张与电能表配合使用的 IC 卡。IC 卡的编码与电能表的编码相同,它是用来在供电部门与用户之间传递用电量的装置。为防止别人伪造,IC 卡密码可经常更换。由于不同 IC 卡密码互不相同,因此用户之间不可相互借用。IC 卡可反复多次使用。供电部门将用户预先购买的用电量写入用户的 IC 卡,并将卡置为有效。当用户将有效的 IC 卡插入电能表的 IC 卡插槽中时,电能表将 IC 卡的购电量读进,与以前的剩余电量相加后,经电能表面板上的显示器显示出来,同时将 IC 卡置为无效,此时 IC 卡即可拔走。当将一无效的 IC 卡插入时,电能表会自动识别,不产生允许用电动作。IC 卡式电能表采用倒计数的方式进行计量,显示器显示出的是用户可用的剩余电量。当剩余电量少到一定数量时,发出报警,提醒用户及时购电;购电量用完前某一时刻起,连续报警,提醒用户做好断电前准备,然后电能表自动切断电源。电能表内的备用电池可在停电

情况下使电能表所记各种数据信息保存几个月而不丢失。

(1)IC卡。

IC卡即集成电路卡(integrated circuit card),形式上它是一张将集成电路芯片镶嵌在塑料基片上而成的卡片。IC卡在制作上采用先进的半导体制造技术和信息安全技术,具有可靠的数据存储能力;其存储的内容不仅可供外部读取,还可供内部利用。同时,IC卡还具有逻辑处理功能,可用于识别和响应外部提供的信息。

IC卡具有以下特点:存储容量大;体积小、质量轻、便于携带;防磁、防静电、抗干扰能力强;数据安全可靠,保密性强;对网络要求不高;使用寿命长,可读写信息十万次以上;读写结构简单、可靠,造价便宜。因此,IC卡的应用非常广泛。

IC卡一般为一个塑料长方形卡,大小为(85.47～85.72 mm)×(53.92～54.03 mm),厚度为(0.76±0.08) mm,IC卡上有8个触点,触点印制版的下面是集成电路芯片。

IC卡根据其与阅读器的连接方式可分为接触卡和非接触卡两种类型,接触卡又分为存储卡、智能卡和超级智能卡。存储卡是将存储器芯片嵌入塑料基片内;智能卡和超级智能卡不仅嵌入了存储器,还带有CPU,除了可大容量存储外,还具有保密、识别等智能功能。非接触卡则采用光电耦合来取代接触卡的八点接触方式。

在IC卡式电能表中,所采用的IC卡一般为IC存储卡,其核心是电擦除可编程只读存储器芯片EEPROM,EEPROM中存有用户编码、密码及数据。EEPROM是近年来发展起来的新型器件,其主要特点是能在计算机系统中进行在线修改,并能在断电情况下保持修改的结果,因而兼有数据RAM和程序ROM两者的功能。根据EEPROM与处理器之间的不同信息交换方式,EEPROM有串行和并行两种类型。与并行EEPROM相比,串行EEPROM具有体积小、成本低、电路连接线少等优点,尤其适合置于单片微型计算机中;其缺点是数据传递速率不高。由于许多应用场合对IC卡信息传递速率的要求并不高,因而串行EEPROM被广泛地应用于IC卡的制作。

现以93C46芯片为例,详细介绍EEPROM的特点及工作原理。93C46芯片内部结构框图如图4.28所示。

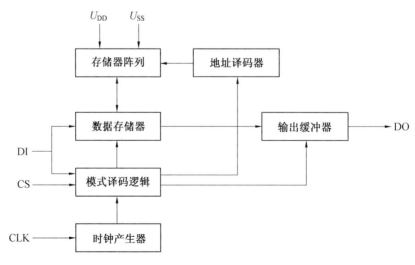

图4.28　93C46芯片内部结构框图

图 4.28 中,CS 为片选信号输入端,高电平有效;CLK 为时钟输入端;DI 为串行数据输入端;DO 为串行数据输出端,读操作时 93C46 芯片由采用低功耗设计的 CMOS 技术及工艺制造而成,其存储容量为 64 个字(64×16 位),需+5 V 电源供电,使用时擦写次数可达 100 万次,保存数据时间大于 40 年。93C46 芯片采用 8 脚双列直插封装(DIP)和表面封装(SOIC),其管脚排列如图 4.29 所示。

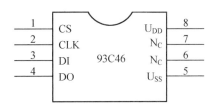

图 4.29 93C46 芯片管脚排列

93C46 芯片共有 7 条指令,分别用于对芯片的读、写、擦除等操作,见表 4.1。

表 4.1 93C46 芯片指令表

功能	起始位	操作码	地址	DI	DO
读(READ)	1	10	A5A4A3A2A1A0	···	D15～D0
写(WRITE)	1	01	A5A4A3A2A1A0	D15～D0	(闲 / 忙)
擦(ERASE)	1	11	A5A4A3A2A1A0	···	(闲 / 忙)
擦写使能(EWEN)	1	00	11XXXX	···	高阻
擦写禁止(EWDS)	1	00	00XXXX	···	高阻
全片擦(ERAL)	1	00	10XXXX	···	(闲 / 忙)
全片写(WRAL)	1	00	01XXXX	D15～D0	(闲 / 忙)

所有指令都在 CLK 端时钟的同步下,从 DI 脚串行输入。每条指令由 9 位代码组成,即一位起始位、两位操作代码和六位地址码。在输入指令前,应先使 CS 信号有效。各指令的功能如下。

① 读指令:读指定地址存储单元的内容。当指令输入 93C46 后,DO 脚首先输出一低电平虚拟读脉冲,然后 16 位数据在时钟 CLK 到来的作用下,从 DO 脚按 $D_{15}～D_0$ 顺序输出。

② 写指令:向指定存储单元写入 16 位数据。写入操作由片内定时电路自动控制,在写入操作期间,将 CS 变高,要写入的数据紧接在地址码之后从 DI 脚输入。当数据输入完后,在下一个 CLK 到来之前,将 CS 拉低,芯片自动对指定的存储单元进行删除。

③ 擦除指令:对指定的单元进行擦除。

④ 擦写使能指令:在上电及执行擦写禁止指令后,需执行擦写使能指令,才能再次对芯片进行擦写操作。

⑤ 擦写禁止指令:该指令执行后,禁止对芯片进行擦写操作,以防止干扰等因素破坏数据。

⑥ 全片擦除指令:该指令输入后,芯片内部自动对全部 64 个单元进行擦除操作。

⑦ 全片写入指令:自动对片内 64 个存储单元写入相同的输入数据。由于该指令没有自动擦除功能,因此需先执行全片擦除指令。

（2）IC 卡式电能表原理。

IC 卡式电能表原理框图如图 4.30 所示。

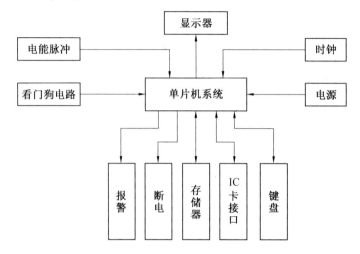

图 4.30　IC 卡式电能表原理框图

IC 卡接口部分的主要功能是对作为信息传递媒介的外卡（指 IC 卡，下同）和作为信息备份载体的内卡（指表内 EEPROM 存储器，下同）进行读写，以便实现信息交流和保存，使电能表在停电时仍然能够在较长时间内保存必要的信息。它是电能表内部运行状况和外界交流的接口。这一部分主要由读写内卡和外卡电路组成。

利用 CPU 的 I/O 线作为内卡和外卡的控制总线，用软件模拟总线时序分别对两个 EEPROM 芯片进行读写操作。内、外卡可以选用不同的 I/O 线作为各自的控制总线，也可以共享控制总线，这样可以节省 CPU 的 I/O 线。但是，如果采用后者，器件地址应不同。当要对内卡（或外卡）进行操作时，先送出器件地址，选中该器件，然后再进行相应的读写操作。IC 卡接口部分原理框图如图 4.31 所示。

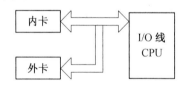

图 4.31　IC 卡接口部分原理框图

（3）软件设计。

IC 卡式电能表中与预付费功能有关的软件设计流程如图 4.32 所示。该软件主要实现以下几种功能。

①对 IC 卡的操作。主要是实现对 IC 卡的读写操作。当 IC 卡插入插槽时，会向 CPU 发出一个中断请求信号，CPU 响应中断后，即对 IC 卡进行读写操作。首先读入 IC 卡的购电卡标志，判断有效后，再读入 IC 卡的主机号、用户号，并与内卡中读出的主机号及用户号进行比较，若结果一致，随即读入 IC 卡的本次购电量，并将其与内卡中的余额进行累加，把新的余额保留在内卡中，然后把 IC 卡中本次购电金额置为零，改写 IC 卡的购电卡标志为用户卡标志，并把用电总量、本月用电量、本月电费、当前时间等信息写入 IC 卡，以便于下次购电时售电机可以直接读取到这些用户信息。

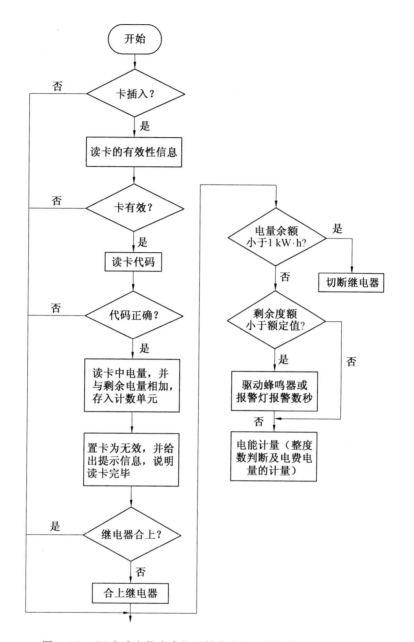

图 4.32 IC 卡式电能表中与预付费功能有关的软件设计流程

CPU 对 IC 卡(以 93C46 芯片为例)进行读写操作的流程如图 4.33 所示。

② 电量的计量。电量的计量主要完成对用户用电量的多功能计量,如分时计量、最大需量计量、有功及无功计量等,并采用倒计度的方式,每次从用户购电的剩余电量中减去用电量,余额即为新的剩余电量。

③ 报警、断电控制。对新的剩余电量进行判断,若发现剩余电量已小于某一余额值,则驱动蜂鸣器蜂鸣或报警灯闪亮数秒报警,提醒用户及时到购电部门购电;若判断剩余电量已小于 1 kW·h,则控制切断继电器,停止对用户供电,直至用户再次购得电量为止。

④ 其他控制功能。控制显示各种用电信息,如显示时间、剩余电量、当前电价、本月用电

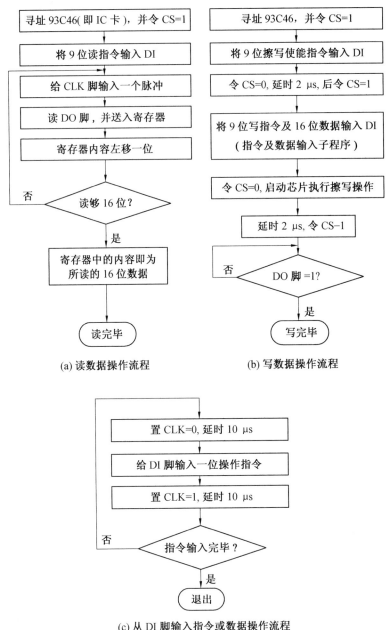

(a) 读数据操作流程　　　　(b) 写数据操作流程

(c) 从 DI 脚输入指令或数据操作流程

图 4.33　CPU 对 IC 卡进行读写操作的流程

量等；防窃电控制，上电复位判断等。

2. 磁卡式电能表

磁卡式电能表作为预付费电能表，比 IC 卡式电能表出现得早，其工作原理与 IC 卡式电能表相似。磁卡式电能表带有一套磁卡读写器（即磁头），可以对磁卡进行读写操作。磁卡读写器工作原理框图如图 4.34 所示。

当磁卡插入磁卡式电能表被光电探头检测出时，传动机构自动将磁卡送入，接下来，磁头将磁信号转化为电信号，并经过数据通道送入单片机。单片机按设定的格式对数据进行判

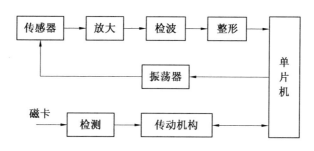

图 4.34　磁卡读写器工作原理框图

别。首先判别表号,即验证磁卡上所标的表号与该表的表号是否一致,一致才允许磁卡的购电量输入,否则报警退出;其次,判别购电量数据是否正确(为了确保数据的可靠性,采用了双重防错技术 —— 奇偶校验和反码对比技术,即数据本身的奇偶性和数据本身与反码的一致性,这样就可以把错码读入率降至接近零的水平),若数据正确,则将其读进该表,传动机构反送出磁卡,同时通过磁电传感器把相应的数据擦除;若数据被判断有误,则报警并退出磁卡。当磁卡完全退出后,传动机构停止工作。磁电传感器采用双通道磁头,一个通道传输数据信号,另一个通道传输同步信号。这种方式旨在使读取数据简单易行,降低对传动机构驱动速度均匀性的要求,并在同一频率交变信号中实现二进制码的编制、写入和准确读取。从磁头上分别读取出数据信号和同步信号经放大、检波、滤波、整形后,转换成脉冲信号,实现了从频率到数字的变换。

在磁卡式电能表中,磁卡传动机构包括磁卡检测光电探头、由直流电机驱动的转轴、摩擦压轮和控制电机正反向转动的驱动电路,如图 4.35 所示。遮光式光电探头用于判断磁卡是否已被插入;摩擦压轮使磁卡可在驱动转轴驱动下,紧靠磁头来回平移。传动部分的驱动在单片机的控制下,与信号的读、擦同步进行。磁卡式电能表的其他部分(软、硬件) 与 IC 卡式电能表相似,这里不再赘述。

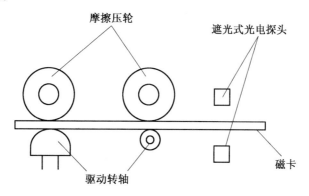

图 4.35　磁卡传动机构结构图

磁卡式电能表的致命弱点是安全性较差,这主要是由于复制磁卡比较容易,因此预付费电能表的开发大多转向 IC 卡式电能表。

3. 投币式电能表

投币式电能表是最早出现的预付费电能表。使用这种电能表,用户须预先到供电部门购买专用型电能硬币,将其投入电能表便被允许使用所购数额的电能量。投币式电能表由于防伪币性能较差且又使用不便,因此几乎不再发展。本书不拟详细介绍,感兴趣者可参见有关文献。

4.4 电能表专用集成电路

国内外智能电能表电能专用芯片的原理主要分为模拟乘法器和数字乘法器两大类。

模拟乘法器原理主要分为时分割模拟乘法器原理和可变跨导乘法器原理两类,此部分原理详见第 2 章。

由于计算机技术的发展和电子设计自动化(electronic design automation,EDA)工具技术的应用,使开发专用芯片的工作相对容易。数字型电能专用芯片的计算单元控制双通道 A/D 转换,同时对电压、电流波形进行采样,然后由芯片计算单元完成相乘功能并累计电能。

数字型乘法器 A/D 变换原理也分为两类:用逐次比较型 A/D 进行采样的数字乘法器和用 $\Sigma - \Delta$ 原理进行 A/D 转换的数字乘法器。

我国智能电能表的生产技术经过多年的努力,已有了长足进步。随着科学技术特别是微电子技术的发展,电能计量新技术和新产品不断问世,人们已开发出用于各种电能计量的专用集成电路。由于这些采用专用集成电路制成的电能表具有测量准确度高、功能全、可靠廉价等优点,因此这些电能表专用集成电路得到了较广泛的应用。下面介绍其中的几种智能电能表专用集成电路。

4.4.1 BL0931 单相智能电能表专用集成电路

BL0931 是一种单相智能电能表专用集成电路(以下简称 BL0931 电路)。这种集成电路内部采用了电流平衡型时分割四象限模拟乘法器和快速电压／频率转换器线路,有测量范围宽、线性特性好且外围线路结构简单、可靠性高等特点;还具有检测负功用电及反潜动等功能,并且易与计算机连接实现数据处理的自动化和遥控抄表。

BL0931 电路的主要功能是将两个模拟输入电压 U_i 和 U_u 经过乘法器运算,产生一个与它们的乘积成正比例的电能脉冲,其工作原理框图如图 4.36 所示。

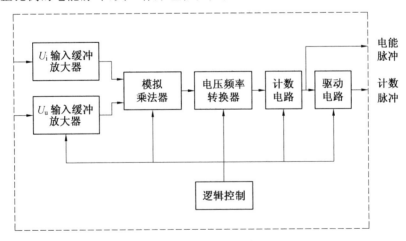

图 4.36　BL0931 电路工作原理框图

假设形成功率的被测工频正弦交流电压 U_x 和电流 i_x 转换为电压 u_u 和 u_i,即

$$u_u = K_u U_m \sin (\omega t + \varphi) \tag{4.16}$$

$$u_i = K_i I_m \sin \omega t \tag{4.17}$$

式中，U_m 为 u_x 的幅值；I_m 为 i_x 的幅值；φ 是 u_x 与 i_x 的相位差；K_u 是 u_x 到 u_u 的转换系数；K_i 是 i_x 到 u_i 的转换系数。

u_u 和 u_i 经过乘法器运算，产生一个与其乘积成正比的信号电压 p，即

$$\begin{aligned} p &= K_u U_m \sin(\omega t + \varphi) K_i I_m \sin \omega t \\ &= K_p UI \cos \varphi - K_p UI \cos(2\omega t + \varphi) \end{aligned} \tag{4.18}$$

式中，$K_p = K_u K_i$；$\cos \varphi$ 为功率因数；U 为 u_x 的有效值；I 为 i_x 的有效值。

乘法器输出的第一项是直流成分 $K_p UI \cos \varphi$，它正比于视在功率 UI 和功率因数 $\cos \varphi$ 的乘积，即与有功功率成正比；而第二项是 2 倍频于被测电压、电流的交流成分 $K_p UI \cos(2\omega + \varphi)$。在 BL0931 内部，利用电压/频率转换型 A/D 转换器把直流信号 $K_p UI \cos \varphi$ 转换成与其成正比的频率。由于电压/频率转换是利用积分器完成的平均值转换，因此通过设计可使 $K_p UI \cos(2\omega + \varphi)$ 项被自然滤除。因为 p 的值代表功率，所以在一段时间 T 内的电能为

$$W = \int_0^T p(t)\mathrm{d}t = TK_p UI \cos \varphi \tag{4.19}$$

将电压/频率转换器输出的与功率成正比的频率量送到计数器，若计数时间足够长，则显示的累计数值也就是这段时间的功率结算值即电能。计数器累计脉冲数的过程正是对功率积分得到电能值的运算过程。

4.4.2　BL0932 双向式单相全智能电能表专用集成电路

目前，国内广泛使用的单相反窃电智能电能表的核心集成电路芯片是 BL0931 集成电路，BL0932 则是 BL0931 的改进型。BL0932 继承了 BL0931 原有的线性特性好、测量范围宽、可靠性高和反潜动等优点，还具备真正的防窃电和测量反向电能的功能。利用它可制成双向式单相全智能电能表。BL0932 的基本工作原理框图如图 4.37 所示。

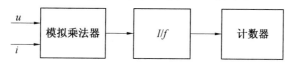

图 4.37　BL0932 的基本工作原理框图

就 BL0932 能实现的测量功能而言，大致可分为四个部分：乘法运算、电流/频率转换（I/f）、分频逻辑（即加/减计数）、显示逻辑。传统的感应式单相电能表和普通单相智能电能表只能测量正向的有功功率，而对负向的有功功率则无能为力，甚至还会产生逆转，而且一般不具备防窃电能力；最多与 BL0931 一样仅具有止逆功能和窃电指示功能。而采用 BL0932 制成的智能电能表则完全克服了上述缺点。BL0932 在 BL0931 基础上增加了测量负向有功功率的功能，它既能把正向有功功率转换成脉冲输出，也能把负向有功功率转换成与正向有功功率方向一致的脉冲输出。利用 BL0932 可以制成具有真正反窃电功能的智能电能表，即这种电能表以同一方向计量计算正向和负向的有功功率，累计用电量。

4.4.3　SA91 三相电能计量集成电路

SA91 三相电能计量集成电路可完成三相有功电能的计量，且 SA91 具有工作温度范围较宽、长期稳定性较好和正反向双向计量等功能。

SA91 三相电能计量集成电路是 CMOS 数模混合集成电路,能够完成三相有功功率和电能的计量。电路由电压、电流前置放大器、A/D 采样变换器、基准电压、功率计算和电能累计、振荡器、控制器及输出电路等组成,输出脉冲的频率正比于功率。该集成电路有两个可用的频率输出端,还可以区分电能的方向,并有输出电平指示,利用它可方便地设计制作三相型双向计量电能表。SA91 集成电路工作原理框图如图 4.38 所示。

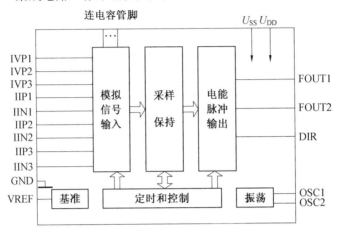

图 4.38　SA91 集成电路工作原理框图

4.4.4　ATT7028A 多功能防窃电三相电能计量专用芯片

1. 主要特性

ATT7028A 是一款高精度多功能防窃电三相电能专用计量芯片,可支持三相三线和三相四线供电方式,它的内部集成了六路二阶参考电压电路及功率、能量、有效值、功率因数、频率测量的数字信号处理等电路。能准确测量各相及合相的有功电能、无功电能、视在功率、有功功率和无功功率,同时还能测量各相电压和电流的有效值、频率、功率因数、相角等参数,充分满足载波电能表设计的需求。为保证在上电和断电时计量芯片能正常工作,内部带有电压监测电路。

2. 内部结构

ATT7028A 芯片内部主要包括电源监控电路、A/D 转换电路及计量模块等。ATT7028A 内部结构如图 4.39 所示。

电源监控电路主要对模拟电源(AVCC)进行监控。当电源电压低于 4 V 时,芯片将被复位。这一特性有利于芯片上电和掉电时芯片的正常启动和正常工作。电源监控电路被安排在延时和滤波环节中,可最大程度防止由电源噪声引发的错误。ATT7028A 提供了一个 SPI 通信接口,该接口采用从属方式工作,可方便地与外部 MCU 之间进行计量参数及校表参数的传递。该计量芯片支持电阻网络校表、硬件校表和全数字软件校表。

在计量芯片内部的运算电路中,将采样的电压、电流信号相乘得到瞬时功率,通过对时间进行积分得到电能信号,再根据设定的合相能量累加模式,将三相电能做绝对值相加或代数值相加运算,并将结果变换为频率信号,然后按照用户设定的分频系数进行分频,得到可用于校表的电能脉冲输出信号。无功电能脉冲信号则是在芯片中得到的无功瞬时功率,对时间积分后成为无功电能信号,再生成无功电能脉冲信号,基波、谐波的有功和无功同理。它们都需要

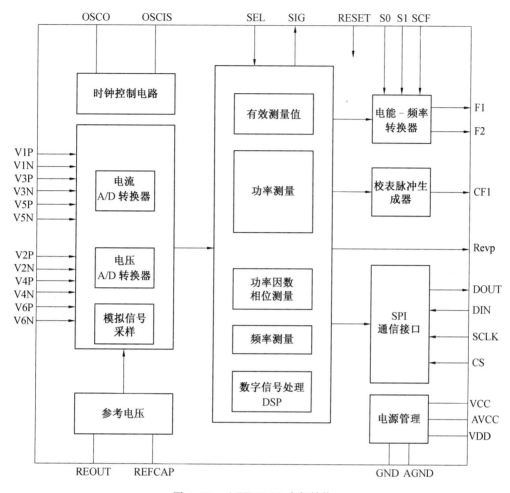

图 4.39　ATT7028A 内部结构

根据设定的合相能量累加模式,将三相电能做绝对值相加或代数值相加运算,并将结果变换为频率信号,然后按照用户设定的分频系数进行分频,得到可用于校表的电能脉冲输出信号,脉宽和周期部分的生成都是一样的。

3. 工作原理

ATT7028A 是 QFP44 封装的 44 脚芯片,主要包括三大部分电路:A/D 转换电路、数字信号处理电路和通信电路。该芯片的 A/D 部分集成 6 路二阶 Σ－Δ 原理 A/D 转换器,采用过采样技术,6 个通道可同步采样,采用双端差分信号输入方式,分别针对三相电压、三相电流检测,各路的采样是 16 位 A/D 转换,经过片内运算电路的处理,得到 24 位的参数输出。同步采样对于计算功率和功率因数等同时需要某瞬时电压、电流值的参数尤其重要,可以保证测量的准确性。

数字信号处理部分对 A/D 转换后的数据先进行数字滤波器滤波,然后分别计算各相的有效值、有功功率、相位、功率因数、电能,以及合相的有功功率、电能、频率、功率因数等电力参数。同时还提供电阻网络校正和软件校正两种方式用作误差校正。软件校表是通过相关的校表寄存器对增益、相位进行补偿,从而保证三相电压、三相电流的增益、相位精度要求。校表寄存器的参数由用户提供。

（1）具有电压相序检测功能。ATT7028B 可以对电压的相序进行检测，三相四线与三相三线模式的电压相序检测依据不完全一样。三相四线模式下电压相序检测按照 A、B、C 三相电压的过零点顺序进行判断，电压相序正确的依据是当 A 相电压过零之后，B 相电压过零，然后才是 C 相电压过零；否则电压错序。另外，只要 A、B、C 三相电压中任何一相没有电压输入，ATT7028B 就认为是电压错序。三相三线模式下电压相序检测按照 A 相电压与 C 相电压的夹角进行判断，当 A 相电压与 C 相电压的夹角在 300° 左右时，才认为电压相序正常否则判断电压出现错序。电压相序的标志存放于状态标志寄存器 SFlag 中，SFlag 的 Bit3 为 1 表示 A、B、C 电压出现错序，SFlag 的 Bit3 为 0 表示 A、B、C 电压相序正确。

（2）电流相序检测功能。ATT7028B 可以对电流的相序进行检测，按照 A、B、C 三相电流的过零点顺序进行判断，电流相序正确的依据是当 A 相电流过零之后，B 相电流过零，然后才是 C 相电流过零。否则电流错序。另外只要 A、B、C 三相电流中任何一相电流丢失，ATT7022B 也认为是电流错序。电流相序的标志存放于状态标志寄存器 SFlag 中，SFlag 的 Bit4 为 1 表示 A、B、C 电流出现错序，SFlag 的 Bit4 为 0 表示 A、B、C 电流相序正确。

（3）功率方向判断功能。ATT7028B 实时提供功率的方向指示，方便实现四象限功率计量。

负功率指示 REVP：当检测到三相中任意一相的有功功率为负，则 REVP 输出高电平，直到下次检测到所有相的有功功率都为正时，REVP 才恢复为低电平。

功率方向指示寄存器 PFlag，用于指示 A、B、C 合相的有功功率及无功功率的方向。

Bit0 ～ Bit3：分别表示 A、B、C、合相的有功功率的方向，0 表示为正，1 表示为负。

Bit4 ～ Bit7：分别表示 A、B、C、合相的无功功率的方向，0 表示为正，1 表示为负。

（4）失压检测功能。ATT7028B 可以根据设定的阈值电压对 A、B、C 三相电压是否失压进行判断。阈值电压可以通过失压阈值设置寄存器 FailVoltage 进行设定。ATT7028B 上电复位后失压阈值设置会根据当前选择的工作模式（三相三线或三相四线）默认设置为不同的参数。在不对电压有效值进行校正时三相四线模式的失压阈值在电压通道输入 50 mV 左右，而三相三线模式的失压阈值在电压通道输入 300 mV 左右。如果对电压有效值进行了校正，则必须重新设定失压阈值设置寄存器 FailVoltage，设置方法参考失压阈值设定部分。失压状态可以通过状态标志寄存器 Sflag 进行表示。状态标志寄存器 SFlag 的 Bit0、Bit1、Bit2＝1 时分别表示 A、B、C 三相电压低于设定的阈值电压；当 A、B、C 三相电压高于设定的阈值电压时 Bit0、Bit1、Bit2＝0。

4.4.5　71M6513 三相多功能电能计量专用芯片

1. 主要特性

71M6513 是专用于三相多功能电能表解决方案的 SOC，芯片集成 A/D 采样模块、电能计量单元（CE）和一个微控制器单元（MPU）。工作时首先由 A/D 采样模块对输入的电网取样信号进行实时数据的采样，再由 CE 对 A/D 采样之后的实时数据进行处理，在一个累积周期（一般设置为 1 s）之后计算得到各种电能参数数据并通过一个 IRQ 中断信号告知 MPU 当前电能参数数据已更新，由 MPU 读取数据并进行电能数据的累积、存储、显示、通信等后续管理。71M6513 拥有如下一些主要特点：内置高精度采样和计量电路，在 2 000∶1 的动态范围内有功电能计量误差 $\sigma_P \leq 0.5\%$，无功计量误差 $\sigma_Q \leq 1.0\%$；6 路模拟信号输入；拥有内部温度传感器,温度测量精确到 0.1 ℃;内置带隙 A/D 转换器采样参考电压,其温漂特性优于 50 × 10^{-6} ℃$^{-1}$,支持数字温度修正;MPU 为 8051 内核,绝大部分指令在一个时钟周期内完成;支持实时电网状态检测;集成时钟电路(RTC),支持实时时钟,闰年自动切换;有时钟电池输入引脚,3.3 V 时备份功耗小于7.2 μW;支持40 ~ 70 Hz 的宽频率范围电能测量;支持最大±7°的角差修正;集成了一个 LCD 驱动电路,最大可驱动 4×42 段,典型工作下为 3 V 电平模式,可以通过寄存器的配置启动升压电路工作,支持 5 V 电平模式;拥有 22 个可配置的 I/O 口。

2. 内部结构

芯片内部可分成主要的 3 个模块单元:计量采样模拟前端模块、电能计量模块、管理单元模块。

计量采样模拟前端模块的核心为一个单通道 21 位的 Σ－Δ 原理 A/D 转换器,6 路模拟信号输入,还有一路内部的温度传感器输入,内置电压基准,支持自动数字温度修正。电能计量模块核心为一个 32 位的计算引擎(computation engine,CE),CE 由独立的数字信号处理电路(DSP)组成,上电后自动载入程序对 A/D 转换器采样得到的电网实时数据进行计算处理,不需要控制器的干预。管理单元模块核心为一个 8051 内核的微控制器(MPU),用作对 CE 计算得到的数据进行电能参数的后续管理。

CE 能够计量出来的电能参数包括:分相及总有功电能、分相及总无功电能、分相电压、分相电流、电网频率、三相电压之间的夹角等。管理单元模块集成了丰富的外围功能模块,包括 2 路异步串行通信口、96 ~ 168 段液晶段码驱动、硬件看门狗、22 个可编程 I/O 口、1 个实时时钟单元、1 个内置的温度传感器。正是因为集成了如此丰富的资源,所以使用一片 71M6513 外加一些简单的外围功能电路,即可以设计得到功能相当丰富的多功能电能表,极大地降低了电能表的生产成本。71M6513 内部结构如图 4.40 所示。

3. 工作原理

71M6513 需要同时进行计量和管理操作,因此数据在计量和管理之间的协调至关重要。芯片采用类似于双核模式下的数据处理逻辑。

首先通过计量模拟前端模块对电网的取样信号进行实时采样,并把采样得到的数据存放到 CE DRAM 中实时采样数据的存放位置。CE 读取得到的采样实时数据,运行电能计量算法程序对数据进行处理,并进行电能累积,经过一段时间的电能累积周期之后(一般设置为 1 s),向 MPU 发出一个 IRQ 中断请求,告知 MPU 当前周期电能累积已完成,同时把累积得到的电能数据保存到 CE DRAM 中电能数据相应位置,更新覆盖上一个电能累积周期计量的电能数据,并重新开始下一个累积周期的电能计量。MPU 在收到 CE 发过来的 IRQ 中断信号之后,读出 CE DRAM 内的累积电能数据,并进行电能数据的后续处理。这样芯片的三个核心单元对 CE DRAM 中的数据操作互相之间不会发生冲突,能够有条不紊地进行电能计量和管理。

4.4.6　SA9904B 三相多功能电能计量专用芯片

1. 主要特性

SA9904B 是专门用于电能计量的集成芯片,提供多功能电力测量参数,包括有功功率、无功功率、峰值电压、峰值功率、电压有效值和电流有效值等。片内集成了 SPI 模块,实现与MCU 的通信。SA9904B 拥有如下一些主要特点:可实现双向三相有功和无功的功率／能量的测量,其中有功电能测量符合一级交流电表的规范要求,无功电能测量符合无功电表的规范要

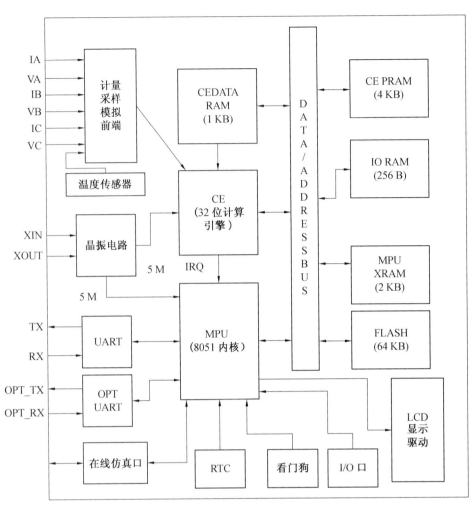

图 4.40　71M6513 内部结构

求；可完成电压有效值和频率值的测量，其中 A、B、C 三相电压的测量各自独立；片内集成基准参考电压源；具有串行外围接口（serial peripheral interface，SPI）；总功率低于 60 mW，而且具有静电保护功能，芯片工作温度范围宽。

2. 内部结构

SA9904B 为混合 A/D 信号的 CMOS 集成电路，其内部电路结构如图 4.41 所示。

待测的电压电流经过电压电流采样电路，转换成符合芯片输入的小电压、小电流信号，该信号经过芯片内部的 A/D 转换电路转换成数字信号进行数字运算，从而得到各相的有功电能、无功电能、电压有效值和频率值的测量值，这些值被保存在芯片内部相应的 24 位寄存器中。微处理器可以通过 SIP 读取该数据，以做进一步的计算处理。

3. 工作原理

SA9904B 有 20 个引脚，PDIP 封装，12 个元暂存器。SA9904B 包含 9 个代表各相的有功电能、无功电能与电源电压的 24 位元暂存器。第 10 个 24 位元暂存器代表任何有效相位的市频，包含 3 个位址以保存与 SA9604A 的兼容性。3 个位址的任何其一可用于存取频率暂存器。每个相位的有功功率与无功功率被积存于 24 位元暂存器中。

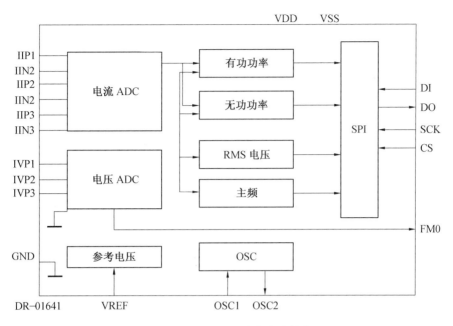

图 4.41　SA9904B 内部电路结构

被测电路的电能或功率不直接提供给用户,但是可以通过公式计算。计算每相的有功或无功电能:电能每计数 = (VRATED × IRATED)/320 000;计算每相的有功或无功功率,功率 = VRATED × IRATED × N/INTTIME/320 000。其中,VRATED 为电表的额定电源电压,IRATED 为电表的额定电源电流,N 为相继读数间的暂存器数值差数(Δ值),INTTIME 为相继读数间的时间差值(单位为 s)。

若要求三相有功电能,则只能通过程序对三相有功电能求和,或通过有功功率脉冲输出 F50 计数。芯片内的 3 个电压暂存器包含各相位测得的 RMS 电压值,用户可以直接从暂存器中读取。SA9904B 不具有中断功能。串行周边的接口汇流排(SPI)为一同步汇流排,使用于微控器与 SA9904B 之间的数据能够传输。引脚 DO(串行数据出端)、DI(串行数据入端)、CS(芯片选项)与 SCK(串行时脉)用于此汇流排的应用。SA9904B 为从器件,而微控器为汇流排主器件。CS 输入起始与终止数据传输。SCK 信号(微控器发送的)选通微控器与 SA9904B 的 SCK 引脚间的数据。DI 与 DO 引脚为 SA9904B 的串行数据输入与输出引脚。

4.5　智能电能表的校验技术

对电能的正确计量是合理分配与使用电能的前提和必要保证。为确保智能电能表计量电能的准确程度及可靠性,在智能电能表的生产、测试及实验室和运行现场等地对其质量性能进行测试与校验是十分必要的。与其他电工仪器仪表的校验相同,要用标准表对智能电能表进行校验,标准电能表为电能量值传递的准确性与稳定性提供了标准。

智能电能表的校验不仅要利用标准表,而且要按照一定的技术要求,在特定的条件与环境下实施多种不同的试验,从而做到对其各种工作性能的全面掌握。

对智能电能表的校验有两种方式,一种是在专门制作的校验台(或称校验装置)上进行校验,另一种是通过电能表现场校验系统进行校验。该系统既可校验智能电能表又可校验感应

式电能表。微机化、智能化电能表校验台的出现,不仅减轻了电能表校验的劳动强度、提高了工作效率,而且可实现电能表校验与管理工作的有机结合,大大提高了电能表校验技术水平。

4.5.1 标准智能电能表

1.标准智能电能表的性能指标

标准智能电能表是电能表生产、测试及实验室和现场校验等地不可缺少的标准仪表。早在 1970 年,就有公司研制出了准确度达 $\pm 0.05\%$ 的标准智能电能表。近年来,国外标准智能电能表的主要发展动向如下。

(1) 提高准确度。

20 世纪 70 年代末期,SM7050 型单相标准智能电能表的典型测量准确度达到 $\pm 0.02\%$;20世纪 80 年代中后期,KOM100.1 型单相标准智能电能表的准确度已高达 $\pm 0.01\%$。

(2) 增设量程自动切换功能、扩展动态测量范围。

测量中无须外接电压互感器和电流互感器,也不需要开关转换,操作使用十分方便。如SM7050 型单相标准智能电能表的输入电流、输入电压的范围为 $\pm 0.01 \sim 100$ A、$35 \sim 500$ V,且在如此宽的动态测量范围内,该表的测量准确度仍高达 $\pm 0.05\%$。

(3) 不断扩展测量功能。

如 SM7050 型单相标准智能电能表还可测量电压、电流、功率、功率因数及频率等参量和参数。

(4) 增设多种接口、便于组成完善的自动测试系统。

如 KOM100.1 型单相标准智能电能表设有三个接口 —— 控制仪表自动测试的 RS232C计算机串行接口、IEEE－488 接口及连接记录用打印机的 RS232C 打印接口。

(5) 提高长期稳定性。

如 SM7050 型单相标准智能电能表良好的稳定性已得到 10 年以上的运行验证,其年稳定度达 $\pm 0.01\%$。此外,这种标准表的温度影响小于 20×10^{-6} K^{-1}。

2.标准智能电能表的工作及使用条件

作为校验安装式电能表的计量标准,标准智能电能表已有多种型号,准确度级别也很高,但它们的内部结构与工作原理仍基本相同。随着标准智能电能表品种及数量的不断增多,故障及准确度下降等现象也时有出现。通过对这类仪器仪表的故障分析,发现少数问题出在元器件上,而多数故障则因维护使用不当所致。应该说,正确使用和维护是减少标准智能电能表故障率,确保其应有准确度的重要措施。因此,这里对标准智能电能表的正常工作及使用条件做简要介绍。

(1) 工作环境。

标准智能电能表(简称标准表)的工作环境与安装式电能表的不同,标准表要在实验室环境条件下使用。为了保证计量标准的准确传递,标准表对实验室内的温度和湿度的要求都很高,按有关规定,实验室内的温度应为 (20 ± 2) ℃,相对湿度应 $\leqslant 85\%$,同时,还要保证实验室内干净、无尘土、无强磁场干扰、无振动等。

为保证电源的工作稳定性,要求电源采用专供线路。另外,标准表使用前应充分预热,使标准表内各个标准元器件处于正常的热稳定工作状态,从而确保表本身应有的测量准确度。

（2）正确接线与操作。

使用时，标准智能电能表一般都接在校验装置中，用互感器电压为100 V、电流为5 A的二次侧。但有一些装置没有仪用电压互感器，其电压为220 V、电流为5 A，这就要求仪表使用操作人员要十分熟悉装置的技术性能及其接线，正确操作标准表的电压、电流量程开关；同时还应注意，为预防冲击性电流损坏标准表的元器件，升降电压、电流的操作工作应缓慢地进行。

（3）防止强烈振动。

在标准表定期送计量部门校验的运输过程中，要防止振动和碰撞。这是因为标准表内部采用的插件较多，有些局部的走线用的是单根的带塑料绝缘的硬线，如果受到剧烈振动，很可能导致插件板松动、元器件脱焊、接触不良甚至接线断开等，从而造成仪表无显示、功能失控或数据显示不对等故障发生。

4.5.2　智能电能表的校验方法

1. 电能表的常规校验技术

常用的校验电能表的方法主要有瓦特表－秒表法（简称瓦秒法）和标准电能表比较法（简称比较法）。当然，这些方法并不仅限于用来对智能电能表进行校验。

（1）瓦秒法。

瓦秒法是利用标准数字功率表与标准测时器相配合，由它们实施直接测量，确定调定的恒定功率和被检表累计电能的时间，将两标准表的指示值相乘得到的电能值与被校表测得的电能值进行比较，从而确定被检表的相对误差并进而调整被检电能表的一种方法。

采用瓦秒法校验电能表时，标准测时器的测量误差（以百分数表示）应不大于所用标准功率表准确度级指数值的1/20。为满足此要求，应恰当地选取标准测时器的计读时间长短，即要保证测时器有足够多位的读数，以使得读数最末位的值改变1个字所引起的计读时间误差不超过所用标准功率表准确度级指数值的1/10。

瓦秒法具体又分为定时测量法和定低频脉冲数测量法。

① 定时测量法。对于设定的一段时间 T，将标准测时器测定的这段时间 T 内的标准功率表测得的恒定功率值 P 与被检电能表累计的电能值 W，按下式计算相对误差，即

$$\gamma = \frac{W \times PT}{PT} \times 100\% + \gamma_w \qquad (4.20)$$

式中，γ_w 为已知的标准功率表（或所用的其他检定装置）的系统误差。当被检表显示的是反映所累计电能的高频脉冲数时，式（4.20）中的 W 为

$$W = \frac{3.6 \times 10^6}{C_H} m \qquad (4.21)$$

式中，m 为被检表显示出的高频脉冲数；C_H 为被检表的高频脉冲常数（P_H/(kW·h)，P_H 为高频脉冲个数）。此外，如果用标准功率表测量功率时借助了附加的电压和电流互感器，则式（4.20）中的 P 应再乘上电压和电流互感器的变比 K_U、K_I。若测量不是在被检表（标准数字功率表）的倍率开关为×1挡下进行的，则式（4.20）中的 W（或 P）应再乘相应的倍率值 K_F。

② 定低频脉冲数测量法。这种方法的特点是用一定量的低频脉冲数 N 来设定累计电能的时间段。当采用这种瓦秒法检定电能表时，被检表的相对误差应满足

$$\gamma = \frac{T' - T}{T} \times 100\% + \gamma_w \qquad (4.22)$$

式中，γ_w 为已知的标准功率表（或所用的其他检定装置）的系统误差，无须修正时 γ_w 为零；T 为实测时间，即被检表在恒定功率下输出 N 个低频脉冲所对应的标准测时器测定的时间；T' 为算定的时间，即在被检表无误差的假设下，其测量恒定功率输出 N 个低频脉冲所需的时间。T' 满足

$$T' = \frac{3.6 \times 10^6 \times N}{C_L P} \tag{4.23}$$

式中，N 为设定的低频脉冲数；C_L 为被检表的低频脉冲常数（$P_L/(\mathrm{kW \cdot h})$，$P_L$ 为低频脉冲个数）。

（2）比较法。

比较法是将标准电能表测得的电能值与被校电能表测得的电能值进行比较，从而确定被校表的相对误差，进而实施对不合格或有故障的电能表的调整或修理。比较法的表现形式是直接以标准表校被测表，故又称标准表法或以表检表法。比较法有定时比较法、定低频脉冲数比较法与高频脉冲二数预置法之分。

① 定时比较法。在设定的一段时间 T 内，分别记下标准电能表与被检电能表累计的电能值 W 与 W'，被检电能表的相对误差为

$$\gamma = \frac{W' - W}{W} \times 100\% + \gamma_0 \tag{4.24}$$

式中，γ_0 为已知的标准电能表（或所用的其他检定装置）的系统误差，无须修正时 γ_0 为零。若被检表输出的是反映所累计电能的高频脉冲数，则式（4.24）中的 W' 为

$$W' = \frac{3.6 \times 10^6}{C_H} m \tag{4.25}$$

式中，m 为被检表累计的高频脉冲数；C_H 为被检表的高频脉冲常数（$P_H/(\mathrm{kW \cdot h})$）。而如果标准电能表所示出的也是所累计电能的高频脉冲数，则式（4.24）中 W 的值也要按式（4.25）进行计算，但此时的 m、C_H 应分别换成标准电能表的累计高频脉冲数与高频脉冲常数。与属于瓦秒法的定时测量法相仿，如果用标准电能表测量电能时借助了附加的电压、电流互感器，则式（4.24）中的 W 应再乘电压和电流互感器的变比 K_U、K_I。若测量不是在标准电能表（被检电能表）的倍率开关为 $\times 1$ 挡下进行的，则式（4.24）中的 W（或 W'）应再乘相应的倍率值 K_F。

采用定时比较法时，要合理地选择设定时间值 T 与标准表及被检表的倍率挡，原则是使标准表和被检表在 T 时间内显示出的累计数字不少于表4.2中提供的规定限额。设定时间内智能电能表应显示出的累计数字最低限额见表4.2。

表4.2　设定时间内智能电能表应显示出的累积数字最低限额

智能电能表的准确度等级指数	0.01	0.02	0.05	0.1	0.2	0.5
最少累计数	100 000	50 000	20 000	10 000	5 000	2 000

② 定低频脉冲数比较法。在标准电能表与被检电能表都处于连续运行的条件下，将记录到的被校表输出 N 个低频脉冲时间段内标准表测得的电能值 W 与算定电能值 W_0 进行比较，则相对误差为

$$\gamma = \frac{W_0 - W}{W} \times 100\% + \gamma_0 \tag{4.26}$$

式中，γ_0 为已知的标准电能表（或所用的其他检定装置）的系统误差，无须修正时 γ_0 为零；W_0

为算定电能值,即为假定被检表无误差且在其输出 N 个低频脉冲时间段内,标准电能表应累计的电能值。W_0 满足

$$W_0 = \frac{3.6 \times 10^6}{C_{L0}} n_0 \tag{4.27}$$

式中,C_{L0} 为标准电能表的低频脉冲常数($P_L/(\text{kW} \cdot \text{h})$);$n_0$ 为算定脉冲数,其表达式为

$$n_0 = \frac{C_{L0} N}{C_L K_U \times K_I} \tag{4.28}$$

式中,C_L 为被检电能表的低频脉冲常数($P_L/(\text{kW} \cdot \text{h})$);$K_U$、$K_I$ 分别为标准电能表外接电压互感器 TV 和电流互感器 TA 的变比。当无须仪用互感器时,K_U、K_I 均等于 1。

采用定低频脉冲数比较法时,要合理地选择设定被检表输出低频脉冲数 N,原则是使标准表在 N 所对应的时间段内显示出的累计数字不少于表 4.4 中规定的限额。

③ 高频脉冲数预置法。在标准电能表与被检电能表都处于连续运行,且它们都输出代表各自测得电能量的脉冲序列条件下,将被检表输出 N 个低频脉冲对应的标准表输出的高频脉冲数 m 作为实测高频脉冲数,将其与预置(或算定)的高频脉冲数 m_0 相比较,则被检表的相对误差为

$$\gamma = \frac{m_0 - m}{m} \times 100\% + \gamma_0 \tag{4.29}$$

式中,γ_0 为已知的标准电能表(或所用的其他检定装置)的系统误差,无须修正时 γ_0 为零;m_0 为预置(或算定)高频脉冲数。m_0 满足

$$m_0 = \frac{C_{HO} N}{C_L K_U K_I} \tag{4.30}$$

式中,C_{HO} 为标准电能表的高频脉冲常数($P_H/(\text{kW} \cdot \text{h})$);$C_L$ 为被检电能表的低频脉冲常数($P_L/(\text{kW} \cdot \text{h})$);$K_U$、$K_I$ 分别为标准电能表外接电压互感器 TV 和电流互感器 TA 的变比。当无须仪用互感器时,K_U、K_I 均等于 1。

采用高频脉冲数预置法时,要合理地选择设定被检表输出低频脉冲数 N 和标准表倍率挡,原则是使预置(或算定)脉冲数和实测脉冲数不少于表 4.4 中规定的限额。

随着计算机技术向电能表的渗透,大量的电能表自动误差计算器应运而生,它们大都是按上述计算模型设计的,这就要求标准表和被校表都应能输出表征其测得电能量的脉冲序列。

2. 电能表成批校检采用的以源检表技术

(1)问题的提出。

我国规定,电能表的强制检定时间周期为 5 ～ 10 年;而对一些用于测量有更高要求负荷耗用电能数的智能电能表,甚至规定必须每年一检。此外,在一些发达国家,智能电能表正以每年 20% 的速度替换感应系电能表。因此,随着居民用电计量一户一表制的逐步实施,以及社会现代化水平的不断提高,电能表产量和相应的检定工作量将随之增加。传统的电能表常规检定方式已不能适应电能表检定工作量剧增对它的要求。

(2)以源检表技术。

传统的电能表检定方法主要有瓦秒法和比较法两种,可以认为它们从本质上都是以标准表来检定被校表,故常简称以表检表法。

以源检表法顾名思义,是一种以标准电源检定电能表的方法。以表检表之后出现的以源检表,可能预示着交流电能计量检定技术的一个新的发展趋势。在以源检表技术中,以表检表

技术的两个独立的因素标准表和稳定电源被合二而一,不但省去了价格昂贵的标准表和电压、电流互感器(各三个),而且简化了连线与测量线路,结果使检定试验台的结构大大简化,适于组建大批量全自动校表台,也更便于组建微机化电能表自动检定及管理系统。采用以源检表技术的电能表校表台工作原理框图如图 4.42 所示。

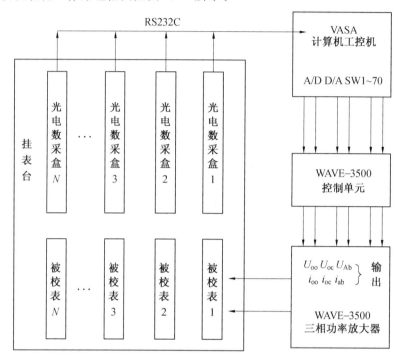

图 4.42　采用以源检表技术的电能表校表台工作原理框图

由图 4.42 可以看出,该校表台由 WAVE－3500 型三相功率放大器和挂表台组成。其中,标准功率源包括计算机工控机及其外设、控制箱、功放箱等,它负责向挂表台上的 N 块被校表提供三相标准电压、标准电流及标准功率。被校表记录的电能信息由光电数采盒读取并处理,其结果再经过 RS232C 串行口传送给计算机工控机的多功能卡。计算机工控机既作为标准功率源的控制部分,又与光电数采盒共同完成被校表的误差计算与分析等功能。

(3)电能表成批校检对以源检表技术的要求。

在有关电能表性能指标标准的多个文件中,都对电能表的自身功耗有明确的限制规定,如电能表的电压回路的功耗通常不得超过 $2\sim5$ W 和 $10\sim12$ V·A,电流回路(30 A 以下)功耗通常不得超过 $2.5\sim6$ V·A。感应系电能表的电压、电流绕组在开磁路、低功率因数条件下工作,消耗的有功功率虽不多,但需要的无功功率却较大,这实际上占用了功率源较大的功率输出。液晶显示全电子电能表的自身功耗较小,但机电脉冲式电子电能表的电压绕组消耗的功率甚至可达到普通感应系电能表的 $4\sim5$ 倍,即其要求功率源中的电压源能输出足够大的功率。假设每块电能表的电压回路需要 10 V·A 功率,若同时检定 100 块电能表,电压源就得提供 1 000 V·A 的功率。再则,功率源中的电流源在检定电能表的低电流量程时,其输出功率通常小于电压源输出的功率,但当校验电能表的 50 A 以上的电流量程时,被检表对电源输出功率的需求量急剧增加。实验结果表明,电流源若不能输出足够大的功率,它就不可能稳定、准确地输出 50 A 以上的大电流(因为在大电流状态下,输出回路导线或接线端子的微小电阻,都可能耗尽电源输出的全部功率,或破坏输出电流的稳定性)。可见,采用以源检表法对电能表进行同时批量检定,就要求所使用的电源必须具有足够大的输出功率容量。目前,典型的多功能、宽量限、小功率标准源有美国的 ROTEK811A 型 0.04 级电能标准器和 FLUKE5500A 型0.1级、0.2级多功能标准器,因其输出功率仅十几伏安,故在对单表或几块表进行校验时作为标准源。输出功率大的标准功率源(准确度不一定很高)有德国 EMH 公司的 ZVE 系列程控功率源,其准确度为 0.1%,每相的输出功率可达 6 000V·A;德国 SINMENS 公司与瑞士 LANDIS & GYR 公司生产的标准功率源可用于每次同时校验 1 000 块电能表,单相可输出为 3 000 V·A 的功率;中国计量科学研究院研制的 WAVE－3500 系列标准功率源的准确度等级为 0.03 ～ 0.05 级,最大输出电流为 120 A,总输出功率达 2 700 V·A,按特殊需求,最大单相输出功率可达4 000 V·A;此外,黑龙江省计量科学研究所研制开发的 WK、GD 系列交流标准功率源,也适用于大批量的以源检表。

此外,用以源检表法同时批量检定电能表时,还要尽可能消除或避免由测量接线不当造成的误差。首先,在进行电压回路布线时,应使用足够粗的导线;每块表从表位到台体总接线端均单独走线,以避免引入迭加压降误差;连接线尽量平直,以减少由分布电感引入的附加相移误差。再则,在进行电流回路布线时,应使流有大电流的导线足够粗;所有接线端子、紧固螺钉的导电部分也必须足够粗;大电流走线应尽可能短且平行,并应远离钢板,以免形成工频强磁场,干扰整个检定系统的正常工作;用贯空钢板制作大电流导线必须严格按有关标准,以避免因制作不规范造成旋转磁场,进而引起扼流效应。

再有,所使用的标准功率源必须经过高一级标准表的校准。

4.5.3　智能电能表校验装置

1.电能表校验装置的特点

用于测定电能表测量电能误差的成套校验设备常被称为电能表校验装置。不论是校验智能电能表还是校验感应系电能表,测定它们性能的校验装置具有一些共同的特点。

对电能的测量不同于对电压、电流等单一电学量的测量,因为电能是一个由几个单一电学量综合而成的复合电学量。因此,测量电能所能达到的准确度等级,通常要低于测量单一电学量所能达到的准确度等级。

如前所述,确定电能表测量误差通常采用的是瓦秒法和比较法。电能表校验装置应具备实现这两种测量方法所必需的各种条件。作为电能表校验装置,为模拟不同的电网条件(能提供不同的输出电压、输出电流和功率因数)并对被校电能表进行各种试验,必须具有如下的基本设备。

(1)一个能提供一定大小电压的独立电压回路。这个回路一般由电压互感器、调压器及相应的指示仪表组成。

(2)一个能提供一定大小电流的独立电流回路。它由电流互感器、调节电流大小的调压器及相应的指示仪表组成。

(3)一个移相器及一个为获得不同试验条件所要求的各种可能的相位角而设置的万能转换开关。

(4)有足够高稳定度的交流电源。随着电子技术的发展,人们已研制开发出新型的全电子式多功能交流稳压电源,它可同时提供上述的(1)(2)和(3)。

（5）指示功率用的标准功率表。

（6）计量时间用的仪表。

（7）标准电能表。

然而，由上述仪器设备所组成的校验装置的准确度一般来说比较低，不能满足校验测量工作的准确度要求。这主要是因为采用瓦秒法进行校验时，标准功率表在低量限时相对误差成倍地增加；而采用比较法时，标准电能表负荷曲线的非线性及小负荷下表的响应特性不够稳定等。在这种情况下，迫使人们只能采用不变负荷法，以提高校验测量的准确度。为此，还需要增加精密标准电压互感器、精密标准电流互感器及相应的转换开关，目的是不管被校电能表在什么量限下，都能使标准功率表或标准电能表工作在额定电压与额定电流之下，从而可保证有足够高的校验测量准确度。

2. 微机化电能表校验装置的原理

在微电子技术和计算机技术等的有力推动下，电能表校验装置不断更新换代，已具有了代替人眼、脑、口、手等记录电能表圆盘旋转圈数的装置，主要有光电传感器、电能表误差校验仪、自动接线装置及相应的传动装置，出现了带 CRT 和打印机等终端装置的由微机控制的电能表校验台，大大提高了电能表校验工作的自动化水平。

电能表自动校验台有单相和三相两种，其组成主要有稳压电源、负荷调整、标准电能表、微机（或微处理器）、误差显示和挂表架等。电源应具有与被校电能表准确度相适应的稳定度和波形畸变系数，且频率可调；现多利用电子稳压电源作为电能表校验装置的电源，需要输出足够大功率时，可改用发电机组作为电源。负荷调整包括电压、电流和相位角的调整；为校验三相表，经调整应保证三相线路的输出达到完全对称；自动校验台对电流和相位角的调整，应按规定程序自动转换。

标准电能表经精密电流互感器接入线路，并将所测电能转换为脉冲后输送给微机（或微处理器）。被校电能表固定在挂表架上，由自动接线装置将其迅速接入线路。对被校的感应系电能表，挂表架上装设的光电转换器件会准确地获取到正比于其铝圆盘转数的脉冲数，随即送至计算机；而被校机电脉冲式和全智能电能表输出的反映所测电能的脉冲也是送入计算机。

计算机可预置校验程序，并按此程序实施控制、计算及数据处理。计算机对标准电能表与被校电能表输出的脉冲进行计算、处理后，将被校表在各校验点的误差值存储起来以备查用的同时，还将这些误差结果经误差显示器示出，或经打印机输出。

通过电能表校验台进行的检验项目一般包括：电能表试验前的预热；电能表仪表常数（走字）、起动、潜动及在规定的不同负载条件下的相对误差的校验；根据要求，有时还应进行电能表的绝缘强度试验。

不同水平的校验台，一次可同时校验电能表的数量不同。为完成电能表规模生产中连续不断的大量校验工作，专门制造有流水线式的电能表自动校验装置。

3. 电能表校验装置举例

（1）0.03 级电能表全自动校验装置。

江西电力试验研究所研制开发的 0.03 级电能表全自动校验装置原理框图如图 4.43 所示。

0.03 级电能表全自动校验装置由微型计算机、D/A 转换器、三相电压和电流功率放大器、带测量用互感器且量限可自动切换的 0.025 级 RM－11 型标准电能表，以及一些功能电路板

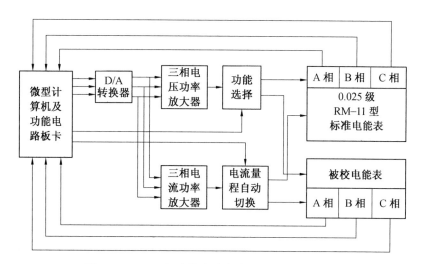

图 4.43 0.03 级电能表全自动校验装置原理框图

卡等组成。具有产生三相含谐波数字信号、实现系统自动校表脉冲计数、采样被校表光电脉冲、切换量限及选择功能等的功能硬件板卡,均插在微型计算机内。它们在编制好的软件控制下协调工作。整个系统充分利用微型计算机强大的计算与数据处理能力,可实现电能表的自动校验。

0.03 级电能表全自动校验装置采用比较法,可同时校验 0.1 级及以下的单、三相有功或无功电能表;可按国家计量检定规程,全面校验各种智能电能表及感应系电能表。该装置的操作由菜单引导,动态过程经屏幕显示,数据处理后的存盘、读取及标准表误差修正等均可根据要求自选;校验结果可按标准格式打印输出。

(2)单相多功能电能表检验装置。

浙江涵普电力科技有限公司开发的 PTC-8125M 单相多功能电能表检验装置原理框图如图 4.44 所示。

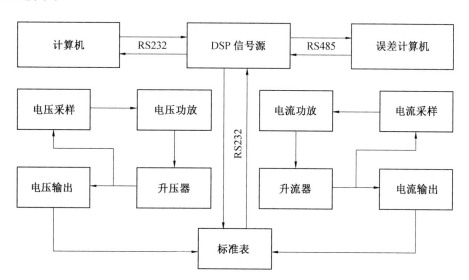

图 4.44 PTC-8125M 单相多功能电能表检验装置原理框图

PTC-8125M 单相多功能电能表校验装置由一体化的数字合成 DSP 信号源,高稳定度的功率源,过载自动保护电路及电流、电压输出变换电路,工作电源电路和多功能标准电能表,分布式误差计算器等组成。

校验装置信号源采用国际先进的 DSP 高速度数字处理芯片,利用 DSP 芯片向 D/A 转换芯片实时高速发送数据,合成产生所需要的各种波形。DSP 高速度数字处理芯片的应用,使得信号源能产生各种任意波形。人机界面部分采用单独的 MCU 进行控制以降低 DSP 的工作负荷,该 MCU 通过通信方式向 DSP 处理芯片发送需要输出的波形命令,从而完成从参数输入到实际波形输出的整个过程。

信号源产生的电压和电流信号,分别通过各自的反馈补偿调整电路送到电压功放和电流功放进行功率放大。电压信号经电压输出变压器升压后送到被校表和标准表。电流信号通过升流变压器升流后由装置的电流输出端子输出,串接各被校表电流线圈后回到升流器。输出电压、电流信号经电流、电压反馈采样互感器采样,反馈回补偿调整电路。校验装置可靠的设计,使输出电压、电流、相位、频率均具有满意的设置精度和调节细度,并保证了装置具有较高的输出稳定度和较低的失真度。

PTC-8125M 单相多功能电能表检验装置适用于电力系统、供电公司、电力公司、电能计量、用电管理和各级计量管理部门,同时适用于大型工矿企业和电能表生产企业;可用于检定各种电子式和感应式单相电能表、单相多功能电能表、单相多费率电能表和单相预付费电能表的误差等;采用 PWM 功率放大器,使功放的输出容量大,电源转换效率高(> 85%),发热量低,功率稳定度高,测量范围宽;采用分布式误差处理系统,每表位配有专用的误差处理子系统,操作人员能直观地在每个表位的上方看到该电能表的误差;配有专用面板键盘操作或计算机程控操作,用户需要使用自动测试功能时,可选用计算机程控操作,程控操作软件平台功能强大,操作方便;自动进行数据修约,按标准格式打印各种报表。

PTC-8125M 单相多功能电能表校验装置参照国家标准 GB/T 11150—2001《电能表检验装置》、JJG 597—2005《交流电能表检定装置》、JJG 596—2012《电子式交流电能表》、JJG 307—2006《机电式交流电能表》、DL/T 614—2007《多功能电能表》等检定规程要求,对潜动、起动、基本误差等检定项目实行全自动检定,也可自行确定检定方案进行检定,还可自由选点检定;具有量程自动切换功能;采用 LCD 显示器,汉字提示,操作方便;具有 RS485 或 RS232 通信接口。该装置具有谐波输出功能,用户可按需要设定谐波的次数、含量,谐波次数的有效范围为 2~21 次,谐波含量的有效范围为 0~40%。

4.5.4　智能电能表现场校验系统

智能电能表在现场长期运行工作中一定会出现发生故障的电能表,为了保障用户与供电局的利益,需要保证电能表的精确度,因此应对电能表进行现场校验。现场运行的电能表数量庞大,且具备集群化的分布方式,传统的返厂集中式校验方法成本较高。因此,能准确检测电能表参数、具备 GPS 定位、条形码识别、数据远程传输功能的电能表现场校验系统应运而生。

智能电能表现场校验系统采用通信、计算机等相关技术主动采集相应的电力参数,运用相关校验方式计算被校电能表的误差。采用信号处理、无线通信等相关现代化技术,实现对校表数据的采集、传输、处理和管理。现场校验系统总体结构如图 4.45 所示。

现场校验系统通过前端信号采样电路实时采集电网中的三相电压电流信号,并将信号做

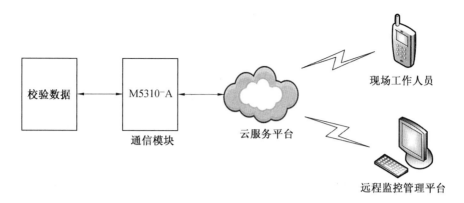

图 4.45　现场校验系统总体结构

滤波放大后输送至核心处理器运算,同时采集被校电能表低频脉冲信号,主控制器采用脉冲比较法计算被校电能表误差,并通过 GPS 定位模块获取校表地点与校表时间,采用 NB－IoT 通信方式将数据发送至云平台,云平台服务端通过网络将校验数据发送至现场操作人员手机端与数据管理中心计算机端,方便对校验数据进行管理并实时查看被校电能表误差,极大地提升电能表现场校验系统的网络化与智能化水平。现场校验系统硬件结构原理如图 4.46 所示。

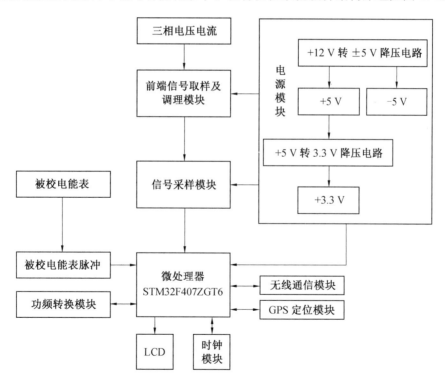

图 4.46　现场校验系统硬件结构原理

现场校验系统各个模块的组成及功能如下。

(1)STM32 最小系统模块。该模块主要以 STM32F407ZGT6 为主控芯片,并加上其他相关外围接口电路实现数据采集及运算、功频转换、GPS 定位等操作,并控制相关模块的运行。

(2)前端信号取样及调理模块。该模块主要由电压电流取样电路、继电器控制电路、低通滤波电路及模拟驱动电路组成,完成信号取样及调理操作。

(3)信号采样模块。该模块由锁相倍频电路及 6 通道 16 位 A/D 转换模块 ADS8556 组成,将采集的数据由模拟信号转换为数字信号,并送入微处理器中。

(4)功频转换模块。选用功频转换模块 AD9850 实现功率到频率的转换,并输出等比例高频脉冲,同时光电脉冲采集器采集被校电能表脉冲,采用脉冲比较法相关计算公式完成电能表校验。

(5)GPS 定位模块。该模块实现对被校电能表的区域定位,从而避免电能表校验过程中的假检与漏检问题。

(6)无线通信模块。实现对被校电能表校验结果、GPS 定位信息、校验时间相关数据的无线上传,并将数据发送至云平台。

现场校验系统配置相应的应用软件设计,主要分为以下几部分。

(1)Android 应用端软件。保证现场操作人员实时接收到校验数据及定位信息,添加条形码识别功能识别被校电能表 ID,并将数据上传至服务器。

(2)远程管理中心。主要由可以接入互联网的计算端设备组成,并与云平台通信,工作人员通过浏览器端登录电能表校验管理网站,方便数据的查询与管理。

(3)云服务平台。实现将数据通过网络发送至现场工作人员手机端与远程管理人员计算机端。

习　题

1.什么是智能电能表? 智能电能表应用的领域有哪些?

2.请画出智能电能表工作原理框图,并简要说明各组成部分的功能。

3.请画出数字乘法器的电能表结构框图,其中数据采样的 A/D 转换器有哪几种类型? 适合应用的领域有哪些?

4.智能电能表广泛使用液晶显示器,液晶显示器有哪些优点?

5.什么是多费率电能表? 请画出机电一体式多费率电能表工作原理框图。

6.设计全电子(静止)式多费率电能表工作原理框图,并写出各个组成元器件的选择原则。

7.什么是电能需量? 电力部门采用最大需量功能有什么意义? 利用单片机实现的智能型最大需量电能表原理的电路框图。

8.智能电能表的校验方法有哪几种?

9.大批量全自动校表台常采用以源检表技术,请画出电能表校表台工作原理框图。

10.什么是电能表现场校验系统? 请画出现场校验系统硬件结构原理图。

第 5 章　电力系统谐波分析及检测

"谐波"一词来源于声学。早在 18 世纪和 19 世纪,有些科学家就研究了与谐波有关的数学分析,如傅里叶变换等,为谐波分析奠定了基础。电力系统的谐波问题早在 20 世纪 20 年代和 30 年代就引起了人们的注意。当时,因为使用静止汞弧变流器而造成了电压、电流波形的畸变。1945 年,J. C. Read 发表的有关变流器谐波的论文是早期有关谐波研究的经典论文。

20 世纪 70 年代以来,电力电子技术飞速发展,各种电力电子装置在电力系统、工业、交通及家庭中的应用日益广泛,谐波所造成的危害也日趋严重。大量的非线性负荷(如有大功率单相整流负载的电力机车、各种家用电器、变压器、电弧炉、变频调速装置等)接入电力系统,电压的作用使得系统的供电电流发生畸变,这些非线性负荷产生了大量的谐波成分,使得公用电网的谐波污染日益严重,而现代工业的有些设备对供电质量的要求非常严格,因此世界各国都对谐波问题予以充分关注。国际上召开了多次有关谐波问题的学术会议,不少国家和国际学术组织都制定了限制电力系统谐波和用电设备谐波的标准和规定。经过长期的应用和发展,电力系统谐波分析与检测成了现代电力系统必不可少的一部分。

目前,电力电子技术也朝着更高科技含量的方面发展,现代数字信息技术及先进的控制技术成为当代主流的工业生产发展方向。这些高新技术的发展对电力供电质量提出了更高的要求,为了使电力系统能够提供更高质量的电能,以减轻谐波造成的危害,对其中的谐波进行实时检测和分析是十分必要的。

5.1　电力系统谐波产生的原因及治理方法

5.1.1　电力系统谐波产生的原因

电力系统中产生谐波的装置称为谐波源,是具有非线性特性的用电设备。例如,半波整流电路的输出信号就是含有谐波的非正弦信号。图 5.1 所示为半波整流电路产生谐波的原理图。

在理想的情况下,优质的电力供应是提供具有正弦波形的电压。但是在实际中,供电电压的波形会在某些原因下偏离正弦波形,即产生谐波。谐波是指频率为基波频率(在我国用电频率 50 Hz 为基波频率)整数倍的正弦波分量,即高次谐波。在电力系统中,产生谐波的根本原因是电力负荷中有非线性阻抗的电气设备。这些非线性负荷在工作时向电源反馈高次谐波,导致电力系统的电压、电流波形畸变,使电力系统电能质量变坏。因此,谐波的含量是电能质量的重要指标之一。在电力系统中,发电、输电、转换和使用的各个环节中都会有谐波产生。

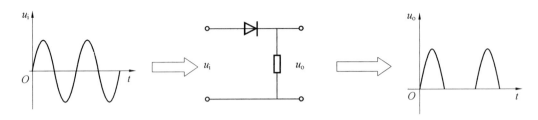

图 5.1   半波整流电路产生谐波的原理图

1. 发电电源质量不高产生谐波

电力系统本身存在周期性的非正弦独立电源,由于发电机的三相绕组在制作上很难做到绝对的对称,铁芯也很难做到绝对的均匀一致,因此发电电源一般会产生少量谐波。

2. 输配电系统产生谐波

输配电系统中主要是电力变压器产生谐波,由于变压器铁芯的饱和特性,磁化曲线的非线性,以及设计变压器时要考虑到经济性,因此其工作磁密需选择在磁化的近似饱和段上,这就使得磁化电流呈尖顶波形,因而会含有奇次谐波。它的大小与磁路的结构、形状、铁芯的饱和程度有关。铁芯的饱和程度越高,变压器工作点偏离线性越远,谐波电流就越大,其中 3 次谐波电流可以达到额定电流的 0.5%。

3. 用电设备产生谐波

晶闸管整流在电力机车、铝电解槽、充电装置、开关电源等多方面得到了越来越广泛的应用,给电力系统造成了大量谐波。晶闸管整流装置采用移相控制,因为从电网吸收的是缺角的正弦波,所以给电网带来的是另一部分的缺角正弦波,显然留下部分中含有大量的谐波。据有关部门统计表明,由整流装置产生的谐波占所有谐波的近 40%,是最大的谐波源。变频装置常用于风机、水泵、电梯等设备中,由于采用了移相控制,因此谐波成分很复杂,除含有整数次谐波外,还含有分数次谐波,这类装置的功率一般较大,随着变频调速的发展,对电力系统造成的谐波干扰就越来越多。

由于加热原料时电炉的三相电极很难同时接触到高低不平的炉料,因此燃烧不稳定,会引起三相负荷不平衡,产生的谐波经变压器的三角连接线圈而注入电网。其中主要是 2、7 次的谐波,平均可达到基波的 8% ～ 20%,最大可达到基波的 45%。

荧光灯高压汞灯、高压钠灯与金属卤化物灯等属于气体放电类电光源。分析这类电光源的伏安特性,可知其非线性十分严重,有的还含有负的伏安特性,这些都会使电网产生奇次谐波电流。

电视机、录像机、计算机、调光灯具、调温炊具等,因为有调压整流装置,所以会产生较大的奇次谐波。洗衣机、电风扇、空调等有绕组的设备中,因为不平衡电流的变化所以也能使波形改变。这些家用电器虽然功率不大,但是数量巨大,因此也是谐波的主要来源之一。

随着大容量电力电子装置和各种非线性负载在系统中的广泛应用,其产生的谐波污染也越来越多地受到人们的关注。为了抑制系统的谐波,必须要了解各类谐波源的特性。

（1）现有的系统谐波源据其非线性特性可大致分为三种。

①含有铁芯设备的各种磁饱和装置,如变压器、电抗器等。这类谐波源在电力电子装置大量应用前是主要谐波源。

②电弧焊、电弧炉等强冲击的、非线性的负载。这类谐波源不仅可以产生奇次谐波,还可

以产生偶次谐波,频率范围也较大。

③ 各种电力电子换流装置。这类具有相当容量的非线性负荷是目前电力系统中最主要的谐波源。

(2) 按谐波注入系统的方式可将谐波源分为电流型谐波源和电压型谐波源。

① 电流型谐波源。系统谐波源具有电流源的特性,其谐波含量取决于本身的特性与系统参数无关,直流侧电感滤波的整流器属于电流型谐波源,如图 5.2(a) 所示。

② 电压型谐波源。系统谐波源具有电压源的特性,如发电机、直流侧电容滤波的整流器属于电压型谐波源,如图 5.2(b) 所示。

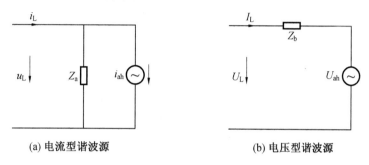

(a) 电流型谐波源　　　　　　　　　　　　(b) 电压型谐波源

图 5.2　谐波源模型

随着工业的不断发展,大量的非线性负荷被应用到电力系统中,同时也产生了大量的电力谐波。在电力系统中,电压、电流波形畸变主要来源有两大因素:第一个是 R、L、C 组件的非线性;第二个是大量使用的电力电子装置。

5.1.2　电力系统谐波的危害

理想的公用电网所提供的电压应该是单一而固定的频率及规定的电压幅值。谐波电流和谐波电压,对公用电网是一种污染,会使用电设备所处的环境恶化,也会对周围的其他设备产生干扰。

在电力电子设备广泛应用以前,人们对谐波及其危害进行过一些研究,并有一定认识,但当时谐波污染还没有引起足够的重视。近些年来,各种电力电子装置的迅速发展使公用电网的谐波污染日趋严重,由谐波引起的各种故障和事故也不断发生,谐波危害的严重性才引起人们高度的关注。

谐波的危害十分严重。谐波使电能的生产、传输和利用的效率降低,使电气设备过热、产生振动和噪声,并使绝缘老化,缩短使用寿命,甚至发生故障或烧毁。谐波可引起电力系统局部并联谐振或串联谐振,使谐波含量放大,造成电容器等设备烧毁。谐波还会引起继电保护和自动装置误动作,使电能计量出现混乱。对于电力系统外部,谐波对通信设备和电子设备会产生严重干扰。谐波对公用电网和其他系统的危害大致有以下几个方面。

(1) 引起供电电压畸变。

(2) 增加用电设备消耗的功率,降低系统的功率因数。

(3) 增加输电线路的损耗,缩短输电线寿命。

谐波电流一方面在输电线路上产生谐波压降,另一方面增加了输电线路上的电流有效值,从而引起附加输电损耗。对于架空线路而言,电晕的产生和电压峰值有关,虽然电压基波未超过规定值,但因为谐波的存在,当谐波电压与基波电压峰值重合时,其电压峰值可能超过允许值而产生电晕,从而使损耗增加。对于电缆输电情况,谐波电压正比于其幅值电压的形式增强了介质的电场强度,这会影响电缆的使用寿命。据有关资料介绍,谐波的影响将使电缆的使用寿命平均下降约 60%。

(4) 增加变压器损耗。

谐波使变压器铜耗增大,其中包括电阻损耗、导体中的涡流损耗和导体外部因漏通而引起的杂散损耗,同时也使铁耗增加。另外,三的倍数次零序电流会在三角形接法的绕组内产生环流,这一额外的环流可能会使电流超过额定值。对于带不对称负载的变压器来说,如果负载电流中含有直流分量,则会引起变压器磁路饱和,从而大大增加交流励磁电流的谐波分量。

(5) 对电容器产生危害。

谐波对电容器的危害是通过电效应、热效应和谐振引起谐波电流放大。国内外电网运行经验表明,受谐波影响而导致的电气设备损坏中电容器占有最大比例。谐波的存在往往使电压呈现尖顶波形,最不利情况是谐波和基波电压峰值的叠加,峰值电压上升使电容器介质更容易发热。一般来说,电压升高 10%,电容器寿命缩短 1/2。因为谐波使通过电容的电流增加,使电容器损耗增加,从而引起电容器发热和温升,加速老化。电容器温升每上升 8 ℃,寿命缩短 1/2。由于电容器的容抗与频率成反比,因此谐波电压作用下的容抗要比基波电压作用下的容抗小得多,从而使谐波电压波形畸变比基波电压的波形畸变大得多,即使电压中谐波所占比例不大,也会产生显著的谐波电流。特别是在发生谐振的情况下,很小的谐波电压就会引起谐波电流,导致电容器因过流而损坏。

(6) 造成继电保护、自动装置工作紊乱。

谐波改变继电器的工作特性,这与继电器的设计特点和原理有关。当有谐波畸变时,依靠采样数据或过零工作的数字继电器容易产生误差。谐波对于过电流、欠电压、距离、频率继电器等均会引起误动、拒动、保护装置失灵或动作不稳定。

(7) 增加感应电动机的损耗,使电动机过热。

当电动机的谐波电流频率接近某零件固有频率时,会使电动机产生机械振动,发出噪声。谐振波的长期存在增大了电机等设备的运行振动,使生产误差加大,进而降低产品的加工精度,降低产品质量。

(8) 造成换流装置不能正常工作。

当换流装置的容量为电网短路容量的 1/3 ~ 1/2 时,或者虽未达到此值但电网参数易引起较低次谐波次数(第 2 次至第 9 次)的谐波谐振时,交流电网电压畸变可能引起常规控制角的触发脉冲间隔不等,并通过正反馈而放大系统的电压畸变,使整流器工作不稳定,对逆变器可能发生连续的换相失败而无法工作。

(9) 引起电力计量误差。

用户为线性用户时,谐波潮流主要由系统注入线性用户,电能表计量的是该用户吸收的基波电能和部分或全部谐波电能,计量值大于基波电能,线性用户不但要多交电费,还要受到谐波破坏。用户为非线性用户时,其除了自身消耗部分谐波外,还会向电网输送谐波,电能表计量电能时基波电能和扣除这部分谐波电能的部分和或全部和,计量值小于基波电能。因此,非线性用户(谐波源)不仅污染电网,还少交了电费。

（10）影响通信系统的正常工作。

当输电线路与通信线路平行或相距较近时，由于两者之间存在静电感应和电磁感应，形成电场耦合和磁场耦合，因此谐波分量将在通信系统内产生声频干扰，从而降低信号的传输质量，破坏信号的正常传输，不仅影响通话的清晰度，严重时还将威胁通信设备及人身安全。

5.1.3 谐波的检测方法

谐波测量的历程大致可分为三个阶段。第一个阶段是从 19 世纪初至 20 世纪 40 年代，谐波分析主要依靠傅里叶计算，即利用信号波形的录波图，人工手动等间隔地量取数值，计算过程十分费时费力，精度很低，分析谐波次数也不高。这一方法在我国一直沿用到 20 世纪 70 年代。第二个阶段是 20 世纪 50～80 年代，选频测量技术获得了广泛的应用和普及，测量方式是利用失真度式的仪器测量谐波总畸变率，误差选频式逐项测试各次谐波分量，带通滤波式逐次选取各次谐波分量。第三个阶段是 20 世纪 80 年代至今，集成电路和微处理器及计算机的迅速发展，已生产了一系列基于快速傅里叶变换的谐波分析仪和频谱分析仪，被测信号经采样／保持、A/D 转换、计算机计算输出结果，测试操作简单方便，计算结果快速准确，可同时进行多路信号的测量。集成电路和微处理器及计算机的迅速发展也将测量仪器由模拟式推向了电子式、数字式。如 1650 系列电能分析－记录仪集许多功能于一体，能同时测量电能质量、功率和谐波；能实时显示电压和电流波形；每周期 128 点采样，测量所有参数；对功率和谐波进行快速数字信号处理；对于谐波能测量 0～63 次谐波的相位和幅值。F43B 电力质量分析仪能实现真有效值电压、电流、真功率因数、谐波、谐波相位、谐波失真总量等众多参数的测量功能，谐波测量高达 51 次。另外，HT9030 能够分析和测试单相和三相三线制或三相四线制电力系统，能显示电压和电流的动态波形，以及监测异常电压和电力中断，可以同时分析并存储最大 64 个不同项目。

谐波检测伴随着交流电力系统发展的全过程，由于谐波具有固有的非线性、随机性、分布性、非平稳性和影响因素复杂性等特征，难以对谐波进行准确测量。为此，许多学者对谐波分析问题进行了广泛的研究，诞生了频域理论和时域理论，形成了多种测量与分析方法，如模拟滤波器、瞬时无功功率、小波变换、傅里叶变换、神经网络等。

谐波测量的发展趋势主要有以下几个方面。

（1）由确定性的慢时变的谐波测量转变为随机条件下的快速动、暂态谐波跟踪。

（2）谐波测量算法向复杂化、智能化发展。

（3）硬件设备的精度、速度和可靠性的快速发展，为实现高性能算法和实时控制奠定了基础，如研究多通道谐波分析仪和电能质量检测仪。

（4）谐波测量与实时分析、控制目标相结合，使测量与控制集成化、一体化。

（5）提出新的测量方法和测量手段，使谐波测量在精度和实时性方面取得突破。

1. 模拟带通滤波器检测方法

模拟带通滤波器检测法是实现谐波测量的最早的方法。模拟带通滤波器检测又可以称为带通滤波器法。为了得出被测波形中的谐波分量，有两种方法可以采用：一是通过滤波器滤除基波电流分量，得到谐波电流分量；二是用带通滤波器得出基波分量，再与被检测电流相减后得到谐波电流分量。该方法的优点是电路结构简单、造价低，能滤除一些固有频率的谐波，并且输出阻抗也相对较低，能够减轻对负载电路的影响，品质因数易于控制。但该方法的缺点也特别明显，由于其中心频率取决于组件参数，外界环境的变化会引起组件参数的变化，因此难以得出准确的谐波分量，并且这种方法的误差较大，实时性差，而且当电网频率发生波动时，也会大大增加补偿器的容量和运行损耗，所以现在已经很少采用。

2. 基于 Fryze 功率定义的检测法

S. Fryze 于 1932 年提出了一种时域分析方法，该检测法的原理是将负荷电流分解为与电压波形一致的分量，其余分量被定义为广义无功电流（包括谐波电流）。Fryze 功率定义是以平均功率理论为基础的，所以要想得出期望瞬时有功电流，需要进行一个周期的积分。一个周期积分再加上其他运算电路所需要的时间，还要进行两次傅里叶变换，会有更多时间的延迟。因此，这种方法所得出的"瞬时有功电流"并不准确，其实际的电流值是几个周期以前的电流值，实时性不好。鉴于现在对实时性的需要，这种方法因为动态响应慢，所以已很少应用。

3. 基于频域分析的 FFT 检测法

J. W. Cooly 和 J. W. Tukey 在 1965 年发表的"An algorithm for the machine computation of complex Fourier series"文章中首次提出了快速傅里叶变换算法（fast fourier transform，FFT），这使得离散傅里叶变换成功应用于实际当中。FFT 是当前应用最多最广的一种谐波检测方法，具有计算速度快、检测精度高等特点。在电力系统中该方法存在的问题是：①FFT 需要一定时间的采样值，计算量相对较大，使检测时间较长，检测结果实时性较差；② 即使信号是稳态的，但当信号频率和采样频率不一致时，使用 FFT 也会产生频谱泄漏和栅栏效应，使计算出的信号参数（频率、幅值和相位）不准确，尤其是相位的误差很大，有时无法满足检测精度的要求。为了提高检测精度，需要对 FFT 进行改进，已有的方法主要有利用加窗插值算法、修正采样点法及利用数字式锁相器（DPLL）使信号频率和采样频率同步，其中加窗插值算法已发展出矩形窗、海明窗、汉宁窗、布莱克曼－哈里斯窗等数十种窗供不同场合选择使用。目前，在电力系统的稳态谐波检测中大多采用 FFT 及其改进算法，而对于波动谐波或快速变化的谐波，则需要采取其他方法。

4. 基于瞬时无功功率理论的谐波检测法

赤木泰文 1983 年提出了瞬时无功功率理论，该理论打破了传统的以平均值为基础的功率定义，系统地定义了瞬时有功功率 P、瞬时无功功率 Q 等，此理论又称为 p-q 理论。后又补充定义瞬时有功电流 i_p 和瞬时无功电流 i_q 等物理量，该理论经不断研究逐渐完善，在检测谐波、无功电流方面得到了广泛应用。基于瞬时无功功率理论的检测方法目前有 p-q 法、i_p-i_q 法。当仅检测无功电流时，这些方法可以检测出结果而不会产生延时现象。当对谐波电流进行检测时，因为复杂的谐波成分和不同的滤波器，所以对被检测的对象电流进行检测时会产生延迟，但延迟的时间非常短，通常不会超过一个电源周期。这种基于瞬时无功功率理论的谐波检测法相对来说比较简单易行，而且该方法实时性较好，满足了对实时性的要求。这种方法的优点是当电网电压对称且无畸变时，各电流分量的测量电路相对简单，实时性较好，在三相不对称情况下检测精度比较高，且既能检测谐波又能补偿无功功率；缺点是硬件多、结构复杂、成本高，在单相电路谐波电流检测中，其算法比三相电路还复杂。瞬时无功功率的理论主要用于谐波的瞬时检测，对谐波治理和研发无功装置起了很大的促进作用。

5. 基于小波变换理论的谐波电流检测法

近年来，小波分析理论的出现为电力系统谐波分析的发展开辟了一条新的途径。小波变换（wavelet transformation，WT）是在傅里叶变换基础上发展起来的新型变换方法，其思想是傅里叶分析思想的拓展,自产生以来就与傅里叶分析方法密切相关。小波分析克服了傅里叶分析在频域中完全局部化而在时域中完全无局部的缺点,它在频域和时域同时具有局部性,尤其适合突变信号的分析与处理,能算出某一特定时间的频率分布并将各种不同频率组成的频谱信号分解成不同频率的信号块。因而通过小波变换,可较准确地求出基波电流,进而求得谐波。小波变换对波动谐波、快速变化谐波的检测有很大的优越性,目前是波动谐波、快速变化谐波的主要检测方法。但是小波变换并不能完全取代傅里叶变换,这是因为一方面小波变换在稳态谐波检测方面并不具备理论优势,另一方面小波变换的理论和应用研究时间相对较短,小波变换应用在谐波测量方面尚处于初始阶段,还存在着许多不完善的地方,如缺乏系统规范的最佳小波基的选取方法,缺乏构造频域行为良好,即分频严格、能量集中的小波函数以改善检测精度的规范方法。

6. 基于人工神经网络的谐波检测法

基于人工神经网络(neural network,NN)的谐波检测法自从被研究应用以来便得到了迅速的发展,随着神经网络技术的发展,电力系统中对于神经网络的应用也越来越深入,如在优化电力调度、负荷预测、谐波预测、谐波诊断、故障诊断、机组组合、动态和静态安全评价等诸多方面。通过模型构建、样本选择、算法等手段,可以利用神经网络进行谐波诊断,并对被测谐波和无功电流进行检测,无论是周期性的还是非周期性的电流,这种检测方法都具有理想的跟踪诊断效果,同时对随机抗干扰的识别能力也比较强。谐波的神经网络检测方法显现出的优点有:① 计算量小;② 检测精度高,各次谐波检测精度不低于 FFT 和 WT,能取得令人满意的结果;③ 对数据流长度的敏感性低于 FFT 和 WT;④ 实时性好,可以同时实时检测任意整数次谐波;⑤ 抗干扰性好,在谐波检测中可以应用一些随机模型的信号处理方法,将信号源中的非有效成分(如直流衰减分量)当作噪声处理,克服噪声等非有效成分的影响。但是,神经网络用于工程实际还有很多问题,如没有规范的神经网络构造方法,需要大量的训练样本,没有确定需要的样本数的规范方法,神经网络的精度对样本有很大的依赖性等。另外,神经网络和小波变换一样,都属于目前正在研究的新方法,研究和应用时间短,实现技术尚需完善,因此目前在工程应用中还未优先选用。

5.1.4　谐波的集中治理方法

谐波治理措施主要有三种:一是主动治理,即从谐波源本身出发,通过改进用电设备,使其不产生或少产生谐波;二是受端治理,即从受到谐波影响的设备或系统出发,提高它们抗谐波干扰的能力;三是被动治理,即通过安装电力滤波器,阻止谐波源产生的谐波注入电网,或者阻止电力系统的谐波流入负载端。

谐波源具有广泛性和复杂性,主动治理方法受设备结构、效率、成本、可靠性等因素影响,只能解决部分问题,受端治理方法和被动治理方法仍是目前治理电力谐波问题的主要方法。如通过串联失谐电抗器抑制无功补偿电容器导致的谐波共振放大,通过在系统中安装无源电力滤波器和有源电力滤波器进行滤波等。

1. 无源电力滤波器

无源电力滤波器(passive power filter,PPF 或 PF)又称为 LC 滤波器(也称为陷阱),其主要元件为投切开关、电容器、电抗器及保护和控制回路,主要采用 LC 回路,并联于系统中。投切开关可以采用机械开关,也可以采用晶闸管固态开关,主要视投切频繁程度而定。其中 LC

回路是按照一定的参数配置来进行设定的,因此无源滤电力波器只能滤出某一特定次数的谐波,即通过设定某一个谐波频率为低阻抗,当该频率谐波通过特定的 LC 回路时,即可被该滤波器滤出。这种滤波装置具有结构简单、运行可靠性高、成本低廉、运行费用低等优点,至今仍是被广泛应用的谐波治理方法。但这种滤波器的缺点是不能忽视的,由于这种滤波器只能滤除特定次数的谐波,因此当所在的电气系统发生变化时,它们便无法正常工作。这意味随着电气系统的改变(如加入更多的非线性负载),这种滤波器可能会被过载,更严重的是可能会对谐波起放大而不是减小的作用。

图 5.3 所示为无源电力滤波器主回路原理。由滤波电容器和电抗器串联构成一个或多个串联谐振滤波支路,分别谐振于需滤除的主要谐波频率,各滤波支路均与谐波负载并联,对负载谐波电流构成分流支路。

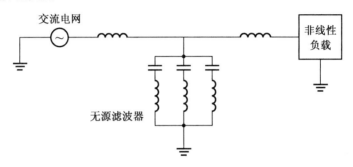

图 5.3   无源电力滤波器主回路原理

无源电力滤波器有以下几个缺点。

(1)元件参数决定了谐振频率,因此只能对主要谐波进行滤除,当外部环境发生变化时,元件参数将会发生改变,从而使滤波器特性发生改变,影响其性能。

(2)调谐滤波器由于受到调谐偏移和残余电阻的影响,因此不可能实现阻抗等于零的理想条件,阻抗的变化使其滤波效果大打折扣。

(3)电网的参数与 LC 可能会产生并联谐振,不仅不会滤除该次谐波反而还会放大该次谐波分量,从而降低电网的供电质量。

(4)滤波要求和无功补偿、调压要求有时难以协调。

(5)当系统中谐波电流增大时,会加重滤波器的负担,使滤波器过载影响其寿命。

(6)对有色金属的需求巨大,体积大,占地面积广。

2.有源电力滤波器

有源电力滤波器(active power filter,APF)是一种用于动态抑制谐波、补偿无功的新型电力电子装置,它能够对不同大小和频率的谐波进行快速跟踪补偿,之所以称为有源,是相对于无源 LC 滤波器只能被动吸收固定频率与大小的谐波而言的,APF 可以通过采样负载电流并进行各次谐波和无功的分离,控制并主动输出电流的大小、频率和相位,并且快速响应,抵消负载中相应电流,实现动态跟踪补偿,而且可以既补谐波又补无功和不平衡。

有源电力滤波器是采用现代电力电子技术和基于高速 DSP 器件的数字信号处理技术制成的新型电力谐波治理专用设备。图 5.4 所示为并联型有源电力滤波器系统构成原理。它由指令电流运算电路和补偿电流发生电路(由电流跟踪控制电路、驱动电路和主电路三个部分构成)两个主要部分组成。指令电流运算电路实时监视线路中的电流,并将模拟电流信号转换为数字信号,送入高速数字信号处理器(DSP)对信号进行处理,将谐波与基波分离,并以脉宽调制(PWM)信号形式向补偿电流发生电路送出驱动脉冲,驱动 IGBT 或 IPM 功率模块,生成与电网谐波电流幅值相等、极性相反的补偿电流注入电网,对谐波电流进行补偿或抵消,主动消除电力谐波。在 APF 的发展过程中,模块化的有源滤波设备以其体积小、安装方便、集成化程度高、工作稳定、扩容方便等优点慢慢取代了传统的柜式 APF。

　　三相电路瞬时无功功率理论是 APF 发展的主要基础理论。APF 有并联型和串联型两种,前者应用较多。并联型有源电力滤波器主要是治理电流谐波,串联型有源电力滤波器主要是治理电压谐波等引起的问题。有源电力滤波器与无源电力滤波器相比,治理效果好,主要可以同时滤除多次及高次谐波,不会引起谐振,但是价位相对较高。

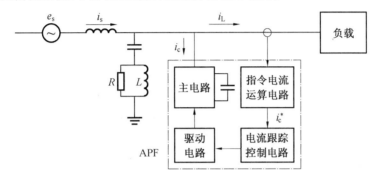

图 5.4　并联型有源电力滤波器系统构成原理

　　有源电力滤波器有以下几个优点。

　　(1) 对于滤波范围以内的各次谐波的滤除效果都非常好。

　　(2) 当系统参数发生变化时,滤波特性基本不受影响。

　　(3) 能够有效抑制各种元器件之间的谐振现象;对于负载的要求不高,在负载谐波电流较大的情况下也能运行。

　　有源电力滤波器的缺点是造价太高且受硬件限制,在大容量场合无法使用。有源电力滤波器容量单套不超过 100 kV·A,目前最高适用电网电压不超过 690 V。

　　有源电力滤波器可广泛应用于工业、商业和机关团体的配电网中,如电力系统、电解电镀企业、水处理设备、石化企业、大型商场及办公大楼、精密电子企业、机场 / 港口的供电系统、医疗机构等。根据应用对象不同,有源电力滤波器的应用可以起到保障供电可靠性、降低干扰、提高产品质量、增长设备寿命、减少设备损坏等作用。

3. 无源电力滤波器与有源电力滤波器的比较

无源电力滤波器与有源电力滤波器在应用上的主要区别如下。

　　(1) 有源电力滤波器容量单套不超过 100 kV·A,无源电力滤波器则无此限制。

　　(2) 有源电力滤波器在提供滤波时,不能或很少提供无功功率补偿,因为要占容量;而无源电力滤波器则同时提供无功功率补偿。

　　(3) 有源电力滤波器目前最高适用电网电压不超过 690 V,而低压无源电力滤波器最高适用电网电压可达 3 000 V。

　　无源电力滤波器因价格优势且不受硬件限制,广泛用于电力、油田、钢铁、冶金、煤矿、石化、造船、汽车、电铁、新能源等行业;有源电力滤波器因无法解决的硬件问题,在大容量场合无

法使用,仅在电信、医院等用电功率较小且谐波频率较高的单位,优于无源电力滤波器。

5.2 谐波的定义及限值

5.2.1 谐波的定义及基本概念

在电力系统中谐波产生的根本原因是非线性负载。当电流流经负载时,与所加的电压不呈线性关系,就形成非正弦电流,从而产生谐波。国际公认的谐波定义为:"谐波是一个周期电气量的正弦波分量,其频率为基波频率的整数倍。"这是将电力系统中一个周期内的信号按傅里叶级数进行展开,从而获得的谐波分量,由此可以知道,谐波的次数必须为整数。如我国电力系统的基波被设定的频率为 50 Hz,二次谐波的频率是基波频率的 2 倍,为 100 Hz,以此类推,n 次谐波频率为 $50n$ Hz。即谐波的次数是谐波频率对于基波频率的倍数,同时根据谐波次数的奇偶性也可以将谐波分为奇次谐波和偶次谐波,如第 3、5、7 次编号的为奇次谐波,第 2、4、6、8 次编号的为偶次谐波。一般来讲,奇次谐波引起的危害比偶次谐波更多更大。在平衡的三相系统中,由于对称关系,偶次谐波已经被消除了,只有奇次谐波存在。对于三相整流负载,出现的谐波电流是 $6n \pm 1$ 次谐波,如 5、7、11、13、17、19 等,变频器主要产生 5、7 次谐波。

电力系统在实际的运行中,由于暂态现象的存在,因此各次谐波分量的含量在不同周期内也是不同的。电源的变化及负载的非线性通常会使畸变波形中的谐波含量呈现一定的随机性。所以国际大电网会议 36 - 05 工作组建议,应采用 3 s 内的平均有效值作为测量和计算各次谐波的有效值,以便区别谐波和暂态现象。

在理想的供电系统中没有谐波的存在,交流电压、电流是呈正弦波形的,这会使对电力系统的分析计算更加简便。其中,正弦电压可表示为

$$u(t) = \sqrt{2}U\sin(\omega t + \alpha) \tag{5.1}$$

式中,U 代表电压的有效值;α 代表正弦电压的初相角;ω 代表正弦电压的角频率,其表达式为 $\omega = 2\pi f = 2\pi/T$,其中,f 是正弦电压的频率,T 是正弦电压的周期。

当正弦电压施加在电感、电容和电阻这些无源组件上时,由于这些元件都是线性的,因此其电流仍然是与电压同频率的正弦波形。当正弦电压施加在电路中的一些非线性组件上时,那么相应的电流波形就会变成非正弦波。同样地,在非正弦电流的反作用下,也会使原来的线性电压变成非线性电压。如果非正弦函数 $u(\omega t)$ 满足狄里赫利(Dirichlet)条件,则其傅里叶级数展开为

$$u(\omega t) = a_0 + \sum_{n=1}^{\infty}(a_n\cos n\omega t + b_n\sin n\omega t) \tag{5.2}$$

式中

$$a_0 = \frac{1}{T}\int_{-\frac{T}{2}}^{\frac{T}{2}}u(\omega t)\mathrm{d}(\omega t) \tag{5.3}$$

$$a_n = \frac{2}{T}\int_{-\frac{T}{2}}^{\frac{T}{2}}u(\omega t)\cos n\omega t\,\mathrm{d}(\omega t) \tag{5.4}$$

$$b_n = \frac{2}{T}\int_{-\frac{T}{2}}^{\frac{T}{2}}u(\omega t)\sin n\omega t\,\mathrm{d}(\omega t) \tag{5.5}$$

或

$$u(\omega t) = a_0 + \sum_{n=1}^{\infty} c_n \sin(n\omega t + \varphi_n) \tag{5.6}$$

式(5.6)中 φ_n、c_n 和 a_n、b_n 之间的关系为

$$\begin{cases} c_n = \sqrt{(a_n^2 + b_n^2)} \\ \varphi_n = \arctan \dfrac{a_n}{b_n} \\ a_n = c_n \sin \varphi_n \\ b_n = c_n \cos \varphi_n \end{cases} \tag{5.7}$$

在以上表达式的傅里叶级数中,频率为 $1/T$ 的分量称为基波(fundamental component),频率大于基波频率整数倍的分量称为谐波(harmonic component),谐波频率和基频频率的整数比称为谐波次数(harmonic order)。上述定义及公式均以非正弦电压为例,对非正弦电流也是完全适用的,把公式中 $u(\omega t)$ 转换为 $i(\omega t)$ 即可。

可以按照多种因素建立标准并规定适当的限额来检验谐波对一个电力系统的影响。其中,涉及的指标参数如下。

谐波电压含量 U_H 和谐波电流含量 I_H 分别定义为

$$U_H = \sqrt{\sum_{n=2}^{\infty} U_n^2} \tag{5.8}$$

$$I_H = \sqrt{\sum_{n=2}^{\infty} I_n^2} \tag{5.9}$$

式中,U_n 为第 n 次谐波电压有效值;I_n 为第 n 次谐波电流有效值。

常以总谐波畸变率(total harmonic distortion,THD)表示畸变波形因谐波引起的偏离正弦波形的程度,简称畸变率。电压总谐波畸变率(total harmonic distortion of u,THDu)和电流总谐波畸变率(total harmonic distortion of i,THDi)分别定义为

$$THD_u = \frac{U_H}{U_1} \times 100\% \tag{5.10}$$

$$THD_i = \frac{I_H}{I_1} \times 100\% \tag{5.11}$$

式中,U_1 为基波电压有效值;I_1 为基波电流有效值。

常以该次谐波的有效值与基波有效值的百分比表示某次谐波分量的大小,称为该次谐波的含有率 HR_n(harmonic ratio),有时也称为该次谐波的畸变率。n 次谐波电压含有率以 HRU_n(harmonic ratio of un)表示,n 次谐波电流含有率以 HRI_n(harmonic ratio of in)表示:

$$HRU_n = \frac{U_n}{U_1} \times 100\% \tag{5.12}$$

$$HRI_n = \frac{I_n}{I_1} \times 100\% \tag{5.13}$$

在本章中,频率较高的谐波称为高次谐波,频率较低的谐波称为低次谐波。谐波次数 n 必须是大于 1 的正整数,n 为非整数时的正弦波分量不能称为谐波,但在某些场合下,供用电系统中确实存在一些频率不是基波频率整数倍的分数次谐波,国际电工委员会(International Electrotechnical Commission,IEC)有关文件中定义的间谐波(inter-harmonics)是指频率

不是基波频率的整数倍的谐波分量;次谐波(subharmonics)是指频率低于基波频率的间谐波;分数次谐波(fractional－harmonics)是指频率不是基波频率整数倍的分量。由于间谐波、次谐波和分数谐波的频率都不是基波频率的整数倍,因此不应列入谐波的范围,本书将不讨论这类谐波。

5.2.2 公用电网谐波电压和谐波电流限值

与电压、频率等一样,谐波也是电能质量指标。由于公用电网中的谐波电压和谐波电流对用电设备和电网本身都会造成很大危害,世界上许多国家都颁布了限制电网谐波的国家标准,或由权威机构制定限制谐波的规定。这些标准和规定是控制电网谐波含量的主要技术依据,同时也是保证电网(包括用户)安全和经济运行的重要标准。制定这些标准和规定的基本原则是限制谐波源注入电网的谐波电流,把电网谐波电压控制在允许范围内,保证电网中的电气设备免受谐波干扰正常工作。

近几十年来,电力系统的谐波问题在世界范围内得到了广泛的关注,IEC、国际大电网会议(Conference International des Grands Reseaux Electriques,CIGRE)、国际供电会议(International Council on Electricity Distribution,CIRED)及美国电气和电子工程师学会(Institute of Electrical and Electronics Engineers,IEEE)等国际性学术组织,都相继成立了专门的电力系统谐波工作组,研究、制定了限制电力系统谐波的相关标准。

世界各国所制定的谐波标准大都比较接近。欧洲各国最先使用电力电子设备,其对谐波的研究也是最早的,也对谐波的产生采取了相应的解决方案。法国电工协会在《电力变流器安装条例 —— 考虑电网的运行特性》的文件中规定了每个用户单独在公共连接点工作时的限额。1960 年,英国为了抑制电力系统谐波的流入,提出了有关的管理标准,随着对谐波的不断认识,后来又将原有标准进行了修改。1987 年,德国在《对电网干扰的评价标准》中规定了低压电网谐波兼容值。IEEE 工业应用专委会 1989 年颁布了《IEEE 对电力系统谐波控制的要求和实旅建议》,规定了电网公共连接点谐波电压限值和非线性用户谐波电流的限值。

1984 年,我国原水利电力部颁布了 SD 126—84《电力系统谐波管理暂行规定》,从此为电力系统谐波监管提供了依据。1993 年 7 月,国家质量监督局在上述文件的基础上进行了系统的研究总结,对电能质量标准的有关问题有了新的认识,结合我国的基本国情,借鉴国外电力系统谐波的最新研究成果,制定了我国谐波国家标准 GB/T 14549—1993《电能质量 公用电网谐波》,标准中包含了测量谐波的方法、数据处理及测量仪器的规定部分的描述。规定低压电网总谐波畸变率为 5%,6 ~ 10 kV 为 4%,35 ~ 66 kV 为 3%,110 kV 为 2%。国家标准 GB 12326—2000《电能质量 电压波动和闪变》,规定了电力系统由冲击性负荷产生的闪变电压允许值和电压波动允许值。

随后国际电工委员会相继发布了电磁兼容系列标准和技术报告,我国颁布了 GB/T 17626.7—1998《电磁兼容 试验和测量技术 供电系统及所连设备谐波、谐间波的测量和测量仪器导则》。国标中增添了有关间谐波测量的内容,并将谐波按变化性态分为准稳态谐波、波动谐波和快速变化谐波,同时介绍了快速傅里叶变换测量仪的框架。这些标准的颁布使我国电网谐波、间谐波的测量与评估有了依据。

2008 年,随着谐波检测技术的发展,IEC 废除标准 IEC 61000 － 4 － 7:1991,颁布了新标准。我国也推出了新的国家标准 GB/T 17626.7—2008《电磁兼容 试验和测量技术 供电系统及所连设备谐波、谐间波的测量和测量仪器导则》。标准中详细地介绍了使用 DFT 算法的测量规范,并提出了结合 DFT 算法的谐波群、谐波子群、间谐波群和间谐波中心子群的后续处理方法。

对于不同电压等级的公用电网,允许的电压谐波畸变率也不相同,电压等级越高,谐波限制越严。此外,对偶次谐波的限制也要严于对奇次谐波的限制。公用电网谐波电压(相电压)限值见表 5.1 所示(该标准适用于频率为 50 Hz,电压不大于 110 kV 的交流电)。

表 5.1　公用电网谐波电压(相电压)限值

电网标准电压 /kV	电网总谐波畸变率 /%	各次谐波电压含有率 /%	
		奇次	偶次
0.38	5.0	4.0	2.0
6/10	4.0	3.2	1.6
35/66	3.0	2.4	1.2
110	2.0	1.6	0.8

公用电网公共连接点的全部用户向该点注入的谐波电流分量(均方根值)不应超过表 5.2 中规定的允许值(该标准适用于频率为 50 Hz,电压不大于 110 kV 的交流电)。

当公共连接点处的最小短路容量不同于基准短路容量时,可以按下式修正表 5.2 中的谐波电流允许值。

$$I_n = \frac{S_{k1}}{S_{k2}} I_{hp} \tag{5.14}$$

式中,S_{k1} 为公共连接点的最小短路容量,单位为 MV·A;S_{k2} 为基准短路容量,单位为 MV·A;I_{hp} 为表 5.2 中第 n 次谐波电流允许值,单位为 A;I_n 为短路容量为 S_{k1} 时的第 n 次谐波电流允许值,单位为 A。

表 5.2　注入公共连接点的谐波电流允许值

标准电压 /kV	基准短路容量 /MV·A	谐波次数及谐波电流允许值 /A											
		2	3	4	5	6	7	8	9	10	11	12	13
0.38	10	78	62	39	62	26	44	19	21	16	28	13	24
6	100	43	34	21	34	14	24	11	11	8.5	16	7.1	13
10	100	26	20	13	20	8.5	15	6.4	6.8	5.1	9.3	4.3	7.9
35	250	15	12	7.7	12	5.1	8.8	3.8	4.1	3.1	5.6	2.6	4.7
66	500	16	13	8.1	13	5.4	9.3	4.1	4.3	3.3	5.9	2.7	5.0
110	750	12	9.6	6.0	9.6	4.0	6.8	3.0	3.2	2.4	4.3	2.0	3.7
标准电压 /kV	基准短路容量 /MV·A	谐波次数及谐波电流允许值 /A											
		14	15	16	17	18	19	20	21	22	23	24	25
0.38	10	11	12	9.7	18	8.6	16	7.8	8.9	7.1	14	6.5	12

续表 5.2

标准电压 /kV	基准短路容量 /MV·A	谐波次数及谐波电流允许值 /A											
		14	15	16	17	18	19	20	21	22	23	24	25
6	100	6.1	6.8	5.3	10	4.7	9.0	4.3	4.9	3.9	7.4	3.6	6.8
10	100	3.7	4.1	3.2	6.0	2.8	5.4	2.6	2.9	2.3	4.5	2.1	4.1
35	250	2.2	2.5	1.9	3.6	1.7	3.2	1.5	1.8	1.4	2.7	1.3	2.5
66	500	2.3	2.6	2.0	3.8	1.8	3.4	1.6	1.9	1.5	2.8	1.4	2.6
110	750	1.7	1.9	1.5	2.8	1.3	2.5	1.2	1.4	1.1	2.1	1.0	1.9

第 n 次谐波电压含有率 HRU_n 与第 n 次谐波电流分量 I_n 的关系为

$$HRU_n = \frac{\sqrt{3} Z_n I_n}{10 U_N} (\%) \tag{5.15}$$

式中，U_N 为电网的标称电压，单位为 kV；I_n 为第 n 次谐波电流分量，单位为 A；Z_n 为系统的第 n 次谐波阻抗，单位为 Ω。

若谐波阻抗 Z_n 未知，则 HRU_n 和 I_n 的关系可按下式进行近似的工程估算：

$$HRU_n = \frac{\sqrt{3} n U_N I_n}{10 S_k} (\%) \tag{5.16}$$

$$I_n = \frac{10 S_k HRU_n}{\sqrt{3} n U_N} (\%) \tag{5.17}$$

式中，S_k 为公共连接点的三相短路容量，单位为 MV·A。

两个谐波源的同次谐波电流在一条线路上的同一相上叠加，当相位角已知时，总谐波电流 I_n 为

$$I_n = \sqrt{I_{n1}^2 + I_{n2}^2 + 2 I_{n1} I_{n2} \cos \theta_n} \tag{5.18}$$

式中，I_{n1} 为谐波源 1 的第 n 次谐波电流，单位为 A；I_{n2} 为谐波源 2 的第 n 次谐波电流，单位为 A；θ_n 为谐波源 1 和谐波源 2 的第 n 次谐波电流之间的相位角。

当两个谐波源的谐波电流间的相位角不确定时，总谐波电流为

$$I_n = \sqrt{I_{n1}^2 + I_{n2}^2 + K_n I_{n1} I_{n2}} \tag{5.19}$$

式中，系数 K_n 可按表 5.3 选取。

表 5.3 系数 K_n 的值

n	3	5	7	11	13	9，> 13，偶次
K_n	1.62	1.28	0.72	0.18	0.08	0

两个以上同次谐波电流叠加时，首先将两个谐波电流叠加，然后再与第三个谐波电流叠加，以此类推。两个及两个以上谐波源在同一节点同一相上引起的同次谐波电压叠加的公式和式(5.18)或式(5.19)类似。

同一公共连接点有多个用户时，每个用户向电网注入的谐波电流允许值按此用户在该点的协议容量与其公共连接点的供电设备容量之比进行分配。第 i 个用户的第 n 次谐波电流允许值 I_{ni} 为

$$I_{ni} = I_n (S_i/S_t)^{1/\alpha} \tag{5.20}$$

式中，S_t 为公共连接点的供电设备容量，单位为 MV·A；S_i 为第 i 个用户的用电协议容量，单位为 MV·A；I_n 为按式(5.14)计算的第 n 次谐波电流允许值，单位为 A；α 为相位叠加系数，按表 5.4 取值。

表 5.4　相位叠加系数取值

n	3	5	7	11	13	9，> 13，偶次
α	1.1	1.2	1.4	1.8	1.9	2

5.3　基于离散傅里叶变换的谐波分析

　　基于离散傅里叶变换的谐波分析方法是目前应用最广的一种谐波分析方法。用离散傅里叶变换对信号做频谱分析的步骤如图 5.5 所示。

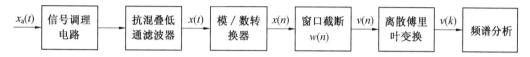

图 5.5　用离散傅里叶变换对信号做频谱分析的步骤

　　在图 5.5 中，为了减小频谱混叠的影响，引入前置抗混叠滤波器(模拟低通滤波器 LPF)。但在实际应用中，由于低通滤波器的阻带衰减有限，因此还是会在一定程度上发生频谱混叠现象。

　　经模拟低通滤波器处理后的信号 $x(t)$ 经模/数转换器转换成采样序列 $x(n)$，由于 DFT 转换的需要，因此必须对 $x(n)$ 进行数据截断，数据截断等同于加窗处理，采样序列 $x(n)$ 必须与一个窗函数 $w(n)$ 相乘，即 $v(n) = x(n)w(n)$。时域加窗等同于频域卷积，因此加窗对 $x(n)$ 频谱的影响可表示为

$$V(e^{j\omega}) = \frac{1}{2\pi} \int_{-\pi}^{\pi} X(e^{j\theta}) W(e^{j(\omega-\theta)}) d\theta \tag{5.21}$$

　　式(5.21)说明，加窗处理后的信号频谱等于原信号频谱与窗函数频谱的卷积，即 $V(e^{j\omega}) = X(e^{j\omega}) * W(e^{j\omega})$。卷积的结果造成频谱的"扩散"(拖尾，变宽)，也就是频谱的"泄漏"，使得加窗处理后的信号频谱 $V(e^{j\omega})$ 与原信号 $x(n)$ 的频谱 $X(e^{j\omega})$ 并不相同。因此时域截断会造成频谱泄漏，使频域计算产生误差。对 $v(n)$ 序列进行离散傅里叶变换，即可得到 $v(n)$ 的离散谱线 $V(k)$ 为

$$V(k) = \text{DFT}[v(n)] = \sum_{n=0}^{N-1} v(n) e^{-j\frac{2\pi}{N}nk}, \quad 0 \leqslant k \leqslant N-1 \tag{5.22}$$

　　为了 FFT 运算方便，通常取 N 为 2 的整数次幂，及 $N = 2^M$，M 为正整数。最后进行频谱分析，即可以得到所需信息。

　　5.2.1 节关于谐波的定义针对的是连续周期信号，连续周期信号可以展开为傅里叶级数，这种信号在时域是连续的，在频域是离散的。计算机只能处理离散信号，要求信号在时域和频域都必须是离散的，因此实际中广泛应用的是离散傅里叶变换。离散傅里叶变换是针对有限长序列或周期序列才存在的，它相当于把时域序列的离散时间傅里叶变换(DTFT)结果加以离散化，频域的离散化造成时域序列也变为周期序列，故离散傅里叶变换应限制在一个周期

之内。

5.3.1 傅里叶级数的复数形式

用复平面上的旋转矢量表示频率分量,可以对波形的时域和频域关系做出几何解释,如图5.6 所示。

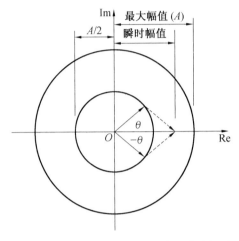

图 5.6　一对反向旋转矢量产生脉动矢量

一个匀速旋转的矢量 $\boldsymbol{X}(\theta)=\dfrac{A}{2}\mathrm{e}^{\mathrm{j}\theta}$ 具有固定的幅值 $A/2$ 和时变的相角 θ,其中 $\theta=2\pi ft+\varphi$,φ 为 $t=0$ 时的初相角。

另一个矢量 $\boldsymbol{X}(-\theta)=\dfrac{A}{2}\mathrm{e}^{-\mathrm{j}\theta}$ 与 $\boldsymbol{X}(\theta)$ 的旋转方向相反。上述两个矢量的和永远落在实轴上,其幅值在 A 和 $-A$ 之间振荡,即

$$\boldsymbol{X}(\theta)+\boldsymbol{X}(-\theta)=\frac{A}{2}\mathrm{e}^{\mathrm{j}\theta}+\frac{A}{2}\mathrm{e}^{-\mathrm{j}\theta}=A\cos\theta \tag{5.23}$$

因此,实值信号的每个谐波分量,可用两个幅值一半但旋转方向相反的矢量表示,负的相角变化率可看作负的频率。由图 5.6 可知,$\boldsymbol{X}(\theta)=\boldsymbol{X}^{*}(-\theta)$,其中 $\boldsymbol{X}^{*}(-\theta)$ 为 $\boldsymbol{X}(-\theta)$ 的共轭复数。

因此,式(5.2)的正弦项和余弦项可以用三角恒等式分解为正频率项和负频率项,即

$$\cos n\omega t=\frac{\mathrm{e}^{\mathrm{j}n\omega t}+\mathrm{e}^{-\mathrm{j}n\omega t}}{2} \tag{5.24}$$

$$\sin n\omega t=\frac{\mathrm{e}^{\mathrm{j}n\omega t}-\mathrm{e}^{-\mathrm{j}n\omega t}}{2\mathrm{j}} \tag{5.25}$$

将式(5.24)、式(5.25)代入式(5.2)中,经化简得

$$u(\omega t)=\sum_{n=-\infty}^{\infty}c_{n}\mathrm{e}^{\mathrm{j}n\omega t} \tag{5.26}$$

式中

$$\begin{cases}c_{n}=\dfrac{1}{2}(a_{n}-\mathrm{j}b_{n}), & n>0\\[2mm] c_{-n}=c_{n}^{*}, & c_{0}=a_{0}\end{cases}$$

C_n 项也可以用复数积分得到,即

$$C_n = \frac{1}{2\pi} \int_{-\pi}^{\pi} u(\omega t) \mathrm{e}^{-\mathrm{j}n\omega t} \mathrm{d}(\omega t) \tag{5.27}$$

因此,傅里叶级数可以用以 e 为底的复指数表示,这种表示方法更为简洁。

5.3.2　离散傅里叶变换

设 $x(t)$ 代表一个周期为 T_0 的周期性连续时间函数,$x(t)$ 可展成傅里叶级数,其傅里叶级数的系数为 $X(\mathrm{j}k\Omega_0)$,$x(t)$ 和 $X(\mathrm{j}k\Omega_0)$ 组成变换对,表达式分别为

$$X(\mathrm{j}k\Omega_0) = \frac{1}{T_0} \int_{-T_0/2}^{T_0/2} x(t)(\cos k\Omega_0 t - \mathrm{j}\sin k\Omega_0 t) \mathrm{d}t \tag{5.28}$$

$$x(t) = \sum_{k=-\infty}^{\infty} X(\mathrm{j}k\Omega_0)(\cos k\Omega_0 t + \mathrm{j}\sin k\Omega_0 t) \tag{5.29}$$

式中,Ω_0 为离散频谱相邻两谱线之间的角频率间隔,$\Omega_0 = 2\pi f_0 = 2\pi/T_0$;$k$ 为谐波序号。利用欧拉公式,式(5.28)、式(5.29)可以转化为

$$X(\mathrm{j}k\Omega_0) = \frac{1}{T_0} \int_{-T_0/2}^{T_0/2} x(t) \mathrm{e}^{-\mathrm{j}k\Omega_0 t} \mathrm{d}t \tag{5.30}$$

$$x(t) = \sum_{k=-\infty}^{\infty} X(\mathrm{j}k\Omega_0) \mathrm{e}^{\mathrm{j}k\Omega_0 t} \tag{5.31}$$

对式(5.30)、式(5.31)进行时域离散化,令 $t = nT$,其中 T 为采样时间间隔,n 表示时域离散序列的序号,则得到

$$X(\mathrm{j}k\Omega_0) = \frac{T}{T_0} \sum_{n=0}^{N-1} x(nT) \mathrm{e}^{-\mathrm{j}k\Omega_0 nT} = \frac{1}{N} \sum_{n=0}^{N-1} x(nT) \mathrm{e}^{-\mathrm{j}k\Omega_0 nT} \tag{5.32}$$

$$x(nT) = \sum_{k=-\infty}^{\infty} X(\mathrm{j}k\Omega_0) \mathrm{e}^{\mathrm{j}k\Omega_0 nT} \tag{5.33}$$

式中,N 为有限长序列(时域及频域)的抽样点数,或周期序列一个周期的抽样点数,$N = \dfrac{T}{T_0} = \dfrac{f_s}{F_0} = \dfrac{\Omega_s}{\Omega_0}$。

因为时间函数是离散的,其抽样间隔为 T,所以频率函数的周期(即抽样频率)为 $f_s = \dfrac{\Omega_s}{2\pi} = \dfrac{1}{T}$,又因为频率函数是离散的,其抽样间隔为 F_0,所以时间函数的周期 $T_0 = \dfrac{2\pi}{\Omega_0} = \dfrac{1}{F_0}$,又因为

$$\Omega_0 T = \frac{2\pi\Omega_0}{\Omega_s} = \frac{2\pi}{N} \tag{5.34}$$

将式(5.34)代入式(5.32)、式(5.33),可得到另一种也是更常用的离散傅里叶变换对表达式。

正变换为

$$X(k) = \frac{1}{N} \sum_{n=0}^{N-1} x(n) \mathrm{e}^{-\mathrm{j}\frac{2\pi}{N}nk}, \quad k = 0,1,\cdots,N-1 \tag{5.35}$$

反变换为

$$x(n) = \sum_{k=0}^{N-1} X(k) \mathrm{e}^{\mathrm{j}\frac{2\pi}{N}nk}, \quad n = 0,1,\cdots,N-1 \tag{5.36}$$

式中，$X(k)=X(\mathrm{e}^{\mathrm{j}\frac{2\pi}{N}k})$，$x(n)=x(nT)$。

由式(5.35)可知，可以由离散傅里叶正变换得到非正弦信号的各个谐波分量，这样就达到了谐波分析的目的。

5.3.3 快速傅里叶变换原理简介

直接计算离散傅里叶变换的运算量很大，以长度为 N 的序列为例，设离散傅里叶频谱下标为 k，对每一个 k 值，计算 $X(k)$ 都要进行 N 次复数乘法和 $N-1$ 次复数加法，因此进行一次离散傅里叶变换共需要 N^2 次复数乘法运算和 $N(N-1)$ 次复数加法运算，而一次复数乘法需要四次实数乘法，一次复数加法需要两次实数加法，则对所有 $X(k)$ 计算 DFT 共需要 $4N^2$ 次实数乘法和 $2N(N-1)$ 次实数加法，因此当采样点数 N 较大时，直接运算的工作量巨大。实际应用中通常采用快速傅里叶变换(FFT)，快速傅里叶变换并不是一种新的变换，而是离散傅里叶变换(DFT)的一种快速算法。

快速傅里叶变换是在离散傅里叶变换的基础上发展起来的一种快速算法。

对长度为 N 的有限长序列 $x(n)$，其离散傅里叶变换如下。

正变换为

$$X(k)=\sum_{n=0}^{N-1}x(n)W_N^{nk}, \quad k=0,1,\cdots,N-1 \tag{5.37}$$

反变换为

$$x(n)=\frac{1}{N}\sum_{k=0}^{N-1}X(k)W_N^{-nk}, \quad n=0,1,\cdots,N-1 \tag{5.38}$$

式中，W_N 为旋转因子，$W_N=\mathrm{e}^{-\mathrm{j}\frac{2\pi}{N}}$。式(5.37)、式(5.38)与式(5.35)、式(5.36)相比，$1/N$ 的系数由正变换移到了反变换处，显然只是相差了一个常数因子，对函数的形状和分析结果没有影响。DFT 正变换和反变换的差别只在于 W_N 的指数符号不同，以及差一个常数因子 $1/N$，因而正变换和反变换的运算量是完全相同的。

仔细观察 DFT 的运算可以看出，利用系数 W_N^{nk} 的以下固有特性，可以减少 DFT 的运算量。

(1) W_N^{nk} 的共轭对称性。

$$(W_N^{nk})^* = W_N^{-nk}$$

(2) W_N^{nk} 的周期性。

$$W_N^{nk}=W_N^{(n+N)k}=W_N^{n(k+N)}$$

(3) W_N^{nk} 的可约性。

$$W_N^{nk}=W_{mN}^{mnk}, \quad W_N^{nk}=W_{N/m}^{nk/m}$$

FFT 算法的基本思想是从旋转因子 W_N^{nk} 出发，利用其周期性、对称性和可约性，合并 DFT 中的某些项，将长序列的 DFT 分解为短序列的 DFT 运算，从而大大提高 DFT 运算效率。

快速傅里叶变换算法正是基于这样的思路而发展起来的。根据对序列分解与选取方法的不同基本上可以分成两大类，时域抽取法 FFT(decimation in time FFT，DIT－FFT) 和频域抽取法 FFT(decimation in frequency，DIF－FFT)。两种方法都是将一个长序列的 DFT 分解为逐级变小的 DFT，是两种等价的 FFT 计算。下面简要说明基 2 时域抽取法。

先设序列的长度为 $N=2^M$，M 为正整数。如果不满足这一条件，可以人为加上若干零值点,使序列长度满足这一要求。这种 N 为 2 的整数幂的 FFT 也称为基 -2 FFT。基 2 时域抽取法将 $x(n)$ 序列按 n 的奇偶性分解为两个 $N/2$ 的子序列。

$$\begin{cases} x(2r)=x_1(r) \\ x(2r+1)=x_2(r) \end{cases}, \quad r=0,1,\cdots,\frac{N}{2}-1 \tag{5.39}$$

则 $x(n)$ 的 DFT 为

$$\begin{aligned} X(k) &= \sum_{n=偶} x(n)W_N^{nk} + \sum_{n=奇} x(n)W_N^{nk} \\ &= \sum_{r=0}^{N/2-1} x(2r)W_N^{2rk} + \sum_{r=0}^{N/2-1} x(2r+1)W_N^{(2r+1)k} \\ &= \sum_{r=0}^{N/2-1} x_1(r)(W_N^2)^{rk} + W_N^k \sum_{r=0}^{N/2-1} x_2(r)(W_N^2)^{rk} \end{aligned}$$

利用系数 W_N^{nk} 的可约性,$W_N^2=W_{N/2}$,上式可以表示为

$$\begin{aligned} X(k) &= \sum_{r=0}^{N/2-1} x_1(r)W_{N/2}^{rk} + W_N^k \sum_{r=0}^{N/2-1} x_2(r)W_{N/2}^{rk} \\ &= X_1(k) + W_N^k X_2(k) \end{aligned} \tag{5.40}$$

式中,$X_1(k)$ 和 $X_2(k)$ 分别是 $x_1(r)$ 和 $x_2(r)$ 的 $N/2$ 点 DFT。式(5.40)得到的只是 $X(k)$ 的前一半项数的结果,要得到全部结果,还必须应用系数的周期性,这样最终可得到

$$\begin{cases} X(k)=X_1(k)+W_N^k X_2(k) \\ X(k+\frac{N}{2})=X_1(k)-W_N^k X_2(k) \end{cases}, \quad k=0,1,\cdots,\frac{N}{2}-1 \tag{5.41}$$

这样,只要求出 0 到 $N/2-1$ 区间的所有 $X_1(k)$ 和 $X_2(k)$ 值,就可求出 0 到 $N-1$ 区间的所有 $X(k)$ 值,可节省运算。与直接计算 N 点 DFT 相比,工作量减小了一半。式(5.41)称为蝶形运算。

因为 $N=2^M$,$N/2$ 仍是偶数,因此将两个 $N/2$ 点的 DFT 进一步奇偶分解为 4 个 $N/4$ 点的 DFT,以此类推,直到 2 点 DFT。也就是说,可以进行 M 次分解,共有 M 级蝶形,每级都由 $N/2$ 个蝶形运算组成,每个蝶形需要一个复数乘法和两次复数加法运算,M 级蝶形共需要 $M\frac{N}{2}=\frac{N}{2}\log_2 N$ 次复数乘法,由于乘法运算耗时比加法多得多,因此可得到 N 点 FFT 与直接 DFT 的运算量之比为

$$\frac{N^2}{\frac{N}{2}\log_2 N} = \frac{2N}{\log_2 N}$$

可见,当 $N=1\,024$ 时,运算量为原来的 $\frac{1}{200}$。

5.3.4　离散傅里叶变换存在的问题

1. 频谱混叠现象

设采样频率为 f_s,原信号 $f(t)$ 的最高频率为 f_h,原信号的频谱如图 5.7(a) 所示,最高频谱分量为 Ω_h。则一个连续时间信号 $f(t)$ 经过理想采样后,其频谱将以采样频率 $\Omega_s=2\pi f_s=2\pi/T_s$ 为间隔重复,也就是说频谱产生了周期延拓。频谱是复数,图 5.7 中只画出了幅度谱。

由图 5.7 可以看出,一个连续时间信号经过理想采样后,其频谱是周期为 Ω_s 的周期函数。因此只要各延拓分量与原频谱分量不产生重叠(即 $\Omega_h < \Omega_s/2$),那么原信号的频谱和延拓分量的频谱彼此不重叠,如图 5.7(b) 所示,此时采用一个截止频率为 $\Omega_s/2$ 的理想低通滤波器,就可得到不失真的原信号频谱,就可以不失真地恢复出原信号。

如果信号的最高频率 Ω_h 超过 $\Omega_s/2$,则各个周期延拓分量会产生频谱的交叠,称为频谱混叠现象,此时原信号频谱发生失真,不能不失真地恢复出原信号,如图 5.7(c) 所示。这里将抽样频率的一半 $f_s/2$ 称为折叠频率,即 $\dfrac{f_s}{2} = \dfrac{1}{2T_s}$ 或 $\dfrac{\Omega_s}{2} = \dfrac{\pi}{T_s}$

由此得出采样定理,要想采样后能够不失真地还原出原信号,则采样频率必须大于信号最高频率的 2 倍。即 $f_s > 2f_h$,或 $f_h < f_s/2$。原信号最高频率的两倍称为奈奎斯特(Nyquist)频率。实际应用中,采样频率必须大于相应的奈奎斯特频率才不会发生频率混叠现象,才能正确地表达原信号。如果不满足这一要求,则抽样之前需加入一个保护性的前置低通滤波器,称为防混叠滤波器,其截止频率为 $f_s/2$,将高于 $f_s/2$ 的频率分量加以滤除。

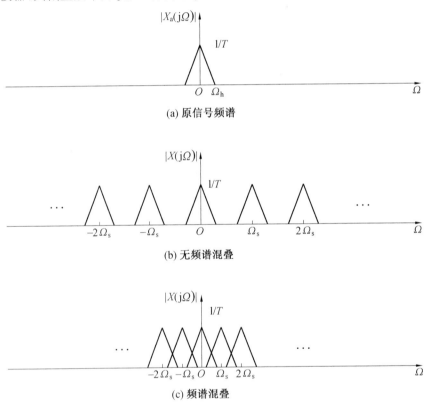

(a) 原信号频谱

(b) 无频谱混叠

(c) 频谱混叠

图 5.7　抽样后,频谱的周期延拓

相应的采样间隔(采样周期)T_s 需满足

$$T_s = \frac{1}{f_s} < \frac{1}{2f_h}$$

对于 DFT 来说,频率函数也要进行抽样,变成离散的序列,其抽样间隔为 F_0,这就是频率分辨力,频率分辨力与时间函数的周期(信号记录长度 T_0)的关系为

$$T_0 = \frac{1}{F_0}$$

由以上两个公式可知,信号的最高频率分量 f_h 与频率分辨力 F_0 之间有矛盾关系,如果想增加 f_h,则抽样频率 f_s 就必须增加,时域抽样间隔 T_s 就一定会减小,由于抽样点数满足

$$\frac{f_s}{F_0} = \frac{T_0}{T_s} = N$$

因此在 N 一定的情况下,若增加抽样频率 f_s,则 F_0 必然增加,这相当于频率分辨力下降。反之,如果想提高频率分辨力,就要增加信号记录长度 T_0,当 N 一定时,必然导致 T_s 增加,这相当于 f_s 减小。要想不产生混叠失真,就必须减小信号的最高频率 f_h。

要想同时获得高的频率分量 f_h 与高的频率分辨力 F_0,唯一的办法就是增加信号记录长度的点数 N,即增加采样点数。

$$N = \frac{f_s}{F_0} > \frac{2f_h}{F_0}$$

这个公式是未采用任何特殊数据处理(如加窗)的情况下,为实现基本 DFT 算法所必须满足的最低条件。如果加窗处理,则相当于频域与窗谱进行周期卷积,卷积必然使频谱展宽,频率分辨力就可能变差,为了保证频率分辨力不变,则需增加观测长度,也就是增加数据长度 T_0。

采取增加采样点数的办法可以减少频率混叠,但会使计算量和存储量明显增加。因此,如何既不增加计算量又不发生混叠现象便成了重要的研究课题。一般来说,在信号的各个谐波分量中高次谐波分量所占比重较小,滤除高次谐波分量不会明显改变原信号。因此通常对原信号进行预处理,在抽样之前用防混叠滤波器,将高于 f_h 的频率分量加以滤除。滤波后的信号经采样后进行离散傅里叶变换,其频谱不会发生混叠。

例如,我国电网工频电压 50 Hz,谐波分析到 50 次,即 $f_h = 2.5$ kHz。采样频率应为 $f_s \geqslant 5$ kHz。为了 FFT 计算需要,采样点数应为 2 的整数次幂,若系统每周期采样 128 点,采样频率就是 6.4 kHz,满足采样定理要求。测量谐波最高次数为 $128/2 - 1 = 63$ 次,基频为 50 Hz,最高谐波频率 $f_h = 3\,150$ Hz,此时设计模拟抗混叠低通滤波器的截止频率可选为 3 150 Hz,滤波器可以阻止 3 150 Hz 以上频率信号进入采样保持单元,同时使 3 150 Hz 以下的频率成分不受影响。

【例 5.1】　220 V、50 Hz 交流电,含有 3 次和 5 次谐波,谐波幅值分别为基波的 0.2 和 0.1 倍,如图 5.8 所示。用 FFT 做频谱分析,要求频率分辨力不低于 10 Hz,试确定采样频率。用分析结果计算电压总谐波畸变率 THD_u、各次谐波的含有率 HRU_n,并与理论计算结果进行比较。用 Matlab 进行仿真,对仿真结果进行分析。

解　电压总谐波畸变率为

$$THD_u = \frac{U_H}{U_1} \times 100\% = \frac{\sqrt{0.2^2 + 0.1^2}}{1} \times 100\% = 22.36\%$$

3 次谐波的含有率为

$$HRU_3 = \frac{U_3}{U_1} \times 100\% = \frac{0.2}{1} \times 100\% = 20\%$$

5 次谐波的含有率为

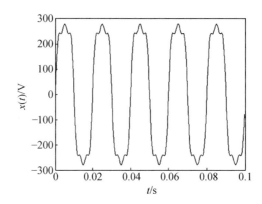

图 5.8　含谐波交流电的波形

$$HRU_5 = \frac{U_5}{U_1} \times 100\% = \frac{0.1}{1} \times 100\% = 10\%$$

因为要求频率分辨力不低于 10 Hz，所以 $F_0 = 10$ Hz，可得

$$T_0 = \frac{1}{F_0} = 0.1 \text{ s}$$

因为信号最高频率为 $f_h = 50$ Hz$\times 5 = 250$ Hz，所以采样频率 $f_s > 2 \times f_h = 500$ Hz，采样周期 $T_s = 0.002$ s，采样点数 $N = \frac{f_s}{F_0} = \frac{T_0}{T_s} = 50$，为了使用 FFT，取 $N = 2^6 = 64$，相应的 Matlab 程序如下：

```
% 用 FFT 对含谐波交流电进行频谱分析
N = 64;              % 采样点数
T0 = 0.1;            % 信号记录长度,单位为 s
a1 = 1;
a3 = 0.2;
a5 = 0.1;
n = linspace(0,T0,N+1);
n = n(1:length(n)-1);
A = 220 * sqrt(2);
f = 50;
xn = A * sin(2 * pi * f * n) + a3 * A * sin(6 * pi * f * n) + a5 * A * sin(10 * pi * f * n);
xk = fft(xn,N);
k = linspace(0,1,N+1);
k = k(1:length(k)-1);
stem(k,1/N * abs(xk))
xlabel('\omega/2\pi','FontName','Times New Roman','FontSize',24);
ylabel('X(k)','FontName','Times New Roman','FontSize',24);
```

上述 Matlab 程序是用 FFT 做频谱分析，其中的 FFT 变换语句是 xk=fft(xn,N)。如果用 DFT 做变换，可以用下述程序代码代替：

```
xk = zeros(1,N);
for k = 1:N
    for n = 1:N
```

$$xk(k) = xk(k) + xn(n) * exp(-j * 2 * pi * (n-1) * (k-1)/N);$$

end

end

Matlab 运行后得到的频谱分析结果,也即谐波的 FFT 分析结果如图 5.9 所示。

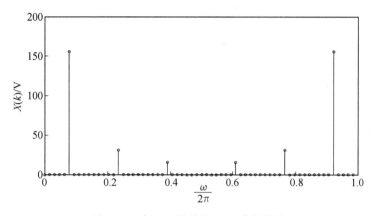

图 5.9 例 5.1 谐波的 FFT 分析结果

离散傅里叶变换得到的是对称的谱线,经离散傅里叶变换得到的离散幅度频谱需乘 2,才是信号的实际谐波幅值。因为基波的频率为 50 Hz,而频率分辨力为 10 Hz,设谐波次数为 k,则 Matlab 的 FFT 变换得到的序列的下标值为 $5k+1$ 的就是相应的谐波幅值,可以得到各次谐波幅值为

$$X(1)=311.127, \quad X(2)=0, \quad X(3)=62.225\ 4, \quad X(4)=0, \quad X(5)=31.112\ 7$$

电压总谐波畸变率为

$$\mathrm{THD_u} = \frac{U_\mathrm{H}}{U_1} \times 100\% = \frac{\sqrt{62.225\ 4^2 + 31.112\ 7^2}}{311.127} \times 100\% = 22.361\ 3\%$$

2 次谐波的含有率为

$$\mathrm{HRU_2} = 0\%$$

3 次谐波的含有率为

$$\mathrm{HRU_3} = 62.225\ 4/311.127 \times 100\% = 20.000\ 0\%$$

4 次谐波的含有率为

$$\mathrm{HRU_4} = 0\%$$

5 次谐波的含有率为

$$\mathrm{HRU_5} = 31.112\ 7/311.127 \times 100\% = 10.000\ 0\%$$

显然 Matlab 分析结果与理论计算结果一致。由例 5.1 可以看出,当满足采样定理,并且采样频率与信号频率同步时,频谱分析不会产生误差。

当 N 个采样点恰好采集了整数个信号周期时,称采样频率与信号频率同步,此时称为同步采样。同步采样又被称为等间隔整周期采样或等周期均匀采样。

但是在实际测量过程中,信号频率受到很多因素的影响,会随时变化,严格意义上的同步采样是难以实现的。原因如下。

(1)信号周期 T 的测量不准确,并且信号周期有时还是变化的。

(2)定时器的定时不可能绝对准确,其精度要受到最小定时单位(分辨率)的限制。

（3）A/D 转换、程序执行等都会产生时间延迟。

因此采样过程中采样频率和信号频率不能完全同步，即存在同步误差。正因为同步误差的存在，会给谐波分析带来误差，所以减小同步误差是谐波分析中一个非常关键的问题。

2. 频谱泄漏

在电力系统中，如交流电压和电流波形这些被测试和分析的畸变波形，都是连续时间函数，且都是无限长时间函数。为满足离散傅里叶变换计算的需要，可对连续的时间函数的波形进行采样并截断，所以采样点数必须限定为有限的 N 个点，因而必然会产生误差。

当对观测信号进行有限长采样时，就相当于将采样信号与一个幅值为 1 的矩形函数相乘，这个矩形函数称为窗口函数或窗函数，就好像采样函数通过一个"门"一样，"门"内的通过，"门"外的被阻挡，这一过程如图 5.10 所示。

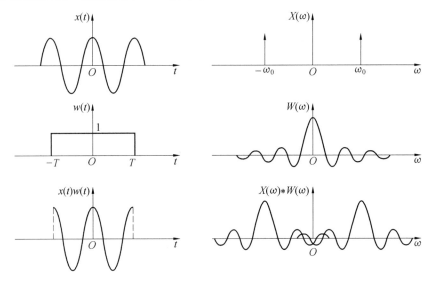

图 5.10　波形截断时的频谱泄漏

由图 5.10 可以看出，原信号为 $x(t)$，其频谱为 $X(\omega)$，窗函数为 $w(t)$，其频谱为 $W(\omega)$。观测信号为原信号一个有限时间段内的情况，这相当于原信号 $x(t)$ 与窗函数 $w(t)$ 相乘，根据频域卷积定理可知，两时域函数乘积的频谱等于两函数各自频谱的周期卷积，因此观测信号 $x(t)w(t)$ 的频谱为 $X(\omega) * W(\omega)$。卷积使观测信号的频谱 $X(\omega) * W(\omega)$ 与原信号频谱 $X(\omega)$ 不相同，产生了失真，最主要的问题是使频谱产生"扩散"（拖尾、变宽），除主瓣外还产生了旁瓣。因此，时域函数被截断后，其频谱会产生失真，从原有频谱上扩散开来，这种现象称为"频谱泄漏"。在电力系统谐波分析中这种泄漏也称为长范围泄漏。由于存在频谱泄漏，因此在主瓣的周围会有许多旁瓣，这些旁瓣会引起不同分量间的干扰，出现弱信号的主瓣被强信号泄漏到邻近的旁瓣所淹没或畸变的情况，从而造成频谱的模糊与失真。

频谱泄漏也会造成混叠，因为泄漏会导致频谱的扩展，从而使最高频率有可能超过折叠频率的 $f_s/2$，造成频率响应的混叠失真。

如果采样是同步的，泄漏频谱在整数次谐波点上的幅值为零，则不会造成分析的误差。但是如果采样是非同步的，泄漏频谱在整数次谐波点上的幅值不为零，这时泄漏频谱将引起频谱分析误差。

减小泄漏的方法有两种:一种是取更长的数据,也就是时域窗加宽,这样会使运算量和存储量都相应增加;另一种就是不要突然截断数据,也就是不采用矩形窗,而采用各种缓慢变化的窗(如三角窗、升余弦窗等),对数据缓慢截断,这样可使窗谱的旁瓣能量更小,泄漏更小。

3. 栅栏效应(非同步采样引起的泄漏)

离散傅里叶变换输出的是在离散点上的频谱,也就是基频 F_0 整数倍处的频谱,而不是连续频率函数,这就像通过一个栅栏观看景象一样,只能在栅栏的透光处(基频 F_0 整数倍处)看到景象(频谱),而其他部分则被栅栏遮挡,无从得知,这种现象称为"栅栏效应"。

设信号 $X(\omega)$ 的频率分布范围是 $\{0,\omega_{max}\}$,在此区间内频率 ω 有无穷多个取值。因为离散傅里叶变换的限制,所以只能计算有限个频率点上的值,简单而直观的做法是把区间 $\{0,\omega_{max}\}$ 分成 N 等分,每等分间的频率取样间隔 $d\omega = \omega_{max}/N$,取样后只能得到各离散频率点 $\{0,d\omega,2d\omega,\cdots,\omega_{max}\}$ 的值,其余频率点相当于被栅栏给挡住看不见。若信号中的频率分量 ω 与某取样频率点重合(即是整周期采样),即 $\omega = nd\omega$,则能得到该频率分量的精确值为 $X_n(\omega) = X_n(nd\omega)$,如果信号中的频率分量 ω 与频率取样点不重合(即采样不是整周期采样)$\omega = nd\omega + \Delta\omega$,则只能按四舍五入的原则,取相邻的频率取样点的谱线值代替 $X_n(\omega) = X_n(nd\omega + \Delta\omega) \approx X_n(nd\omega)$,那么即使信号只含有单一频率,DFT 也不可能求出信号的准确参数,这一现象通常称为栅栏效应。栅栏效应亦称作短范围泄漏。这种真实值与近似值之差就称为栅栏效应误差,如图 5.11 所示。显然,非同步采样(即有同步误差)会使得谐波分析出现栅栏效应误差。

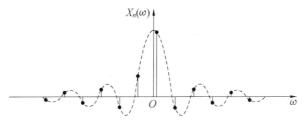

图 5.11 栅栏效应误差

减小栅栏效应的一个方法就是使频率抽样更密,即增加频域抽样点数 N,在不改变时域数据的情况下,就需要在时域数据末端添加一些零值点,但并不改变原有的记录数据。这样点数多了之后,使频域抽样点之间距离更近,相当于减小了栅栏的间隙,这样就有可能使被"漏"掉的频率分量显示出来。使用添零的方法可以有效地解决栅栏效应。一般来说,为了满足快速傅里叶变换的需要,信号序列的个数应为 2 的整数次幂,因此添零时也要尽量遵循这一要求。但是添零的方法对硬件也提出了更高的要求,加重了 FFT 运算的负担,因此要权衡利弊,寻找最优方案。

【例 5.2】 因为受到干扰,220 V、50 Hz 交流电的频率变为 50.5 Hz,该交流电含有 3 次和 5 次谐波,谐波幅值分别为基波的 0.2 和 0.1 倍,用 FFT 做频谱分析,要求频率分辨力不低于 10 Hz,试确定采样频率。用分析结果计算电压总谐波畸变率 THD_u、各次谐波的含有率 HRU_n,并与理论计算结果进行比较。用 Matlab 进行仿真,对仿真结果进行分析。

解 显然与例 5.1 相比,理论上电压总谐波畸变率 THD_u、各次谐波的含有率 HRU_n 是不变的,因此有 $THD_u = 22.36\%$,$HRU_3 = 20\%$,$HRU_5 = 10\%$。

由于不知道频率发生变化,仍然把该信号当作 50 Hz 交流电,因此采样频率与例 5.1 一样,因为要求频率分辨力不低于 10 Hz,所以 $F_0 = 10$ Hz,可得

$$T_0 = \frac{1}{F_0} = 0.1 \text{ s}$$

因为信号最高频率为 $f_h = 50 \times 5 = 250$ Hz，所以采样频率为 $f_s > 2 \times f_h = 500$ Hz，采样周期为 $T_s = 0.002$ s，采样点数为 $N = \frac{f_s}{F_0} = \frac{T_0}{T_s} = 50$，为了使用 FFT，取 $N = 2^6 = 64$，相应的 Matlab 仿真程序如下：

```
% 用 FFT 对含谐波交流电进行频谱分析
N = 64;               % 采样点数
T0 = 0.1;             % 信号记录长度，单位为 s
a1 = 1;
a3 = 0.2;
a5 = 0.1;
n = linspace(0,T0,N+1);
n = n(1:length(n)-1);
A = 220 * sqrt(2);
f = 50.5;
xn = A * sin(2 * pi * f * n) + a3 * A * sin(6 * pi * f * n) + a5 * A * sin(10 * pi * f * n);
xk = fft(xn,N);
k = linspace(0,1,N+1);
k = k(1:length(k)-1);
stem(k,1/N * abs(xk))
xlabel('\omega/2\pi','FontName','Times New Roman','FontSize',14);
ylabel('X(k)','FontName','Times New Roman','FontSize',14);
```

Matlab 运行后得到的频谱分析结果，也即谐波的 FFT 分析结果如图 5.12 所示。

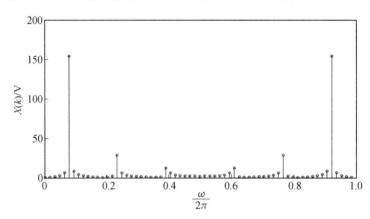

图 5.12　例 5.2 谐波的 FFT 分析结果

可见因为存在同步误差，FFT 分析结果产生了频谱泄漏，可以得到

$$X(1) = 308.774\ 4, \quad X(2) = 2.988\ 6, \quad X(3) = 57.556\ 3, \quad X(4) = 3.363\ 6, \quad X(5) = 24.926\ 1$$

电压总谐波畸变率为

$$\text{THD}_u = \frac{U_H}{U_1} \times 100\% = \frac{\sqrt{X(2)^2 + X(3)^2 + X(4)^2 + X(5)^2}}{X(1)} \times 100\% = 20.365\ 4\%$$

2 次谐波的含有率为

$$HRU_2 = 2.988\ 6/308.774\ 4 \times 100\% = 0.967\ 9\%$$

3 次谐波的含有率为

$$HRU_3 = 57.556\ 3/308.774\ 4 \times 100\% = 18.640\ 2\%$$

4 次谐波的含有率为

$$HRU_4 = 3.363\ 6/308.774\ 4 \times 100\% = 1.089\ 3\%$$

5 次谐波的含有率为

$$HRU_5 = 24.926\ 1/308.774\ 4 \times 100\% = 8.072\ 6\%$$

与例 5.1 相比,当存在同步误差时,FFT 分析结果产生了非常明显的误差。

4. 频率分辨力

频率分辨力是指分辨两个最近的频谱峰值的能力。最通用的方法是用两个不同频率的正弦信号来研究分辨力的大小,若能分辨的两个正弦信号的频率越接近(即 $\Delta f = f_2 - f_1$ 越小),则说明频率分辨力越高。一般来说,信号长度 T_0 越长,N 越大,则频率分辨力越好,但这个长度 T_0 是指真正实际有效的信号长度,采样点数 N 也是指这个长度上的采样点数,而不是补零后的长度或采样点数,已知

$$F_0 = \frac{f_s}{N} = \frac{1}{NT_s} = \frac{1}{T_0}$$

式中,T_0 是实际信号长度,因此频率分辨力与信号实际长度成反比,信号越长(T_0 越大),频率分辨力越高(F_0 越小)。补零不能增加数据的有效长度,补零不能增加任何信息,因而补零不能提高频率分辨力。

时域补零的好处是使频域抽样点数更密,谱线更密,这样可以减小栅栏效应,原来看不见的频谱分量就有可能看到了。

5.3.5　减小频谱泄漏的方法

提高测量精度的关键在于如何最大限度地减小这两种泄漏误差。通常长范围泄漏引起的误差可以用加窗的方法消除,而短范围泄漏(栅栏效应)引起的误差则由插值算法解决。

频谱泄漏的主要原因是采样频率和信号频率不同步,使得周期采样信号的相位在始端和终端不连续。对此,国内外学者提出了许多减小频谱泄漏的方法,可以分为两大类:第一类,通过减少同步误差来减小测量误差;第二类,同步误差一定的情况下,通过对采样数据的处理或测量结果的修正来减少测量误差。

第一类方法主要有以下两种。

(1)自适应采样频率调整法。自适应采样频率调整法是针对频谱泄漏的根本原因——采样不同步而提出的方法,其核心是尽量做到同步采样。同步采样可分为硬件同步法和软件同步法,其思想是通过硬件或软件算法获得信号的实际频率,进而实时调整采样频率实现同步采样。

(2)修正采样序列法。修正采样序列法计算量少,实时性好,但改善频谱泄漏效果有限。

第二类方法主要有以下两种。

(1)加窗插值算法。通过加窗可明显减小频谱泄漏,再插值可有效抑制频谱间的干扰、杂波及噪声干扰,从而可以精确测量各次谐波电压和电流的幅值、相角。

(2)准同步算法。准同步算法主要思想是通过迭代运算,用矩形法或梯形法求面积和,代

替离散求和。该方法牺牲时间来换取精度,实时性不好。

本章主要针对加窗插值算法进行阐述。

1. 各种窗函数简介

通过构建窗函数,用加窗法可大大减小频谱泄漏。长范围泄漏可通过性能优良的窗函数或增加测量时间解决。常用的窗函数有三大类:① 旁瓣幅值衰减快的;② 旁瓣幅值一定时具有最小主瓣宽度;③ 组合窗函数。基于余弦函数的组合窗只选取观测时间是信号周期的整数倍的,其频谱在各次整数倍谐波频率处幅值为零,因而谐波之间不发生相互泄漏,即使信号频率做小范围波动,泄漏误差也较小。所以它可以有效地减小频谱泄漏,提高检测精度。常用的余弦窗函数主要有:2 项汉宁(Hanning)窗、海明(Hamming)窗;3 项布莱克曼(Blackman)窗;4 项 Blackman－Harris 窗,窗的项数越多,主瓣宽度越大,从而引起频谱分辨率降低。但同时较多项数的窗函数能够产生较大的旁瓣衰减,有利于提高频谱计算精度。

几种常用的窗函数如下。

(1) 矩形窗。

矩形窗的时域表达式为

$$w(n) = R_N(n)$$

矩形窗的幅度函数为

$$W_R(\omega) = \frac{\sin\frac{\omega N}{2}}{\sin\frac{\omega}{2}}$$

矩形窗的主瓣宽度最窄,为 $4\pi/N$,旁瓣幅度大。

(2) 三角窗。

三角窗的时域表达式为

$$w(n) = \begin{cases} \dfrac{2n}{N-1}, & 0 \leqslant n \leqslant \dfrac{N-1}{2} \\ 2 - \dfrac{2n}{N-1}, & \dfrac{N-1}{2} \leqslant n \leqslant N-1 \end{cases}$$

三角窗的幅度函数为

$$W(\omega) = \frac{2}{N}\left(\frac{\sin\frac{\omega N}{4}}{\sin\frac{\omega}{2}}\right)^2$$

三角窗的主瓣宽度为 $8\pi/N$,旁瓣幅度相比矩形窗更小。

(3) 汉宁窗(升余弦窗)。

汉宁窗的时域表达式为

$$w(n) = \frac{1}{2}\left(1 - \cos\frac{2\pi n}{N-1}\right)R_N(n)$$

汉宁窗的幅度函数为($N \gg 1$)

$$W(\omega) = 0.5W_R(\omega) + 0.25\left[W_R\left(\omega - \frac{2\pi}{N}\right) + W_R\left(\omega + \frac{2\pi}{N}\right)\right]$$

汉宁窗的主瓣宽度为 $8\pi/N$,旁瓣幅度相比三角窗更小。

（4）海明窗（改进的升余弦窗）。

海明窗的时域表达式为

$$w(n) = \left(0.54 - 0.46\cos\frac{2\pi n}{N-1}\right)R_N(n)$$

海明窗的幅度函数为（$N \gg 1$）

$$W(\omega) = 0.54W_R(\omega) + 0.23\left[W_R\left(\omega - \frac{2\pi}{N}\right) + W_R\left(\omega + \frac{2\pi}{N}\right)\right]$$

海明窗的主瓣宽度为 $8\pi/N$，旁瓣幅度相比汉宁窗更小。

（5）布莱克曼窗（Blackman）（二阶升余弦窗）。

布莱克曼窗的时域表达式为

$$w(n) = \left(0.42 - 0.5\cos\frac{2\pi n}{N-1} + 0.08\cos\frac{4\pi n}{N-1}\right)R_N(n)$$

布莱克曼窗的幅度函数为（$N \gg 1$）

$$W(\omega) = 0.42W_R(\omega) + 0.25\left[W_R\left(\omega - \frac{2\pi}{N}\right) + W_R\left(\omega + \frac{2\pi}{N}\right)\right]$$

布莱克曼窗的主瓣宽度最宽，为 $12\pi/N$，旁瓣幅度最小。

2. 加窗插值算法流程

谐波分析时通常采用快速傅里叶变换，而快速傅里叶变换要求同步等间隔并且是整数周期采样。在实际采样过程中，因为电网的基波频率存在波动，而采样间隔并不能够严格跟踪基波频率的波动，这就导致了非同步采样，并且无法截取整数个周期。即使通过锁相倍频技术实现硬件同步采样，因为电力系统中的间谐波及干扰等因素的影响，仍然难以实现严格的同步采样。通过选择合适的窗函数可以减小频谱泄漏，采用插值算法则可以在一定程度上消除栅栏效应。加窗插值算法的流程如图 5.13 所示。

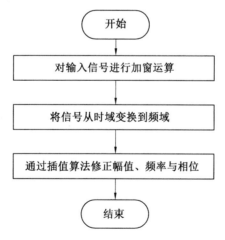

图 5.13　加窗插值算法的流程

在稳态谐波分析中，加窗插值 FFT 算法得到了越来越多的应用。在利用加窗函数 FFT 算法时首先要挑选一个恰当的窗函数来截断信号，因为一个合适的窗函数可以减小频谱泄漏的影响。然后通过快速傅里叶算法可以将信号从时域转换到频域，从而能够得到信号的频谱信息。最后利用插值算法对得出的结果进行修正，得出各次谐波分量的参数值。插值算法的基本思想就是在频域上通过寻找最大谱线和次大谱线来对数据进行分析修正。插值算法可以分

为单峰谱线修正法和双峰谱线修正法。

3. 单峰谱线修正法

假设某个单一频率信号 $x(t)$ 的频率为 f_0,幅值为 A,初相位为 φ,在经过采样频率为 f_s 的等间隔采样后,该信号的离散形式为

$$x(n) = A\sin\left(2\pi n\frac{f_0}{f_s} + \varphi\right) \tag{5.42}$$

用窗函数 $w(n)$ 对 $x(n)$ 进行截取,得到新的序列为 $v(n) = x(n)w(n)$,如果窗函数的连续频谱为 $W(2\pi f)$,则该信号加窗后的离散时间傅里叶变换为

$$\begin{aligned}
X(f) &= \sum_{n=0}^{\infty} x(n)w(n)\mathrm{e}^{-\mathrm{j}2\pi fn} \\
&= \frac{A}{2\mathrm{j}}\left[\mathrm{e}^{\mathrm{j}\varphi}W\left(\frac{2\pi(f-f_0)}{f_s}\right) - \mathrm{e}^{-\mathrm{j}\varphi}W\left(\frac{2\pi(f+f_0)}{f_s}\right)\right]
\end{aligned} \tag{5.43}$$

由式(5.43)可知,该变换结果受到正、负频点处频峰的影响。如果忽略负频点处频峰的影响,则 $X(f)$ 可以表示为

$$\overline{X}(f) = \frac{A}{2\mathrm{j}}\mathrm{e}^{\mathrm{j}\varphi}W\left(\frac{2\pi(f-f_0)}{f_s}\right) \tag{5.44}$$

对式(5.44)进行离散化处理,得到

$$\overline{X}(k \cdot \Delta f) = \frac{A}{2\mathrm{j}}\mathrm{e}^{\mathrm{j}\varphi}W\left(\frac{2\pi(k \cdot \Delta f - f_0)}{f_s}\right) \tag{5.45}$$

式中,Δf 表示离散谱线间隔(频率分辨力),$\Delta f = f_s/N$,N 为数据截断长度。

当峰值频率 $f_0 = k_0\Delta f$,即 f_0 正好位于离散谱线频点上时,被测信号 3 个参量可以准确计算求得,幅值为 A,相角为 φ。然而电网的频率是随时波动的,实际采样不能保证严格同步和整数周期截取,造成频谱泄漏和栅栏效应,从而导致 f_0 不能刚好落在离散谱线的频率分辨点上,即 k_0 不是整数,假设 k_0 左右两侧的谱线分别为第 k_1 和第 k_2 条谱线,则这两条谱线必然是 k_0 附近幅值最大和次最大的谱线,此时有 $k_1 \leqslant k_0 \leqslant k_2(k_2 = k_1 + 1)$。在离散频谱中找到这两根谱线,求得幅值分别是 $|X(k_1)| = |\overline{X}(k_1\Delta f)|$,$|X(k_2)| = |\overline{X}(k_2\Delta f)|$。

设频率偏差量 $\lambda = k_0 - k_1$,则两峰值谱线幅值比为

$$\alpha = \frac{|X(k_1)|}{|X(k_2)|} = \frac{|W[2\pi(k_1 - k_0)/N]|}{|W[2\pi(k_2 - k_0)/N]|} \tag{5.46}$$

对于给定的窗函数,由式(5.46)可以计算出唯一未知量 k_0,从而得到修正的峰值频率。于是,相位的修正计算公式为

$$\varphi = \arg[\overline{X}(k_i\Delta f)] - \arg[W[2\pi(k_i - k_0)/N]] + \frac{\pi}{2} \tag{5.47}$$

幅值的修正公式为

$$A_i = \frac{2|\overline{X}(k_i\Delta f)|}{|W[2\pi(k_i - k_0)/N]|} \tag{5.48}$$

式(5.47)、式(5.48)中 i 可以取 1 或 2,$\arg[]$ 表示复数主辅角,上述方法利用一根幅值最大的谱线进行计算,被称为单峰谱线修正法。单峰谱线修正法适用于解析形式简单的 2 项余弦组合窗函数,如汉宁窗。下面给出汉宁窗 FFT 插值修正公式。

设幅值比为

$$\alpha = |X(k+1)|/|X(k)|$$

频率偏差量为

$$\lambda = (2\alpha - 1)/(\alpha + 1)$$

则幅值的修正公式为

$$A_k = |X(k)| \frac{2\pi\lambda(1 - \lambda^2)}{\sin \pi\lambda} \qquad (5.49)$$

相位的修正计算公式为

$$\varphi_k = \arg[X(k)] - \pi\lambda(N - 1)/N \qquad (5.50)$$

单峰谱线修正算法能够在一定程度上补偿短范围泄漏造成的影响,从而改善分析结果。但是当选择解析形式较为复杂的窗函数时,由式(5.46)难以获得 k_0 的解析解。此外,依据式(5.49)修正幅值时,直接利用解析表达式不仅计算复杂,还会出现小数据相除的情况。如当所加窗函数是矩形窗时,需要计算

$$\frac{\sin \pi\xi}{\sin (\pi\xi/N)} \approx \frac{\sin \pi\xi \cdot N}{\pi\xi}$$

当 ξ 接近 0 时,上式的分子和分母都趋近于 0。对于定点微处理器而言,如果直接采用除法实现该修正算法是无法保证计算结果的精度和准确性的。对此,可以采用在内存中建立查找表,然后再利用线性插值的方法计算频率和幅值的修正系数。该方法在选取不同的窗函数及需要满足不同的精度要求时,都必须重新计算查找表,设计过程比较烦琐。而且当精度要求提高时,查找表数据的存储量也将成倍地增加。

4. 双峰谱线修正法

由于 $0 \leqslant k_0 - k_1 \leqslant 1$,因此可以引入一个辅助参数 $\alpha = k_0 - k_1 - 0.5$。显然,α 的数值范围是 $[-0.5, 0.5]$,它是以原点为对称的。这样,将式(5.46)经过变量代换和改写后,可以得到

$$\frac{y_2 - y_1}{y_2 + y_1} = \frac{\left| W[2\pi(0.5 - \alpha)/N] \right| - \left| W[2\pi(-\alpha - 0.5)/N] \right|}{\left| W[2\pi(0.5 - \alpha)/N] \right| + \left| W[2\pi(-\alpha - 0.5)/N] \right|} \qquad (5.51)$$

令 $\beta = (y_2 - y_1)/(y_2 + y_1)$,并且当 N 较大时,式(5.51)一般可以简化为 $\beta = g(\alpha)$,其反函数记为 $\alpha = g^{-1}(\beta)$。当窗函数 $w(n)$ 为实系数时,其幅频响应 $W(2\pi f)$ 是偶对称的,因而函数 $g(\cdot)$ 及其反函数 $g^{-1}(\cdot)$ 都是奇函数。

计算 $\alpha = g^{-1}(\beta)$ 可以采用多项式逼近方法。多项式逼近方法是一种近似计算复杂连续函数值的数值方法。通过控制多项式逼近的次数,可以有效地控制逼近的精度。而且,随着硬件乘法器在微处理器中的广泛应用,多项式逼近的计算公式易于采用程序代码实现。当采用切比雪夫多项式逼近奇函数 $g^{-1}(\cdot)$ 时,所求多项式的偶次项系数将为 0,这样就进一步减少了乘法计算量。其频率修正的多项式逼近可以表示为

$$\alpha = g^{-1}(\beta) = a_1\beta + a_3\beta^3 + \cdots + a_{2m+1}\beta^{2m+1}$$

由于不同窗函数所获得的相位修正公式的形式都比较简单,对相位的修正仍然可用式(5.47),幅值修正同样也可用式(5.48),但进一步利用多项式逼近可以获得便于实用的计算公式。为了克服单峰谱线修正算法易受到频谱泄漏和噪声干扰影响的缺点,次强谱线的信息也可以用于幅值修正。具体做法是,直接对 k_1 和 k_2 两根谱线幅值进行加权平均,从而计算出实际的峰值点的幅值。这种方法被称为双峰谱线修正算法,其计算公式为

$$A = \frac{A_1 \left| W \left[2\pi (k_1 - k_0)/N \right] \right| + A_2 \left| W \left[2\pi (k_2 - k_0)/N \right] \right|}{\left| W \left[2\pi (k_1 - k_0)/N \right] \right| + \left| W \left[2\pi (k_2 - k_0)/N \right] \right|} \quad (5.52)$$

$$= \frac{2(y_1 + y_2)}{\left| W \left[2\pi (0.5 - \alpha)/N \right] \right| + \left| W \left[2\pi (-0.5 - \alpha)/N \right] \right|}$$

式(5.52)中,对两根谱线采用的权重与其各自的幅值成正比。对于一般的实系数窗函数,当 N 较大时,式(5.52)可进一步简化为 $A = (y_2 + y_1)v(\alpha)/N$ 的形式,其中 $v(\cdot)$ 是偶函数。如果采用多项式逼近求出函数 $v(\cdot)$ 的近似计算公式,结果中将不含有奇次项。这样,双峰谱线修正算法的计算公式就可改写为

$$A = \frac{1}{N}(y_1 + y_2)(b_0 + b_2\alpha^2 + \cdots + b_{2m}\alpha^{2m}) \quad (5.53)$$

式中, $b_0, b_2, \cdots, b_{2m}$ 为 $2m$ 次逼近多项式的偶次项系数。

当采用一些典型窗函数时,可由上述的多项式逼近和双峰谱线修正方法推导出频率、幅值、相位的简单实用的修正公式(其中的逼近多项式的最高次数不超过7)如下所示。

(1) 矩形窗。

$$\begin{cases} \alpha = 0.5\beta \\ \varphi = \arg\left[\overline{X}(k_i\Delta f)\right] + \dfrac{\pi}{2} - \dfrac{N-1}{N}\pi(a - (-1)^i 0.5), \quad i = 1, 2 \\ A = \dfrac{1}{N}(y_1 + y_2)(1.570\ 8 + 1.469\ 4\alpha^2 + 0.851\ 0\alpha^4 + 0.554\ 5\alpha^6) \end{cases}$$

(2) 三角窗。

$$\begin{cases} \alpha = 1.164\ 9\beta + 0.083\ 4\beta^3 + 0.043\ 3\beta^5 + 0.037\ 0\beta^7 \\ \varphi = \arg\left[\overline{X}(k_i\Delta f)\right] + \dfrac{\pi}{2} - \dfrac{N-2}{N}\pi(a - (-1)^i 0.5), \quad i = 1, 2 \\ A = \dfrac{1}{N}(y_1 + y_2)(2.467\ 4 + 1.397\ 5\alpha^2 + 0.444\ 7\alpha^4 + 0.116\ 2\alpha^6) \end{cases}$$

(3) 汉宁窗(升余弦窗)。

$$\begin{cases} \alpha = 1.5\beta \\ \varphi = \arg\left[\overline{X}(k_i\Delta f)\right] + \dfrac{\pi}{2} - \pi(a - (-1)^i 0.5), \quad i = 1, 2 \\ A = \dfrac{1}{N}(y_1 + y_2)(2.356\ 2 + 1.554\ 4\alpha^2 + 0.326\ 1\alpha^4 + 0.078\ 9\alpha^6) \end{cases}$$

(4) 海明窗(改进的升余弦窗)。

$$\begin{cases} \alpha = 1.218\ 7\beta + 0.133\ 5\beta^3 + 0.053\ 0\beta^5 + 0.036\ 6\beta^7 \\ \varphi = \arg\left[\overline{X}(k_i\Delta f)\right] + \dfrac{\pi}{2} - \pi(a - (-1)^i 0.5), \quad i = 1, 2 \\ A = \dfrac{1}{N}(y_1 + y_2)(2.265\ 6 + 1.227\ 2\alpha^2 + 0.376\ 1\alpha^4 + 0.097\ 7\alpha^6) \end{cases}$$

(5) 布莱克曼窗(二阶升余弦窗)。

$$\begin{cases} \alpha = 1.960\ 4\beta + 0.152\ 8\beta^3 + 0.074\ 3\beta^5 + 0.050\ 0\beta^7 \\ \varphi = \arg\left[\overline{X}(k_i\Delta f)\right] + \dfrac{\pi}{2} - \pi(a - (-1)^i 0.5), \quad \text{i} = 1, 2 \\ A = \dfrac{1}{N}(y_1 + y_2)(2.702\ 1 + 1.071\ 2\alpha^2 + 0.233\ 6\alpha^4 + 0.040\ 2\alpha^6) \end{cases}$$

【例 5.3】　由于受到干扰,220 V、50 Hz 交流电的频率变为 50.5 Hz,该交流电含有 3 次和 5 次谐波,谐波幅值分别为基波的 0.2 和 0.1 倍,如图 5.11 所示,用 FFT 做频谱分析,要求频率分辨力不低于 10 Hz,试确定采样频率。用加窗插值法对分析结果进行修正,并求出电压总谐波畸变率 THD_u、各次谐波的含有率 HRU_n,并与理论计算结果进行比较。用 Matlab 进行仿真,对仿真结果进行分析。

解　显然与例 5.1 相比,电压总谐波畸变率 THD_u、各次谐波的含有率 HRU_n 是不变的,因此有 $THD_u = 22.36\%$,$HRU_3 = 20\%$,$HRU_5 = 10\%$。

由于不知道频率发生变化,仍然把该信号当作 50 Hz 交流电,因此采样频率与例 5.1 一样,因为要求频率分辨力不低于 10 Hz,所以 $F_0 = 10$ Hz,可得

$$T_0 = \frac{1}{F_0} = 0.1 \text{ s}$$

因为信号最高频率为 $f_h = 50 \text{ Hz} \times 5 = 250 \text{ Hz}$,所以采样频率为 $f_s > 2 \times f_h = 500 \text{ Hz}$,采样周期为 $T_s = 0.002 \text{ s}$,采样点数为 $N = \dfrac{f_s}{F_0} = \dfrac{T_0}{T_s} = 50$,为了使用 FFT,取 $N = 2^6 = 64$。采样布莱克曼窗抑制频谱泄漏,并用双峰谱线法进行修正,相应的 Matlab 仿真程序如下:

```
% 用 FFT 对含谐波交流电进行频谱分析,用双峰谱线法进行修正
N = 64;                    % 采样点数
T0 = 0.1;                  % 信号记录长度
a1 = 1;
a3 = 0.2;
a5 = 0.1;
n = linspace(0,T0,N+1);
n = n(1:length(n)-1);
A = 220 * sqrt(2);
xn = A * sin (2 * pi * f * n) + a3 * A * sin (6 * pi * f * n) + a5 * A * sin (10 * pi * f * n);% 电网信号
w = 0.42 - 0.5 * cos (2 * pi * n/T0) + 0.08 * cos (4 * pi * n/T0);        % 布莱克曼窗
sn = xn. * w;              % 时域加窗处理
xk = fft(sn,N);            %
u = abs(xk);
Af = zeros(1,5);           % 修正结果数组
for I = 1:5;               % 用双峰谱线法进行修正
    u1 = u(0 + 5 * I);
    u2 = u(1 + 5 * I);
    u3 = u(2 + 5 * I);
    if u3 > u1
        y2 = u3;
        y1 = u2;
    elseif u3 < u1
        y1 = u1;
        y2 = u2;
    end
    b = (y2 - y1)/(y2 + y1);
```

a = 1.96043163 * b + 0.15277325 * b^3 + 0.07425838 * b^5 + 0.04998548 * b^7;

Af(I) = (y1 + y2) * (2.70205774 + 1.071151 * a^2 + 0.23361915 * a^4 + 0.04017668 * a^6)/N;

end

k = linspace(0,1,N+1);

k = k(1:length(k)-1);

stem(k,u/N * 2.381)

set(gca,'FontName','Times New Roman','FontSize',30,'LineWidth',1);

xlabel('\omega/2\pi','FontName','Times New Roman','FontSize',30);

ylabel('X(k)/V','FontName','Times New Roman','FontSize',30);

Matlab 运行后得到的频谱分析结果,也即加窗后谐波的 FFT 分析结果如图 5.14 所示。

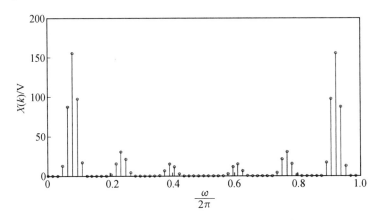

图 5.14   例 5.3 加窗后谐波的 FFT 分析结果

上述 Matlab 仿真程序中,存储修正结果的数组是 Af,可以得到

$$Af(1) = 311.129\ 6, \quad Af(2) = 0.052\ 0, \quad Af(3) = 62.228\ 6,$$
$$Af(4) = 0.030\ 3, \quad Af(5) = 31.115\ 0$$

电压总谐波畸变率为

$$THD_u = \frac{U_H}{U_1} \times 100\% = \frac{\sqrt{A_f(2)^2 + A_f(3)^2 + A_f(4)^2 + A_f(5)^2}}{A_f(1)} \times 100\% = 22.361\ 8\%$$

2 次谐波的含有率为

$$HRU_2 = 0.052\ 0/311.129\ 6 \times 100\% = 0.016\ 7\%$$

3 次谐波的含有率为

$$HRU_3 = 57.556\ 3/308.774\ 4 \times 100\% = 20.000\ 9\%$$

4 次谐波的含有率为

$$HRU_4 = 3.363\ 6/308.774\ 4 \times 100\% = 0.009\ 7\%$$

5 次谐波的含有率为

$$HRU_5 = 24.926\ 1/308.774\ 4 \times 100\% = 10.000\ 7\%$$

与例 5.2 相比,可以看出 FFT 分析结果有了非常明显的改善。

5.3.6   基于快速傅里叶变换的谐波分析仪

实际的谐波测量装置因应用的时期、场合和要求不同而形式各异。按测量功能分类,可分为频谱分析仪和谐波分析仪。按测量原理分类,可分为模拟式测量仪器和数字式测量仪器。按测量功用分类,可分为谐波分析仪和谐波检测仪。频谱分析仪能够提供谐波的频谱分布特征,谐波检测仪能够提供谐波成分的变化情况,谐波分析仪则能够提供电压谐波畸变率、电流谐波畸变率及各次谐波含量等。

电力系统的谐波分析计算是谐波研究的重要途径,现场测试和分析计算都起着不可或缺、相辅相成的作用。电力系统电压和电流中各次谐波的含有率和相角都可以用谐波分析仪来进行实时监测,从而掌握电力系统中的谐波阻抗、潮流分布、谐波谐振与放大情况等。谐波分析仪的主要功能由微型计算机完成。

1. 电力谐波分析仪的实现平台比较

电力谐波分析仪的常见实现平台如下。

(1) 通用型嵌入式计算平台 + 嵌入式软件。

如单片机、ARM 芯片,其特点是灵活、低成本,但受内部资源限制,没有针对 FFT 运算的指令、资源,所以数据处理能力有限。

(2) 专用 FFT 芯片或用户定制的大规模集成电路。

如 FPGA,其特点是运算速度快,但欠缺灵活性,研制费用较高,开发周期较长。

(3) 选用适合的 DSP 芯片 + 编程。

如 TI 公司 TMS320 系列,其特点是数据处理能力强,灵活,软件继承性好,开发周期适中。

DSP 芯片不同于通用单片机,DSP 是一种对数字信号进行高速实时处理的专用单片处理器,其处理速度比最快的 CPU 还快 $10 \sim 50$ 倍。这主要是因为 DSP 芯片内包含硬件并行乘法器和并行算术逻辑单元(arithmetic and logic unit,ALU),并采用流水线高速操作。随着集成电路技术的发展及精简指令系统计算机(RISC)结构的出现,DSP 的处理速度不断提高,DSP 的字长和处理精度也在不断提高,从最初的 8 位已经发展到 64 位。以美国德州仪器(TI)公司为例,其产品有定点 DSP 和浮点 DSP,字长有 8 位、16 位、32 位和 64 位,DSP 时钟速率高达 1 GHz。例如,TMS320C64x 具有 64 位数据并行读写端口,内核有 6 个并行 32 位 ALU 和 2 个并行 32 位硬件乘法器。正因为 DSP 具有上述优点,谐波分析仪多以定点 DSP 作为设计平台。

2. 选择 ADC 的注意事项

我国电网工频电压为 50 Hz,如果最高要分析 50 次谐波,即 $f_h = 2.5$ kHz。根据奈奎斯特采样定理,采样频率应为 $f_s \geqslant 5$ kHz,这相当于每个基波周期至少要采样 100 个点。实际应用中通常采用更高的采样频率。一般为信号最高频率的 $3 \sim 5$ 倍。并且为了 FFT 计算需要,采样点数一般为 2 的整数次幂,若系统每周期采样 256 点,采样频率就是 12.8 kHz。

ADC(A/D 转换器)是数据采集电路的核心,在整个系统中占有重要的地位。没有高精度 ADC 的保证,高次谐波的计算将毫无意义。ADC 的选择一般应视具体的工程应用而定,实际应用中需重点注意 ADC 的采样速率和采样精度。

ADC 的速度一般用转换速率(conversion rate),单位 SPS(samples per second)来表示,ADC 的转换速率必须大于等于采样速率(采样频率),因此习惯上也将转换速率在数值上等同于采样速率。不同类型的转换器转换速度相差甚远。其中并行比较 ADC 的转换速度最高,逐次比较型 ADC 属于中速 A/D,积分型 ADC 属于低速 A/D。ADC 的分辨率与其转换速率是相互制约的,ADC 的分辨率越高,其转换所需要的时间就越长,转换速率也就越低。逐次比较型

ADC 的转换速率一般在几百 KSPS 左右,其速度完全满足电力系统谐波分析采样的需要。

ADC 的采样精度是谐波分析仪精度的保证。分辨率是决定 ADC 采样精度的一个重要参数,通常人们习惯用 ADC 输出二进制数的位数来说明 ADC 对输入信号的分辨能力。理论上讲,n 位输出的 ADC 能区分 2^n 个不同等级输入模拟电压,能区分输入电压的最小值为满量程的 $1/2^n$。

国标 GB/T 14549—93《电能质量　公用电网谐波》附录 D5.3 节中对 A 级谐波测量仪表的精度有明确要求,当谐波电压 U_h 小于标称电压 U_N 的 1% 时,电压允许误差是 0.05%,即 $U_h \leqslant 0.05\% U_N$。也就是说,ADC 至少要能达到 1/2 000 的分辨率,同时被测电流电压信号都是双极性信号,输出数字信号中必定有一位符号位,这种情况下,12 位 ADC 仅能在理论上满足要求,14 位 ADC 是最佳选择。

另外,为了高精度地分析三相信号,多通道 ADC 需要能够实现多路同时采样,在 ADC 设计中也称为同步采样。例如,AD7865 是 14 bit 的 4 通道 ADC,可以接收真双极性信号,并提供 80 dB 的 SNR。AD7656 的封装包含了 6 个低功耗的 16 bit、250 KSPS 逐次逼近型 ADC,具有 86.6 dB 的 SNR。能够直接接收来自变压器的 65 V 或 610 V 的输出,而无须增益或者电平偏移,可以满足下一代电力监测系统的设计需求。

一种以 DSP 为核心的谐波分析仪的系统硬件结构如图 5.15 所示。该谐波分析仪可实现对三相电力系统的电压、电流信号的硬件同步采样和对采样序列的运算处理。电力系统的三相电压信号和三相电流信号分别经由电压互感器和电流互感器变换成小信号,然后通过放大器放大到合理范围,以满足 ADC 对输入信号幅值的要求。前置滤波的作用是滤除 50 次以上的高次谐波分量的干扰。方波生成电路的作用是将电网交流信号转换成同频率的方波信号,为锁相倍频电路提供标准输入。DSP 完成信号的算法处理及对整个系统的控制。人机接口包括键盘及 LCD,LCD 可以显示信号处理结果。信号处理结果可以通过通信接口进行传输。

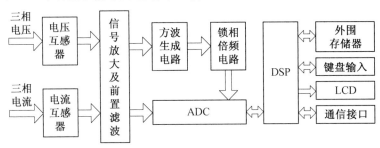

图 5.15　一种以 DSP 为核心的谐波分析仪的系统硬件结构

5.4　基于瞬时无功功率的谐波检测法

5.4.1　瞬时无功功率理论

1.传统无功功率理论

传统无功功率理论又称平均功率理论,是在平均功率理论的基础上建立起来的,其理论对象是单相交流系统的基波正弦电压、电流信号。

设系统的供电电压为 μ_s,其表达式为

$$\mu_s = V_n \sin \omega t = \sqrt{2} U \sin \omega t \tag{5.54}$$

系统的负载电流为 i_1，其表达式为

$$i_1 = I_m \sin(\omega t + \varphi) = \sqrt{2} I \sin(\omega t + \varphi)$$
$$= \sqrt{2} I \sin \omega t \cos \varphi + \sqrt{2} I \cos \omega t \sin \varphi \tag{5.55}$$

系统所吸收的瞬时功率定义为

$$p = \mu_s i_1 \tag{5.56}$$

结合式（5.54）和式（5.55）再代入式（5.56）中可以得到

$$p = UI_1 \cos \varphi (1 - \cos 2\omega t) + UI \sin \varphi \sin 2\omega t$$
$$= \bar{p} - P \cos 2\omega t + Q \sin 2\omega t \tag{5.57}$$

在上述表达式中，$\bar{p}$ 表示的是系统的平均功率，其表达式为

$$\bar{p} = \frac{1}{T} \int_0^T p \, \mathrm{d}t = UI \cos \varphi \tag{5.58}$$

P 表示的是系统的有功功率，其表达式为

$$P = UI \cos \varphi \tag{5.59}$$

Q 表示的是系统的无功功率，其表达式为

$$Q = UI \sin \varphi \tag{5.60}$$

S 表示的是系统的视在功率，其表达式为

$$S = \sqrt{(P^2 + Q^2)} \tag{5.61}$$

$\cos \varphi$ 表示的是系统的功率因数，其表达式为

$$\cos \varphi = \frac{P}{S} \tag{5.62}$$

式（5.55）中与 P 对应的电流分量表示的是有功电流分量，其表达式为

$$i_{1p} = \sqrt{2} I \sin \omega t \cos \varphi \tag{5.63}$$

与 Q 对应的电流分量表示的是无功电流分量，其表达式为

$$i_{1q} = \sqrt{2} I \cos \omega t \sin \varphi \tag{5.64}$$

2. 瞬时有功功率和瞬时无功功率

设三相电路各相电压和电流的瞬时值分别为 e_a、e_b、e_c 和 i_a、i_b、i_c。把它们变换到 α-β 两相正交的坐标系上进行研究。由下面的变换可以得到 α-β 两相瞬时电压 e_α、e_β 和 α-β 两相瞬时电流 i_α、i_β 为

$$\begin{bmatrix} e_\alpha \\ e_\beta \end{bmatrix} = \boldsymbol{C}_{32} \begin{bmatrix} e_a \\ e_b \\ e_c \end{bmatrix} \tag{5.65}$$

$$\begin{bmatrix} i_\alpha \\ i_\beta \end{bmatrix} = \boldsymbol{C}_{32} \begin{bmatrix} i_a \\ i_b \\ i_c \end{bmatrix} \tag{5.66}$$

式（5.65）、式（5.66）中

$$\boldsymbol{C}_{32} = \sqrt{\frac{2}{3}} \begin{bmatrix} 1 & -\dfrac{1}{2} & -\dfrac{1}{2} \\ 0 & \dfrac{\sqrt{3}}{2} & -\dfrac{\sqrt{3}}{2} \end{bmatrix}$$

如图 5.16 所示，α-β 平面上，矢量 e_α、e_β 和 i_α、i_β 分别可以进行合成，成为（旋转）电压矢量 e 和电流矢量 i（矢量 e_α、e_β 和 i_α、i_β 为矢量 e 和 i 在 α 轴和 β 轴投影）为

$$e = e_\alpha + e_\beta = e \angle \varphi_e \tag{5.67}$$

$$i = i_\alpha + i_\beta = i \angle \varphi_i \tag{5.68}$$

式(5.67)、式(5.68) 中，e、i 分别为矢量 e、i 的模，φ_e、φ_i 分别为矢量 e、i 的幅角。

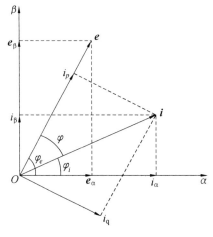

图 5.16　α-β 坐标系电压、电流矢量

【定义 5.1】　三相电路瞬时有功电流 i_p 和瞬时无功电流 i_q 分别为矢量 i 在矢量 e 及其法线上的投影，其表达式为

$$i_p = i\cos \varphi \tag{5.69}$$

$$i_q = i\sin \varphi \tag{5.70}$$

式(5.69)、式(5.70) 中，$\varphi = \varphi_e - \varphi_i$。

【定义 5.2】　三相电路瞬时无功功率 q（瞬时有功功率 p）为电压矢量 e 的模和三相电路瞬时无功电流 i_q（瞬时有功电流 i_p）的乘积，即

$$p = ei_p \tag{5.71}$$

$$q = ei_q \tag{5.72}$$

把式(5.69)、式(5.70) 代入式(5.71)、式(5.72)，可得出

$$p = e_\alpha i_\alpha + e_\beta i_\beta \tag{5.73}$$

$$q = e_\beta i_\alpha - e_\alpha i_\beta \tag{5.74}$$

将其写成矩阵形式为

$$\begin{bmatrix} p \\ q \end{bmatrix} = \begin{bmatrix} e_\alpha & e_\beta \\ e_\beta & -e_\alpha \end{bmatrix} \begin{bmatrix} i_\alpha \\ i_\beta \end{bmatrix} = \boldsymbol{C}_{pq} \begin{bmatrix} i_\alpha \\ i_\beta \end{bmatrix} \tag{5.75}$$

式(5.75) 中　　　　　　　　$$\boldsymbol{C}_{pq} = \begin{bmatrix} e_\alpha & e_\beta \\ e_\beta & -e_\alpha \end{bmatrix}$$

把式(5.65)、式(5.66) 代入式(5.75)，可得出 p、q 对于三相电压、电流的表达式为

$$p = e_a i_a + e_b i_b + e_c i_c \tag{5.76}$$

$$q = \frac{1}{\sqrt{3}} \{ i_a (e_b - e_c) + i_b (e_c - e_a) + i_c (e_a - e_b) \} \tag{5.77}$$

从式(5.76)可以看出,三相电路中的瞬时有功功率其实就是三相电路的瞬时功率。

【定义 5.3】　α、β 相的瞬时无功电流 $i_{\alpha q}$、$i_{\beta q}$(瞬时有功电流 $i_{\alpha p}$、$i_{\beta p}$)分别为三相电路瞬时无功电流 i_q(瞬时有功电流 i_p)在 α、β 轴上的投影,即

$$i_{\alpha p} = i_p \cos\varphi_e = \frac{e_\alpha}{e}i_p = \frac{e_\alpha}{e_\alpha^2 + e_\beta^2}p \tag{5.78 a}$$

$$i_{\beta p} = i_p \sin\varphi_e = \frac{e_\beta}{e}i_p = \frac{e_\beta}{e_\alpha^2 + e_\beta^2}p \tag{5.78 b}$$

$$i_{\alpha q} = i_q \sin\varphi_e = \frac{e_\beta}{e}i_q = \frac{e_\beta}{e_\alpha^2 + e_\beta^2}q \tag{5.78 c}$$

$$i_{\beta q} = -i_q \cos\varphi_e = \frac{-e_\alpha}{e}i_q = \frac{-e_\alpha}{e_\alpha^2 + e_\beta^2}q \tag{5.78 d}$$

某一相的瞬时有功电流和瞬时无功电流也可分别称为该相瞬时电流的有功分量和无功分量。

【定义 5.4】　α、β 相的瞬时无功功率 q_α、q_β(瞬时有功功率 p_α、p_β)分别为该相瞬时电压和瞬时无功电流(瞬时有功电流)的乘积,即

$$p_\alpha = e_\alpha i_{\alpha p} = \frac{e_\alpha^2}{e_\alpha^2 + e_\beta^2}p \tag{5.79 a}$$

$$p_\beta = e_\beta i_{\beta p} = \frac{e_\beta^2}{e_\alpha^2 + e_\beta^2}p \tag{5.79 b}$$

$$q_\alpha = e_\alpha i_{\alpha q} = \frac{e_\alpha e_\beta}{e_\alpha^2 + e_\beta^2}q \tag{5.79 c}$$

$$q_\beta = e_\beta i_{\beta q} = \frac{-e_\alpha e_\beta}{e_\alpha^2 + e_\beta^2}q \tag{5.79 d}$$

从定义 5.4 可得到如下性质:

$$p_\alpha + p_\beta = p \tag{5.80}$$

$$q_\alpha + q_\beta = 0 \tag{5.81}$$

【定义 5.5】　三相电路各相的瞬时无功电流 i_{aq}、i_{bq}、i_{cq}(瞬时有功电流 i_{ap}、i_{bp}、i_{cp})是 α、β 两相瞬时无功电流 $i_{\alpha q}$、$i_{\beta q}$(瞬时有功电流 $i_{\alpha p}$、$i_{\beta p}$)通过两相到三相变换所得到的结果,即

$$\begin{bmatrix} i_{aq} \\ i_{bq} \\ i_{cq} \end{bmatrix} = \boldsymbol{C}_{23} \begin{bmatrix} i_{\alpha q} \\ i_{\beta q} \end{bmatrix} \tag{5.82}$$

$$\begin{bmatrix} i_{aq} \\ i_{bq} \\ i_{cq} \end{bmatrix} = \boldsymbol{C}_{23} \begin{bmatrix} i_{\alpha q} \\ i_{\beta q} \end{bmatrix} \tag{5.83}$$

式中,$\boldsymbol{C}_{23} = \boldsymbol{C}_{32}^{\mathrm{T}}$

把式(5.78)代入式(5.82)、式(5.83)得到

$$i_{ap} = 3e_a\frac{p}{A} \tag{5.84 a}$$

$$i_{bp} = 3e_b\frac{p}{A} \tag{5.84 b}$$

$$i_{cp} = 3e_c \frac{p}{A} \tag{5.84 c}$$

$$i_{aq} = (e_b - e_c) \frac{q}{A} \tag{5.85 a}$$

$$i_{bq} = (e_c - e_a) \frac{q}{A} \tag{5.85 b}$$

$$i_{cq} = (e_a - e_b) \frac{q}{A} \tag{5.85 c}$$

式中,$A = (e_a - e_b)^2 + (e_b - e_c)^2 + (e_c - e_a)^2$

【定义 5.6】 a、b、c 各相的瞬时无功功率 q_a、q_b、q_c(瞬时有功功率 p_a、p_b、p_c)分别为该相瞬时电压和瞬时无功电流(瞬时有功电流)的乘积,即

$$p_a = e_a i_{ap} = 3e_a^2 \frac{p}{A} \tag{5.86 a}$$

$$p_b = e_b i_{bp} = 3e_b^2 \frac{p}{A} \tag{5.86 b}$$

$$p_c = e_c i_{cp} = 3e_c^2 \frac{p}{A} \tag{5.86 c}$$

$$q_a = e_a i_{aq} = e_a (e_b - e_c) \frac{q}{A} \tag{5.87 a}$$

$$q_b = e_b i_{bq} = e_b (e_c - e_a) \frac{q}{A} \tag{5.87 b}$$

$$q_c = e_c i_{cq} = e_c (e_a - e_b) \frac{q}{A} \tag{5.87 c}$$

传统功率理论又称为平均功率理论,因为对于其中的有功功率、无功功率的定义,都是在平均值基础或相量的意义上进行的,所以只能在电压、电流都是正弦波时才能得到良好的应用。而瞬时无功功率理论,都是在瞬时值的基础上定义的。瞬时无功功率理论不但能应用于电压、电流都是正弦波的条件,而且还能应用于电压、电流为非正弦波及任何过渡过程的条件下。从传统功率理论和瞬时无功功率理论的定义中可以看出,瞬时无功功率理论的概念与传统功率理论十分相似。因此可以认为,瞬时无功功率理论是传统功率理论的推广和延伸。

目前,基于瞬时无功功率理论的谐波检测法在有源电力滤波器中的应用越来越多。在检测谐波电流时,由于被检测对象电流中谐波的成分和采用滤波器的不同,因此在检测时检测结果会有不同的延时,但延时最多也不会超过一个电源周期。三相整流桥是电力系统中典型的谐波源,其检测的延时很短,大约有 1/6 周期。可见此方法具有很好的实时性。

以三相电路瞬时无功功率理论为基础,计算 p、q 或 i_p、i_q,即可得出三相电路谐波和无功电流检测的两种方法,分别称为 p-q 检测法和 i_p-i_q 检测法。

5.4.2 p-q 检测法

p-q 检测法原理如图 5.17 所示。

图 5.17 中 $\boldsymbol{C}_{pq}^{-1} = \begin{bmatrix} \dfrac{e_\alpha}{e_\alpha^2 + e_\beta^2} & \dfrac{e_\beta}{e_\alpha^2 + e_\beta^2} \\ \dfrac{e_\beta}{e_\alpha^2 + e_\beta^2} & -\dfrac{e_\alpha}{e_\alpha^2 + e_\beta^2} \end{bmatrix}$,为 $\boldsymbol{C}_{pq}$ 的逆矩阵。

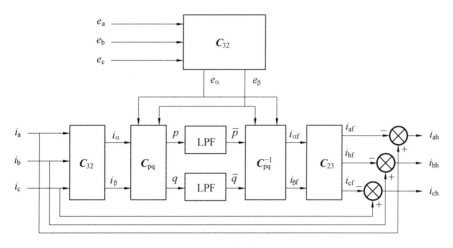

图 5.17　*p-q* 检测法原理

根据瞬时无功功率理论,可以利用该方法算出 p、q,然后再通过低通滤波器,从而分别得到 p、q 的直流分量 $\bar{p}$、$\bar{q}$。在电力系统电压没有发生畸变的情况下,直流分量 $\bar{p}$、$\bar{q}$ 分别由负载电流中的基波正序有功电流、基波无功电流与电压作用所产生。由此,由 $\bar{p}$、$\bar{q}$ 即可计算出被检测电流 i_a、i_b、i_c 的基波分量 i_{af}、i_{bf}、i_{cf}。

$$\begin{bmatrix} i_{af} \\ i_{bf} \\ i_{cf} \end{bmatrix} = \boldsymbol{C}_{23} \boldsymbol{C}_{pq}^{-1} \begin{bmatrix} \bar{p} \\ \bar{q} \end{bmatrix} \tag{5.88}$$

将 i_{af}、i_{bf}、i_{cf} 与 i_a、i_b、i_c 相减,其差则是电力系统中的谐波电流 i_{ah}、i_{bh}、i_{ch}。

当有源电力滤波器同时用于补偿谐波和无功时,就需要同时检测出补偿对象中的谐波和无功电流。在这种情况下,只需断开图 5.17 中计算 q 的通道即可。这时,由 $\bar{p}$ 即可计算出被检测电流 i_a、i_b、i_c 的基波有功分量 i_{apf}、i_{bpf}、i_{cpf} 为

$$\begin{bmatrix} i_{apf} \\ i_{bpf} \\ i_{cpf} \end{bmatrix} = \boldsymbol{C}_{23} \boldsymbol{C}_{pq}^{-1} \begin{bmatrix} \bar{p} \\ 0 \end{bmatrix} \tag{5.89}$$

将 i_{apf}、i_{bpf}、i_{cpf} 与 i_a、i_b、i_c 相减,即可得出 i_a、i_b、i_c 的谐波分量和基波无功分量之和 i_{ad}、i_{bd}、i_{cd}。

由于采用了低通滤波器,因此当被测电流发生变化时,需经过一定延时才能得到准确的 $\bar{p}$、$\bar{q}$,因此检测结果有一定延时,但当只检测无功电流时,因为不需要低通滤波器,只需将 q 反变换即可,因此不存在延时,此时无功电流为

$$\begin{bmatrix} i_{aq} \\ i_{bq} \\ i_{cq} \end{bmatrix} = \frac{1}{e^2} \boldsymbol{C}_{23} \boldsymbol{C}_{pq} \begin{bmatrix} 0 \\ q \end{bmatrix} \tag{5.90}$$

下面举例说明 *p-q* 检测法的检测过程。

【例 5.4】　以三相晶闸管整流电路为例,取三相对称电压为

$$\mu_a = 220\sqrt{2}\sin 100\pi t$$

$$\mu_b = 220\sqrt{2}\sin (100\pi t - 2\pi/3)$$

$$\mu_c = 220\sqrt{2}\sin (100\pi t + 2\pi/3)$$

当 6 脉波晶闸管整流器在触发角为 30° 运行时,畸变的线电流 i_a 的近似表达式为

$$i_a = I_1\sin (\omega t - \pi/6) + I_5\sin (5\omega t - \pi/6) + I_7\sin (7\omega t - \pi/6) +$$

$$I_{11}\sin (11\omega t - \pi/6) + I_{13}\sin (13\omega t - \pi/6) + I_{17}\sin (17\omega t - \pi/6) +$$

$$I_{19}\sin (19\omega t - \pi/6) + I_{23}\sin (23\omega t - \pi/6) + I_{25}\sin (25\omega t - \pi/6)$$

i_b、i_c 由 v_b、v_c 得到。采用 $p\text{-}q$ 检测法,用 Matlab 进行仿真,其中低通滤波器使用的是 FIR 滤波器,得到的结果如图 5.18 ~ 5.20 所示。

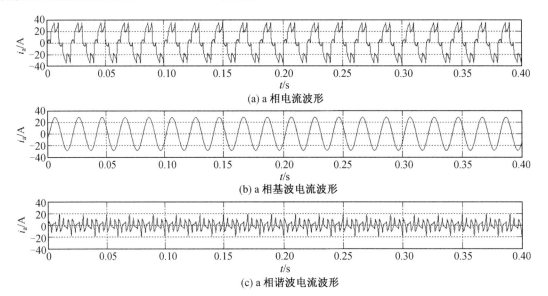

(a) a 相电流波形

(b) a 相基波电流波形

(c) a 相谐波电流波形

图 5.18　a 相母线的电流波形

图 5.18(a) 所示为晶闸管三相桥式整流在输出侧未经滤波,且为纯电阻负载的工作条件下,a 相的电流波形,母线 a 相的线电流的谐波次数为 $6n\pm1$,$6n+1$ 次为正序谐波,$6n-1$ 次为负序谐波。图 5.18(b) 所示为通过 $p\text{-}q$ 检测法得出的被检测电流的基波电流波形,图 5.18(c) 所示为经过 $p\text{-}q$ 检测法得出的所需检测的谐波电流波形。图 5.19(a) 所示为 a 相的电流波形频谱,从图 5.19(a) 可以看出,a 相母线的电流含有基波和谐波。图 5.19(b) 所示为 a 相电流滤波后的频谱,从图 5.19(b) 可以看出经 $p\text{-}q$ 检测法得出的是单一频率信号的电流,即为所测电流 50 Hz 的基波。图 5.19(c) 所示为 a 相电流谐波的频谱。图 5.20 所示为 a 相实际谐波电流波形、a 相检测出的谐波电流波形及两者的差值波形。由于滤波器输出信号存在延迟,因此在起始的一段时间内两者存在一定差值,超过这段时间后两者差值为零。

在三相电压对称的条件下,$p\text{-}q$ 检测法的谐波检测效果非常好,但在相电压不对称时,$p\text{-}q$ 检测法则难以实现良好的效果,存在该方法自身无法克服的问题。例 5.5 可以说明这一点,

【**例 5.5**】　设三相母线畸变电压为(母线线电流如例 5.4 所示)

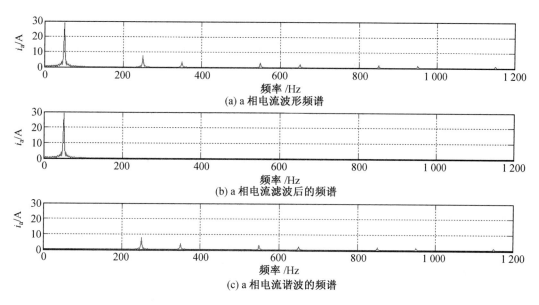

图 5.19 $p\text{-}q$ 检测法得到的电流波形的频谱

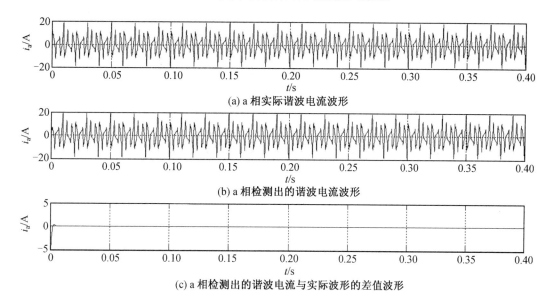

图 5.20 $p\text{-}q$ 检测法得到的谐波电流检测值与实际值的对比

$$u_{a} = 220\sqrt{2}\sin + 100\pi t + 60\sin + 200\pi t + 48\sin + 300\pi t + 35\sin + 400\pi t$$

$$u_{b} = 220\sqrt{2}\sin(100\pi t - 2\pi/3) + 56\sin(200\pi t - 2\pi/3) +$$
$$44\sin(300\pi t - 2\pi/3) + 33\sin(400\pi t - 2\pi/3)$$

$$u_{c} = 220\sqrt{2}\sin(100\pi t + 2\pi/3) + 57\sin(200\pi t + 2\pi/3) +$$
$$42\sin(300\pi t + 2\pi/3) + 31\sin(400\pi t + 2\pi/3)$$

母线电压不对称时,采用 $p\text{-}q$ 检测法得到的电流波形的频谱如图 5.21 所示。图 5.21(a) 为 a 相母线的实际时域电流波形频谱,和图 5.19(a) 的频谱线完全一致的。但将图 5.21(b) 与图 5.19(b) 相互对比,不难发现,图 5.21(b) 多出了一些幅值很小的谱线,同样将图 5.21(c) 与

图 5.19(c) 对比,可以看出图5.21(c) 也多出了一些谱线。

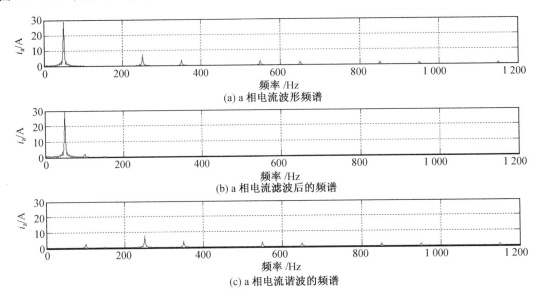

(a) a相电流波形频谱

(b) a相电流滤波后的频谱

(c) a相电流谐波的频谱

图 5.21　母线电压不对称时,采用 p-q 检测法得到的电流波形的频谱

　　母线电压不对称时,采用 p-q 检测法得到的谐波电流检测值与实际值对比如图 5.22 所示。由图 5.22(c) 可以看出,采用 p-q 检测法检测出的谐波电流与实际谐波电流相比,具有较大的误差。

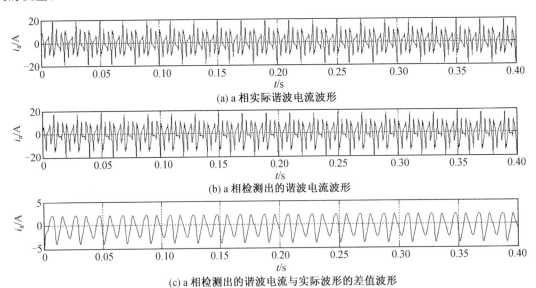

(a) a相实际谐波电流波形

(b) a相检测出的谐波电流波形

(c) a相检测出的谐波电流与实际波形的差值波形

图 5.22　母线电压不对称时,采用 p-q 检测法得到的谐波电流检测值与实际值对比

　　通过以上论述可知,当三相母线电压不对称时,采用 p-q 检测法不能对电路系统的母线电流中的谐波和无功分量进行有效检测。

　　经分析,其原因在于 p-q 检测法中,运算电压也含有谐波分量,这些谐波分量也会与电力系统的基波分量一样产生瞬时无功功率和瞬时有功功率,也可以产生直流,通过滤波器后经还原,基波电流中将含有这些谐波电流分量,从而造成补偿不准确,影响测量精度。在实际的电力系统中,电网电压是很难实现对称的,因此 p-q 检测法对于这种情况并不适用。所以在此基础上,提出了 i_p-i_q 检测法。

5.4.3　i_p-i_q 检测法

i_p-i_q 检测法的检验原理:首先,要使用锁相环 PLL(锁定相位的环路)将母线 a 相电压锁相,从而获得一组与母线 a 相电压相同频率和相同相位的正弦、余弦信号,进而得到变换矩阵 $\boldsymbol{C}$。三相输入电流 i_a、i_b 和 i_c 通过输入口再经过 α-β 变换后与变换矩阵 $\boldsymbol{C}$ 相乘,然后得到相应的有功电流 i_p 和无功电流 i_q。再将 i_p 和 i_q 输入低通滤波器,经过滤波后,得到相应的直流分量,这些直流分量则是由所测电流信号的基波产生的。将所得的直流分量进行反变换,可以计算出被测电流的谐波分量。i_p-i_q 检测法原理如图 5.23 所示。

与 p-q 检测法运算方式类似,当要检测谐波和无功电流之和时,只需断开图 5.23 中计算 i_q 的通道即可。而如果只需检测无功电流,则只要对 i_q 进行反变换即可。

p-q 检测法和 i_p-i_q 检测法既可用模拟电路实现,也可用数字电路实现。当用模拟电路实现时,p-q 检测法需要 10 个乘法器和 2 个除法器。i_p-i_q 检测法只需要 8 个乘法器。为保证检测的精度,最好选用高性能的四象限模拟乘法器芯片。

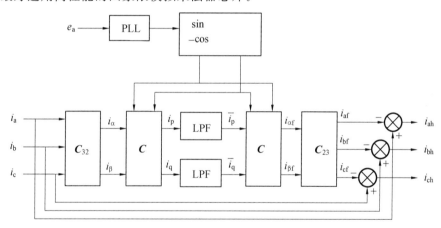

图 5.23　i_p-i_q 检测法原理

图 5.23 中 $\boldsymbol{C} = \begin{bmatrix} \sin \omega t & -\cos \omega t \\ -\cos \omega t & -\sin \omega t \end{bmatrix}$。

由上述 i_p-i_q 检测法的原理可知,当母线电压对称时,它检测的结果与 p-q 检测法是完全相同的。当三相母线电压发生畸变时,利用 i_p-i_q 检测法进行检测。设三相母线的畸变电压与例 5.5 相同,母线各相的线电流与例 5.4 相同。

采用 i_p-i_q 检测法的母线电压不对称时,仿真实验结果如图 5.24、图 5.25 所示。对比图 5.24 与图 5.21、图 5.25 与图 5.22 可知,在三相电压有畸变时,使用 i_p-i_q 检测法仍然可以将母线中的谐波电流检测出。该方法之所以会产生这样的效果,是因为整个运算只使用了 a 相的相关数据,而不需要对母线的各相进行采样,并进行相关的计算和变换。所以,畸变的母线电压对谐波的电流检测并没有什么影响。

由仿真结果可知,基于瞬时无功功率理论的谐波电流检测方法可以实时、准确地检测负载

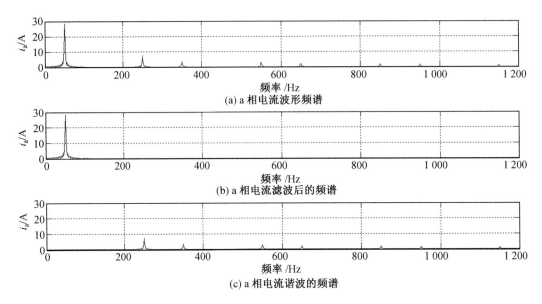

(a) a 相电流波形频谱

(b) a 相电流滤波后的频谱

(c) a 相电流谐波的频谱

图 5.24　母线电压不对称时,采用 i_p-i_q 检测法得到的电流波形的频谱

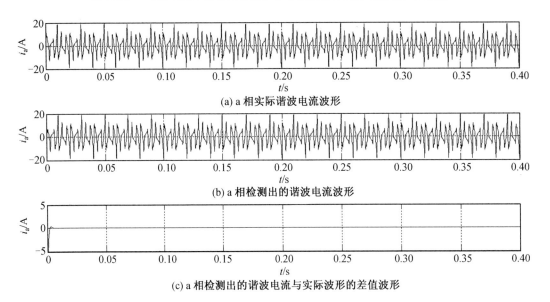

(a) a 相实际谐波电流波形

(b) a 相检测出的谐波电流波形

(c) a 相检测出的谐波电流与实际波形的差值波形

图 5.25　母线电压不对称时,采用 i_p-i_q 检测法得到的谐波电流检测值与实际值的对比

变化情况下的谐波。基于瞬时无功功率的谐波检测法分为母线电压对称和不对称两种,p-q 检测法对于母线对称的电路比较适用,但是在实际的系统中,母线电压通常是不对称的,因此需要用 i_p-i_q 检测法对谐波进行检测。

习　题

1.电力系统谐波产生的原因有哪些?

2.电力系统中谐波的危害有哪些?举例说明。

3.电力系统中谐波的检测方法有哪些？

4.电力系统中谐波的治理方法有哪些？无源电力滤波器和有源电力滤波器各有什么优缺点？二者适合应用的领域有哪些？

5.将正弦波电流展开成傅里叶级数形式,并写出各个系数的计算公式。

6.用离散傅里叶变换对信号做频谱分析的步骤都有哪些？

7.我国电网工频电压为 50 Hz,若谐波分析到 100 次,则采样频率应为多少？为了 FFT 计算需要,若采样点数为 2 的整数次幂,则采样频率又应为多少？

8.220 V、50 Hz 交流电,含有 5 次、7 次和 11 次谐波,谐波幅值分别为基波的 0.1、0.05 和 0.02 倍。用 FFT 做频谱分析,要求频率分辨力不低于 1 Hz,试确定采样频率。用 FFT 分析结果计算电压总谐波畸变率 THD_u、各次谐波的含有率 HRU_n,并与理论计算结果进行比较。

9.220 V、50 Hz 交流电,含有 5 次、7 次和 11 次谐波,谐波幅值分别为基波的 0.1、0.05 和 0.02 倍。若频率发生变化,增加了 0.5%。用 FFT 做频谱分析,要求频率分辨力不低于 1 Hz,试确定采样频率。用 FFT 分析结果计算电压总谐波畸变率 THD_u、各次谐波的含有率 HRU_n,并与理论计算结果进行比较。

10.220 V、50 Hz 交流电,含有 5 次、7 次和 11 次谐波,谐波幅值分别为基波的 0.1、0.05 和 0.02 倍。若频率发生变化,增加了 0.5%。用 FFT 做频谱分析,用海明窗抑制频率泄漏,要求频率分辨力不低于 1 Hz,试确定采样频率。用双峰谱线法对分析结果进行修正,用 FFT 分析结果计算电压总谐波畸变率 THD_u、各次谐波的含有率 HRU_n,并与理论计算结果进行比较。

11.基于 FFT 的谐波检测法是目前应用非常广泛的一种谐波检测法,试说明该方法在电力系统应用中存在的问题及主要改进方法。

12.电力谐波分析仪的实现平台有几种？各有何优缺点？

13.画图说明瞬时无功功率理论对 α-β 两相瞬时电压 e_α、e_β 和 α-β 两相瞬时电流 i_α、i_β 是如何定义的？

14.写出三相电路瞬时有功功率 p 和瞬时无功功率 q 对三相电压、电流的表达式？

15.基于瞬时无功功率理论的谐波检测法有几种？各有何优缺点？

第6章 智能电网技术及应用

随着以特高压为骨干网架和以各级电网为分区的中国特色电网的形成,风力发电、太阳能发电、燃料电池发电等分布式可再生能源发电资源数量的不断增加,电力网络与电力市场、用户之间的协调和交换越加紧密,以及电能质量水平要求逐渐提高,传统的电力网络及控制措施已经难以支持如此多的发展要求。为此,我国提出了发展坚强智能电网的设想,实现对传统电网的升级换代及电网运行、控制新思路的改革,同时也为中国电力市场的真正形成打下良好的基础。

6.1 概　述

从宏观上看,与传统电网管理运行模式相比,智能电网是一个完整的企业级信息框架和基础设施体系,它可以实现对电力客户、资产及运营的持续监视,提高管理水平、工作效率、电网可靠性和服务水平。传统的电力分配方式,类似于经济学上的计划经济,电力资源没有被合理配置,造成能源和财富的损失,而智能电网将杜绝此类浪费,它会把暂时不用的电卖给其他需要电力的人,供或需都由电力资源市场决定。从微观上看,与传统电网相比,智能电网进一步优化各级电网控制,构建结构扁平化、功能模块化、系统组态化的柔性体系结构,通过集中与分散相结合,灵活变换网络结构、智能重组系统结构、最佳配置系统效能、优化电网服务质量,实现与传统电网截然不同的电网构成理念和体系。

6.1.1 智能电网标准的发展

2009 年起,随着智能电网的迅速崛起,各个国家和组织相继拟定整理或出台了针对智能电网发展的系列标准。

2006 年,欧洲委员会(European Commission)就发布了欧洲智能电网技术平台(European Smart Grids Technology Platform)及其他相关文件,阐述了欧洲智能电网建设的整体方案。整个电网的建设依托于 IEC 标准,充分关注了分布式能源和核心能源的开发和利用。

2010 年 1 月,NIST(美国国家标准与技术)发布了智能电网互操作性标准框架,其中包括相关标准、需求及指导性说明文件共 75 项,并提出了智能电网建设现阶段需求的 15 项工程,基本上涵盖了智能电网的各个方面。在提出的 75 项标准中,大部分标准沿袭了已经在使用的 IEE、IEEE、ANSI 等国际或是国家标准,并将在此基础上对 IEC 等国际标准进行补充,使其能够更好地适应智能电网的发展需求。

2010 年 2 月,ENSG(Energy Networks Strategy Group)公布了其智能电网的发展规划,

智能电网的建设有了明确的时间安排。在这个规划中,最基础的一项就是智能电网的建设依托于开放与通用的技术标准。

自"十一五"计划提出建设智能电网以来,我国也在逐步更新智能电网建设的标准。仅针对表计这一类产品 2009 年就做出了重大改革。如何实现和国际标准的接轨,使电网建设具有国际先进性,是今后发展的目标和重点。

可见智能电网标准的发展不是创新,而是需要解决如何在现有标准的基础上更好地实现各个系统的互操作性、灵活性、即插即用性,将整个网络的各个部分标准化,使之真正成为有机的整体。

6.1.2　智能电网投入与建设

2010 年,我国投资超过 70 亿元用于智能电网的开发,其中仅智能电能表更新换代这一项就超过 170 000 000 台。而这只是 2010 年一年的投入,根据国际能源组织提供的数据,在 2010—2020 年我国用于新能源开发的政府投入资金在 2 800 亿元左右。而根据国家电网公布的智能电网建设三阶段实施计划,仅用于智能电网建设的部分投资,保守估计将超过万亿元,智能电网的建设将会是一个全国范围内的大动作。

在所有需要重建或是扩建改造的项目中,国家政府要求国内企业的占有率不得低于 70%,这一举措将极大地推动国内企业的发展,各个企业在新技术的研发力度上有了大幅度的提升,各级科研中心和重点实验室的建立不仅推动了企业的发展,同时也带动了国家针对智能电网技术的提高。

根据美国市场研究机构 Navigant Research 的最新报告,2014—2023 年,全球智能电网技术累计花费总计达 5 940 亿美元(约合人民币 3.7 万亿元)。把智能融入电网的基础技术已存在超过 10 年。现在,在全球对一个更敏感、自动化和高效的电网的需求下,智能电网技术市场正在飞速发展。

6.2　智能电网的框架结构

智能电网主要包括发电、输电、变电、配电、调度、用电等环节。其中发电涉及风电、光伏接入、分布式电源建设等技术领域,输电涉及互济、超导、特高压、网架等,配电涉及微网、虚拟电厂、先进电表网络设施、需求侧响应等,用电涉及智能用电、用电自动控制。智能电网涉及面广,从不同角度分类也较为复杂,以下从应用与管理的角度将智能电网分成三层构架来概述。

6.2.1　智能电网三层网络架构

根据信息流程,智能电网网络系统可以划分为三层,其网络框架结构如图 6.1 所示。

智能电网是由多系统组成的,具有互操作性及自愈能力的一种坚强的网络结构,各系统既相互独立又可以有机地综合在一起。虽然每个系统完成的功能各不相同,但其都应具备统一的特性。

6.2.2　数据层采集和汇总数据

数据层是整个网络的基础,各类信息都应由这一层设备产生。数据层除了提供各类设备

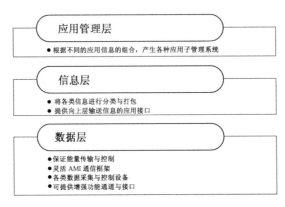

图 6.1 智能电网三层网络框架结构

信息外,还包含进行信息采集时所使用的通信技术与通信通道及与信息有关的扩展功能。数据层的结构划分如下。

数据层的基础是采集设备类信息,为所有系统提供数据来源。这一层的设备涵盖了智能电网输、配、变、用等各方面,包括前置机、采集终端、路由终端、传感器和各类通过其他信息通道上报的数据。除采集能源使用信息外,还包括各种网络状态信息、电能质量信息等,尽可能多地反映电网使用状态。

设备的多样性是为了提供尽可能多的数据来源,而通信的多样性则为数据的传递通道提供了更多的选择。除 RS485、PLC 电力线载波等常用通信方式外,随着网络技术的发展 GPRS、Ethernet 等利用公共网络进行数据通信的方式已经成为广大用户日渐青睐的选择。针对大数据量、高传输要求的系统,可以利用光纤进行远距离高速传输,而如果是小范围内的使用,如组建家庭网络时,RF 为大家提供了不错的选择。除此之外,利用公用电话网络(PSTN)可进行模拟信号的传输。智能电网数据层结构如图 6.2 所示。

特别注意的是,在网络设计时应更注重功能的扩展和网络的控制能力。具体来说,所有的设备都应具备双向通信能力,系统要能够实现对设备的远程控制和自动识别。当一个设备初次安装到网络上时,系统能够自动识别和配置硬件设备,使设备即插即用,最大限度地降低系统的人为参与,真正实现智能控制。整个通信过程能量从机器发起并由机器解决后将结果下发到发起方,实现系统的 M2M(machine to machine) 通信。

6.2.3 信息层传递和表达数据

信息层是整个网络的中坚力量,在这一层所有的数据将被打包分类,通过其相应的通信通道上送到应用管理层对数据进行分析与处理。智能电网信息层结构如图 6.3 所示。

打包分类后的数据主要包括 4 个方面。

1. 输配变电网络信息

输配变电网络信息主要关注的是电网状态,通过对它们的分析使电网能够有效运行。其中又可以详细地分为:① 网络状态监测类信息,一旦发生断路或是相关故障,网络能够及时反应,进行相应的保护;② 电能质量类信息,通过对这类信息的分析可以有效地了解与当前网络相关的谐波干扰,线损等相关电能质量数据;③ 控制类信息,由应用管理层下发的电网控制类信息控制网络的切换,能够进行远动与远控,实现网络的智能管理。这部分信息从采集到传递

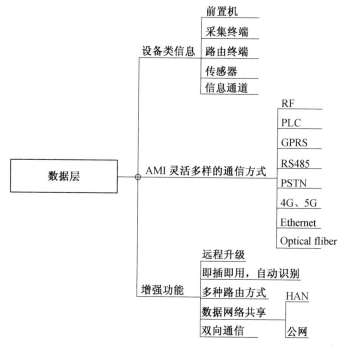

图 6.2　智能电网数据层结构

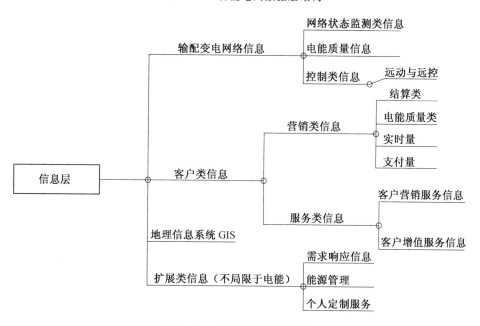

图 6.3　智能电网信息层结构

都建立在 IEC61850 系列协议的基础上。随着技术的不断发展,标准也在不断地更新,在 2019 年重新修订了分布式能源在配变电自动化系统中的通信模型。

2. 客户类信息

客户类信息关注的是用电侧的电能使用状态和服务类信息,与客户的使用状态息息相关,其中主要包含营销类信息及电能在客户侧使用时的电能质量与实时量的信息两大类,其中营销类信息指的是与电能计价相关的各类信息,主要包括电能的结算及支付类信息。

3. 地理信息系统(GIS)

地理信息系统主要反映的是当前状态下各类具有通信能力的设备的地理分布状态。一般来说这部分信息相对稳定,一旦设备安装成功,地理位置便相对固定下来。地理信息的加入可以更好地帮助系统了解当前网络的分布状态。

4. 扩展类信息(不局限于电能)

随着智能电网的发展,整个网络的覆盖范围应不仅局限于电能的使用,电、水、气、热等各项能源使用状态都应能够通过智能电网进行通信。信息层的数据传递将包含所有能源的使用状态。除此之外,在这类信息中更关键的是需求响应类信息。需求响应将直接影响到市场的价格和需求状态,整个响应过程是能源使用避峰填谷的过程,可以更有效地实现能源的节约。

6.2.4　应用管理层处理与分析数据

应用管理层是整个网络构架的"大脑",所有的数据都要最终汇总到此进行分析与处理,这一层的结构如图 6.4 所示。

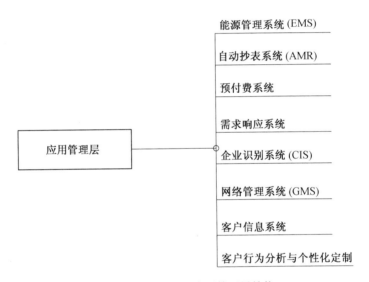

图 6.4　智能电网应用管理层结构

应用管理层主要分为下列系统。

1. 能源管理系统

能源管理系统(energy manager system,EMS)是功能可扩展的标准能源管理模型,信息层所有关于输配变电网络的信息都要汇总于此。该系列不仅定义了城市信息模型(city information modeling,CIM)公用信息模型,还定义了企业识别系统(corporate identity system,CIS)组件接口规范,为各类功能融合到能源管理系统中定义了统一的接口标准。虽然在该系列标准中也定义了一些适用于本系统的应用功能,但系统可融合的功能远不止这些,其中 CIM 公用信息模型更是可以超越 EMS 本身,在任何电力系统领域使功能集成成为一种可能。

2. 自动抄表系统(AMR)

应用管理层综合了所有与自动抄表系统相关的综合应用,主要包括:自动抄表,远程控制,运行管理,综合查询,统计分析,系统管理,付费信息管理与结算管理等,每一部分都与用户的电能使用状态息息相关。

3. 预付费系统

与 AMR 系统相似,这部分功能与电能使用者是直接相关的,更注重计价计费功能。卡表的电卡管理、卡表和键盘表通用的付费信息管理、售电管理、结算管理是预付费系统主要解决的问题。

4. 需求响应系统

需求响应是应用管理层的又一主要功能,主要包括开放式需求自动响应体系(Open ADR)、分布式能源接入的管理、其他可扩展应用设备和信号接入管理及对跨领域需求信号的规范。

Open ADR 是建立在开放的标准基础上的需求响应数据通信模型,旨在为电力公司和终端用户之间依据价格与事件信号交换用电信息。针对电力公司、电能用户及 DRAS 客户端定义了基于实时价格的用电管理和基于事件信号类的用电管理两大类功能。通过数据层可靠的、安全的双向通信设施,对需求响应信号做出自动反应,同时能够自动将需求响应事件信息转化为连续的互联网信号,在 MECS、照明设备与其他控制设备中实现互操作。系统具备灵活开放的通信接口,具备独立的平台,是一个可互操作、透明的系统,系统功能可随意整合。

其他可扩展应用设备和信号的接入管理及跨领域需求信号的规范主要针对需求响应系统的可扩展性。需求响应可以不仅局限于电能的使用,而是成为所有能源使用甚至物联网中所有信息的反馈。将电动汽车等可扩展应用设备的信息连接入网是需求响应的另一主要功能。针对电动汽车及其带动的即插即用技术的发展,在 2010 年 1 月份公布的 NIST 标准中有与 SAE 相关的三个标准作为指导,虽然其中很多标准还没有最终确定,但是不难看出,即插即用技术的发展是势不可挡的。

5. 客户信息系统

具体来说,用电侧的客户信息系统主要分为两大类功能:营销业务与客户服务。其中营销业务包括了智能双向结算,客户端电能质量管理,用电侧线 / 变损实时分析,电费回收保障,市场分析与预测,供用电安全隐患检测,智能分析决策在内的主要任务,帮助处理与电能息息相关的各类用户数据。客户服务则是更多地针对客户资源的管理,主要包括客户资源管理、客户营销服务支持、客户增值服务及社会诚信服务等多项功能。客户信息系统将用电侧的各类客户信息进行汇总,反映出能源的实际使用状况及各类服务的状态。

6. 网络管理系统

应用管理层的另一主要系统是网络管理系统(grid management system,GMS)。除了确保网络安全和数据的可靠性外,网络管理功能同时要对网络的实时系统进行校时。目前较准确的做法是利用 IEEE1588 标准中实时系统的校时算法,结合网络本身的特点,制定出符合输、配、变网络实际情况的网络校时方案,利用 4 帧通信得到网络时钟的误差与传输的延时,从而对时间进行校准。在后续的标准发展中,IEC61850 协议将制订出符合 IEEE 1588 标准算法的配变电网络校时方案,真正满足电网需求。

7. 客户行为分析与个性化定制

客户行为分析与个性化定制两部分内容主要考虑到的是如何为客户提供更人性化和更智能的服务。客户行为分析主要是了解客户自身的能源使用习惯,针对具有相同行为习惯的客户提供个性化定制服务,满足不同人群的能源使用需求。

6.3　智能电网发展关键技术

在智能电网的发展过程中,关键技术对电网建设起着必不可少的推动作用。高带宽、高速率的网络技术为大数据量的信息传递提供了可能;家庭内网络及自动需求响应则最大限度地体现了客户端网络的智能化和人性化;OBIS 编码,即对象标识系统(object identification system)的编码为所有信息能够进行统一分类提供了可能;自动识别技术保证了设备的即插即用,有效地减少了系统的人为参与。

6.3.1　网络技术

智能电网的发展依赖于通信技术的发展。5G 等宽带技术的发展提高了公网信息的传输效率。更高的带宽、更快的速率、多种环境下的适用性为信息交换和数据传输提供了保障。5G 网络的主要特点如下。

(1)更快的速度。5G 网络的下载速度可以达到几百兆每秒,甚至是千兆每秒。这个速度比 4G 网络快得多,可以让用户更快地下载大文件和高清视频等。

(2)更低的延迟。5G 网络的延迟可以缩短到 1 ms 以下,远优于 4G 网络。低延迟的网络可以提升用户的体验,如可以实现更流畅的在线体验和更快的实时数据传输。

(3)更多的设备连接。5G 网络的设备密度可以达到每平方千米数百万个,远高于以前的网络。意味着更多的设备可以同时连接到同一个网络,这对于物联网和智能城市应用非常重要。

(4)更低的能耗。5G 网络可以消耗更少的能量,这有助于延长电池寿命并提高智能设备的效率。

(5)更广泛的应用场景。5G 网络可以支持更广泛的应用场景,如增强现实、虚拟现实、智能家居、自动驾驶等。

目前,已有的各系统在设计初期考虑到网络带宽的制约性,采用了信息层层传递的方式,将同一类信息集中后,统一传输。这样的设计虽然节省了网络资源,但是却同时限制了系统实时性和互操作性的发展。几种无线网络的速率与覆盖率见表 6.1。

由表 6.1 可以看出,目前网络带宽正以倍数增加的形式发展,4G 是集 3G 与 WLAN 于一体,并能够快速传输数据及高质量的音频、视频和图像等。5G 网络(5G network)是第五代移动通信网络,其峰值理论传输速度可达 20 Gbps,合 2.5 GB/s,比 4G 网络的传输速度快 10 倍以上。5G 可大大降低时延及提高整体网络效率;简化后的网络架构可提供小于 5 ms 的端到端延迟。5G 带来超越光纤的传输速度,超越工业总线的实时能力及全空间的连接,网络的传输能力更加发达,各系统的通信可不再受网络带宽的限制。

表 6.1　几种无线网络的速率与覆盖率

	传播速率	全国覆盖率
2G 网络	9.6 kbit/s	
2.5G 网络	115 kbit/s(GPRS)	
3G 网络	下行:7.2 Mbps 上行:5.76 Mbps (WCDMA)	2023 年底,我国 4G 网络在城镇全覆盖,行政村通光纤和 4G 达到 98%
4G 网络	20 ~ 100 Mbps (LTE - TDD)	
5G 网络	目前上传速率稳定保持在 600 Mbps,最高可达 1 Gbps	截至 2023 年底,我国 5G 基站覆盖了所有地级市城区和县城城区,通 5G 的行政村占比超过 90%

6.3.2　家庭网络与自动需求响应

家庭网络(home area network,HAN)指的是融合家庭控制网络和多媒体信息网络于一体的家庭信息化平台,是在家庭范围内实现信息设备、通信设备、娱乐设备、家用电器、自动化设备、照明设备、保安(监控)装置及水电气热表设备、家庭求助报警等设备互联和管理,以及数据和多媒体信息共享的系统。

作为智能电网,甚至扩大到物联网的一个信息重要来源,家庭网络的主要作用如下。

(1)视频服务。利用视频点播功能,业主能够主动挑选自己喜欢的节目去欣赏。

(2)信息采集。智能化收集业主家居运行的各种参数,包括水表、电表、煤气表、热量表的计量数据及居室温、湿度等。

(3)家用电器的启停管理。对业主家中的空调等主要电器设备进行控制。

(4)信息服务。业主可以了解自己家庭运作的各种参数,如房间温、湿度,各种计量表读数,被控家电状态等,同时可以通过网络进行各种交费的简单查询。

(5)申请社区服务。

(6)安全防范。各种探测装置的安装确保有紧急情况发生时,业主按动紧急呼救按键通知物业和保安部门采取紧急措施。

(7)智能化控制。可以监视室内的温、湿度,进而控制空调机的运行,达到人工模拟大自然的气息。同时通过最佳的控制方式,达到节约能源、降低消耗的目的。

(8)语音应用。随着终端在数字家庭网络中的增多,在家庭安防监控方面,网络电话(SIP)电话门铃、摄像头电话报警联动也是语音业务的新应用。

在实际应用中根据不同的信息反馈,会出现需求侧管理的有关问题,如系统如何收发用户的需求并且做出科学的反应。人们可以采用 Open ADR 作为需求响应的解决手段。Open ADR 亦可称 Open Auto - DR,其核心是在价格、货币刺激、电力公司的相关用电引导等信息的作用下做出减少用电需求的反应,从而保证供用电的可靠性,避免出现高峰时段高电价,其被视为实现电力供应与需求平衡的重要技术之一。

需求响应成功的关键在于实现与用户间信息沟通的及时性和可靠性。Open ADR 将为用户和供应方之间提供最优的信息连接。需求响应在具体功能实现上需要一个标准化的、可互相转换的机制,称为 DRAS,有了这个机制,需求信息在用户和供应方之间的传输就能顺利实现。DRAS 的存在是为了实现需求信号的自动传输,它必须具备以下功能。

(1)各类供应方的信息管理设备、控制设备必须与 DRAS 实现兼容,实现互相访问。

(2)各类用户必须能通过 DRAS 接收并且理解自己在需求响应中所处的状态,即是否有实现现时需求的可能。

(3)信息管理、设备制造等第三方能生产出用户类接口,使供应方和用户的设备都能与 DRAS 兼容。

在网络应用中电力公司发出 DR 事件信号,由 DRAS Client 接收,该信号应描述事件的各类属性和状态。DRAS Client 向 DRAS 发出接收到信号的确认信息。DRAS 对该信息做出判断,指示 DRAS Client 做出相应动作,这些动作有:① 接收,对该事件做出应有的处理;② 退出,对该事件不做任何对策;③ 修正,对该事件的属性和状态等要求修复,重新传输。用户发送反馈信息至电力公司。

6.3.3　信息分类技术 － OBIS 编码

目前来说 OBIS 编码是针对能源计量类信息的一种统一命名方式,全称为 object identification system。它是一个由 6 个数码组成的组合编码,以分层的形式描述了每个数据项的准确含义。OBIS 的 6 位数码每一位的范围均为 1 ～ 255。目前的 OBIS 编码只针对能源类信息电、水、气、热相关领域的信息进行了定义,而将大部分资源预留出来作为自定义的内容应用。

根据目前网络的现状,各类信息庞杂,各系统间没有一个统一的方式对信息进行分类,不仅对系统间通信造成了障碍,同样在信息解读时,不统一的命名规则也给信息分类归档带来不便的影响,网络资源的利用率得不到最有效的发挥。出于解决这一难题的考虑,可以合理利用 OBIS 编码的预留资源,将所有的信息都利用 OBIS 编码进行归类,嵌套在各类信息之外,对信息进行统一的分类。需要提出的是,利用 OBIS 编码对所有的信息进行分类,信息能得到统一的传输,使得各系统可读,且不会降低信息的安全性。原有的命名方式仍然保留,OBIS 编码只是嵌套在原有信息外的"外衣",对信息的类型做出定义。归档后的信息剥去 OBIS 的"外衣"后,仍然按照原有方式在各系统内进行解读。

XML 将成为 M2M 自动识别与自适应的关键技术。M2M 为物到物的通信手段,为网络各类服务的信息化提供了一个有效的手段。随着技术发展越来越成熟,M2M 已经广泛应用于安全监测、机械服务、维修业务、自动售货机、公共交通系统、车队管理、工业流程自动化、电动机械、城市信息化等领域,实现了机器与机器的直接对话,M2M 技术产业链结构如图 6.5 所示。

图 6.5　M2M 技术产业链结构

国家《信息产业科技发展"十一五"规划和 2020 年中长期规划纲要》更是将 M2M 技术列为下一代网络重点扶持项目。M2M 技术的核心是将零散的网络功能和服务集中到统一的平台上,解决包括移动通信、定位等问题在内的网络通信问题,并为客户提供增值服务。其技术平台化的设计特点可以将物联网中的各部分内容有效地集成在一起,提高系统资源的利用率。凭借 M2M 技术的优势,可以形成一条从终端设备到应用服务提供商,再到客户的合理产业链。

XML 为公网的信息交换和数据传输提供了强大的索引功能。XML 语言与 HTML 同样是标准通用标记语言,不同的是 HTML 重在定义数据类型,注重数据的展示模式,而 XML 重在数据的存储,展示数据本身。

XML 是一套定义语义标记的规则,标记将文档分成许多部件并对这些部件加以标识。使用起来非常方便。XML 注重描述的是文档的结构和意义,不描述页面元素的格式化。可用样式单为文档增加格式化信息。文档本身只说明文档包括什么标记,不说明文档看起来是什么样的。文档的样式用 DTD 规范来定义,DTD 规范是一个用来定义 XML 文件的语法、句法和数据结构的标准,可以定义在使用每一个所声明的元素时是必需的、可选的还是有条件的,以及可允许的属性值的范围是否有所限制、是否有一个默认值,或者是否允许有空标记等。XML 使各种格式的 XML 文件都可以被机器所识别,允许机器能够识别各种格式的 XML 页面,就可以让不同的站点之间自动共享不同格式的数据。

XML 的另一个特性是允许有自描述信息,并且 XML 标记并不是预先规定好的,用户必须创造自己的标记,XML 具备良好的可扩展性,可以广泛应用到物联网的各类信息描述中去。

XML 将能够成为设备与设备之间不同网络构架的电子识别标签技术的应用之一,其技术在计算机行业已经得到广泛应用,其技术可逐步解决众多设备零散信息整合与自动识别,并完成智能电网适应性与自愈性的需求。

6.4　智能电网与物联网的结合

物联网是指通过各类信息传感设备,按约定的协议把任何物品与互联网连接起来进行信息交换和通信,以实现智能化识别、定位、跟踪、监控和管理的一种网络。

物联网是对互联网技术的进一步发展,利用 RFID 射频识别、数据通信技术,组成一个覆盖世界万事万物的整合网络,网络中的事物可以自动识别、信息共享、彼此"交流",无须人为干预。传感设备、无线通信技术是整个网络的基础,如何对各类设备信息进行分类,采用何种信息标签是减少人为干预,实现系统自动识别的关键问题。

物联网是通过 RFID 技术、无线传感器技术及定位技术等自动识别、采集和感知所获取物品的标识信息、物品自身的属性信息和周边环境信息,借助各种电子信息传输技术将物品相关信息聚合到统一的信息网络中,并利用云计算、模糊识别、数据挖掘及语义分析等各种智能计算技术对物品相关信息进行分析融合处理,最终实现对物理世界的高度认知和智能化的决策控制。智能电网的实现首先依赖于电网各个环节重要运行参数的在线监测和实时信息掌控,基于此,物联网作为"智能信息感知末梢",可成为推动智能电网发展的重要技术手段。未来智能电网的建设将融合物联网技术,物联网应用于智能电网最有可能实现原创性突破。

6.4.1　物联网技术在智能电网领域的应用

物联网技术在智能电网领域应用大有可为。智能电网主要是通过终端传感器在客户之间、客户和电网公司之间形成即时连接的网络互动,可实现数据读取的实时、高速、双向的效果,从而整体提高电网的综合效率。国家电网公司智能电网实现电力流、信息流、业务流高度一体化的前提,在于信息的无损采集、流畅传输、有序应用。各个层级的通信支撑体系是坚强智能电网信息运转的有效载体。通过充分利用坚强智能电网多元、海量信息的潜在价值,可服务于坚强智能电网生产流程的精细化管理和标准化建设,提高电网调度的智能化和科学决策水平,提升电力系统运行的安全性和经济性。

智能电网的核心在于构建具备智能判断与自适应调节能力的多种能源统一入网和分布式管理的智能化网络系统,可对电网与客户用电信息进行实时监控和采集,且采用最经济与最安全的输配电方式将电能输送给终端用户,实现对电能的最优配置与利用,提高电网运行的可靠性和能源利用效率。智能电网的本质是能源替代和兼容利用,它需要在开放的系统和共享信息模式的基础上,整合系统中的数据,优化电网的运行和管理。

面向智能电网的物联网从技术方案的角度来讲,网络功能仍集中于数据的采集、传输、处理三个方面。① 数据采集倾向于更多新型业务。在宽带接入技术的支持下,物联网应用不局限于数据量的限制,因此在未来的大规模应用中可以提供更多的数据类型业务,如重点输电线路监测防护、大规模实时双向用电信息采集。② 网内协作模式的数据传输。以网内节点的协作互助为基本方式,解决数据传输问题。以各种成熟的接入技术为物理层基础,在媒体访问控制层(media access control layer,MAC),也称数据链路层以上,通过多模式接入、自组织的路由寻址方式、传输控制、拥塞避免等技术实现节点协作数据传输模式。③ 网内数据融合处理技术。物联网不仅是一个向用户提供物理世界信息的传输工具,同时还在网络内部对节点采集数据进行融合处理,是一个具有高度计算能力和处理能力的云计算信息加工厂,用户端得到的数据是经过大量融合处理的非原始数据。物联网技术在智能电网中的主要应用如图 6.6 所示。

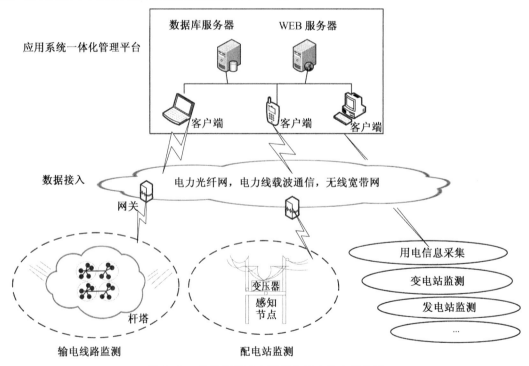

图 6.6 物联网技术在智能电网中的主要应用

　　物联网作为智能电网末梢信息感知不可或缺的基础环节,在电力系统中具有广阔的应用空间,物联网将渗透到电力输送的各个环节,从发电环节的接入到检测,变电的生产管理、安全评估与监督,以及配电的自动化、用电的采集及营销这方面都要采用物联网,在电网建设、生产管理、运行维护、信息采集、安全监控、计量应用和用户交互等方面将发挥巨大作用。可以说80％的业务与物联网相关。传感器网络可以全方位提高智能电网各个环节的信息感知深度和广度,为实现电力系统的智能化及信息流、业务量、电力流提供高可用性支持。

　　面向智能电网应用的物联网应当主要包括感知层、网络层和应用服务层。感知层主要通过无线传感网络、RFID 等技术手段实现对智能电网各应用环节相关信息的采集;网络层以电力光纤网为主,辅以电力线载波通信网、无线宽带网,实现感知层各类电力系统信息的广域或局部范围内的信息传输;应用服务层主要采用智能计算、模式识别等技术实现电网信息的综合分析和处理,实现智能化的决策、控制和服务,从而提升电网各个应用环节的智能化水平。

　　物联网技术主要应用于智能家电传感网络系统、智能家居系统、无线传感安防系统、用户用能信息采集系统等,主要硬件设备包括智能交互终端、智能交互机顶盒、智能插座等。该系统与外部的通信主要通过电力线通信(PLC)、电力复合光纤到户(PFTTH)、无线宽带通信等通信方式相结合的宽带通信平台来实现。物联网应用于智能电网用户服务的网络架构如图6.7 所示。

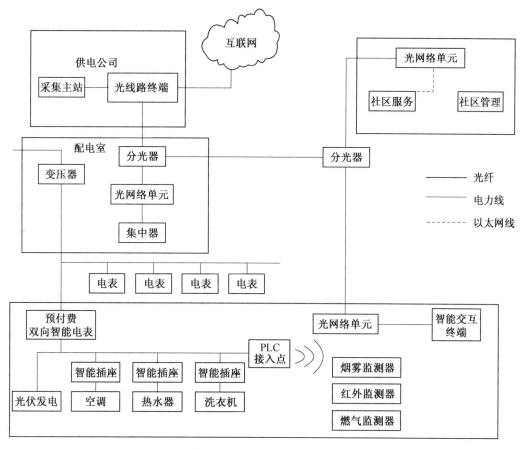

图 6.7　物联网应用于智能电网用户服务的网络架构

面向智能电网的物联网将具有多元化信息采集能力的底层终端部署于监测区域内,利用各类仪表、传感器、RFID射频芯片对监测对象和监测区域的关键信息和状态进行采集、感知、识别,并在本地汇集,进行高效的数据融合,将融合后的信息传输至中间一层的网络接入设备;中间层网络接入设备负责底层终端设备采集数据的转发,负责物联网与智能电网专用通信网络之间的接入,保证物联网与电网专用通信网络的互联互通。在物联网中,网络设备之间的数据链路可采用多种方式并存的链路连接,并依据智能电网的实际网络部署需求,调整不同功能网络设备的数量,灵活控制目标区域／对象的监测密度和监测精度,以及网络覆盖范围和网络规模。

6.4.2 物联网技术应用在智能电网中的作用

智能电网与物联网联系密切。物联网技术可以实现电力设备状态检测、电力生产管理、电力资产全寿命周期管理、智能用电。利用物联网技术将有助于实现智能用电双向交互服务、用电信息采集、智能家居、家庭能效管理、分布式电源接入及电动汽车充放电,为实现用户与电网的双向互动、提高供电可靠性与用电效率及节能减排提供技术保障。

1. 实现按需发电,避免电力浪费

目前的电网技术中,最薄弱的环节就是储电,也就是说发出来的电必须马上用掉,否则将造成能源的巨大浪费。而通过物联网技术运用,这一困扰电企多年的问题将迎刃而解。2009年9月,南瑞集团联合3家科技企业组建的江苏瑞中数据股份有限公司,主导研发实时电力需求“感知中心”。感知中心就是一个面向智能电网的传感器网络中枢,通过搜集家家户户的电表信息,可以计算出一定时间段的生活用电动态需求量,再将这一信息及时反馈到发电企业,按需发电。在提升电网智能程度的同时,避免无效发电的成本浪费。

2. 促进分布式发电

给传统的输电线路和配用电设备加上传感器,再接入物联网,将给人们带来全新的用电体验。例如,居民家庭采用太阳能板自给供电,最大限度地利用可再生资源,再给用户装上双向电表,居民用不完的电既可以储存在一个特定储能设施里,也可以通过双向电表卖给电网公司。随着国家对家用太阳能、风能发电上网执行激励性电价,居民获得不少收益。另外,随着电动汽车的大量应用,许多小区停车场建设了电动汽车充电桩,不用车时,居民的电动汽车也可以在波谷时充电,在波峰时将储存的多余电量通过“智能电网”送入公共电网,赚取差价。

3. 保证输电安全

电力行业是关系到国计民生的基础性行业。电力线传输系统包括变电站(高、低压变压器,控制箱)、高压传输线、中继器、塔架等,其中高压传输线及塔架位于野外,承担电能的输送,电压至少为35 kV,是电力网的骨干部分。电力系统是一个复杂的网络系统,其安全可靠运行不仅可以保障电力系统的正常运营与供应,避免安全隐患所造成的重大损失,更是全社会稳定健康发展的基础。中国国家电网公司于2010年5月21日公布了智能电网计划,其主要内容包括:以坚强的智能电网为基础,以通信信息平台为支撑,以智能控制为手段,包含电力系统的发电、输电、变电、配电、用电和调度各个环节,覆盖所有电压等级,实现“电力流、信息流、业务流”的高度一体化融合,构建坚强可靠、经济高效、清洁环保、透明开放、友好互动的现代电网。采用物联网技术可以全面有效地对电力传输的整个系统,从电厂、大坝、变电站、高压输电线路直至用户终端进行智能化处理。包括对电力系统运行状态的实时监控和自动故障处理,确定电网整体的健康水平,触发可能导致电网故障的早期预警,确定是否需要立即进行检查或采取相应的措施,分析电网系统的故障、电压降低、电能质量差、过载和其他不希望的系统状态,基于这些分析,采取适当的控制行动。

国家电网应用传感器网络解决了很多问题。传统方式是可靠的,但会造成极大浪费,因此就要通过在线路上配置一些传感设备检测线路的实时情况来保证电网的安全。还通过一些设备的使用和部署,来提高传感的效率,保证输电到位。

4. 提升服务水平

作为国内最大的移动通信运营商,中国移动一直以来致力于推进各行各业的信息化进程,全力打造高效、开放的"物联网",构建和谐的数字化生态系统。近年来,中国移动相继推出了电力抄表、交通物流、安防监控及电子支付等一系列基于物联网技术的信息化解决方案,通过基于移动通信网络的机器与机器,机器与人之间的信息采集、传输和应用处理,实现对机器的远程监控及指挥调度。

手机购电是运营商和电力公司合作推出的一项基于物联网技术的大众服务业务。一般购电,是用户去看电表,然后在没电时去买电卡充值。与此同时,抄表员需要对每个终端电表进行人工计数,以便电力公司有效地了解各户的用电情况。手机购电服务开展以后,一方面,用户可以通过把购电号码发短信给指定的号码,获得需要交费提示后,选择同意,计算机可以自动从账户中扣除需要交的费用;另一方面,每个电表都会通过无线传感模块与居民集抄管理终端联系,终端再将这些信息发送给电力公司,从而不需要抄表员,实时实现对居民用电缴费情况的管理。

5. 节约电能使用

大楼里面不同的房间在不同的时间要求的温度不一样,物联网传感器测量房间的温度,控制系统按照需要的温度对空调进行智能控制。通过实验,这项技术节约的电能可达 294%。有的办公室所有的灯光都是智能控制的。员工进入办公室之后,头顶上的灯自动打开,离开这个位置后,头顶上的灯则自动关闭。如果外面的阳光太过强烈,窗帘则自动拉下。各个光源都是通过自动感应设备连接到网络中的控制计算机,由计算机进行智能控制,这样可以做到最大限度地节约电能。

智能交互终端是实现家庭智能用户服务的关键设备,其通过利用先进的信息通信技术,对家庭用电设备进行统一监控与管理,对电能质量、家庭用电信息等数据进行采集和分析,指导用户进行合理用电,调节电网峰谷负荷,实现电网与用户之间智能用电。通过在各种家用电器中嵌入智能采集模块和通信模块,可实现家电的智能化和网络化,完成对家电的运行状态的监测、分析及监控。

此外,通过智能交互终端,可为用户提供家庭安防、社区服务、互联网服务等增值服务。

6.4.3　智能电网的建设引导物联网的发展

智能电网正是物联网在现代应用的热门领域,它的发展也代表着物联网的变化。智能电网与物联网是发展的必然趋势,与智能电网相类似的,整个物联网也可以分为三层结构:设备采集层负责数据的采集;信息传输层负责数据的包装分类与传递;应用管理层负责数据的处理和分析。

相应的,智能电网的一些先进技术和标准也可以被应用到整个物联网领域。例如,统一的信息编码规则与自动的客户需求响应。

物联网的发展必然需要将各类事物进行统一编码,智能电网中采用 OBIS 进行编码的方式在一定程度上为物联网的发展提供了借鉴性。

同样,在物联网的实际应用中也会出现与需求侧管理有关的问题,如系统如何收发用户的需求并且做出科学的反应。因此设想把 Open ADR 技术衍生到物联网的需求管理当中,实现物联网的实际应用功能。需求响应成功的关键在于实现与用户间信息沟通的及时性和可靠性。Open ADR 将为用户和供应方之间提供最优的信息连接。需求响应在具体功能实现上需要一个标准化的、可互相转换的机制,称为 DRAS,有了这个机制,需求信息在用户和供应方之间的传输就能顺利实现。

随着物联网产生的快速发展,物联网对人们生活的影响可谓是方方面面的,然而物联网最初的设想在于商品、物流、供应链之间的互联,这一通过射频识别技术、产品电子代码及网络互联网技术来实现物－物互联的技术,成了现代化物流仓储发育的摇篮,而物联网也被频繁地用于货物追踪、仓储管理应用、港口应用、邮政快递包裹等物流仓储领域。

除物流仓储外,物联网也被用于智能交通管理。智能交通系统(ITS)通过在基础设施和交通工具中应用物联网技术提高交通运输系统的安全性、运输效能和可管理性。相比传统的"增加容量"式的交通减压方法,ITS 通过路边传感器、射频标记、车辆无线通信设备等,可以分析和调度交通设备最大优化的利用率,是一种治标且治本的方法。

随着全球近几年节能减排需求的日益增长,中国、美国、日本及欧洲各国已经相继启动了"智能电网"升级计划。智能电网可以在无须人为干预的情况下,自动维护系统正常运行;无缝地接入不同类型的发电和储能设备,实现即插即用;实现与用户之间的双向通信,促进对电力系统的共同建设。智能电网最基础的应用就是智能电能表,其已经在一、二线城市中得到了普遍的应用。

但随着物联网概念的深入及信息化时代发展的必然需求,物联网应用渐渐开始出现在个人应用市场,民用化趋势愈加明显,这在一定程度上标志着物联网行业发展得越加成熟,物联网民用化目前有几个较热门的应用。

1. 智慧医疗:医疗智能监护系统

智慧医疗简称 WIT120。一般的智慧医疗由三部分构成:智慧医院系统、区域卫生系统及家庭健康系统。智慧医疗监护系统对医疗问题能起到十分有效的改善作用,所以智慧医院系统、区域卫生系统正在慢慢走进人们的生活。

2. 智慧校园:校园一卡通

信息时代的校园离不开信息化的管理。智慧校园一般以校园一卡通为核心内容。在一张射频卡中,可以实现学籍管理、生活消费、身份认证、网上缴费等多种功能。因为统一化管理,校园一卡通比城市一卡通更容易实现,非常利于校园信息化管理水平的提高。而在校园手机一卡通运作中发现的问题和经验积累,可以为城市一卡通提供先行支持。

校园一卡通由数字校园中心平台、教务财务校园卡管理中心平台、各应用系统平台构成,具有消费结算、身份识别、金融服务、自助查询等功能。除了门禁功能,校园卡持卡人可以在校内(如食堂、图书馆、体育中心、复印室、电控等)进行个人消费支出,由于使用的是本地销售终端,可以进行脱机消费,因此将大大缩短了交易时间及交易成本。

3. 智能家居:家电控制

智能家居的形式较为多样,一般可分为家电控制系统、灯光控制系统、影音控制系统、人脸识别系统、门窗控制系统、安防控制系统等。家电控制系统由家电终端、控制模块、控制平台软件构成,户主可以随时通过手机、计算机端对家中的家电进行远程控制与管理,如指示洗衣机工作、查看冰箱中的食物储存情况、查看煤气是否关闭等。未来,甚至不需要户主的指示,"物联网冰箱""物联网电视""物联网厨具"等会自动根据户主预设的意愿,进行家庭电器的最优使用配置与交互配合。

从目前发展状况来看,物联网要发展成熟的民用市场,还需充分做到低成本、安全实用。对于物联网民用的普及,道路依旧是漫长和曲折的。但正所谓有需求就会有市场,物联网的民用将是未来物联网推广的方向和趋势,相信这一目标的实现,并不遥远。

6.5　智能家居监控系统设计

智能家居控制系统(smart home control systems,SHCS)是以住宅为平台,以家居电器及家电设备为主要控制对象,利用综合布线技术、网络通信技术、安全防范技术、自动控制技术、影音视频技术将与家居生活有关的设施进行高效集成,构建高效的住宅设施与家庭日程事务的控制管理系统,提升家居智能、安全、便利、舒适,并实现环保节能的综合智能家居网络控制系统平台。智能家居控制系统是智能家居的核心,是智能家居控制功能实现的基础。

家居控制器可以提供多种智能控制方案,使家居的主人更加享受家庭生活,且使他们处理家庭事务,更快、更方便。

智能家居系统还可以提供舒适的健康环境,通过配置相应的传感器可以有效监视室内的温度、湿度和亮度,进而控制空调、窗帘和照明系统的运行,从而提供更加适宜的生活空间。另外通过各类安防传感器,提高了人们及时发现和处理紧急情况的能力。

在智能家居中配备 Internet 接入功能后,则家居的远程监控能力将更强,给住户一种前所未有的安全感,使他们更加放心地去工作,去生活,从而提高用户的生活质量。

在我国,随着国家对家居智能化的大力支持,三表抄送系统、门禁系统、可视对讲系统等一些分散的智能家庭控制子系统逐步在市场上出现。近年来,嵌入式智能系统越来越成为人们关注的焦点。嵌入式智能家居监控系统正逐步进入普通家庭,对一般家庭的家居安全起着重要的作用。通过防盗报警系统可以对用户住宅的火灾、有害气体的泄漏或外人的入侵等情况进行自动报警。

在智能家居系统中,综合布线技术也成了评判智能家居系统性能好坏的一项重要指标。综合布线技术的日益成熟必将大大促进家居智能化的进程。现如今,利用无线控制和有线控制的智能家居系统正在逐步被人们所接受。目前市场上,消费者所接受的智能家居系统市场占有率比较高的是有线控制的家居系统。有线控制智能家居系统的信号输出十分稳定。但是有线控制智能家居系统布线复杂、造价高、工期长等缺陷也十分明显。随着人们对无线技术认识的日益加深,无线控制的智能家居系统也越来越被更多的人接受。无线控制安装便捷、操作简单、扩展性好。但是无线控制系统容易受干扰信号的干扰,它的安全隐患不可忽视。

将有线技术和无线技术完美结合才能使智能家居更好地被人们接受。将低压电力线载波通信技术和 GPRS 无线通信技术相融合,使有线控制和无线控制的优势得到继承和延伸。电力线载波通信技术早就广泛用于各行各业。将这种成熟的技术用于智能家居系统的家居组网,不仅不需要布线,而且成本低,工期短,同时也能很好地将家居组建成一个集成网络。GPRS 无线通信技术是比较成熟的技术,被广泛应用于各个领域。利用有线技术和无线技术相结合的智能家居监控系统有一定的优势。

在智能家居监控系统的普及中,价格是人们关注的重点。国内外有很多成熟的智能家居监控系统方案,但却没有在千万家庭中普及,其原因主要是整个系统的价格比较昂贵,导致用户有一定的心理压力。从用户的角度出发,将家庭中的一部分设备智能化,让用户没有经济负担的同时,也能体验到智能化家居监控系统带来的便利。消除心里的各种疑问后,用户才会放心大胆地接受智能化家居监控系统带来的改变,才会真正地接受将智能化系统融入生活。

智能家居监控系统给人们带来了极大的便利。从宜居度来看,智能家居强调人的主观能动性,重视人与居住环境的协调。人们能够构建高效的家居监控管理系统,提升家居环境的安全性和舒适性。智能家居系统不仅简化了日常生活中的很多操作,而且能有效保证家人的安全。它使得家居环境变得更加的温馨舒适,生活方式更加时尚多彩。

智能家居系统是一项涉及生态、环保、节能等多个综合性领域的系统性工程。它融合了传感器技术、自动控制技术和计算机技术等多种重要技术。随着相关技术的不断进步,智能家居系统的出现意味着人们生活方式的改变和生活质量的提升。将触摸技术和家居控制系统界面相结合,用户操作界面更加趣味化,用户只需点击触摸屏上的相关按钮就可以控制家里的灯光、窗户等设备。

6.5.1　嵌入式智能家居监控系统组成

嵌入式智能家居监控系统作为普通家居用户信息化的实现方式,目的在于将静止、分散的家居设备有效地结合起来,形成一个智能的家居系统,便于家居设备的集中监控与统筹管理。智能家居不但具备普通的居住功能,而且还能在此基础上提供高效、快捷、高品位的贴心服务,让生活更舒适、更温馨、更怡人。

嵌入式技术结合了多种先进技术,是计算机技术、现代电子技术、自动化技术、综合布线技术、通信技术等多种技术一同快速发展的产物。通过集中监控,智能家居系统通过有线或无线的方式组建通信网络,整合各种家用电器、日常通信设备、安保设备,实时对家中各种设备进行管理、控制,智能地调控家中的环境,保障居住环境的舒适安全。通过统筹管理,智能家居系统改变了居住环境被动静止的状态,使其聪明智慧、体贴入微;让家庭内外能顺畅沟通信息、互通有无,让各种资源有效配置、节能环保;让家庭生活更加安全,不论出门在外还是留在家中都能高枕无忧;让居住环境更加温馨惬意,生活品质得到质的提升。

嵌入式家居监控系统以 ARM 芯片搭建嵌入式平台,作为系统主控模块;利用电力线载波通信技术实现主控单元和系统子模块间通信;利用 GPRS 模块实现移动终端与主控单元的通信。系统以 S3C2440A 处理器为主控模块,以 C8051F380 单片机进行辅助控制。S3C2440A 处理器是一款高性能的嵌入式处理器,能够很好地兼容 Linux 操作系统。C8051F380 单片机负责将载波芯片接收的数据输出,把要发送到电力线上的数据传输到载波芯片进行处理。电机模块、电力线载波模块、GPRS 模块和 LCD 液晶显示模块为辅助硬件支撑设备。防盗双鉴探测器、复合式火灾探测器等传感器群实时采集数据。S3C2440A 和单片机之间采用 220 V 低压电力线进行数据交换。

智能家居系统的设计目标是实现智能灯光模块、智能窗户模块和家居安防模块的组网与控制。嵌入式智能家居监控系统结构如图 6.8 所示。

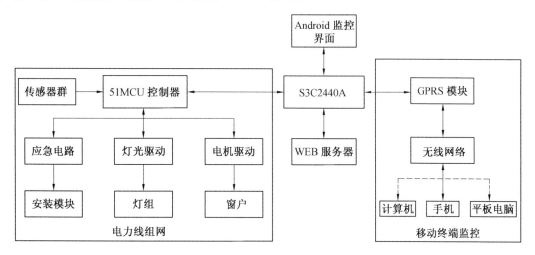

图 6.8　嵌入式智能家居监控系统结构

嵌入式智能家居监控系统由电力线组网、中心控制器和移动终端监控三个子系统构成。家庭内网的组建采用低压电力线载波技术,利用家中现有的电力线实现家居组网。电力线组网系统是将家居环境中的灯组和窗户作为被控制的对象,利用 220 V 的低压电力线,通过载波调制解调模块 TA6102A,将家居环境中所有的灯组、窗户等外设添加到这个网络中,形成一个由低压电力线组建的家庭内部网络系统。这个网络系统通过电力线直接与中心控制器 S3C2440A 进行通信,并且接收中心控制器下达的命令。中心控制器连接 WEB 服务器端,供户主计算机远程访问,用户只需远程登录互联网浏览器,就可以通过 IP 访问家庭监控界面。同时,S3C2440A 通过 GPRS 无线通信模块可以将家居信息经由无线网络传输到用户的手机上,并接收用户的控制命令。

6.5.2　嵌入式智能家居监控系统硬件电路设计

嵌入式智能家居监控系统建立在硬件设计的基础之上,硬件设计的合理性和正确性直接关系到整个系统性能的好坏。在明确系统设计的总体功能后,选择合适的芯片进行合理的设计起着至关重要的作用。

1. 电力线载波通信模块的设计

电力线载波通信模块作为电力线组网的核心器件,将所要传输的信号先调制到电力线上,在终端又将载波信号从电力线上解调出来。从而使家居设备只需要连在电力线上就能够互相通信,形成低压电力线网络。

(1) 载波芯片的选择。

低压电力线载波芯片选用 TA6102A 芯片。TA6102A 芯片基于 OFDM 调制解调技术,克服低压电力线的各种干扰进行高可靠数据传输,具有高速率、抗电力线干扰强的特点。其工作频段为 290 ~ 340 kHz,最高传输速率可达 150 bit/s。TA6102A 信号的传输介质为 220 V 低压电力线,采用半双工的信号传输模式。本模块主要用于低压电力线信号的转发,为嵌入式智能家居监控系统供了一种合理的组网方案。

（2）载波通信模块的设计。

电力线载波通信模块由隔离耦合电路、A/D 转换、OFDM 调制解调、MCU 编码解码、D/A 转换等一系列电路组成。电力线载波通信模块原理框图如图 6.9 所示。

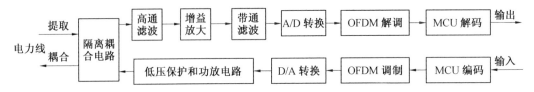

图 6.9　电力线载波通信模块原理框图

电力线载波通信模块分为信号的接收回路和信号的发送回路。在载波信号接收回路中，隔离耦合电路从电力线上将信号提取出来，送到高通滤波电路中进行初步滤波处理，防止输入电压过高损坏芯片输入端。处理后的信号输入到载波芯片内部进行功率放大和带通滤波，尽量去除频带以外的干扰信号。模拟信号在 TA6102A 中进行 A/D 转换和 OFDM 解调后，经过 MCU 解码输出，还原成原始的输入信号。在载波信号发送回路中，要发送的信号首先经过 MCU 编码，输入到 TA6102A 中进行 OFDM 调制和 D/A 转换处理。处理后的模拟载波信号经过低压保护电路和功率放大电路的放大后，被耦合到电力线上传输。载波芯片和 MCU 之间通过 SPI 进行相连。

为了确保载波信号能在电力线上传输，电力线耦合电路必不可少。载波通信模块的电力线耦合电路内部的高频耦合线圈 TA_1 实现强电和弱电的物理分离，使载波通信模块的内部、外部电压没有联系，从而保护内部电路不受强电的损坏，提高系统的抗干扰能力。C_1 为高压电容，耐压值 275 V，TVS 瞬态抑制二极管 D_1 主要用于吸收瞬间的浪涌，C_1 和 D_1 组成高通滤波电路耦合高频载波信号，隔离电网工频信号。电力线耦合电路阻抗匹配度好，发送信号可以顺利地耦合到电力线上。电力线耦合电路如图 6.10 所示。

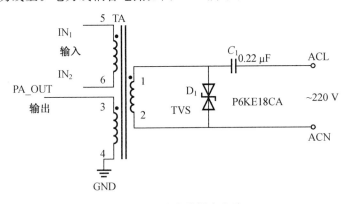

图 6.10　电力线耦合电路

载波通信模块电源电路负责提供 TA6102A 载波芯片和辅助控制器 C8051F380 的供电电压，载波通信模块电源电路如图 6.11 所示。

电源部分采用 DC/DC 电路，选用具有短路保护和内部补偿的 DC/DC 转换器 LM2841XBMK 把 12 V 直流电压转换成稳定的 3.6 V 电压输出，供载波芯片 TA6102A 和辅助控制器 C8051F380 使用，确保整个载波通信模块和单片机的正常工作。

当供电电压过低时，会采取低压保护措施来降低电路的功耗。如果供电电压在允许范围

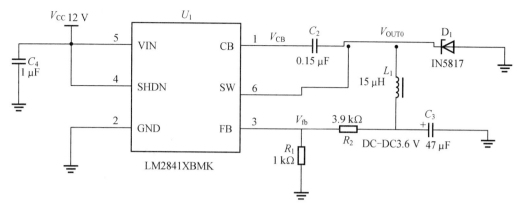

图 6.11　载波通信模块电源电路

内,采用功放电路来对信号进行放大处理。低压保护电路和功放电路如图 6.12 所示。

当供电电压正常时,功放电路将传输的信号进行两级放大。第一级的共射极放大电路用于电压放大,第二级的射极跟随器用于电流放大,经过两次放大的信号通过功率管输出,耦合到电力线上传输。同时本电路还具有关断功能,当载波芯片 TA6102A 处于接收状态时,如果电力线负载很重会把电源电压拉低,低压保护电路就是当电源电压降低到 8.5 V 时,C8051F380 输出的控制信号 TX_PWD 会将功率放大电路完全关断,降低载波通信模块的静态功耗,确保系统的正常运行。

2. S3C2440A 外围电路设计

(1)ARM 嵌入式系统的选择。

ARM 嵌入式系统硬件的核心是嵌入式处理器。从嵌入式处理器的内核结构、工作频率、功耗、外围电路及兼容性多方面综合考虑,本系统选用 S3C2440A 作为嵌入式处理器。S3C2440A 是三星公司的一种精简指令集、带有 ARM920T 内核的微处理器。ARM920T 内核具有内存管理单元、先进微控制总线构架和哈佛结构高速缓冲体系结构,为普通应用提供了低功耗和高性能的微控制器解决方案。

ARM 嵌入式系统的主控模块主要是由 S3C2440A 中心控制器和它的一些接口电路组成,其主控模块框图如图 6.13 所示。

在本系统中,LCD 液晶显示屏主要用于显示家居环境的各项参数指标;以太网接口连接WEB 服务器,便于用户通过以太网访问家居设备;UART1、UART2 分别和 GPRS 模块及电力线载波模块相连,分别实现远程无线通信和电力线载波通信;JTAG 接口主要用于烧写程序;128M NAND FLASH 用于存储 Bootloader 代码、Linux 内核代码和相关应用程序;外接两片64M SDRAM 使数据信号以 32 位的形式传输。

(2)S3C2440A 最小系统设计。

S3C2440A 为外围设备提供了丰富的接口,本系统可能用到的接口主要包括 3 通道UART(IrDA1.0,64 字节发送 FIFO 和 64 字节接收 FIFO),8 通道 10 位 ADC 和 LCD 触摸屏接口,130 个通用 I/O 口等。通过这些功能强大的接口,S3C2440A 扩展性大大提高,减少了系统整体的开发时间和成本。S3C2440A 的最小系统包括复位电路、NAND FLASH 接口电路、以太网接口模块电路和 SDRAM 接口电路等。

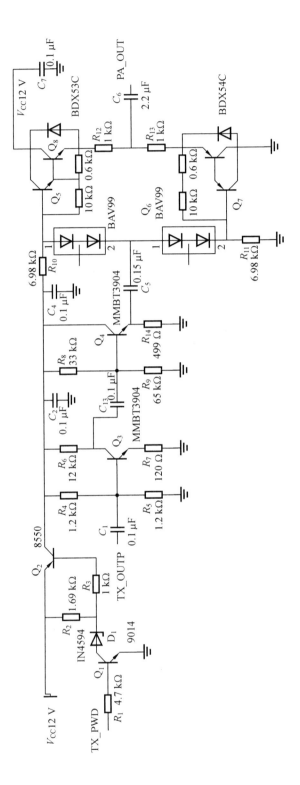

图 6.12 低压保护电路和功放电路

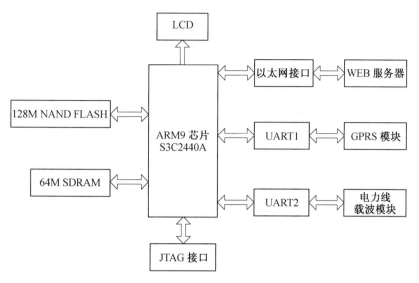

图 6.13　ARM 嵌入式系统的主控模块框图

本系统的复位电路采用专用的复位芯片 ADM708 来提供。系统复位电路如图 6.14 所示。

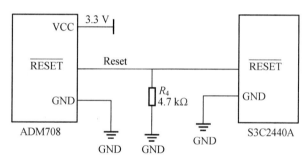

图 6.14　系统复位电路

ADM708 芯片给 S3C2440A 提供一个有效的复位电平。当 VCC 低于 1 V 时,不足以驱动 ADM708 内部的晶体管工作,输出低电平的复位信号。当输出的 RESET 信号为低电平时,系统进行复位;当输出的 RESET 信号为高电平时,系统正常工作。

本系统的 NAND FLASH 接口电路选用 NAND FLASH K9F1208 存储器。该存储器具有非易失性,擦除速度高于 NOR FLASH,具有 512 Mbit 的存储空间,工作电压为 2.7 ～ 3.6 V,可以按块或分扇区进行擦除。NAND FLASH K9F1208 存储器接口电路如图 6.15 所示。

本系统中 NAND FLASH K9F1208 存储器主要存储 Bootloader 代码、Linux 内核代码和相关应用程序。 将 K9F1208 芯片连接到 S3C2440A 系统的 nGCS0,它的起始地址为 0x00000000。

本系统的以太网接口模块选用以太网接口芯片 DM9000。该芯片内置了一个 16 KB 的 SRAM,有标准的自适应方式 10 M/100 Mbps,采用 3.3 V 电源供电支持单工或全双工传输模式,支持 8/16 位数据总线宽度,功耗较低。以太网接口芯片 DM9000 与 S3C2440A 的连接示意图如图 6.16 所示。

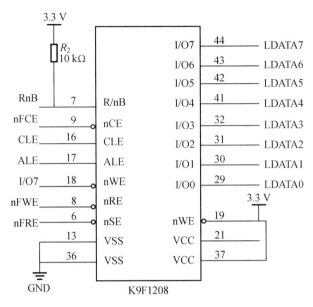

图 6.15　NAND FLASH K9F1208 存储器接口电路

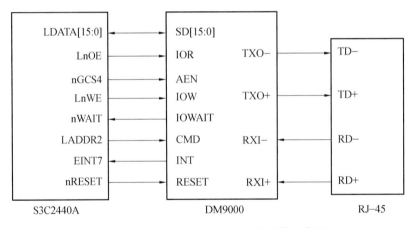

图 6.16　DM9000 与 S3C2440A 的连接示意图

　　S3C2440A 与 DM9000 之间采用 16 位的数据总线连接,地址使能信号 AEN 作为 DM9000 的片选信号。当 nGCS4 为低时,选通 DM9000 芯片;否则没选通 DM9000 芯片。INT 低电平有效,CMD 为命令控制信号。DM9000 通过 RJ－45 插座连接以太网。

　　本系统选用 HY57V561620 芯片用于 SDRAM 接口模块。SDRAM 与 S3C2440A 的电路连接如图 6.17 所示。

　　HY57V561620 工作电压为 3.3 V,采用 16 位宽度传输数据,存取速度比较快,存储容量较大为 32 MB。HY57V561620 的缺点是不具备掉电保护功能。

　　为了增大访问速度,本系统选用两片 SDRAM 构成 32 位地址宽度,共 64 B。由于 FLASH 芯片的起始地址为 0x00000000,因此将两片 HY57V561620 芯片的 nSCS 与 S3C2440A 的 nGCS6 连接,可以计算出它的起始地址为 0x03000000。

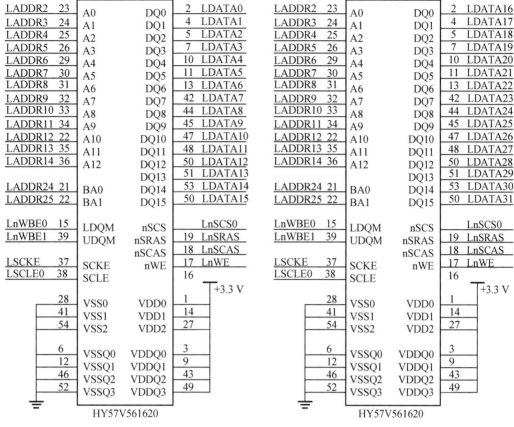

图 6.17　SDRAM 与 S3C2440A 的电路连接

3. GPRS 无线通信模块设计

GPRS 无线通信模块选用 GTM900C。GTM900C 包含 40 个引脚,采用 3.3 V 供电,40 个引脚主要分为电源引脚、数据传输引脚、SIM 卡控制引脚、复位引脚和信号指示灯引脚五种类型。GTM900C 的外围电路连接如图 6.18 所示。

当供电电压为 3.3 V 并且开关机控制引脚 PWON 持续 50 ms 为低电平时,GTM900C 开始工作,PWON 引脚信号恢复为高电平信号。如果想要关机,只需将 PWON 引脚信号拉低 50 ms,GTM900C 就会正常关机,保存一些信息,完成网络的注销。EMP1 与 EMP0 信号控制 GTM900C 的启动与复位,集电极开路的三极管保护 EMP1 与 EMP0 引脚不受过大的灌电流的干扰;GTM900C 模块的串口发送与接收引脚 18 和 19 分别与 S3C2440A 的串口 1 相连接,实现数据的传输。GTM900C 模块的 20 ～ 23 引脚分别为清除发送、请求发送、数据设备准备就绪和载波检测;24 ～ 29 引脚是 SIM 卡控制引脚,分别是 SIM 卡的在位信号、复位信号、数据传输接口、时钟信号、电源和地信号;30 引脚为备用电池电源信号;31 引脚 GSMRST 是复位信号,低电平有效;32 引脚为指示灯状态控制信号,显示芯片正常登录网络。

4. 智能灯光调控电路设计

智能灯光模块的设计实现对每个房间灯光颜色、亮度的调节,开关的控制,场景组合的控制等,系统控制终端可采用计算机、手机等进行控制。智能灯光模块系统框图如图 6.19 所示。

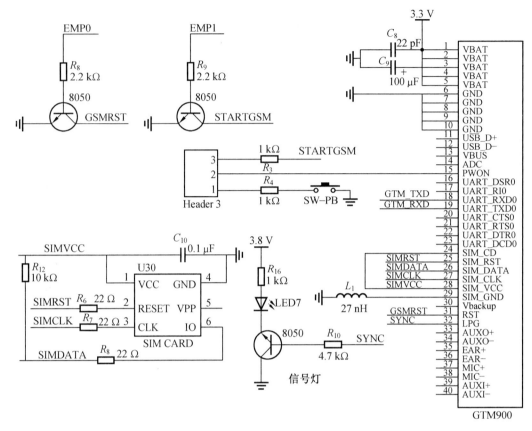

图 6.18　GTM900C 的外围电路连接

图 6.19　智能灯光模块系统框图

智能灯光调控电路包括电源电路、灯组驱动电路和 MCU 控制电路。

（1）电源电路设计。

智能灯光模块的电源电路用于提供驱动芯片 BP1601 所需的工作电压。智能灯光模块的电源电路如图 6.20 所示。

智能灯光模块的电源电路直接通过 12 V 的电源适配器将 220 V 电源转换成电路所需的 12 V 电压，供灯光驱动芯片 BP1601 使用。

（2）灯组驱动电路设计。

智能灯光模块的灯组驱动电路如图 6.21 所示。

灯组驱动电路主要采用了一款升压型的恒流驱动芯片 BP1601。BP1601 内置欠压保护、限流保护和过温保护等功能，它采用电流控制的方法来驱动灯光模块。BP1601 输入电压范围为 4.5～24 V，在输入电压为 12 V 的条件下，可以驱动功率为 7 W 的灯具。

智能灯光模块由 4 片灯光驱动芯片 BP1601 和功率为 28 W 的灯具组成，用于驱动红、绿、蓝、白 4 路 LED 灯。BP1601 芯片通过控制反馈输入端 FB 到 GND 两端之间的一个 0.57 Ω 的采样电阻 R_2 上的电压来控制 LED 电流。R_2 上的反馈电压为 200 mV。将反馈电压 V_{fb} 输入

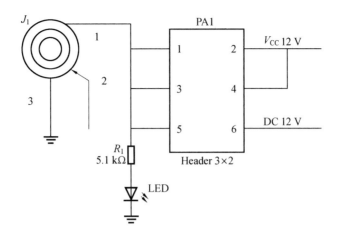

图 6.20　智能灯光模块的电源电路

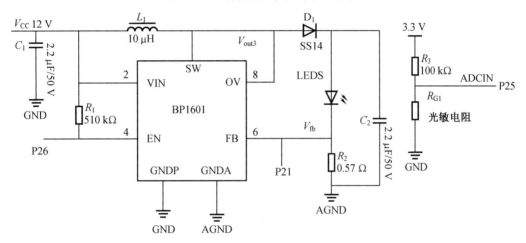

图 6.21　智能灯光模块的灯组驱动电路

到驱动芯片中,BP1601 的 OV 引脚进行过压检测和控制电压的输出,确保在 LEDS 开路时芯片的正常工作。 如果反馈电压 V_{fb} 降低,BP1601 内部的误差放大器会将 V_{fb} 与参考电压 200 mV 的差值放大,从而使 OV 引脚的输出电压 V_{out3} 升高。V_{out3} 升高导致外部的电感储存更多的能量,因此也增加了输出到外部的功率,这样就使得整个系统工作在一个动态平衡的状态下。 智能灯光模块驱动电路根据 C8051F380 提供的 4 路 PWM 信号分别控制 4 路 LED 的亮度、状态的变化。EN 引脚作为开关使能引脚的同时,也是 PWM 调光控制端的输入引脚。EN 引脚作为开关使能引脚时,置高电平时打开 BP1601 控制芯片,超过 3 ms 置低电平时关断 BP1601 控制芯片。 当 EN 引脚输入信号为大于 20 kHz 的脉冲时进行 PWM 调光。 C8051F380 单片机通过 P26 引脚输出 30 kHz 的 PWM 控制信号,可以调节灯光的亮度值。 BP1601 的反馈信号 V_{fb} 也可以通过 P21 引脚输入到单片机中进行坏灯检测,如果有坏灯,V_{fb} 反馈信号值为 0,单片机将坏灯信号上报给中心控制器。

（3）MCU 控制电路设计。

智能灯光模块的 MCU 控制电路采用 C8051F380 单片机进行控制。MCU 控制电路如图 6.22 所示。

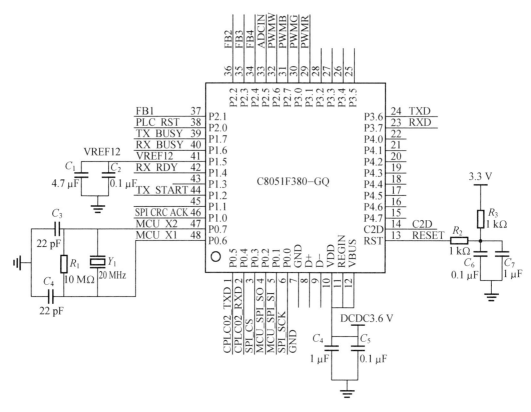

图 6.22　MCU 控制电路

MCU 控制电路通过 P2.6 引脚输出的控制信号 PWM 来控制灯光颜色的变换。灯光模块的光敏电阻采集回来的信号可以通过 P2.5 引脚输入到 MCU 中进行 10 位的 ADC 处理,可以得到映射在 $0 \sim 255$ 范围内的灯光亮度值。同时灯光反馈回路的输出信号输入到 MCU 的 P2.1 引脚,MCU 可以对灯光模块进行坏灯检测。

5.智能窗户控制电路设计

智能窗户模块的控制是想实现智能防风、防雨等多种功能。将窗户电机控制器接入到 51 辅助控制器,在用户终端可以实现窗户的自动控制,可以对每个房间的窗户进行单独控制或者分组控制。智能窗户模块设有风速传感器、雨滴传感器和温度传感器,当本系统感知到超过阈值的温度信号或者风雨信号时,可以自动开关窗;当检测到烟雾浓度超标或者火灾等紧急状况时,可启动报警装置,并自动开窗。控制路径亦可以采用计算机、手机等进行控制。智能窗户不仅方便居民的日常生活,还使得家居环境更加安全健康。智能窗户模块系统框图如图6.23所示。

智能窗户模块的各种信息分别由风雨传感器和温度传感器来检测。采集的信号经由单片机处理,控制电机的正反转,从而控制窗户的开关角度。当检测到超过阈值的风雨信号或室内温度低于阈值下限时,单片机控制电机反向转动,执行关窗操作;当室内温度高于阈值上限时,单片机控制电机正向转动,执行开窗操作。当中心控制器 S3C2440A 想要获取窗户状态信息或者控制窗户时,单片机将相关信息上报或者接收中心控制器下达的命令,执行相关操作,从而实现窗户的智能控制。

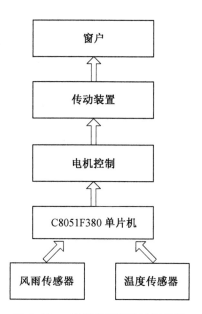

图 6.23 智能窗户模块系统框图

（1）传感器电路设计。

智能窗户控制模块的传感器电路包括风速传感器电路、雨水传感器电路和温度传感器电路。

风速传感器电路的风速检测主要采用 QS－FS01 型风速传感器。该传感器由三个半圆形小碗组成，当空气气流流动时，会带动小碗转动，通过传动轴，使风速传感器内部的一个磁铁同步转动。磁铁的 NS 极转动，产生电脉冲信号。QS－FS01 型风速传感器的供电电压可以低至 2.7 V 左右，功耗只有 3 mA，非常节能，风速测量范围为 $0 \sim 60$ m/s，精度为 0.1 m/s，风速测量误差只有 0.3 m/s。QS－FS01 型风速传感器电路如图 6.24 所示。

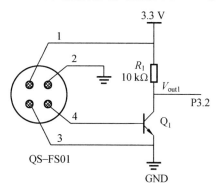

图 6.24 QS－FS01 型风速传感器电路

QS－FS01 传感器内部有一个对电源的 10 kΩ 电阻，保持 QS－FS01 传感器平时处于高电平输出状态，当有风时，脉冲数减少，算出的平均值减小，QS－FS01 输出信号电平就会降低。为保证 QS－FS01 风速传感器正常工作，需要将传感器放在窗台适当的位置，确保能及时感应室外风速。QS－FS01 采用脉冲计数算平均值的方法来辨别风速的大小。当室外无风或者风速小于阈值时，三极管 Q_1 不导通，输出的电压信号 V_{out1} 为高电平；当室外风速大于阈值时，三

极管 Q_1 导通,输出的电压信号 V_{out1} 为低电平,输出信号通过单片机的 P3.2 引脚送到单片机中进行处理。

雨水传感器电路的雨水检测主要采用 SSM－002 型雨水传感器。该传感器是一种新型的传感元件,采用先进的厚膜技术和特殊电子浆料制作而成,专门用于检测雨水。SSM－002 型雨水传感器电路如图 6.25 所示。

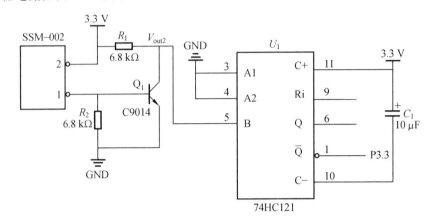

图 6.25　SSM－002 型雨水传感器电路

为保证雨水传感器正常工作,需根据其工作电压和电流选取适当的限流电阻。将 SSM－002 雨水传感器放在窗台适当的位置,确保刚下雨时就能接收到雨水,当没有感应到雨水时,雨水传感器的电阻为无穷大,相当于断路;当感应到雨水时,三极管 Q_1 导通工作,在 V_{out2} 处就有一低电平输出,发出信号接通控制器,通过控制器使执行机构动作而关好门窗。为了使 C8051F380 对该信号更容易处理,用单稳态触发器 74HC121 对 V_{out2} 信号进行脉冲整形后通过 P3.3 引脚输入到单片机中。

智能窗户模块采用数字温度传感器 DS18B20 采集室内温度。DS18B20 温度探测器多点测温电路图如图 6.26 所示。

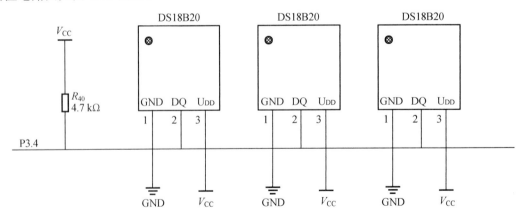

图 6.26　DS18B20 温度探测器多点测温电路

温度传感器 DS18B20 的测温范围为 $-55 \sim +125$ ℃,准确度为 ± 0.5 ℃。DS18B20 是单线器件,连接电路简单,只需要提供一个 $3.0 \sim 5.5$ V 的高电平,一个地信号和一个信号输出线,便可实现 DS18B20 与 C8051F380 之间高可靠性的双向通信。DS18B20 内含 EEPROM,具有掉电保护功能,当系统掉电时,它可以保存分辨率和掉电前的温度值。

DS18B20 采用外部电源供电方式,充分发挥 DS18B20 宽电源电压范围的特点,并且可以保证测量准确性。每个 DS18B20 的 ROM 中都有一个独立的 64 位的地址序列码,多个 DS18B20 可以级联在一根总线上,实现多点测温,节约 I/O 口资源,理论上一个 I/O 口最多可以级联 65 536 个 DS18B20。DS18B20 所测得的数据通过 P3.4 引脚传输到 C8051F380 内部。如果室内温度高于上限阈值,则执行开窗操作,使得室内温度适当降低;如果室内温度低于下限阈值,则执行关窗操作,进行保暖,使得家居环境更加舒适宜人。当被测物体和环境的温度超出上限阈值或低于下限阈值时发出警报。

(2) 电机控制电路设计。

智能窗户的打开和关闭都由电机控制电路来实现。本系统选用可正反双向转动的低速交流同步电机来实现窗户的电动控制。低速交流同步电机直接由 220 V 市电进行供电驱动,电动机正转则打开窗户,逆转则关闭窗户。窗户电机的驱动电路如图 6.27 所示。

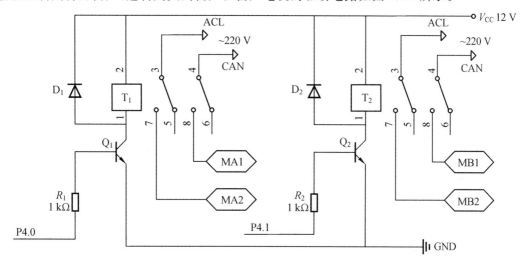

图 6.27　窗户电机的驱动电路

将图 6.27 中的 ACL 和 CAN 引脚分别连接到 220 V 交流电的火线和零线上,由 C8051F380 的 P4.0 和 P4.1 端口对继电器 T_1 和 T_2 进行控制。MA1 和 MA2 为电机正转的控制接点,MB1 和 MB2 为电机反转的控制接点。继电器动作只有两个,是典型的二值可控元件。当继电器上电平为 1 时表示继电器动作,电平为 0 时表示继电器释放。通常状态下,P4.0 引脚输出的控制信号为低电平,晶体管 Q_1 截止,继电器 T_1 和 T_2 的励磁线圈无电流,其活动触点在常闭端 5、6 上,7、8 处无电压输出。当 P4.0 引脚输出的控制信号为高电平时,晶体管 Q_1 导通,继电器 T_1 的活动触点接到 7、8 端,220 V 的交流电经过 7、8 端输出供给供电设备使用。

如果继电器 T_1 动作、继电器 T_2 释放,那么电机将会正转,控制接点 MA1 和 MA2 就会控制转轴顺时针转动,从而打开窗户;如果继电器 T_1 释放、继电器 T_2 动作,那么电机将会反转,控制接点 MB1 和 MB2 就会控制转轴逆时针转动,从而关闭窗户;如果继电器 T_1 和 T_2 都不动作,那么电机将会不转。

利用电机的转动来开关窗,需要精确计算窗户宽度尺寸与电机控制的传动装置的转轴半径之间的关系,只有通过精确计算才能保证窗户可以完全打开或者关闭。窗户宽度尺寸与传

动装置转轴半径关系的精确计算式为

$$N = \frac{L}{2\pi R} \tag{6.1}$$

式中,N 为电机转动的圈数;L 为窗户的宽度尺寸;R 为电机转轴半径。

假定窗户的初始状态为关窗状态,则可以根据电机实际转动的圈数 n 来计算窗户打开的任意角度值 α。窗户打开的任意角度值计算式为

$$\alpha = \frac{n}{N} \tag{6.2}$$

极限情况下,窗户全关时 $\alpha = 0°$,窗户全开时 $\alpha = 180°$。当检测到 $\alpha = 0°$ 或 $\alpha = 180°$ 时,C8051F380 就会使电机停止朝原来的方向转动。

6. 防盗双鉴探测器电路设计

嵌入式智能家居监控系统的家居安防模块实现了防盗、防火和防煤气泄漏的功能。

本系统中的防盗体系采用了热释电人体红外探测器来完成入侵者的检测。热释电人体红外探测器是一种检测人或动物发射的红外线而输出电信号的传感器,能够感知到大约 2 m 范围内的人体信号。热释电人体红外探测器对环境温度的变化比较敏感,当环境的温度变化过快或过大时,就有可能引起热释电人体红外探测器的误判,产生报警信号误报的情况。

微波探测应用的是多普勒效应原理。微波探测器所检测的只是活动的目标。在微波探测过程中,如果没有外界干扰和活动的目标,微波探测器发射和接收的频率相同,探测器不产生警报。如果微波探测范围内出现了活动的目标,微波探测器发射和接收的频率差异较大,探测器发出警报信息。如果探测范围内温度变化引起干扰,探测器的发送和接收频率有微小的差异,这并不足以激起报警器的响应。如果微波探测器的探测距离范围调节不当,微波信号就会穿透装有窗户的墙壁而导致误报。

为了克服热释电红外探测器和微波探测器各自的缺陷,本系统在采用热释电红外探测器的基础上加入了微波探测器的辅助探测,当两种传感器都探测到人体信号时才会发出警报信号。这种复合式的检测方法提高了整个系统的可靠性和抗干扰性,降低了家居安防系统外人入侵的误报和漏报概率。防盗双鉴探测器原理框图如图 6.28 所示。

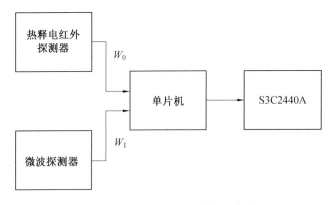

图 6.28 防盗双鉴探测器原理框图

本系统的热释电红外探测器采用 HN911L,微波探测器采用微波多普勒探测器 HB－100。两者组成的双鉴探测器工作时,只有同时感应到入侵者的红外热辐射及检测到回波的多普勒频率或微波场的扰动时,才将探测到的 W_0 信号和 W_1 信号经过单片机进行与非处理后送

给 S3C2440A,当探测到的 W_0 和 W_1 全为高电平时,才会响应盗情,启动报警器报警。

　　(1)热释电红外探测器。

　　热释电红外探测器采用微功耗型红外探测模块 HN911L。HN911L 热释电红外探测器内部电路框图如图 6.29 所示。

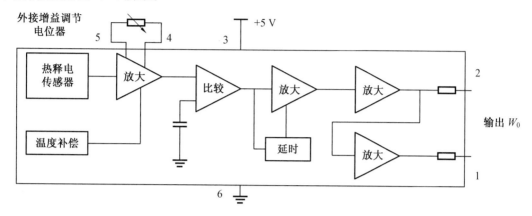

图 6.29　HN911L 热释电红外探测器内部电路框图

　　当人体进入热释电红外探测器的作用范围时,人体的温度会引起环境温度辐射场的变化。通过菲涅耳透镜,热释电红外探头感知到的人体温度与背景温度的差异,则在负载电阻上产生一个电信号,电信号的大小,取决于敏感元件温度变化的快慢。产生的电信号经过后级比较器与状态控制器的处理后,产生相应的输出信号 W_0。

　　(2)微波探测器。

　　HB－100 微波探测器应用多普勒雷达探测原理,发射一个低功率微波并接收物体反射过来的能量。如果能量变化,说明接收者与能量源 HB－100 微波探测器处于相对运动的状态,那么 HB－100 微波探测器接收到的频率就会发生改变。作为标准的 10.525 GHz 微波多普勒雷达探测器,探测范围超过 20 m,非常适合用于自动门窗控制及家居安防控制系统中。微波探测器原理框图如图 6.30 所示。

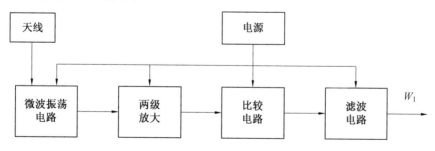

图 6.30　微波探测器原理框图

　　当人体进入警戒区时,人体的移动会引起反射频率的变化,即 $f_发 \neq f_收$。此时频率偏移,会在输出端产生一个低频电压。这个电压经过两级放大后通过比较电路与原来电压信号进行比较,通过滤波电路滤掉一定范围内的噪声,输出微波探测器的检测信号 W_1。

7. 复合式火灾探测器电路设计

　　火灾险情是家居环境中最大的安全隐患,火灾检测功能是智能家居监控系统重要的性能指标。家居安防系统中通常不会只采用单一的传感器来检测火灾的发生,为了响应各种不同类型的火灾,一般会采用两种以上的传感器作为探测火灾的判据。为了增强家居安防模块对火灾探测的稳定性和可靠性,本系统采用温度探测器 DS18B20 和光电感烟探测器 NIS－09C 组成复合式火灾探测器来共同完成对火灾的检测。复合型火灾探测器原理框图如图 6.31 所示。

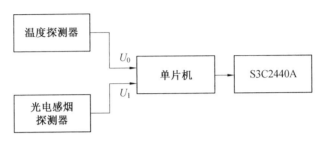

图 6.31　复合型火灾探测器原理框图

复合型火灾探测器将探测器探测到的多元火灾探测信息 U_0、U_1 经过单片机进行或非处理后再与 S3C2440A 的引脚连接。这样就大大降低了漏报、误报概率。

(1) 光电感烟探测器。

光电感烟探测器用于检测室内的可燃性气体或者有害气体的浓度,以确保家庭环境中没有火灾或者燃气泄漏等险情发生。本系统中光电感烟探测器采用的是 NIS－09C 型离子烟雾传感器,NIS－09C 隐蔽性好、功耗很小、价格低廉。NIS－09C 传感器灵敏度特性参数见表 6.2。

表 6.2　NIS－09C 传感器灵敏度特性参数

烟雾浓度 /%	输出电压 /V	误差 Δ/V
清净大气	5.5 ± 0.4	0
1	5.4 ± 0.4	0.25 ± 0.05
2	5.1 ± 0.4	0.45 ± 0.05
3	4.8 ± 0.4	0.65 ± 0.15
4	4.5 ± 0.4	0.85 ± 0.15
5	4.3 ± 0.4	1.05 ± 0.15

NIS－09C 传感器工作电压为 $6.0\sim18.0$ V,典型值取为 12 V,工作温度为 $-10\sim80$ ℃,烟雾浓度探测范围在 5% 以下。为确保火灾检测准确度在 95% 以上,本系统设置光电感烟探测器的烟雾浓度阈值为 2%。

电感烟探测器不但可以很好地探测一般火情,而且对阴燃火也有很好的探测效果。电感烟探测器的这一特点有效解决了感温探测器对阴燃火不敏感,烹饪蒸汽或空调会导致误报警等缺点,并且具有更快的响应速度。鉴于光电感烟探测器的这些优点,本系统将它用于检测各种燃烧烟雾颗粒和有害气体,进行火灾的早期预警。

NIS－09C 型离子烟雾传感器信号处理电路如图 6.32 所示。

在家居环境中,如果发生火灾,烟雾就会在家中慢慢聚集起来。当聚集的烟雾达到一定的浓度后,在烟粒子的作用下,NIS－09C 光电感烟探测器的光电三极管会接收产生漫散射的光,其阻抗会发生一定的变化,从而产生较微弱的光电流,将烟雾信号转变成电信号进行处理。

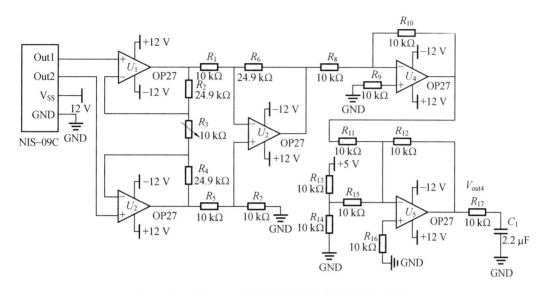

图 6.32　NIS－09C 型离子烟雾传感器信号处理电路

U_1、U_2 和 U_3 组成的三运放高共模抑制比的放大电路，U_1 和 U_2 构成平衡对称的差动放大输入级，U_3 构成双端输入单端输出的输出级，用来进一步抑制 U_1、U_2 的共模信号。由于 U_3、U_4 的性能一致，输入级的差动输出和差模增益只与差模输入电压有关，而其共模输出、失调和漂移均在 R_3 两端相互抵消，因此电路具有良好的共模抑制能力。另外，此电路还具有增益调节能力，调节 R_3 的值可以改变增益而丝毫不影响电路的对称性。将 NIS－09C 的 Out1 和 Out2 信号分别输入到三运放高共模抑制比电路后，毫伏级的微弱电压信号放大为伏级的电压信号，再经过 U_4 组成的反相放大电路和 U_5 组成的加法电路，放大成为 5 V 的电压信号。为了滤除掉一部分低频干扰，5 V 的电压信号需要经过 R_{17} 和 C_1 组成 RC 低通滤波电路进行处理，最终输出的信号为 U_1。

以上 U_0、U_1 信号双向作用，与预先设置的阈值进行比较，决定是否响应报警信号，当两者中任何一种检测到了起火信号，就会及时响应报警器，有效地预防火灾的发生，同时也减少了火灾险情漏报的概率。

（2）煤气泄漏传感器电路设计。

煤气是每家的生活必需品。煤气泄漏后容易引起煤气中毒，导致住户胸闷头晕甚至死亡，当煤气浓度超标后还容易引发火灾甚至爆炸。这些都是家居环境中重大的安全隐患。为了降低煤气泄漏对生命和财产造成的危害，本系统采用 QM－N5 型气敏传感器进行家庭煤气泄漏的检测和报警。煤气泄漏传感器电路系统框图如图 6.33 所示。

煤气泄漏传感器电路由检测电路、报警电路和应急处理电路组成。当室内有煤气泄漏时，检测电路感应到室内煤气浓度超标后，产生电信号传给单片机。单片机启动声光报警系统，并执行应急处理电路打开排气扇，关闭煤气阀门。用户也可以通过手动控制电路来控制排气扇和煤气阀门。为了提升煤气泄漏传感器检测电路的可靠性和稳定性，本电路中增加了气敏元件自检电路。当气敏元件损坏时，光报警系统会向用户发出警报信息，确保用户能及时更换气敏元件。煤气泄漏检测电路如图 6.34 所示。

检测电路主要由煤气泄漏检测电路和气敏元件损坏自检电路组成。在室内煤气浓度超标

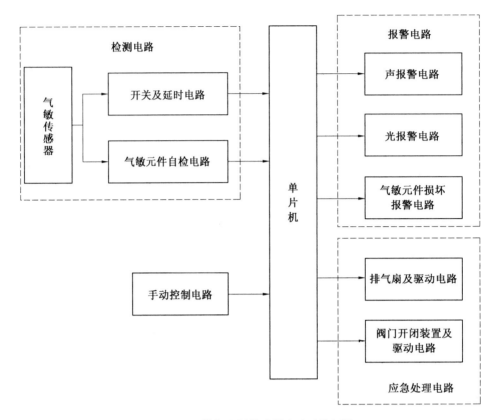

图 6.33　煤气泄漏传感器电路系统框图

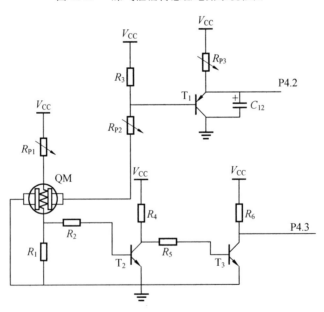

图 6.34　煤气泄漏检测电路

后,泄漏的煤气依附在气敏元件 QM－N5 上,产生的化学反应使得 QM 的电阻值下降,QM 上电压信号减小,三极管 T_1 导通,从而将煤气信号转化为电信号传送给单片机的 P4.2 引脚,点亮红色报警信号灯,提醒用户煤气泄漏。改变滑动变阻器 R_{P1} 的阻值,可以更改煤气报警的阈值,使得此检测电路更加灵活实用。当气敏元件 QM 被损坏时,QM 上的电阻为无穷大,三极管 T₂ 截止,T₃ 饱和,输出一个低电平信号给单片机 P4.3 引脚,点亮黄色报警信号灯,提醒用户更换新的气敏元件。

报警电路主要由声报警电路和光报警电路组成。声报警电路通过蜂鸣器来实现;光报警电路包括绿色、红色和黄色 LED 指示光。绿色 LED 被点亮说明没有煤气泄漏,红色 LED 被点亮说明有煤气泄漏,黄色 LED 被点亮说明气敏元件损坏。

应急处理电路由排风扇驱动电路和煤气阀门控制电路组成。煤气泄漏的应急处理电路如图 6.35 所示。

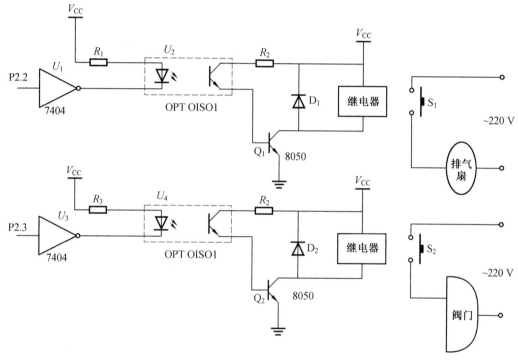

图 6.35 煤气泄漏的应急处理电路

在排气扇装置电路中,P2.2 引脚输出电平决定了排气扇的打开和关闭。如果 P2.2 引脚输出为低电平,经过非门处理后变为高电平输入,光耦合器中二极管没有电流而不发光,使得光敏晶体管 U_2 截止,继电器励磁线圈上没有电流,继电器释放,排气扇关闭。如果 P2.2 引脚输出为高电平,经过非门处理后变为低电平输入,光耦合器导通,继电器动作,排气扇打开淡化室内煤气浓度;如果 P2.2 引脚输出为低电平,说明室内无煤气泄漏或者煤气浓度在设定阈值以下,排气扇处于正常状态。切断阀控制电路原理与排气扇类似。

6.5.3 嵌入式智能家居监控系统软件设计

系统软件的设计依托于系统硬件的实现和完善。良好的软件系统是在保证系统功能实现的同时,兼顾系统的稳定性和可靠性。软件平台采用一种开源的 Linux 操作系统可以完成各项相关程序的开发。系统软件的设计内容主要包括交叉编译环境的建立、嵌入式 Linux 移植和内核的配置。

1. 嵌入式开发平台的搭建

（1）交叉编译环境。

开发应用程序以嵌入式开发平台为载体，开发应用程序的前期工作主要包括交叉编译环境的建立、嵌入式操作系统的移植和应用程序的开发等。

交叉编译就是将编译工程转交给计算机运行的过程。本系统使用 1.1.6 和 2.6.29 版本的交叉编译器，分别用于编译 Bootloader 和 Linux 内核及应用程序。为了便利地使用 arm－Linux 交叉编译器系统，本系统把 arm－Linux 工具链目录加入到环境变量 PATH 中，并修改 /etc/profile 文件。

（2）嵌入式 Linux 移植。

基于 Linux 早已广泛用于嵌入式开发平台这一事实，对于 Linux 移植过程的研究也相当成熟。在嵌入式开发过程时，用户并不需要完全清楚 Linux 内部的工作机制，而只需适当修改 Linux 内核中与硬件相关的内容即可将 Linux 移植到目标平台上，因此本节只对 Linux 移植关键步骤进行简要说明。移植的过程主要包括 Bootloader 移植、Linux 内核及设备驱动移植和文件系统制作等。

Bootloader 主要是用于加载操作系统，当系统上电后 Bootloader 可以初始化硬件，建立内存空间的映射图，为操作系统内核准备好硬件环境并引导内核的正常启动。本系统选用通用性好，功能全面的 u－boot 作为基准代码。本系统将标准的 u－boot－1.1.6 代码进行修改后移植到 S3C2440A 开发板上。u－boot 移植主要包括添加新开发板 S3C2440A 的信息，建立 S3C2440A 的目录，修改 u－boot 代码，修改 Makefile 文件和修改 tq2440.c 文件。

（3）嵌入式 Linux 内核的配置与编译。

嵌入式 Linux 内核的配置和编译主要包括内核的修改、剪裁和编译。本系统所采用的 linux－2.4.32 内核版本，内核修改主要是针对 Linux 内核中与体系结构相关的部分进行，将与硬件相关的代码进行修改，完成硬件部分的初始化工作，初始化系统使内核正常启动。内核裁剪是一个减少代码冗余的过程，使用命令 make menuconfig 将不需要的模块从内核中裁剪掉。内核裁剪完成后，进行交叉编译生成内核映像文件 zImage，其中 make clean 为清理编译环境命令，make dep 为编译依赖文件命令，make zImage 为编译内核命令。

2. 软件协议和程序流程图

（1）软件协议。

嵌入式智能家居监控系统协议部分采用 645 协议。软件协议的内容包括组帧格式和组帧功能的确定。

每次通信是一个完整的数据包，称为帧。帧由帧头、控制信息和上层有效数据组成。帧是传送信息的基本单元。帧起始符为 91H，它标识着一帧信息的开始。帧起始符占用 1 个字节。每个外设具有唯一的通信地址。地址域由 A5～A0 这 6 个字节构成，每字节 2 位 BCD 码，地址长度可达 12 位十进制数。当使用的地址码长度不足 6 个字节时，高位用"0"补足。当通信地址为 00 00 00 00 00 00 时，为广播地址，收到此种数据帧的每个外设模块都将执行相应的操作，但不需要回复操作。地址域传输时，高字节在前，低字节在后。在本系统中，帧格式见表 6.3。

表 6.3　帧格式

帧格式组成说明	代码
帧起始符	91H
地址域	A5
	A4
	A3
	A2
	A1
	A0
控制码	C
数据域长度	L
数据域	DATA
校验码	CS
帧结束符	19H

控制码 C 是一帧数据中具有标识意义的码段,控制码格式如图 6.36 所示。

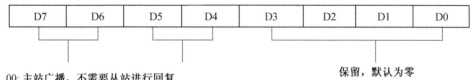

00: 主站广播,不需要从站进行回复
01: 从站通知,不需要主站进行回复
10: 主站请求,不需要从站进行回复
11: 从站回复,对主站请求的应答

00: 灯光控制
01: 语音传输
10: 家具安防
11: 家具控制

保留,默认为零

图 6.36　控制码格式

数据域长度 L 为数据域的总字节数,其长度值一般由数据标识和数据内容的长度值来计算。数据域 DATA 结构随控制码 C 的不同而不同。数据域传输时,高字节在前,低字节在后。校验码 CS 是从帧起始符到校验码之前的所有字节的模 256 的和。结束符 19H 标识一帧信息的结束。请求帧是实现各种不同功能的数据命令,是能否实现特定功能的重要保障。请求帧的基本格式如图 6.37 所示。

图 6.37　请求帧的基本格式

在本系统中,请求帧的组帧方式是根据智能灯光模块、智能窗户模块和家居安防模块的控制要求而定的。

在智能灯光模块中灯组地址上报的数据标识为 09 00 00 01。系统上电后,主站向所有的灯光模块发送地址上报请求,地址域为全零,无数据内容,要求所有灯光模块将自己的地址上报给主站进行注册。灯光模块使用自己的地址作为地址域,使用此数据标识作为数据内容进行回复。主站可以对已注册的灯光模块进行更多的操作。下行数据为 91 00 00 00 00 00 00 80 04 09 00 00 01 CS 19,上行数据为 91 00 00 00 00 00 01 C0 04 09 00 00 01 CS 19。

在智能灯光模块中灯光颜色控制的数据标识为 09 00 00 02。主站向灯光模块发送控制命令帧,请求控制灯光的颜色。地址域为已注册的灯光模块地址,数据内容为 4 个字节,分别控制红、绿、蓝、白 4 路灯光的颜色和亮度。灯光模块回复的数据内容为亮度和状态,3 个字节,D2、D1、D0。D2、D1 表示亮度,共 12 位有效,D2 高 4 位保留。D0 表示状态,B3 表示红灯的亮度值、B2 表示绿灯的亮度值、B1 表示是蓝灯的亮度值、B0 表示白灯的亮度值。1 表示正常,0 表示不正常。下行数据为 91 00 00 00 00 00 01 80 08 09 00 00 02 10 10 10 10 CS 19,上行数据为 91 00 00 00 00 00 01 C0 07 09 00 00 02 03 FF 0F CS 19。

在智能灯光模块中读取灯组亮度和状态,数据标识为 09 00 00 03。主站发送请求,请求读取特定灯光模块的亮度状态值。LED 模块回复的数据内容为亮度和状态值。下行数据为 91 00 00 00 00 00 01 80 04 09 00 00 03 CS 19,上行数据为 91 00 00 00 00 00 01 C0 07 09 00 00 03 03 FF 0F CS 19。

在智能窗户模块中窗户地址上报,数据标识为 08 00 00 01。系统上电后,主站向所有的窗户模块发送地址上报请求,地址域为全零,无数据内容,要求所有窗户模块将自己的地址上报给主站进行注册。窗户模块使用自己的地址作为地址域,使用此数据标识进行回复。主站可以对已注册的窗户模块进行更多的操作。下行数据为 91 00 00 00 00 00 00 B0 04 08 00 00 01 CS 19,上行数据为 91 00 00 00 00 00 01 F0 04 08 00 00 01 CS 19。

在智能窗户模块中控制窗户开关状态,数据标识为 08 00 00 02。主站控制窗户模块的开关状态,数据内容为 1 个字节,表示窗户打开的角度值。窗户模块回复的状态值,1 个字节:00 表示全关,11 表示全开,01 表示某一角度(0° ~ 180°的任意角度)的开窗。下行数据为 91 00 00 00 00 00 01 B0 05 08 00 00 02 5A CS 19,上行数据为 91 00 00 00 00 00 01 F0 05 08 00 00 02 01 CS 19。

在智能窗户模块中读取窗户开关状态,数据标识为 08 00 00 03。主站发送请求,请求读取特定地址窗户模块的状态。窗户模块回复的数据内容为窗户的开关状态。下行数据为 91 00 00 00 00 00 01 B0 04 08 00 00 03 CS 19,上行数据为 91 00 00 00 00 00 01 F0 05 08 00 00 03 01 CS 19。

在家居安防模块中阀门、排风扇等设备地址上报,数据标识为 07 00 00 01。系统上电后,主站向所有的安防模块发送地址上报请求,无数据内容,要求所有安防模块将自己的地址上报给主站进行注册,其中地址域最高字节为 00 表示防火模块,10 表示防盗模块,11 表示防煤气泄漏模块。安防模块使用自己的地址作为地址域,使用此数据标识进行回复。主站可以对已注册的安防模块进行更多的操作。下行数据为 91 00 00 00 00 00 00 A0 04 07 00 00 01 CS 19,上行数据为 91 00 00 00 00 00 01 E0 04 07 00 00 01 CS 19。

在家居安防模块中控制防火、防盗和防煤气泄漏功能的开启和关闭,数据标识为 07 00 00 02。主站控制安防模块的开关状态,数据内容为 1 个字节。安防模块回复的状态值,1 个字节:00 表示关闭,11 表示开启。要对防火模块进行操作的下行数据为 91 00 00 00 00 00 01 A0 05 07 00 00 02 11 CS 19,上行数据为 91 00 00 00 00 00 01 E0 05 07 00 00 02 11 CS 19。

在家居安防模块中读取相关传感器的参数值,数据标识为 07 00 00 03。主站发送请求,请求读取特定传感器的参数值。安防模块回复的数据内容为传感器采集到的参数值。读取防火模块传感器参数值的下行数据为 91 00 00 00 00 00 01 A0 04 07 00 00 03 CS 19，上行数据为 91 00 00 00 00 00 01 E0 05 07 00 00 03 11 CS 19。

（2）主系统流程图。

嵌入式智能家居监控系统的主系统流程图如图 6.38 所示。

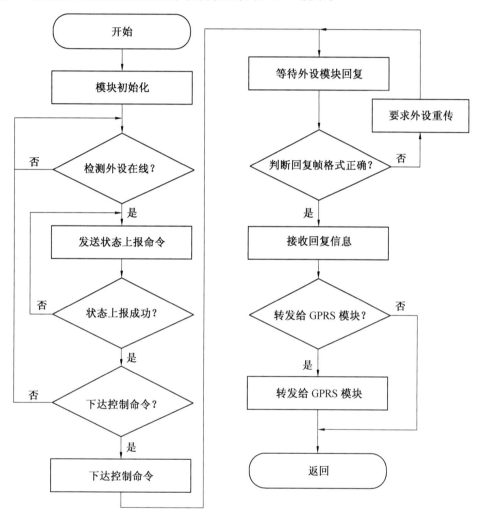

图 6.38　嵌入式智能家居监控系统的主系统流程图

根据系统流程图，系统上电后，首先进行设备的初始化。检测外设是否在线，如果外设在线就发送状态上报命令。状态上报完成后可以对各个外设进行控制。同时主控模块也可以将外设信号通过 GPRS 模块转发给用户。

（3）智能灯光模块程序流程图。

嵌入式智能家居监控系统的智能灯光模块程序流程图如图 6.39 所示。

嵌入式智能家居监控系统的智能灯光模块想要实现的功能主要有：智能灯光模块上报地址、主机控制智能灯光模块亮度和状态、智能灯光模块回复相应亮度和状态值等。

灯光模块上电后，首先进行灯光模块的初始化。然后一直等待主机的控制命令或手动控

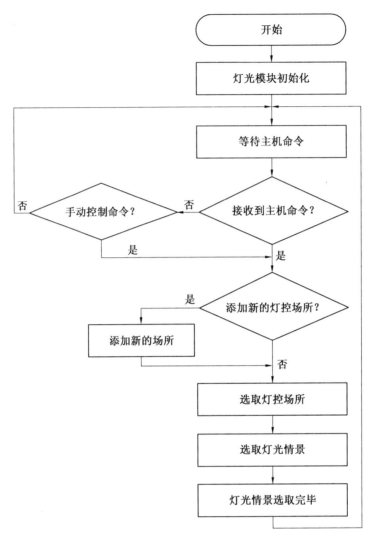

图 6.39　嵌入式智能家居监控系统的智能灯光模块程序流程图

制,根据控制命令来选取灯光场所和设置灯光情景。

如果主机想要灯光模块地址上报,只需在主机串口发送"91 00 00 00 00 00 00 80 04 09 00 00 01 00 19"即可;如果主机想要控制灯光模块颜色亮度,在主机串口发送"91 00 00 00 00 00 01 80 08 09 00 00 02 44 55 66 77 00 19"即可控制地址为 00 00 00 00 00 01 的灯光模块的白、蓝、绿、红 4 路 LED 灯的亮度值分别为 0x44、0x55、0x66、0x77;如果主机想要读取灯光模块的亮度状态值,在主机串口发送"91 00 00 00 00 00 01 80 04 09 00 00 03 00 19"即可获取地址为 00 00 00 00 00 01 的灯光模块的亮度状态值。

（4）智能窗户模块程序流程图。

嵌入式智能家居监控系统的智能窗户模块程序流程图如图 6.40 所示。

智能窗户模块的功能主要包括窗户模块上报地址、主机控制窗户模块开关状态、窗户模块回复相应状态值等。根据智能窗户模块流程图,窗户模块上电后,首先进行窗户模块的初始化。然后一直等待主机的控制命令或者手动的控制命令,根据控制命令来控制窗户状态和相

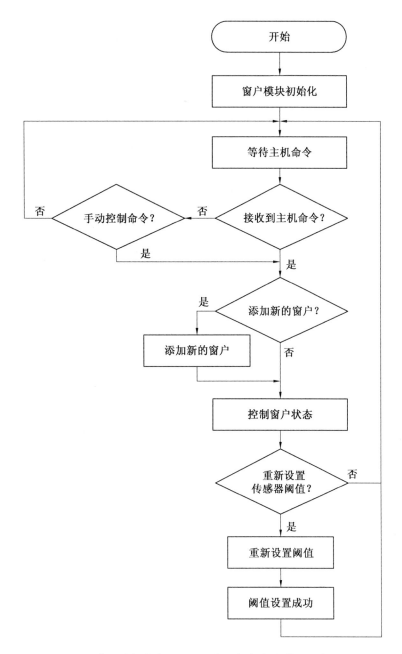

图 6.40　嵌入式智能家居监控系统的智能窗户模块程序流程图

关传感器的阈值。

　　如果主机想要窗户模块地址上报,只需在主机串口发送"91 00 00 00 00 00 00 B0 04 08 00 00 00 00 19"即可;如果主机想要控制窗户模块开关状态,在主机串口发送"91 00 00 00 00 00 01 B0 05 08 00 00 02 5A 00 19"即可控制地址为 00 00 00 00 00 01 的窗户模块的打开角度为 0x5A(即 90°,表示窗户刚好半开半关);如果主机想要读取窗户模块的状态值,在主机串口发送"91 00 00 00 00 00 01 B0 04 08 00 00 03 00 19"即可获取地址为 00 00 00 00 00 01 的窗户模块的开关状态值。

（5）安防警报模块程序流程图。

嵌入式智能家居监控系统的安防警报模块程序流程图如图 6.41 所示。

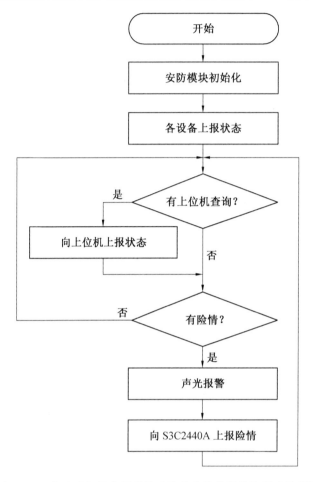

图 6.41　嵌入式智能家居监控系统的安防警报模块程序流程图

根据安防警报模块程序流程图,系统上电后,首先进行系统初始化。然后各设备上报当前状态。如果上位机要求上报状态;就向上位机上报当前状态;否则直接判断是否有险情发生。分别检测防盗双鉴探测器、复合式火灾探测器和煤气泄漏传感器的采样值,将采样值与预先设置的阈值进行比较,如果不在阈值范围内就进行声光报警和应急操作,并向 S3C2440A 上报险情。

如果主机想要家居安防模块中的火灾传感器设备地址上报,只需在主机串口发送"91 00 00 00 00 00 00 A0 04 07 00 00 01 00 19"即可;如果主机想要控制防火模块功能开启状态,在主机串口发送"91 00 00 00 00 00 01 A0 05 07 00 00 02 11 00 19"即可控制地址为 00 00 00 00 00 01 的安防模块的防火功能开启;如果主机想要读取火灾传感器的参数值,在主机串口发送"91 00 00 00 00 00 01 A0 04 07 00 00 03 00 19"即可获取地址为 00 00 00 00 00 01 的防火模块的传感器参数值。

习　题

1.智能电网是由多系统组成的具有互操作性及自愈能力的一种坚强的网络结构,各系统既相互独立又可以有机地结合在一起。请根据信息的传递流程,说明智能电网三层网络框架结构。

2.数据层是智能电网的基础,各类信息都应由这一层设备产生,请说明智能电网数据层的结构。

3.智能电网通信网络在信息层将所有的数据打包分类,通过其相应的通信通道上送到应用管理层对数据进行分析与处理,请说明智能电网信息层结构。

4.什么是家庭网络(home area network,HAN)? HAN 能实现哪些功能?

5.智能电网是与物联网最为密切的一个行业,未来智能电网的建设必然产生世界上最大、最智能、信息感知最全面的物联网。利用物联网技术能为实现智能用电带来哪些优势?

6.什么是智能家居监控系统?请画出嵌入式智能家居监控系统结构框图。

7.智能家居窗户控制系统可以实现智能防风、防雨等多种功能,请说明风速传感器、雨水传感器和温度传感器的选择原则与方案。

8.热释电红外探测器和微波探测器各有什么特点? 它们在智能家居安防系统中起什么作用?

9.电力线载波通信电路中,耦合电路有什么作用? 请设计电力线耦合电路并说明各个元器件参数的选择原则。

第7章 典型电能测试仪表及系统设计

7.1 概 述

进入 21 世纪以来,构建安全稳定、经济友好、清洁优质的智能电网已成为我国电力研究的重点。电能表作为智能电网系统中非常重要的组成部分,它是连接电网和用户的桥梁,是用户用电信息采集的核心设备。

7.1.1 电能测试仪表发展趋势

最早出现的是感应式电能表,随着电表技术的创新、通信和计算机技术的进步,发展出了智能电能表。同时,从最初的电能表只具有简单的计量功能,到后来的各种抄表功能、负荷管理功能、防窃电功能等,可以说电表的功能在日益完善。应运而生的智能电能表则功能更为丰富,数据处理能力和通信能力更为强大,正向网络化、智能化、集成化、模块化和多元化等方向快速发展。智能电能表的发展具有以下的趋势:

1. 计量性能的要求进一步增强

目前智能电能表的应用范围很广,相应的技术也在不断进步,在电能表的计量性能方面,起动灵敏度、轻载和低功率因数准确度、谐波环境下的计量准确度等性能日益受到用户的关注。

2. 三相电能表的计量算法进一步优化

随着三相电能表的广泛普及,尤其是国产 0.2S 级电能表的逐步推广,用户越来越关注三相电能计量算法,特别是在非线性下的算法研究,那么计量算法的进一步优化也指日可待。

3. 防窃电要求进一步增强

随着电力行业的不断市场化,电能表的窃电问题一直存在,隐蔽化、多样化的窃电方式也给普通电能表带来了更多弊端,越来越多的技术会被用于电表的防窃电研究中。

4. 具有多种通信接口

配备通信接口的电能表更能满足未来用户的需求,而各种通信方式也给电表用户提供了更多的选择。同时抗雷击、抗静电、抗人为攻击能力等指标对电表通信接口的要求也越来越高。

5. 电力线载波技术的应用快速增加

由于应用到电力系统中的载波通信的优势越来越明显,因此很多国内外厂商开始致力于研究电力线载波技术,并且在抗噪声、抗衰减、抗失真等多方面已经有了不错的进展。

6. 实时时钟的精确度不断提高

多费率电能表对准确性要求很高,而电费的计量与实时时钟密不可分,因此对实时时钟精确度的要求就会很高,利用温度补偿可以实现时钟全温度范围内的高精度。

7. 模块化设计成为主流

在电能表的研究开发中,将模块化思想引进硬件部分和软件部分的设计逐渐成为主流趋势。可以将技术成熟和标准的部分提前封装入库,那么在新产品的设计中,只需着重于新功能、新模块的开发和集成,这就有效地提高了可靠性和开发效率。

8. 网络化及系统化成为趋势

近几年来,我国通信网络的建设取得了飞跃发展,各种价格低廉且丰富多样的电能数据传输信道及网络相继出现,这为电能表的网络化及系统化奠定了基础,同时 GPRS 技术的日益成熟为电能表的网络化引领了全新的方向。

7.1.2　电能测试仪表计量方案的选择

自从 2000 年以来,随着数字信号处理技术的成熟,人们开始采用 A/D 转换器采样,经 DSP 芯片进行数据运算处理,最后把得到数字量传给 MCU,由 MCU 完成存储、显示等功能。A/D 转换器本身存在着转换误差,此种方式制成的电能表精度可以达到 0.5 级以上,但是 DSP 芯片价格比较高,导致电能表的开发成本也很高,而且开发周期长。

随后出现了电能专用计量芯片,它是将 A/D 转换器和专用 DSP 集成在一起,电能从采样到计算都在芯片内部完成。随之电能表的设计就有了专业计量芯片和 MCU 组合来进行电能计量。

7.1.3　电能测试仪表 MCU 的选择

电能表作为电的计量工具,要长期地运行,自身的功耗也不容忽视。所以要选择低功耗的,作为长期运行,可靠性也要高。由于电能采集使用的是专业计量芯片,很多计算已经由计量芯片完成,因此选用的 MCU 不需要特别强的数据处理能力,电能表要实现多功能需要连接的模块较多,要有较多的 I/O 口,要完成电能表庞大的系统的运行,又要有较大的存储空间来储存相关的程序。

1. PIC 系列单片机

PIC 系列 8 位微控制器是采用精简指令集(RISC)结构的高性能嵌入式微控制器。它的高速度、低工作电压、低功耗、强大驱动能力、低价格和 OTP 技术等都体现了单片机工业的新趋势。PIC 系列单片机在从计算机外设、家电控制、电讯通信、智能仪器到汽车电子、金融电子等各个领域均获得了非常广泛的应用,是世界上最有影响力的嵌入式微控制器之一。它的低功耗及宽工作电平、宽工作温度和小巧封装,使其非常适合作为电能表的 CPU。

2. MSP430F149 单片机

MSP430F149 单片机是一款超低功耗微处理器,它采用 16 位的总线,外设和内存统一编址,寻址范围可达 64 kB,程序存储器为 60 kB 的 Flash 存储器,以及 2 kB 的 RAM,在拥有大容量存储空间的同时,还可以外扩存储器。此外,它具有统一的中断管理和丰富的片上外围模块,片内有精密硬件乘法器、两个 16 位定时器、一个 14 路 12 位的 A/D 转换器、一个 DCO 内部振荡器和两个外部时钟,支持 8 MHz 的时钟。MSP430F149 通过芯片内部自带的温度传感器,可以补偿温度漂移;其内部的保密熔丝可以自动保护程序代码,达到了防窃电目的。MSP430F149 具有低功耗特性,处理速度快,运行稳定,非常适用于长时间不间断工作的智能电能表领域。

3. DSP

应用广泛的 DSP 系列产品具有高性能、小型封装和低功耗性能等。非常适用于个人和便携式产品,如数字音乐播放器、免提配件、GPS 接收器和便携式医疗设备等。其中的 TMS320CSSx 系列高级电源管理技术会自动关闭闲置的外设、存储器和核心功能单元,从而延长了电池寿命。TMS320VC5402 芯片作为 16 − bit 定点 DSP,具有较强的运算能力来实现准同步算法,高度灵活的可操作性和高速的处理能力,适合于高速、高精度智能电能表的设计。

4. ARM

嵌入式 ARM 系列芯片集成有 LCD 控制器、标准外设接口等丰富硬件资源,支持 Linux,WinCC 等主流嵌入式操作系统,适合于向高精度、低功耗、智能化、信息化和网络化的方向发展的智能电能表设计。

7.1.4 电能测试仪表通信方式的选择

自动抄表是将数据自动采集、传输和处理应用于电能供、用与管理系统中的一项新技术,采用通信和计算机网络等新技术自动读取和处理表计数据。它从根本上克服了传统的人工抄表模式的弊端,给电能管理的现代化创造了良好的条件。现在的自动抄表通信主要有以下几种方式:

1. 双绞线方式

双绞线方式属于总线式通信方式,包括 RS485 或 RS422 总线,其技术成熟、简单,良好的抗电磁干扰能力,通信可靠性和稳定性很高。

2. 电话线通信方式

自从电话出现以来,电话线的通信方式也被推广。电话线通信方式是通过电话网和电力部门通信的,通信信号还需要通过调制解调器进行处理。这种通信方式的优点是不用投入资金对现有的电话线网络进行调整,而且有很高的通信质量。

3. 电力线载波通信方式

电力线载波通信方式是一种利用现有电力线,将信号高速传输的技术。优点是易施工、成本低、不需要重新布线,使得它在通信系统中被广泛应用。但由于我国低压电网结构复杂、缺乏规划、电网污染严重,因此电力线载波信号在实际应用中存在着高噪声、低阻抗、波动大等缺点。目前 PLC 技术有了较大的进步,通信成功率大为提高。

4. ZigBee 通信方式

ZigBee 通信方式是一种新兴的低功耗、低速率的无线通信技术。它是基于 IEEE802.15.4 无线标准而研发的技术,主要用于近距离的无线通信系统。它支持星形、网形、树形三种主要的自组织无线网络类型,具有强大的设备联网功能,无须铺设通信线路,各设备之间实现无线自动组网连接,系统安装成本低,系统无控制线路,故可避免恶意破坏。非常适合用于家庭监测、工业控制、传感器网络等方面。

7.2　基于 RN8302 三相多功能电能表设计

随着我国经济的发展和电力体制改革的推进,三相电能表在国内市场的占有率呈上升趋势。同时,随着电子技术和通信技术的发展,远程抄表的逐步普及,以及全国峰谷电价政策的全面推行,传统的三相电能表已经不能满足人们的需求,所以三相多功能电能表的应用得到推广,需求量迅速增长。

与单相电能表相比,三相电能表主要用于变电站、电厂,以及用作大用户的关口表;而与传统的机械表相比,多功能电能表具有高准确性、高灵敏度、多参数测量、谐波功率计量及网络化管理等优势。

计量部分选用三相多功能电能计量专用芯片 RN8302,通过对电流采样电路、电压通道参数的分析和设计,以及抗电磁干扰能力的设计,满足电能表误差在 5 000 : 1 的动态范围内有功功率 0.2S 级、无功功率 1.0S 级的计量精度。智能处理单元以 MSP430F149 超低功耗单片机作为主控芯片,实现多参数计量、数据处理与存储,按键显示、事件记录及负荷记录等功能,并与 RX8025 时钟芯片连接,实现复费率计费与最大需量的控制。应用电力线载波通信技术,采用 PL2102 芯片组建远程通信系统,实现电量数据的实时抄收、汇总和监控。该表同时设计红外通信接口电路,在不具备组网条件的小区采用红外掌上抄表器实现数据的自动抄录。

7.2.1　三相多功能电能表总体方案设计

三相多功能电能表整体硬件系统主要包括电能计量单元、MCU 智能处理单元两部分,智能处理单元包括主控芯片、电源电路、时钟电路、键盘电路、存储电路、通信接口电路等。三相多功能电能表总体原理框图如图 7.1 所示。

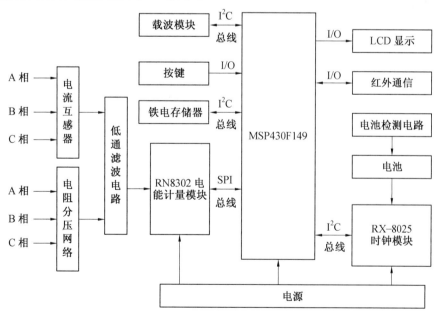

图 7.1　三相多功能电能表总体原理框图

三相多功能电表采用 MSP430F149 低功耗单片机作为核心控制处理器,RN8302 高精度三相电能专用计量芯片,并通过 MSP430F149 模拟 SPI 串行口与 RN8302 进行通信,完成电量相关参数的采样和检测。该方案计量的精度高,外围电路需要的器件少,避免了繁杂的电路设计,使电路的布局更清晰,节省 PCB 板空间的同时性能更可靠。通信设计采用了传统的技术成熟的低压电力载波。显示单元采用的是 LCD 显示模块,可以同时显示多项数据。时钟模块采用 RX－8025,备用电池采用可充电的 3.6 V 的锂电池。输入电流端采用的是电流互感器,输入电压采用电阻分压网络。

1. 三相多功能电能表主要技术参数

本节所设计的三相电能表严格执行三相多功能智能电能表国家标准,其主要技术参数见表 7.1。

表 7.1 三相多功能智能电能表主要技术参数表

序号	项目		标准参数值
1	参比电压		3×220/380 V
2	基本电流(最大电流)		1.5(6)A
3	参比频率		50 Hz
4	电量显示	总位数	≥8
		小数位数	≥2(小数位可设置,默认两位)
5	环境条件	最高温度	＋60 ℃(户内)/＋70 ℃(户外)
		最低温度	－25 ℃(户内)/－40 ℃(户外)
		湿度	≤95%
		大气压力	63.0～106.0 kPa
6	存储	电量数据	≥12 个结算日
		最大需量数据	≥12 个结算日
7	数据失电保存	结算数据	≥10 年
		其他数据	≥3 年
8	通信接口	红外	1 个
		载波通信	1 个

2. 三相多功能电能表基本功能

三相多功能电能表从设计理念上颠覆了机械表,功能上与传统机械表相比有了质的飞跃,而且还在随着 IC 技术的发展日趋完善,功能将更加强大,价格也会随着技术的成熟而逐渐下降,三相多功能电能表的基本功能见表 7.2。

表 7.2 三相多功能电能表的基本功能

序号	功能名称	功能介绍
1	计量功能	分时计量正向有功和反向有功、正向无功和反向无功、四相无功电量及最大需量,以及最大需量发生时间
		分相计量

续表7.2

序号	功能名称	功能介绍
2	时段和费率控制	具备 4 种费率、4 个时区、6 套时段、10 个日时段、12 个公共假日
3	显示和设置功能	通过 LCD 显示电表的运行状态、各种参数设置情况和各种计量数据
		通过红外遥控器调出显示项，读取电能数据或通过通信接口修改费率、时段等参数
4	远程自动抄表功能	载波电力线通信方式，实现远程自动抄表
5	停电红外抄表功能	利用红外无线通信，进行停电抄表或者手工抄表
6	数据冻结功能	3 个秒表周期数据，可自动冻结数据；12 个月抄表数据；为适应集抄，还具有瞬间冻结与定时冻结电量功能，对所冻结的全部数据可一次抄出
7	报警功能	超负载及时钟电池电压低、认证错误或修改密钥错误等故障时报警
8	实时测量功能	可实时测量 A、B、C 三相的电压、电流、功率等有效值及当前频率
9	事件记录功能	具有失压、失流、超功、停电、来电、编程、需量清零、广播校时等事件记录功能
10		具有编程禁止功能、需量复位功能
11		具有停电按键唤醒功能
12	双电源功能	正常状况：线性电源供电 断电时：电池供电、保持时钟和相关数据的准确

7.2.2　基于 RN8302 的三相多功能电能表电能计量单元设计

三相电能表电能计量单元采用 RN8302 三相专用电能计量芯片进行电量信息的采样和检测。电能计量单元除计量芯片外主要包括电流互感器、电阻分压网络等一些外围电路。电流和电压信号分别经电流互感器和电阻分压网络传送给计量芯片处理，由计量芯片 RN8302 完成各种电能参数的测量，并产生电能计量频率脉冲信号输出，通过 SPI 总线将数据传递给MSP430F149 进行处理。

1. RN8302 芯片性能特点

电能计量芯片采用的是三相电能计量芯片 RN8302，RN8302 与 MCU 一样采用 3.3 V 供电，它提供全波、基波有功电能，5 000∶1 的动态范围，小量程时灵敏度很高；非线性误差小于0.1%，为所设计的 0.2S 级电能表提供了必要的前提；提供电压线频率，精度小于 0.02%；提供各相基波电压电流相角，分辨率小于 0.02%；七路过零检测，过零阈值可设置；低温漂，温度系数典型值 20×10^{-6} ℃$^{-1}$。软件校表，适用三相三线制和三相四线制电表设计。

（1）RN8302 引脚排列。

RN8302 采用 LQFP44 的封装形式，七路过零检测，内置 1.25 V ADC 基准电压，温度系数典型值 20×10^{-6} ℃$^{-1}$，也可以外接基准电源。

（2）RN8302 的引脚功能。

RN8302 具有七路 ADC 输入，都采用完全差动输入，三路电流采样，分别是 IAP、IAN，IBP、IBN、ICP 和 ICN 三个电流通道，此外还有一路中线电流通道 INP、INN，正常工作最大输入电压为 800 mVpp，电压通道具有三路双端电压输入通道，分别为 VAP、VAN，VBP、VBN和 VCP、VCN 这些完全差动输入方式通道正常工作最大输入电压为 800 mVpp（信号的瞬时最大值与最小值之差是 800 mV）。

（3）RN8302 的内部寄存器。

对 RN8302 数据读取的都是操作寄存器来完成的，RN8302 内部寄存器极为丰富，寄存器分为参数寄存器、配置和状态寄存器。参数寄存器包括波形采样寄存器、有效值寄存器、功率寄存器、功率因数寄存器、快速脉冲计数寄存器、电能寄存器、相角寄存器、电压线频寄存器，共计 156 个寻址地址。配置和状态寄存器包括高频脉冲寄存器、启动电流阈值寄存器、过零阈值寄存器、通道增益寄存器、功率增益寄存器等，144 个寻址地址。这些寄存器上包括了所需的所有参数的测量和状态的设置，只要调用寄存器就可以得到相应的数据，使用起来很方便。

（4）工作模式。

RN8302 有四种工作模式：计量模式、全失压模式 1、全失压模式 2 及睡眠模式。计量模式用于电表工作在电网供电时，对各相参数的测量；全失压模式 1 用于低功耗全失压电流有效值测量；全失压模式 2 用于低功耗全失压电流预判；睡眠模式用于电网掉电后，电表由备用电池供电时的睡眠状态。计量模式状态下功耗为 5 mA，睡眠模式下仅 2 μA。状态的设计及数据存储都通过 SPI 总线完成。

2. 基于 RN8302 电能计量单元的设计

（1）电流信号采样电路的设计。

在智能电能表输入电路中常采用互感器输入电路，尤其是在电流输入电路中，较多较普遍地采用了电流互感器输入电路。有些单项电能表中也采用电流分流器（一般是锰铜电阻分流器）直接取样，分流器的阻值一般为几百微欧，温度系数较低，但是锰铜的大电流特性不好，当电流过大时，会使锰铜分流器的阻值发生偏移，导致误差出现，由于三相电能表的电流较大，因此在高温、重载的情况下会使精度变得非常差。电流信号采样电路原理图如图 7.2 所示。

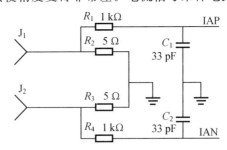

图 7.2　电流信号采样电路原理图

图 7.2 中 J_1、J_2 为三相电流通道的电流互感器输入端，互感器选用 LCTA21CE－40A/20 mA，一次电流为 40 A，二次电流为 20 mA，变比为 2 000∶1，一次输入阻抗为 100 Ω，线性度小于 0.1%，线性范围在 2 倍额定电流以上，耐压值 6 kV 以上。在每组互感器之间有两个 5 Ω 的匹配电阻，如 R_2 和 R_3，当电流互感器二次电流达到 20 mA 时，计量芯片端分压电阻的电

压为 100 mV,四倍负载时分压电阻两端电压为 400 mV,恰为峰－峰值的一半。IAP 和 IAN 直接与芯片 RN8302 管脚相连,R_1 与 C_1 构成低通滤波电路。

（2）电阻分压调整网络的设计。

在设计三相电能表时,不仅需要对电流信号进行采样,还需要同时采样各相的负载电压数据,以此计算有功功率、无功功率等电能数据。而三相交流电源,是由 A 相、B 相、C 相三个频率、振幅相等、相位依次互差120°的交流电组成的电源,任两相之间的相电压为 380 V,对中性点的电压为 220 V。

设计中采用的三相电量计量芯片 RN8302 所有的输入引脚最大输入电压 800 mVpp,因此不能直接将各相电压直接加到计量芯片的电压通道上,否则会因为电压过高而造成芯片损毁,甚至会直接导致电路板的烧毁。电压取样一般采取两种方式:① 电阻网络分压,利用电阻的串并联组成电阻分压网络,从采样电阻上获取电压采样;② 电压互感器降压,虽然能使强弱电隔离开,提高安全性,但成本显著增加,同时三路电压互感器会占用比较大的空间,增加电能表内部布局的难度。所以,本设计电压取样的方式选择电阻网络分压。电阻网络分压有 A、B、C 三组,交流电压信号采集电路由精密电阻分压网络及滤波电容组成,为了保证精度,这里所有的采样电阻采用高稳定度、温度漂移小于 $25×10^{-6}$ ℃$^{-1}$ 的精密电阻,以其中 A 组为例,电阻分压调整网络电路原理如图 7.3 所示。

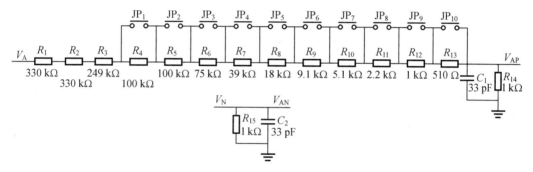

图 7.3　电阻分压调整网络电路原理

$R_1 \sim R_{13}$ 为分压电阻,$JP_1 \sim JP_{10}$ 为校正单元,通过它们的闭合和断开对采样电压输出端进行调节。设 $R_1 \sim R_{15}$ 总电阻为 R_M,则可得关系式为

$$U_{AP} = \frac{R_{14}U_A}{R_M + R_{14}}　　　　　　　　　　　　　　(7.1)$$

式中,U_{AP} 为电压取样有效值;U_A 为电网电压有效值。由式(7.1)可得

$$U_A = \frac{R_{14} + R_M}{R_{14}}U_{AP}　　　　　　　　　　　　　(7.2)$$

计量芯片采样电压为 800 mVpp,那么最大有效值为 282.8 mV 若按式(7.2)来计算,则当 U_{AP} 取最大有效值282.8 mV 时,允许电网输入的电压最大有效值为 356.3 V。通过相电压衰减的方法不仅可以进行电阻分压功能,同时还可以实现对电能表的准确度进行简单调整,电阻分压调整网络,采用简单的电阻构成,具有 ±30% 的调整范围。用电阻串并联的形式进行调整,简单、便捷、维修方便且低成本。

（3）电能计量 RN8302 及外围电路设计。

三相电能表电能计量单元采用 RN8302 三相专用电能计量芯片进行电量信息的采样和检

测,由于电能计量单元作为电能表精度的核心部件,其精度将直接影响到电能表的性能,因此硬件设计时需要严格考虑各个影响因素,如数字电源、模拟电源及数字地和模拟地的区分,不可用同一个电源和地端进行代替。需分别接地之后,最后进行共地。RN8302 在完成各种电能参数的采集和处理后,把计量的数据储存在计量芯片的寄存器中,通过 SPI 总线传递给 MSP430F149 进行进一步的处理,如显示、电费计算、数据通信等。SPI 总线一般需要 3～4 个 I/O 口进行数据的传递和控制,这里采用四线制。图 7.4 中采用 10 μF 和 0.1 μF 的电容组合实现对电源的滤波作用,使系统供电更加稳定。

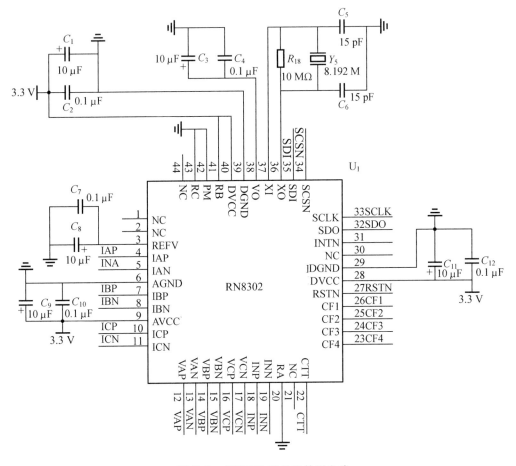

图 7.4　RN8302 芯片及外围电路

（4）抗电磁干扰设计。

抗电磁干扰设计要求仪表能防止传导、辐射和静电三种形式的电磁干扰而不对仪表产生实质性的影响。采用的设计方法常见的有磁珠、电容器、脉冲群抵御器及大体积的表面贴装电阻器。印制板（PCB）的布局和接地问题,对每种形式的电磁干扰都有一定防护作用,但有些措施仅对某种电磁干扰起主要作用。

① 静电放电防护设计。静电的特点是电流小但电压很高,可达 40 000 V 以上,电子元件对剧烈的静电放电是没有保护能力的。而 ESD 的作用是累积的,即电子元件对多次的静电放电（ESD）的作用是难以保证经受得住的。为了防止静电对元件造成损坏,可以在电源和地之间接入瞬态抑制二极管 P6KE30CA,也可以选择压敏电阻进行防护。

② 高频电磁场防护设计。$20\sim200$ MHz 的射频信号对集成电路影响比较明显。而且大量的 RF 信号都是经过电缆进入电能计量单元的,这样来就必须对连接点采取防护设计,从而减弱射频信号的干扰。本设计中可以在输入端与地之间接电容滤波,从而滤除高频干扰。

③ 快速瞬变脉冲群(EFT)防护设计。应当指出快速瞬变脉冲群防护是非常困难的。因为,它们是经过电源导线以共模或串模进入电量计量单元的,在高共模抑制比下,大幅值的干扰信号可能性不大,主要的来源是其快速上升时间决定的高频成分。解决的途径是将数字地与模拟地分开,在数字地与模拟地之间加磁珠 HH－1H3216－500,最后再共同接地。

此外,在电源输入口处连接防雷的压敏电阻,对雷电的干扰有很好的防护作用。

7.2.3　基于 MSP430 的三相多功能电能表智能处理单元设计

三相智能电能表中,智能处理单元是整个设备的核心。主机控制和运算处理功能由 MSP430F149 单片机和其扩展电路来实现,MSP430 单片机对 RN8302 采集的数据进行处理,同时还实现费率及时段的切换、数据储存、数据远程传输、继电器控制、显示控制及电源监控和监控用户用电等处理任务,并可在必要时通过红外通信接口与手持设备进行数据传输,完成人工抄读功能。

1. 智能处理单元主电路接口设计

(1)MSP430F149 主要特性。

MSP430 系列单片机是一款 16 位超低功耗单片机,其中包括一系列器件,它们由 MSP430 单片机的 MCU,以及针对不同的应用而提供的外围模块组成。MSP430 系列单片机具有以下特点:强大的处理能力、低电压、超低功耗,丰富的片上外围模块及高性能模拟技术,系统工作稳定,开发环境灵活。MSP430 系列型号众多,具有丰富的可选择性。

MSP430F149 是 MSP430x14x 系列的一款性价比较高的单片机,程序存储器为 60 KB 的 Flash 存储器,以及 2 KB RAM,其主要特性是低电源电压范围,供电电压为 $1.8\sim3.6$ V,这样就为低功耗提供了一个前提,此外 MSP430F149 单片机还具有 5 种节电模式,即 LPM0 ~ LPM4,其中 LPM4 耗电最省,仅为 0.1 μA;唤醒时间短,从等待模式唤醒,时间小于 6 μs;此外还具有两个多功能串行接口(SPI/UART),实现串行通信功能;内部自带温度传感器,可以对周围温度带来的漂移进行补偿;12 位 200 KSPS 的 A/D 转换器,自带采样保持;此外,保密熔丝的程序代码保护,达到了保密防窃目的。

(2)智能处理单元主电路接口设计。

MSP430F149 是 16 位低功耗高性能单片机,其片内寄存器丰富,有 SPI 模块可以与计量芯片直接连接,连接方便操作简单。同时它的功耗很低,正常工作电流为 280 μA,待机时只有 1.6 μA,处理速度快,运行稳定,对于长时间工作的电能表来说意义重大,主控制芯片 MSP430F149 接口电路如图 7.5 所示。

C_1 和 C_2 两个电容对电源起到滤波作用,使电源电压更稳定;R_4、C_{10}、D_1 及 S_1 组成复位电路,二极管 D_1 的主要作用是在电源断开以后,能迅速将电容上的电能放掉,再上电时进入复位,对于瞬时断电,再上电的使用尤其重。要智能处理单元作为整个电能表中最为核心的部件,主要负责对电量数据的处理及储存,对通信、显示、继电器的控制等;当收到数据中心的电量数据传递命令之后,智能处理单元通过电力线载波通信模块,将电量信息通过集中器传递到数据中心进行结算;同时,将数据保存到铁电存储器中,便于二次核对信息。

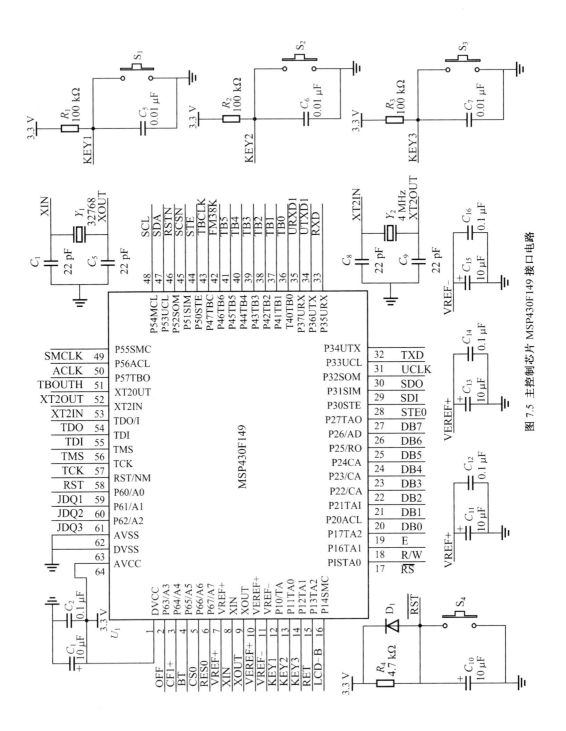

图 7.5 主控制芯片 MSP430F149 接口电路

智能处理单元完成这一系列的工作,都需要时钟电路、存储器、LCD 及各个通信模块的配合工作。当电池电量低时,电池电压监测部件会及时察觉,并将信息反馈到智能处理单元同时发出报警信号,通知工作人员及时为该台设备更换电池,以免数据丢失。同时,本系统设计了3 个独立按键与 MCU 进行连接,方便在无法进行远程设置又没有手持机的情况下对电能表进行参数设置。

2. 数据存储电路设计

三相电表作为计量仪器,若有掉电必须储存当前的数据。外部存储器需要存储的数据有电能数据、电能表校表数据、负荷曲线数据、事件记录数据。通常采用的掉电数据保持器件有EEPROM 存储器和 FLASH 存储器及铁电存储器。但 EEPROM 读写速度低,读写次数在一般在 10 万次以内,超过这些次数后数据保存性能不能保证。FLASH 存储器读写速度快,存储容量大,同样就有非易失性,读写次数在一般 100 万次以内,超过这些次数后存储单元有时会有局部坏死等缺点。

由于本设计中采用的 MSP430F149,工作电压为 $1.8\ \text{V} \sim 3.6\ \text{V}$,因此选用高性能非易失性 FRAM 存储器,其核心技术依旧是铁电晶体材料。这里采用 256×8 bit 的 FM24C32 铁电存储器储存电能数据和事件记录数据,32 Mbit 的 AT45DB321D 储存器储存电能表校表数据、负荷曲线数据,它们的工作电压范围为 $2.2 \sim 5.5$ V,能够与在 3.3 V 电压下工作的芯片直接相连。

(1)铁电存储器和 FLASH 存储器。

FM24C32 引脚功能见表 7.3。

表 7.3　FM24C32 引脚功能

引脚名称	引脚类型	说明
A0 ～ A2	输入	I^2C 总线协议器件地址选择线
VSS	电源	电源地端
SDA	I/O	串行器件 / 地址线
SCL	输入	串行时钟线
VDD	电源	＋5 V 电源端
WP	写保护口	WP 为高时写禁止,WP 为低时写允许

FM24C32 是采用标准的 8 脚 SOIC 封装的铁电存储器,具有标准 I^2C 总线接口。其存储时间短,能够在极短时间内保存大量数据,解决了仪表断电时的数据存储问题。

FM24C32 的地址格式采用 I^2C 总线协议,由数据线 SDA 和时钟线 SCL 组成,所有操作根据这两根线的状态而确定,分为开始、地址和数据传送、应答、停止四个状态。FM24C32 在开始条件后接收的第一个字节是物理地址。从地址包括部件类型、芯片选择、被访问的页面,还有一位是读写控制位。位 7 ～ 4 代表部件类型,用以区分接口上各种功能部件。位 3 ～ 1 为芯片选择位。位 0 为读写控制位,低电平写,高电平读。

FM24C32 接收应答装置地址后,主机将存储器地址送到总线上进行写操作。每访问一次,内部地址锁存计数器递增。只要电源恒定或没有新的数据写入,当前的地址不变。读操作使用当前地址,一个随机读操作执行两个过程:先执行写操作,即在开始字节传送后,应答之前,内部地址锁存计数器递增。

AT45DB161D 存储器是串行接口的 FLASH 芯片,可工作在 2.5 ～ 2.7 V,可广泛应用于数据语音、图像、程序代码数据存储中。Rapids 串行接口是与 SPI 相兼容的,串行时钟线(SCK)、主入从出(SO)、主出从入(MO) 和低电平有效的从机选择线(CS)。SPI 接口是串行的全双工接口,速度可达到 66 Mbit/s。它包含有 17 301 504 个位,被组织为 4 096 个页,每个页 512/528 个字节。除了主存储器,AT45DB161D 还包括两个 SRAM 数据缓冲区,每个缓冲区 512/528 个字节。在主存储器正在编程时,缓冲区是允许接收数据的,并且支持数据流式写入。

(2)FM24C32 和 AT45DB321D 与 MCU 的接口设计。

FM24C32 和 MCU 的连接非常方便,只要将 SDA 和 SCL 两根线连接到 I^2C 总线接口就可以了。所有的地址、数据操作都只要通过这两根线。由于 MSP430x14x 系列本身没有 I^2C 总线接口,因此可以用 I/O 口来模仿 I^2C 总线。铁电存储器内没有缓冲区,数据是直接写入 FRAM 对应的地址中,所以写入的数据不会出错。AT45DB321D 采用 SPI 口与 MCU 相连接,RES0 是它的复位端口,低电平时有效,CS0 端口是它的片选端,低电平时选通,高电平时屏蔽。存储器和 MCU 的电路连接原理如图 7.6 所示。

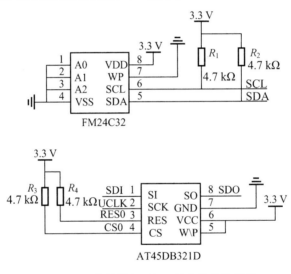

图 7.6　存储器和 MCU 的电路连接原理

FM24C32 只是存储容量不同的同类产品,所以都具有串行 I^2C 接口。FRAM 存储器的特点是无延迟写入,写入次数可达 100 亿次,以及较低功耗,同时兼具了 ROM 和 RAM 的特性,有效存储期可达 10 年。如果电能表每 0.01 度电存入外部存储器一次,一度电就要存 100 次,如果电能表要存储 100 万度的电能则需要存储 $100 \times 10^6 = 10^8$ 次,即一亿次,若是负荷曲线数据每 1 分钟记录一次,电能表的运行年数为 10 年,则记录次数为 $60 \times 24 \times 365 \times 10 = 5.256 \times 10^6$ 次,都远小于 100 亿次。FM24C32 主要用来存储事件记录,包括失压、断相、失流、校时次数、各相过负荷次数等。每项至少 10 次记录,每项的开始、结束时间,像失压、断相、失流还需要记录当时的电量。存储年、月、日、时、分、秒需要七个字节,共开始结束两次时间记录,电能需要 4 个字节来存储,每个事件用一个字节来代替,这样失压、断相、失流共需要存储空间 $(7 \times 2 + 4 + 1) \times 3 \times 10 = 570$ bit,校时次数、各相过负荷(三相电流、电压)次数需要记录两次时间,本身需要一个字节,$(7 \times 2 + 1) \times 7 \times 10 = 1 050$ bit,共需要 $1 050 + 570 = 1 620$ bit,再加上一些页码地址,选用128×32 bit的FM24C32可以满足要求,共需要负荷曲线记录内容根据规定可以从"电压、电流、频率""有功功率、无功功率""功率因数""有、无功总电能""四象限无功总电能""当前需量"六类数据项中任意组合。以四象限无功总电能和当前需量为组合来计算,负荷记录间隔可以从1～60 min范围设置,每项负荷记录的间隔可以不同,如果采用1 min作为时间间隔,按要求存储不少于40天,这样需要 4 × 2 × 60 × 24 × 40 = 460 800 = 128 × 3 600 bit,大约需要 3.6 Mbit的存储空间,这只是其中两项,若还要储存其他数据,则需要的存储空间会更大一些,所以选择 AT45DB321D,但由于 AT45DB321D 的读写次数不能超过100万次,因此将负荷曲线的数据先由FM24C32存储,每过一小时再将数据由铁电存储器传输到 AT45DB321D 中,这样就保证了在电能表工作时 AT45DB321D 的读写次数不会超过100万次。

3. RX8025 时钟电路设计

实时时钟电路为电费的结算和系统的监控提供依据,如复费率的切换、事件记录及符合曲线的绘制都需要时钟参与,因此时钟的准确度将直接影响电能表的精度,因而对其精度要求很高,经过反复对比分析,选择了 RX－8025 芯片。

RX－8025 具有 I^2C 总线接口,用此接口与单片机连接,内置高精度可调整的 32.768 kHz 晶振。与其他同类芯片相比,贴片包装十分精巧,结构也很简单,由于采用 I^2C 总线方式,因此编程也十分简单。现在广泛地应用在手机、智能仪表、工业控制等领域。

(1)RX－8025 的结构及工作原理。

RX－8025 特点以及功能:工作电压为 1.7～5.5 V,可以用与计量芯片及MCU都相同的 3.3 V,而且电压输入输出均与 TTL 兼容;具有外部中断 /INTA 和 /INTB;具有内置 32.768 kHz 高精度石英晶振输出,晶振工作电压为 1.15～5.5 V;工作温度为 －30～70 ℃,可以满足一般的环境要求;闰年自动日历更新,日历年为 99 年;6 个中断,可以设置两个报警功能,内部有无效的内部数据可判定,对电源电压可进行监控,3 V 工作电压下工作电流仅为 0.48 μA;贴片封装 SOP － 14,支持 I^2C 两条总线高速频率(400 kHz)。

RX－8025 的温度补偿。对时钟精度的要求是时钟日计时误差不大于 0.5 s,这相当于 5.7×10^{-6} 的精度。而 RX－8025 只在 25 ℃ 才有 5×10^{-6} 的精度,在变化的温度下,有温度特性的近似表达式,即

$$\Delta f = \lambda(\theta_X - \theta_T)^2 \tag{7.3}$$

式中,λ 为温度系数,$\lambda = -0.035 \times 10^{-6}$;$\theta_T$ 取常温 25 ℃;θ_X 为当前温度。按照式(7.3)近似计算,当 $\theta_X = -35$ ℃ 时,Δf 为 126×10^{-6};当 $\theta_X = +60$ ℃ 时,Δf 为 43×10^{-6},离要求偏差很大,这样绝对是不允许的。所以,要对 RX－8025 时钟芯片进行温度补偿,RX－8025 有计时精度调整功能,且计时精度调整具有 $\pm 3 \times 10^{-6}$ 的分辨率,调整范围为 $\pm 189 \times 10^{-6}$,这样在 －48～95 ℃ 范围内理论上都可进行温度补偿。而 MSP430 内部自带温度传感器,可以将其检测的温度作为温度补偿的依据。由于外界温度变化是连续的,而且变化速度并不快,因此 5 min 进行一次误差调整完全可以满足要求。

(2)RX－8025 及报警电路的设计。

RX－8025 的供电方式有两种:第一种是电网供电,第二种是电池供电,可以保证时钟在电能表掉电情况下正常工作,数据不丢失。RX－8025 与 MCU 仍然是 I^2C 总线方式通信。本设计采用锂电池作为时钟的备用电源,具有电量足、寿命长的特点;但考虑到长时间工作电池

的电量损耗问题,设计了一个简便的低压检测电路。

电池端与芯片 MCP111－270 相连,用来检测电池的电压,MCP111－270 的阈值电压是 2.63 V,当电压低于这一值时,启动蜂鸣器报警,BT 端由高电平跳变成低电平,MCU 做出反应,将此信号发送给上位机,提醒供电部门和用户更换电池,确保电能表的时钟始终处在精准的状态下。C_1、C_2 对电源滤波,二极管 D_1、D_2 为 4 148,作用是顺向导通、逆向截止,这样可以使电池供电和系统供电相分离,同时对电池电压检测不受系统供电影响。MCP111－270 输出是漏极开路,R_2 是上拉电阻,R_3、R_4 是限流电阻;C_3 是滤波电容,用于滤除电位变化时产生的尖刺,D_3 是二极管 4 148,由于扬声器 LS_1 是感性元件,因此断电后瞬间会存在感应电流,D_3 的作用是与扬声器形成闭合回路,防止三极管 Q_2 因感应电流的冲击而造成损坏。RX－8025 及电池低压检测电路如图 7.7 所示。

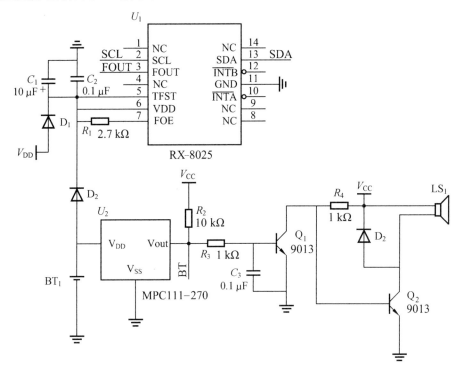

图 7.7　RX－8025 及电池低压检测电路

当 BT_1 电压低于阈值电压是 2.63 V 时,Vout 输出低电平,此时 Q_1 截止、Q_2 导通,Q_2 的基极电流 $I_b = (V_{cc} - 0.7)/10^3 = 4.3$ mA,4.3 mA 的电流可以使 Q_2 饱和,饱和电流可达 500 mA,完全可以驱动扬声器。

4. LCD 液晶显示电路设计

显示器是电能表的重要部件。数码管显示虽然色彩鲜艳,但其功耗大、显示内容简单,已经不能符合现今的智能电能表的显示需求。液晶显示器因其可靠性高,显示信息多,功耗低,可以停电时显示,黑暗中还可以采用背光显示等,因而获得越来越多用户的认可。本设计采用 KM12864 液晶显示器进行显示驱动。

(1)KM12864 液晶显示器引脚说明。

KM12864 液晶显示器引脚说明见表 7.4。

表 7.4　KM12864 液晶显示器引脚说明

引脚号	引脚名称	方向	功能说明
1	VSS	—	模块的电源地
2	VDD	—	模块的电源正端
3	V0	—	LCD 驱动电压输入端
4	RS(CS)	H/L	并行的指令 / 数据选择信号;串行的片选信号
5	R/W(SID)	H/L	并行的读写选择信号;串行的数据口
6	E(CLK)	H/L	并行的使能信号;串行的同步时钟
7 ～ 14	DB0 ～ DB7	H/L	数据 0 ～ 7
15	PSB	H/L	并 / 串行接口选择:H — 并行;L — 串行
16,18	NC	—	空脚
17	/RET	H/L	复位低电平有效
19,20	LED_A,K	—	背光源正极(＋5 V) 背光源负极(0 V)

由于 MSP430F149 单片机可以驱动液晶,因此只需与单片机接口直接连接就可以实现显示功能。KM12864 液晶模块可显示汉字及图形。电源电压为 3.3 ～＋5 V,内部具有升压电路,而且无须负压。显示内容为 128 列×64 行,足够显示该监测仪所需的内容,显示颜色为黄绿,LCD 类型为 STN。可通过 8 位并行口或 3 位串口与单片机通信,且配置 LED 背光,工作温度为 －20 ℃ ～ 70 ℃。该液晶显示模块还具有体积小、功耗低、显示内容丰富、超薄轻巧等优点。

(2)KM12864 与 MCU 接口电路设计。

KM12864 和 MCU 的通信方式有串行和并行两种,本设计采用 8 位并行通信方式与单片机进行连接,液晶模块接口设计原理如图 7.8 所示。

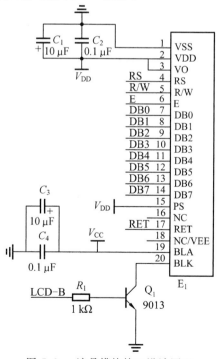

图 7.8　液晶模块接口设计原理

同时,考虑到电能表的节能设计理念。为了避免液晶背光一直处于亮的状态,在液晶背光源接口通过三极管与单片机进行连接,芯片的引脚输出电流经过三极管放大之后驱动液晶LED管脚,由此通过I/O口LCD−B的高低电平变换来实现液晶背光控制,达到进一步的节能效果。电容C_1、C_2与C_3、C_4是组合滤波电容,VO端是LCD亮度调节端,经验证直接连V_{DD}完全满足要求。

7.2.4　三相多功能电能表红外自动抄表接口设计

随着我国电表数量的迅速增加,电网改建的逐步完成,从技术上来讲远程自动抄表已经可以取代传统的人工抄表,然而对于由于地理环境及当地经济建设等客观因素的制约,某些地区仍要进行人工抄表,或者是停电时不能进行远程抄表时仍需要人工抄表。所以,本设计中保留了红外通信接口,作为附属通信方式,方便工作人员进行人工抄表和现场进行调试等。

红外通信方式成本低、准确度高、操作简单。在某些特殊的情况下,工作人员利用手中的红外手持机,通过红外通信接口可以方便快捷地实现人工抄表和进行电能表的设置,体现了人性化、方便、快捷的特点。

1. 红外自动抄表系统的构成

红外自动抄表系统由红外手持机和用户端两大部分构成,其原理结构如图7.9所示。

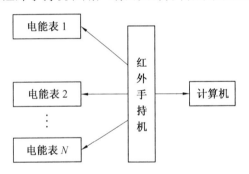

图 7.9　红外自动抄表系统原理结构

每台手持设备可抄读数量众多的电能表,最终只需将所抄读的数据反馈到数据中心即可。抄表员利用与电表相匹配的红外手持机,近距离抄表。完成工作后将数据存入计算机,由计算机对用户电费做进一步处理,打出电费账单。

2. 红外通信硬件电路设计

目前,红外技术主要应用于遥控和数据通信两个方面,家用电器的遥控器属于遥控,它传输的数据量较小。而红外数据通信则是一门新兴技术,经过多年发展技术已经成熟,它具有数据传输量大,传输速率高等特点。

在红外通信的电路实现中,红外发射及收发器件的可靠性是非常重要的。这里选用TSAL6200塑封红外发射二极管作为红外发射器件,5 m内能够可靠地发射和接收信号。红外发射电路原理如图7.10所示。

C_1和C_2为电源滤波电容,经Q_1、Q_2两个三极管组成二级放大电路,增加发射管的驱动能力。R_1是上拉电阻,R_3、R_4为分压电阻。V_{CC}是5 V电源,当FM38K为高电平,TXD为低电平时,三极管Q_1导通,Q_2随之导通,发射管工作。红外接收也是从接收模块直接进入异步串口RXD的红外接收电路原理,如图7.11所示。

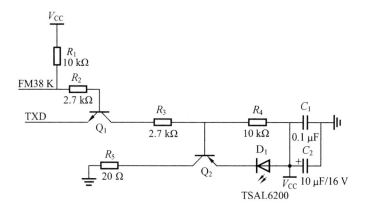

图 7.10　红外发射电路原理

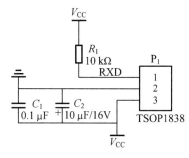

图 7.11　红外接收电路原理

图 7.11 中，C_1、C_2 是滤波电容，R_1 是上拉电阻。此外，红外通信口都需要双向通信，为了避免发射和接收过程中出现冲突而使数据出错，因此采用半双工通信方式，即接收和发射单独进行，避免自身干扰而造成通信失败。

7.2.5　三相多功能电能表低压电力线载波通信接口设计

低压电力线载波通信技术（PLC）是以低压配电线（380 V/220 V 电力线）为媒介传输数据或语音等的一种通信方式。低压电力线载波通信技术因电力线遍布各地，无须重新布线，节省了大量的人力物力，优势明显。为此三相多功能电能表选择低压电力线载波通信作为主要的通信方式来进行远程自动抄表。

1. 低压电力线载波抄表系统的设计

低压电力线载波抄表系统主要由用户终端、采集器、集中器、数据上行传输通道、变电站二级主站及上层主站系统构成，自动抄表系统结构如图 7.12 所示。

通过主站系统网络可以和供电局的营业收费系统相连，实现抄表及监测等功能一体化。用户所用电量通过电能表计量后上传到采集器中，采集器完成电能数据采集和存储，然后通过电力线载波或其他通信手段将电量数据传送到集中器。再通过集中器向远行抄表上行通信网经变电站二级主站把数据传送给主站服务器等。主站系统通过上行通信网和二级变电站完成电量数据的定时或随时抄收，完成电费结算、统计报表、票据打印等。

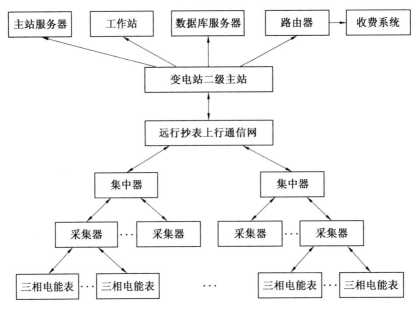

图 7.12　自动抄表系统结构

2. 载波扩频通信接口电路的设计

我国电力线通信环境复杂,PL2102 这款低压电力线载波通信芯片是针对我国电力网专门研制开发的,其引脚功能见表 7.5。

表 7.5　PL2102 扩频通信芯片引脚功能

引脚名称	序号	说明
AVDD	21	模拟部分电源,+4.8～5.0 V
DVDD	14	数字部分电源,+5.0 V
VBAT	13	备用电源,+3.0～3.6 V
AGND	19	模拟地
DGND	16	数字地
SIGIN	20	模拟信号输入,$100~\mu V \sim 700~mV(120~kHz)$
FLTI	1	混频信号输出
FLTO	24	滤波信号输入
PFO	22	电源掉电指示输出端
RESET	10	上电复位及看门狗计数器溢出复位输出端
SCL	5	I^2C 串行总线时钟输入端 // 时钟晶体振荡器输入 / 输出端
SDA	6	I^2C 串行总线数据输入 / 输出端

续表7.5

引脚名称	序号	说明
RXD_TXD	8	半双工数据收发输入 / 输出端
PSK_OUT	15	数字信号发送输出端（驱动能力大于 16 mA）
R/T	7	半双工收发控制输入端（高电平收 / 低电平发）
XT2O	11	32.768 kHz 晶体振荡器输出端
XT2I	12	32.768 kHz 晶体振荡器输入端
XT1O	17	9.6 MHz 晶体振荡器输出端
XT1I	18	9.6 MHz 晶体振荡器输入端

3. 低压电力线载波通信电路设计

载波通信外围电路主要包括功率放大发射电路、载波接收电路及耦合电路。

（1）功率放大发射电路。

PSK － OUT 是 PL2102 的发射端口，由电感 L_1、电容 C_2 组成带通滤波，二极管 D_1、D_2 组成钳制电路，稳压二极管 D_3、D_4 起到保护作用，放大三极管 Q_1、Q_2、Q_3 及 Q_4 共同组成互补功率放大电路，由它们共同组成功率放大发射电路，从而使信号达到电力线载波通信的谐波要求。

（2）载波接收电路。

载波接收部分由电容 C_{12}、C_{10}、C_{11} 和电阻 R_3、电感 L_3 及二极管 D_{10}、D_{11} 共同组成。D_9 主要用于箝位，这样可以防止过大的浪涌电流造成冲击性的损坏；C_{10}、C_{11} 和 L_3 并联谐振工作在 $f=120$ kHz，有选频作用，滤除与中心频率相差过大的信号，从而对输入的微小信号进行放大，进而提高接收输出灵敏度，二极管 D_{10}、D_{11} 起到双向保护作用。

（3）耦合电路。

耦合电路的作用是把所需信号从电力线分离出来，以及把发射的信号耦合到电力线上。本系统采用的耦合电路由电容 C_9 和耦合线圈 L_2 构成，由于电力线为 220 V 电压，因此 C_9 选用耐压值为 275 V 的电容，具有较好的高通效果。载波通信电路原理如图 7.13 所示。

设计中采用耐压值达 275 V 的高压电容 C_9，完成对高频载波信号的耦合作用，隔离工频信号。工程设计中常利用耦合变压器良好的阻抗变换作用来实现信号隔离和变换，此处选择匝数比为 10：15 的耦合变压器 L_2 来实现这一功能。高通滤波电路是由 C_9 和 L_2 的初级线圈组成，从而阻断电网 50 Hz 工频电流，使低频噪声及干扰信号得到衰减，瞬态抑制二极管 P6KE30CA 的钳位电压为 18 V，可防止电路的浪涌从而起到保护作用。

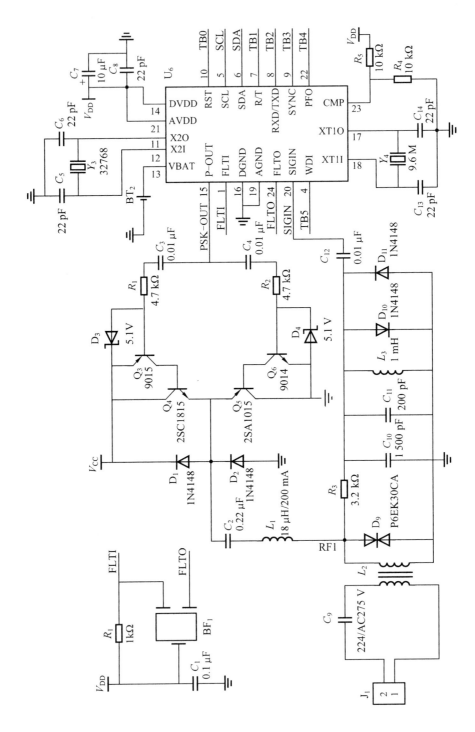

图 7.13 载波通信电路原理

7.2.6　三相多功能电能表电源电路设计

1. 主电源电路设计

常见的供电电源有开关电源和变压器变压电源,这里选用三相电表主电源采用变压器供电方式,集成三路变压器输入,而且每路次级都采用双绕组输出。分别整流后合成两路直流进行滤波、稳压,最后形成完整的完全隔离的两路直流输出。

(1)电源工作原理。

电源采用变压器降压,通过桥式整流,最后稳压。考虑到三相供电的特点,需要较小的纹波,空间辐射小。而开关电源虽然效率高,但纹波较大,空间辐射大。对于电压精度要求不高的电路,曾经还用过阻容分压式电路来作为电能表的电源,从而节省电路的布局空间及设计成本,但是由于采用该方式供电的电流较小,因此根本不能满足对继电器等元件控制的电流的要求。直流部分设计了完全隔离的两路直流输出。一路给 MCU 及存储电路供电,另一路给通信电路和继电器等供电,这样使电路的抗干扰能力更强。

(2)元器件选择原则。

变压器采用高导磁率的坡莫合金制成,初次级转换效率可达 80%。 整流桥采用反向耐压 800 V 以上的 DB106,防止浪涌的瞬间高压击穿,采用贴片封装,正向电流可达 1 A,完全可以满足电能表需大电流的供电要求。 稳压器分别包括 78L05,5 V 稳压模块,TVS 二极管 P6KE20CA 可在电压超过 17.1 V 时瞬间导通,起到过压保护的作用,0.1 μF 和 1 000 μF 的电容起到滤波作用,同时大电容还具有电能缓冲和储存作用,使系统供电稳定。

(3)电源保护电路。

电源保护电路拥有三极保护,首先是过压保护,采用压敏电阻 MYL－25K471 限压,当遇到雷击或浪涌出现大于 470 V 的电压时,压敏电阻瞬间短路,限制电压上升。当供电电压小于 470 V 时,压敏电阻相当于断路。其次是过流保护,在变压器初级回路中串联热敏电阻,当电流过大时,回路的热敏电阻阻值迅速增加,从而达到限制电流增加的目的。变压器次级整流后,采用瞬变二极管保护,对尖脉冲、过电压起保护作用。在输出电压超过 17.1 V 的瞬间导通,对后续器件起到保护作用。 最后还有输出过压保护,输出采用瞬变抑制二极管 P6KE6.8CA 保护。当以上措施出现问题,输出电压超过 7.1 V 时,自动短路切断输出,达到保护系统的目的。稳压块采用专用器件 78L05 和 7805 芯片,本身带有一定的过压、过流、短路、过热保护功能。三相电能表主电源电路原理如图 7.14 所示。

2. 电平转换电路设计

MSP430F149 与计量芯片 RN8302 都采用 3.3 V 直流供电,因此需要 V_{DD} 的 5 V 电压转成 3.3 V 电压输出供电。本设计中采用 ASM1117－3.3 进行电平转换电路的设计,该电平转换芯片具有体积小、损耗低、稳定性好等特点,而且输出电流最大可达 1 A,可以满足绝大多数 IC 芯片的供电要求,故得到广泛的应用。输出端采用 0.1 μF 和 10 μF 的电容滤波,进一步增加了输出电压的稳定性,5 V 至 3.3 V 电平转换电路原理如图 7.15 所示。

3. 掉电检测电路

三相电能表在工作时有可能因为一些外界因素使系统供电部分掉电,这样就造成了经过电能表的三相负载依然工作,电能计量部分失效而 MCU 却没有察觉,未能做出相应的处理而使电能被免费使用,为此设计掉电保护电路如图 7.16 所示。

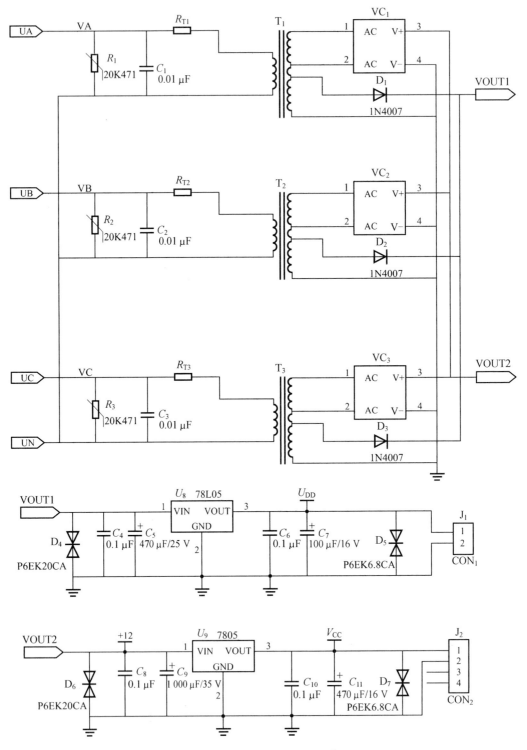

图 7.14　三相电能表主电源电路原理

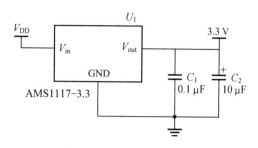

图 7.15　5 V 至 3.3 V 电平转换电路原理

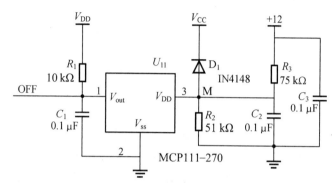

图 7.16　掉电保护电路

V_{CC} 与 +12 V 是经同一整流电路不同阶段的电压,该电路先经过 +12 V 然后又经过 7805 稳压成 V_{CC},如果在 +12 V 之前出现断路那么 V_{CC} 必然是断路。U_2 采用的是 MCP111 −270 电压检测模块,当 MCP111 − 270 的 V_{DD} 输入口的电压低于 2.63 V 时 Vout 端口输出低电压,OFF 端口与 MCU 相连接,从而是 MCU 做出相应的处理。在图中电源正常工作情况下 R_2 上分担的电压在 4.9 V 左右,二极管 D_1 处于截止状态,若 V_{CC} 出现掉电则二极管导通,MCP111 −270 的 V_{DD} 端口电压因低于 2.63 V 而使 Vout 端输出低电平。而电源 V_{DD} 是另一路整流电路输出的电压,并由此电源转换成 3.3 V 的电源为 MCU 供电,U_1 选用的是 AMS1117 − 3.3,电源 V_{DD} 掉电会导致 MCU 因掉电被复位而做出相应的处理。

7.2.7　三相多功能电能表继电器控制电路设计

用三个继电器控制三路三相电,如果用户出现欠费时通过联网的上位机发出命令对用户断电。采用光耦 2501 与继电器相连接使弱电和强电隔离,减弱强电对 MCU 和 RN8302 等弱电器件的干扰。增强了整个系统的抗干扰能力。采用 JMX − 94FAS80DC12V,最大电流可达 80 A,DC12V 电压驱动,这里采用 NPN 型三极管 8050 驱动继电器,8050 饱和电流最大可达 1.5 A,满足继电器的驱动所需的 1 A 电流的要求。二极管 1N4001 与继电器并联,与呈感性元件的继电器形成闭合回路,防止三极管截止时继电器中的电流对三极管造成损坏。JDQ1 通过 MSP430 管脚控制,当 JDQ1 被置低时,光耦导通,此时 M 点的电压接近 V_{CC},大约为 5 V,那么流经 R_3 的电流大约为 21 mA,而 8050 的放大倍数为 50 ~ 100 倍,能够驱动继电器,当三极管导通后继电器断。继电器控制电路如图 7.17 所示。

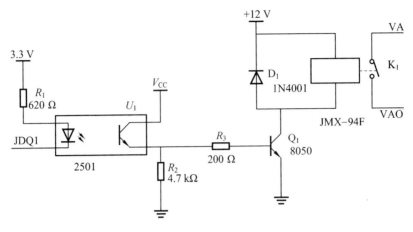

图 7.17　继电器控制电路

7.2.8　三相多功能电能表软件设计

为了实现电能管理的信息化,三相电能表应当具备可靠的数据采集、数据处理、显示、自动抄表、时间设置功能,以及费率和时段设置、参数修改等功能,设计中使用 C 语言以 IAR Workbench 为平台进行软件设计。软件系统的各个模块应完成如下功能。

(1)电能脉冲采集模块。采用查询方式,按时读取用户电量信息。

(2)时钟模块。设置时钟功能及时段功能。

(3)显示模块。显示模块根据指令调用相关的数据显示,可显示时间和用户当前的用电量、实时功率、各相电压、电流及品质因数等。

(4)通信模块。读写存储芯片中的数据,并将数据通过低压电力线载波上传。

(5)数据存储模块。存储用户当前用电量信息、历史用电量、冻结电量和负荷曲线及所使用的通信协议等。

(6)按键扫描功能。通过按键可查看最大需量、有功功率、无功功率、当月电量和冻结时间等。

(7)掉电失压检测模块。当供电电源出现掉电时,系统会做出相应的处理。

(8)事件记录模块。主要是记录各相失压、断相、失流、掉电、电压或电流逆序等事件。记录事件发生和结束的时间及当时电量。

(9)误差修正单元。依靠软件对测量结果进行优化,可以提高系统的精度。

1. 主程序设计

设计的三相多功能电能表功能强大,程序代码相对复杂,采用模块化程序设计,使模块的程序相对独立,调理清晰,发现问题能够快速找到对应的模块进行调整。在主循环程序中主要完成电量计算、时钟读取、数据保存、电量冻结、按键扫描,数据通信等功能。首先电表上电后,系统被初始化,设置当前时间、当前时间下的时段、清看门狗等,电表开始正式工作。随后,电表对当前时间段内的电量进行电量计量,每到整分钟,便对当前的电量进行一次计算,储存当时的电能需量。三相多功能电能表主程序框图如图 7.18 所示。

三相多功能电能表主程序流程图如图 7.19 所示。

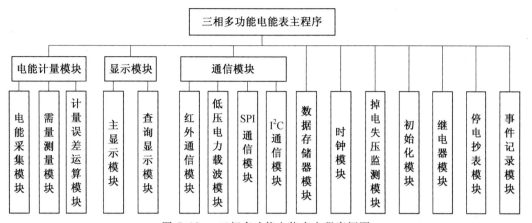

图 7.18 三相多功能电能表主程序框图

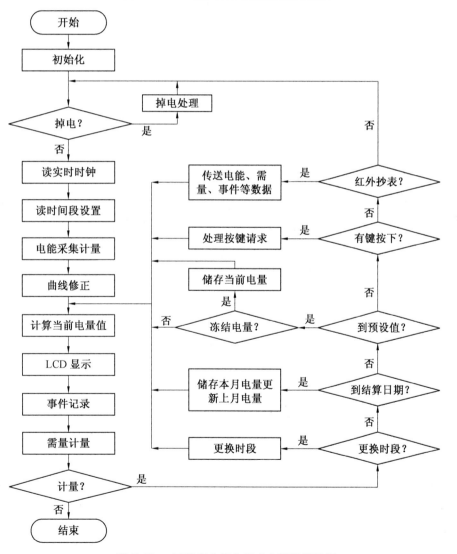

图 7.19 三相多功能电能表主程序流程图

在主程序中,不同条件的触发,会导致各个相应模块产生不同的反应,并在满足条件的情况下调用子程序,如当仪表运行到切换时段的时间时,会转去进行时段的设置,时段设置包括尖、峰、平、谷的时段设置,共可设置八个时段。时段设置好以进行电能计量,在计量过程中,要通过软件对计量的数值进行相应的补偿,补偿后储存在数据存储器中。MCU 会读取当前寄存器的数据,显示在 LCD 显示屏上。与此同时,电能表还会判断是否有事件发生,若发生事件则记录该事件。需量的计量能够反映一段时间内的用户用电的平均功率,根据设置记录各个时刻的功率值。当结算日到来时,电能表会将当月的电量机型汇总,并通过低压电力线载波上传至电能管理中心,同时,在必要的情况下会冻结当前数据,同时可以通过对继电器的控制给用户断电。此外,电能表的按键扫描单元会扫描是否有键按下,对电表进行设置。电能表 LCD 液晶也会循环显示各时段的总电量,以及当前的总电量和设备的运行状态等。

2. 电能采集模块软件流程的设计

设计中采用 RN8302 电能计量芯片进行电量计量,把与计量参数相对应的电能数据储存在内部寄存器中,通过芯片 SPI 接口与 MSP430F149 相通信,MSP430F149 将采集的数据进行分析处理,根据设定的条件控制其他模块运行,电能采集模块流程如图 7.20 所示。

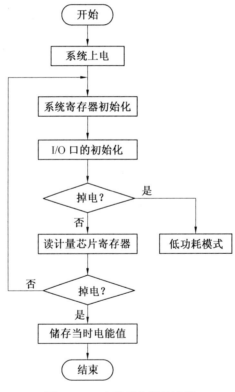

图 7.20　电能采集模块流程

3. 需量模块软件流程的设计

需量模块的软件流程如图 7.21 所示。

需量反映了指定的周期内用户用电的平均功率。需量测量多采用滑差方式,滑差周期和滑差时间可以设定,滑差周期有 5 min、10 min、15 min、30 min 和 60 min,一般多采用 15 min,滑差时间可取 1 min、2 min、3 min、5 min,一般都取 1 min。初始化时设定当前需量

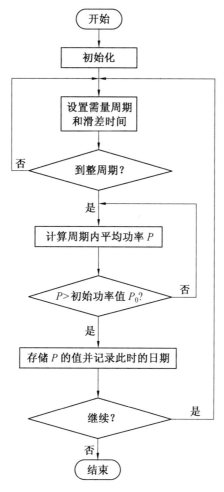

图 7.21　需量模块的软件流程

值为零,当第一个需量周期完成后,按滑差间隔进行下一个最大需量周期的测量,在一个不完整的需量周期内,不做最大需量记录。最大需量是指在一定结算期内(一般为一个月),在指定的时间周期内(我国现执行 15 min)客户用电的平均功率,保留其最大一次指示值作为这一结算期的最大需量。通过最大需量的测量,可以评估用户用电的峰值负荷,帮助电力公司为用户提供充足的电力供应,并据此收取基本电费。通过安装最大需量表,电力部门可以更加精确地监控和管理电力使用情况,确保在高峰时段有足够的电力资源满足需求。

4.事件记录模块软件设计

事件记录流程如 7.22 所示。

事件记录主要是记录一些电能表工作异常或在非正常条件下工作的状态。如各相失压、断相、失流、掉电、电压或电流逆序、校时(不包括广播校时)等事件,同时记录事件发生的时刻及恢复时刻。根据规定,每项事件至少记录最近 10 次的发生时刻、结束时刻及对应的电量数据等信息。此外还需保证在电失压或备用电源失效后程序不混乱,所有的数据均不丢失。

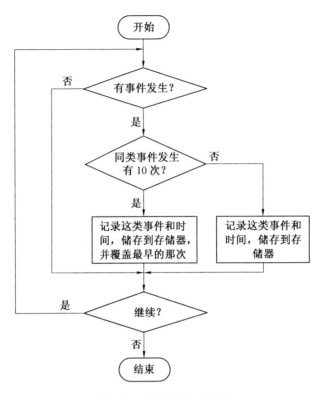

图 7.22   事件记录流程图

5. I²C 总线模块软件流程设计

I²C 串行通信方式用于单片机和外围电路通信,它是同步半双工通信方式,具有接口线少,只需两个口控制,而且控制方式也非常的简单,通信速率高,标准模式下,传输位速率是 100 bit/s。

在本设计中,FM24C32 和 RX－8025 采用的都是 I²C 总线模块,由于 MSP430F149 当中硬件接口并没有 I²C 总线,因此该设计采用软件模拟 I²C 协议,从而实现 I²C 方式的通信。使用普通 I/O 口按照 I²C 协议模仿时序,时序模拟时最重要的是保证典型信号,如启动、停止、数据发送、保持及应答位的时序要求及时序模拟时的上下沿需要保持的时间要求。

I²C 总线是 8 位的,在向 FM24C32、RX－8025 及 PL2102 读写数据时都是一位一位在各自的地址单元读写的,软件模拟 I²C 总线通信方式流程如图 7.23 所示。

6. MSP430F149 的 SPI 总线通信软件流程设计

SPI 总线系统是一种同步串行外设接口,多用于 MCU 与各种外围设备以串行方式进行通信来交换信息。MSP430F149 自带 SPI 接口,RN8302 的接口也为 SPI 接口。SPI 有三个寄存器分别为控制寄存器(SPCR)、状态寄存器(SPSR)、数据寄存器(SPDR)。该接口一般使用 4 条线,分别是串行时钟线(SCLK)、主入从出(MISO)、主出从入(MOSI)和低电平有效的从机选择线(CS)。SPI 接口是串行的全双工接口,数据传输速度总体来说比半双工的 I²C 总线要快。MSP430F149 的 SPI 通信程序流程如图 7.24 所示。

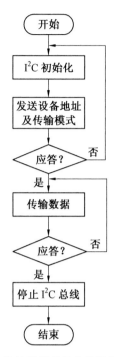

图 7.23　软件模拟 I²C 总线通信方式流程

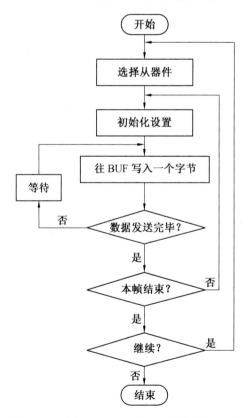

图 7.24　MSP430F149 的 SPI 通信程序流程

7. 通信模块软件设计

每个电能表都有唯一的地址编码,主站通过电能表地址来与其通信。通信模块流程如图 7.25 所示。

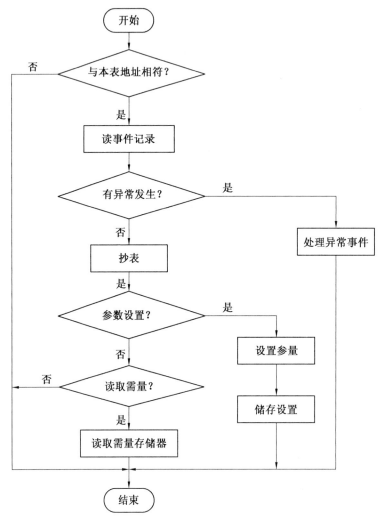

图 7.25　通信模块流程

三相电能表载波通信模块主要完成以下功能:远程抄表及参数设置,以红外手持机或者集中器为主站,电能表为终端,以中断的方式进行参数设置以及抄表、需量、事件等数据交换。电能表根据主站发送的信息来完成抄表或者参数设置,数据清零等功能。

8. 液晶显示模块软件设计

液晶显示流程如图 7.26 所示。

设计中 KM12864 的主要作用是显示当前时间、用户当前用电量、历史用电量、有功功率、无功功率等,在设置页面下还能显示电能表的设备运行状态及各个参数等。单片机对液晶操作有固定的操作时序,包括写时序、写指令、读时序、读指令,本设计中只需向液晶写指令。设计的 3 个独立按键与 MSP430F149 进行连接,不同的按键分别对应不同的显示子程序,分别是 SET、UP、DOWN。当检测到 SET 键按下时,LCD 背光亮起,同时显示当前时间、电量、有功功

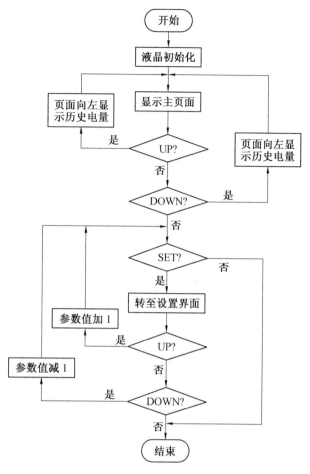

图 7.26 液晶显示流程

率、各相当前电压值等;在主页面下,可通过 UP 或 DOWN 进行页面切换,可以显示每相电流值、功率因数、不同时间的电量记录等。在 SET 页面下可以进行电能表参数的设置,包括通信时间、时段、费率等,当然这里需要安全保密措施,不是电力部门内部人员是不可以随意修改的。

9. 误差补偿模块软件流程的设计

三相多功能电能表在不同负载工作情况下误差是不同的,尤其是采样电流、电压,特别是小电流时互感器处于非线性,其测量的误差较大,要想达到设计的计量精度就必须采用必要的软件修正或补偿的方法,进行软件误差补偿可以从以下几个方面来做。

① 确保数据读写的准确性。对于读操作,进行连续读两次数据操作,比较两次读出来的数据是否一致,如果一致,则认为数据读正确,否则重复读操作,如果连续三次读操作都不正确,置本次读数据操作失败标志;对于数据写操作,首先把数据写入存储器,然后在存储器中读出写入的数据,比较读写数据是否一致,相同则认为本次写操作成功,否则重复操作,如果连续三次写操作都不成功,则置本次数据写操作失败标志。当出现操作失败标志时,可认为存储器器件出现故障,启动存储器硬件故障检测。

② 反函数补偿。在测量环节各种因素的影响下,测量值往往是有偏差的,因此可以做出原函数的反函数,根据反函数测量就会更加接近真实值。

③ 分段线性函数近似。可以将电流值的大小作为分界,电流会经历 $0.05I_b$、$0.5I_b$、I_b 等阶段,对不同阶段采用不同的补偿,这样便增加了电能表的计量精度。

④ 功率因数补偿。对于同一负载电流,当功率因数不同时,线性度也不同,如 PF＝0.5 和 PF＝1时,根据功率因数影响线性度的特点对其进行补偿,可以提高测量精度。误差补偿流程如图 7.27 所示。

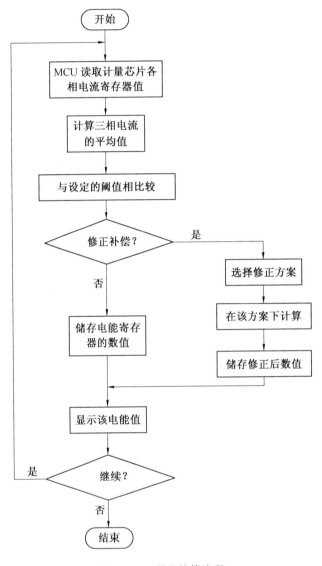

图 7.27　误差补偿流程

7.3　基于 ZigBee 技术的智能多用户电能表设计

目前,我国居民住宅建设迅速发展,高层住宅日益增多,一个公寓楼房单元通常住有十几户甚至几十户居民,楼房用表数量大幅度增加,传统的将电能表安装在每个用户家里的方式已不能满足现代化住宅需求,因为抄表人员需要挨家挨户上门抄表,再将数据汇报给电力部门,这种方式使电力管理费用开支过高,抄表人员劳动量大、周期长且有时还会出现人为差错。为了解决入户抄表给居民带来的不便,近年来电力部门进行了改革,考虑到防窃电及抄表的需要,将现有的商品化电能表集中在楼道的某处挂成一面"表墙",当用户较多时,占用面积很大,给使用、维护和管理带来诸多不便。中国在"十二五"规划纲要中明确提出将"特高压"和"智能化"作为电网发展主题。智能电能表作为智能电网的核心设备,凭借其多功能、高精度、多费率、自动抄表等优势呈现迅速增长势头。为加快建设统一坚强智能电能网,国家电网公司组织编制了智能电能表系列标准,并提出未来将大规模推广使用智能电能表,现有产品也将逐步更换为智能电能表。目前在全球范围内已经在开始淘汰感应式电能表,据国际专业研究机构预测,在 2015 年,全球智能电能表和网络基础设施技术应用已经超过 150 亿美元的市场规模。研制一种集多表于一体的多功能、体积小、具有自动抄表功能的智能多用户电能表具有重要意义。

智能多用户电能表采用专用电能计量芯片与高性能单片机相结合,实现多个用户用电量分别计量和集中数据处理,并构建基于 ZigBee 的无线通信网络实现电量的远程自动抄收。用电能计量芯片来分别测量每个用户的电能消耗,单片机作为数据处理中心,将多个电子式测量元件集中在一台仪表内并共用一套微机电路、公用显示器和通信接口。由多个用户共同承担智能化的投入,平均每户造价仅略高于传统感应式电能表,从而提高性价比。在确保智能电能表的测量精度和各项功能齐全的前提下,缩小了整机体积,使每户分摊的成本大大降低。随着大功率家用电器的逐渐增多,一方面应增大供电线路的容量,另一方面也应对电费实行分时计价,智能多用户电能表因带有实时时钟,所以实行分时计价相当容易。基于 ZigBee 的智能多用户电能表可实现电能集中管理、远程抄表、智能控制等功能,便于电力部门进行线损分析,提高供用电效率,具有很好的实际应用性和广阔的推广应用前景。

电能表的计量精度、可靠性、数据通信的准确性是系统设计的关键。本设计中计量部分选用单相多功能防窃电专用芯片 RN8209,通过对分流器、电压通道参数的分析和设计,以及抗电磁干扰能力和防窃电的设计,满足电能表误差在 1 500 : 1 的动态范围内小于 0.5% 的精度要求。智能处理单元以 PIC16C65B 微处理器为核心,实现电能脉冲的采集、积累、数据处理与存储、用电量显示等功能,并与 RX8025 时钟芯片连接,实现复费率计费与最大需量的控制。应用 ZigBee 通信技术,采用 CC2430 射频芯片组建小区电能表网络系统,便于用电管理部门对居民用电情况进行实时抄收、数据汇总和监控。该表具有 RS485 通信接口与远程投切装置相连接,接收主机命令,根据用户缴纳电费情况实现相应各用户继电器分合控制。该表同时设计红外通信接口电路,在不具备组网条件的小区采用红外掌上抄表器实现数据的自动抄录。在软件方面,采用了 PIC 单片机下的 C 语言设计,详细阐述包括脉冲检测及数据处理模块、最大需量模块、电量显示模块和通信模块等的设计。

7.3.1　智能多用户电能表总体方案设计

多用户电能表不同于一般智能电能表,一般的单相电能表只能计量单户的用电量,而多用户电能表则能计量 24 户用户的用电,可实现对 24 户的电能分别计量、集中管理,并可以显示当前用电和远程抄表,多用户电能表原理框图如图 7.28 所示。

多用户电能表将 24 户的计量单元、供电电源、存储单元、显示单元及电表通信单元放在同一结构中,即一个 CPU,外接多个计量芯片,采集每个用户的数据,把数据以脉冲的形式发给

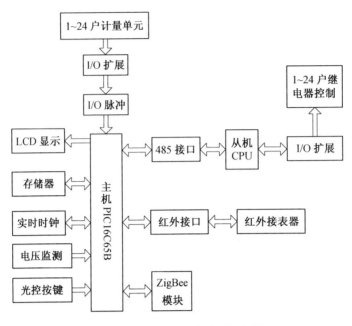

图 7.28　多用户电能表原理框图

单片机,实现对用户的用电分别计量,与单片机相连的显示单元,显示各用户用电状况,可通过通信模块远程抄表,将数据上传,达到电力部门用电统一管理的目的。

图 7.28 中 1～24 户计量单元将采集的脉冲给单片机;数据处理单元;通信接口(ZigBee 接口),使数据上传;电源电路,负责给系统供电;液晶显示,显示不同用户用电量信息。

用户计量单元采用 RN8209 电能计量专用芯片,该芯片具有设计的低成本、单相、两线制、高精度等优点。可以同时采集两路电流和一路电压进入计量芯片输入端,通过对 RN8209 内部寄存器的设置再以脉冲的形式输出,将脉冲给单片机,单片机计量相应的脉冲数量,即为对应的用电量。

液晶电路采用 1602 液晶显示模块,每行可以显示 16 个字符,其中第一行显示用户编号,第二行显示各用户当前的用电量。

在通信部分,将小区的每块电能表的数据通过 ZigBee 网络传输到一起,然后再集体上传,实现小区用电的远程集中管理。该表具有 RS485 通信接口,与远程投切装置相连接接收主机命令,根据用户缴纳电费情况实现相应各用户继电器分合控制。该表同时设计红外通信接口电路,在不具备组网条件的小区采用红外掌上抄表器实现数据的自动抄录。

1. 智能多用户电能表技术指标

智能多用户电能表所有机械性能和电气指标均符合相关标准。

(1) 环境条件。

温度范围为 $-20 \sim +45$ ℃;

湿度范围为 $45\% \sim 75\%$RH;

大气压力为 $860 \sim 1\ 060$ kPa。

(2) 基本参数。

智能多用户电能表准确度等级为 1 级、2 级,详情见表 7.6。

表 7.6　智能多用户电能表准确度要求

电流值	功率因数	百分比误差范围	
		1 级	2 级
$0.05I_b \leqslant I < 0.1I_b$	1	±1.5%	±2.5%
$0.1I_b \leqslant I \leqslant I_{max}$	1	±1.0%	±2.0%
$0.1I_b \leqslant I < 0.2I_b$	0.5	±1.5%	±2.5%
$0.1I_b \leqslant I < 0.2I_b$	0.8	±1.5%	—
$0.2I_b \leqslant I \leqslant I_{max}$	0.5	±1.0	±2.0%
$0.2I_b \leqslant I \leqslant I_{max}$	0.8	±1.0%	—

额定电压为 220 V(Un)；

标定电流为 10(40)A、15(60)A；

额定频率为 50 Hz；

启动电流为 $0.005I_b$；

额定频率为 50 Hz；

每户自身功耗 ≤ 0.3 W；

最大户型为 24 户；

电表常数为 3200 imp/(kW·h)；

费率规范为尖、峰、谷、平,四个时段；

时段设置为 8 个时段、每个时段的时间最少 30 min；

防潜动；

平均无故障时间:20 000 h。

2. 基本功能

(1) 计量功能。正向有功、反向有功计量功能；数据存储功能；分时计量功能,有功电能按相应的时段分别累计,存储总、尖、峰、平、谷电量。

(2) 数据存储功能。通过单片机扩展的数据存储器可以至少存储本月及各月的电量,数据存储分界时刻可设置为每月 1～28 号的整点时刻,能存储尖、峰、平、谷各时段的用电量及历史电量。

(3) 时段控制功能。能实时显示当前时间,并根据当前时间,预先设置不同时段的用电费率,实现多费率功能。

(4) 最大需量控制功能。可以限定最大用电量需量,避免居民在某一段时间用电量过大。

(5) 远程抄表、控制功能。多用户表具有 ZigBee 通信接口,组网实现远程自动抄表功能,与小型断路器配合使用,按照远程售电系统下发的拉闸、允许合闸命令执行相应动作,以及过载自动保护功能。

(6) 费率设置功能。具有日历、时钟,全年至少可设置 2 个时区,在 24 h 内可以任意编程 8 个时段,时段的最小间隔为 15 min,时段可跨越零点设置。

（7）报警功能。当出现控制回路错误、时钟电池电压低、认证错误或修改密钥错误等故障时，多用户表能发出声、光报警信号。

（8）计时功能。采用具有温度补偿功能的内置硬件时钟电路，具有日历、时钟、闰年自动转换功能。

（9）冻结功能。可按照约定的时间及间隔冻结电能量数据，以满足电能管理的需求，冻结内容及对应标识符合 DL/T 645—2007《多功能电能表通信协议》。

（10）显示功能：多用户表采用 1602 液晶显示模块显示信息，用户可查询用电量信息。

（11）红外通信功能。在不具备组网条件的地区，多用户表可与手持红外抄表器通信，读取电能数据或通过通信接口修改费率、时段等参数。

3. 基本结构要求

从设计一种产品的角度出发，一种产品在它的功能和参数等都符合生产要求的前提下，如何能规模化生产，便于装配、维修及更换部件是结构要求必须考虑的。多用户电能表整体结构属于积木式、插接式，工艺性极高。仪表的刚度、强度、耐腐蚀度和抗振性能是电能表结构设计的关键。将仪表的表面进行塑料喷涂，底座采用 1 mm 厚的钢板拉制而成，所以其底座既耐腐蚀又有很高的强度。因为端子盒采用的是将端子作为嵌件，然后用酚醛树脂一次压铸而成的技术，所以耐腐蚀、密封性能等性能很好。外壳和端子盒盖采用加阻燃剂塑料压铸件，韧性和抗振性能良好，不怕冲击。

7.3.2 基于 RN8209 的智能多用户电能表电能计量单元设计

1. 电能计量芯片的选择

电能计量芯片选用单相多功能防盗窃专用计量芯片 RN8209。其内部集成了 D/A 转换器、可编程增益放大器（PGA）、乘法器、功率频率转换器和计量有功功率等数字电路。

（1）RN8209 结构和特点。

专用计量芯片 RN8209 是一种高准确度电能测量集成电路，其技术指标满足规定的标准要求。RN8209 在结构中大量使用了数字电路，只在数据采集处有模拟电路，这使 RN8209 即使环境条件十分恶劣稳定性和准确度依然很高。

RN8209 芯片受环境影响的跳变小，功能强大，质量稳定性较高。其具有以下特点。

① 内部具有电源监控电路可以保证上电和断电时芯片正常工作。

② 提供了外部复位引脚。

③ RN8209 能够测量有功无功功率，并能同时采集两路电流（零线电流和火线电流），采集一路电压，提供两路有功功率测量和功率校正等，具有防窃电功能。

④ 可以与单片机进行串行传输，有 SPI 和 RSIO 接口，方便与单片机进行通信，RSIO 为单线通信接口。

⑤ 外部时钟最高频率可达 20 MHz。

⑥ 提供方向功率指示。

⑦ 提供电压通道频率测量。

（2）RN8209 的主要技术指标。

① 温度系数典型值为 25×10^{-6} ℃$^{-1}$。

② 模拟信号采集采用了全差分输入方式，采集的电流、电压信号输入幅度最大为

700 mV。

③ 功率消耗典型为 32 mW。

④ 有功功率误差在 1 500∶1 动态范围为＜0.5%。

⑤ 无功功率误差在 1 500∶1 动态范围为＜0.5%。

⑥ 提供两路电流和一路电压有效值测量,在 400∶1 的动态范围内,有效值误差小于 0.5。

(3)RN8209 的工作原理。

RN8209 把从通道 1(相线电流通道)、通道 2(零线电流通道)和通道 3(电压通道)中进来的模拟信号经 A/D 转换,转换后的数字信号经过处理后直接相乘得到瞬时功率信号,再经过电压频率转换器以频率脉冲的形式输出。

① 电源监测。RN8209 中的电源监控电路负责监控模拟电压。当芯片电源电压高于(4.3±0.1)V 时,芯片正常工作,当芯片电源电压低于(4±0.1) V 时,芯片自动复位。为保证芯片正常工作,模拟电压的波动不能超过(5±5%)V。

②A/D 转换。RN8209 包括三路模拟量采集,一路用于线相电流采样,一路用于电压采样,一路用于零相电流采样。配置系统控制寄存器中的 ADC2ON 寄存器位负责打开或是关闭零线电流采样。

模拟信号采集采用了全差分输入方式,采集的电流、电压信号输入幅度最大为 700 mV。

通过设置系统控制寄存器(SYSCON 0x00H)中的 bit5 ～ bit0 位,可以选择模拟通道配置放大倍数,放大倍数(增益)共有四种,分别是 1、2、8、16。在本系统中选择的增益为 16 倍。

③ 系统复位。RN8209 有两种复位方式:第一种是外部引脚复位,第二种是上下电复位。当复位发生时,寄存器初始化,外部引脚电平恢复到初始状态。RST 是系统状态寄存器中的复位标志,当外部 RST_N 引脚复位或是上电复位结束时,该位置 1,读后清零。

④ 有功功率的获取。瞬时功率由瞬时有功功率和瞬时无功功率组成,为了去除有功功率直流分量,就要对瞬时功率信号进行低通滤波处理,得到有功功率信号。因为所有的信号处理都是由数字电路完成的,所以系统的稳定性很高。

计量芯片 RN8209 的输出脉冲和产生的有功功率有关,输出脉冲的频率和平均有功功率是成正比的。当这个平均有功功率信息被累加时,就能获得电能计量信息,这对于在稳定条件下进行系统校验是非常有用的,也是计量芯片计量的根本原理。

2. 基于 RN8209 电能计量模块的设计

RN8209 的外围电路包括电源电路、外部晶振电路和一些滤波电路。不同阻值的电阻实现了系统采集信号的分流和分压作用。外部晶振是由 3.579 545 Hz 的振荡器构成的,采集的电压和电流通过分压和分流后输入计量芯片的输入端,基于 RN8209 电能计量单元电路的原理如图 7.29 所示。

(1) 分流器的设计。

相电流传感器采用互感器,变比为 2 000∶1。考虑在 60 A 时,输入信号在 0.35 Vrms(电压有效值)左右,所以互感器的电阻为 0.35/60×2 000＝11.7 Ω(故选取 10 Ω)。

零线电流通道采用锰铜分流器,分流器取值 300 μΩ,该通道增益设置为 16 倍。阻值选取不宜过大,也不能选得太小,对于 300 μΩ 分流器,在 60 A 时两端电压信号为 300×16×60＝288 000 μV,即 288 mVrms。在设计分流器时应该考虑以下几点。

① 要使分流器功耗最低,要求最大功耗为 2 W。

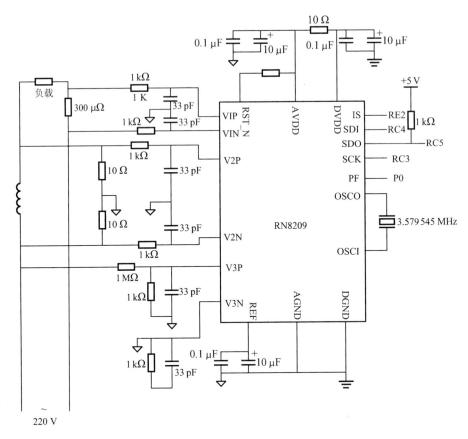

图 7.29　基于 RN8209 电能计量单元电路的原理

分流器的最大功耗为 $P = I^2R = (60 \text{ A})^2 \times 300\ \mu\Omega = 1.08\text{ W}$。

② 分流器材料选用锰铜合成材料,锰铜合成材料的温度系数低,可以有效防止温度过高对测量产生影响,可以避免散热难的问题。

③ 如果分流器的阻值选得大,则外部短路对分流器的影响就会非常小。如果分流器阻值选得小,在小负载时又不能符合国标精度要求。因此考虑到既不能太大又也不能太小,所以将分流器的阻值选为 300 $\mu\Omega$ 较为合适。

(2) 单用户计量单元的电压通道参数设计。

RN8209 电路采用电阻分压方式输入,电流、电压通道输入幅度峰值为 700 mV,这个值是允许输入的最大信号,输入信号不能高于此值,考虑到余量,本研究取 0.2 Vrms。

取样电阻为 $1\ 000 \times 0.2/220 \times 1\ 000 = 910\ \Omega$(故选取 1 k$\Omega$);

相电压为 220 V(参比电压值);

最大电流 $I_{\max} = 60$ A,基本电流 $I_b = 5$ A;

动态范围为 400(规定准确度的电流范围为 $3\%I_b \sim I_{\max}$ 即 100 mA $\sim$ 60 A);

仪表常数为 3 200 imp/(kW·h);

脉冲采集(计度器)为 100 imp/(kW·h);

分流器的阻值为 300 $\mu\Omega$;

增益通道设置为 16;

在 60 A 时两端电压信号为 $300 \times 16 \times 60 = 288\ 000\ \mu V$，即 288 mVrms。

因此只要将该表线电压衰减到 288 mV，就可以保证其精度。

（3）抗电磁干扰设计。

按国标的要求，仪表应该具有防止各种电磁干扰的功能，如传导、辐射和静电的干扰，所以在设计时，应考虑防电磁干扰设计。预防措施和设计方法如铁氧体、电容器、脉冲群抵御器及大体积的表面贴装（SMD）电阻器、印制板（PCB）的布局和接地问题，对每种形式的电磁干扰都有一定的防护作用。但有些措施（如铁氧体）仅对某种电磁干扰（如射频和 EFT）起主要作用。

① 静电释放（ESD）防护设计。电子元器件对剧烈的静电放电（ESD）是没有保护能力的。而 ESD 的作用是累积的，即电子元器件对多次的 ESD 的作用是难以抵抗的。为了避免接入电路中过多的保护器件，就必须让电路中元器件自身起到保护作用。如：

a. 在 RN8209 与分流器的连接点插入铁氧体和电阻电容构成的低通滤波器，起到抗干扰作用；

b. 在单用户计量单元的电源产生的放电被铁氧体和电源滤波电容器和整流二极管吸收；

c. 在 PCB 板的元件面制作火花隙来捕获 ESD 作用；

d. 采用大功率瞬变二极管和金属氧化物压敏电阻器。

② 快速瞬变脉冲群（EFT）防护设计。应当指出快速瞬变脉冲群防护是非常困难的。因为它们是经过电源导线以共模或串模进入单用户计量单元的，造成干扰的主要因素可能不是其幅度，而是其快速上升时间决定的高频成分。前面的措施对防护快速瞬变脉冲群（EFT）的影响不是很有效的。解决的途径是将数字地与模拟地分割开，在电源入口点切入铁氧体和对参考点加金属氧化物压敏电阻器。

③ 高频电磁场（RF）防护设计。集成电路对射频的敏感度有一定的频率范围，这个频率一般是 20～200 MHz。但由于 PCB 的谐振作用，对某些频率比较敏感。并因此而对敏感元器件产生干扰。大量的射频信号进入到计量芯片，所以在输入信号处必须采取防护设计的措施。

a. 减小电路带宽。为减少 RF 进入单用户计量单元，在 RN8209 与分流器的连接点插入铁氧体和由 RC 构成的低通滤波器。

b. 隔离敏感元件。铁氧体磁珠和电源滤波电容应对电源的辐射有明显的衰减作用。而单用户计量单元的信号地是 RF 影响的可能途径。为此，隔离 RN8209 周围的信号地与外部接地参考点是一个方法。

（4）防窃电设计。

常见的窃电方式有 4 种。

① 单线计量。断开入线侧的零线，使负载一端接出现的相线一端再接地。

② 负载接地。负载只接相线，零线接入大地。

③ 进出线旁路。相线或者零线的进线或者是出线被旁路，此时旁路的电量电能表不会计量。

④ 进出线反接。即对调负载端和电网的接线，此时电能表计的值是负值，计度器反转，数量值减小。

此时普通的电能表无法解决这样的问题，而采用了 RN8209 防窃电芯片就可以解决。因为 RN8209 内部是由多个寄存器构成的,地址 2DH 名称为 EMUStatus 为计量状态校验寄存器,判断电表是否处于反向状态,通过设置这个寄存器可以预先设置,可以反向电量按照正向累加。此外,和以往计量芯片不同的是以往都是对相线电流进行采样,而 RN8209 可以对零线电流进行采样。通过设置 SYSCON 寄存器可以设置零线电流采样功能,进行功率测量,比较相线和零线功率大小,选择测量零线还是相线,从而断了偷电的途径,实现防止偷电功能。

7.3.3 基于 PIC16C65B 的智能多用户电能表智能处理单元设计

智能处理单元以单片机为核心,外围连接不同功能的电路,如显示、存储、通信、电源监测等。

单个用户的电能的测量都是通过电能表专用计量芯片 RN8209 对两路电流采样及对一路电压采样完成的,输出的脉冲和产生的平均功率成正比。PIC16C65B 单片和其扩展的外围电路实现对 24 户电能脉冲的监测,然后将数据存储、显示,最后通过 ZigBee 无线网络上传。

1. CPU 的选择

智能多用户电能表的微处理器应采用高性能、高可靠性的工业级处理器,以保证其长期运行的稳定性。电能表的控制和运算处理以单片机为核心,主要功能是收集从计量芯片传输的脉冲信号,经过相应的处理,然后存储、显示,并将数据上传实现自动抄收。所以在选择芯片时要充分考虑 CPU 的硬件资源,在速度和存储容量方面都有一定的要求。

本设计选用由美国 Microchip 公司推出的 PIC 系列 16C65B 型号的高性能单片机,它具有RISC 结构,内含 4 K × 14 位的程序存储器、192 B 的 RAM 能够满足设计要求。它具有精简指令集,仅 35 条单字节指令,除 GOTO、CALL 为双周期指令,其余均为单周期指令,使得程序抗干扰能力强;执行速度 DC ~ 200 ns;多种硬件中断和八级硬件堆栈;直接、间接、相对寻址方式;有 33 个双向可独立编程设置的 I/O 口,每个 I/O 口引脚的拉电流(最大)为 20 mA;灌电流(最大)为 25 mA;2 个 8 位定时器/计数器和 1 个 16 位定时器/计数器,睡眠中仍可计数;具有I^2C/SPI 总线操作等。

PIC16C65B 采用微控制和 CMOS 工艺特性:内置上电复位电路(POR);内置自振式 RC振荡看门狗;具有程序保密位,可防止程序代码的非法拷贝;低功耗小于 2 mA/5 V,小于 1 μA的 Sleep 模式(4 MHz 时);工作电压宽(2 ~ 6 V);工作温度范围宽等。由于 PIC16C65 在一个芯片内集成了众多的功能模块,可以减少外部器件的使用,对于像电能表这样常年通电运行,对可靠性要求极高的产品,本芯片是一个较好的选择。

2. 主机 I/O 口扩展电路

由于 CPU 需要对 24 户用户的电量进行采集,单片机的 33 个 I/O 口是不够的,因此需要对主机进行 I/O 口扩展。

PCF8574 是一片 CMOS 电路,它具有 8 位准双向口和 I^2C 总线接口。具有低的电流损耗并有输出锁存功能,能输出大的电流,还拥有连接到主机的中断,工作电压在 2.5 ~ 6 V,静态电流损耗为 10 μA。主机连接三片 PCF8574,扩展 24 个 I/O 口,1 ~ 24 户电能脉冲分别接到P1 ~ P7 口,采集 24 户用电量。PCF8574 芯片采用 I^2C 总线方式和主机连接,每个芯片具有不同的地址线,中断引脚接主 RB4、RB5、RB6 三个引脚,通过 INT 发送中断信号,及时通知 MCU是否有脉冲从端口输入。时钟线和数据线接 4.7 kΩ 的上拉电阻,PCF8574 与 CPU 接口电路如图 7.30 所示。

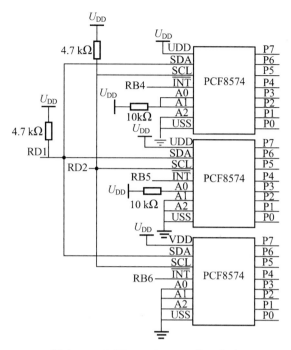

图 7.30　PCF8574 与 CPU 接口电路

3. 存储电路设计

在多用户电能表设计中,存储器是存储电量和相关参数的部件,它的容量、可靠性和寿命是器件选择的关键。多用户电能表除需要存储各时段的实时电量数据,还需要存储冻结时刻的电量。主要包括:定时冻结数据,按照约定的时间及间隔冻结电能量数据,每个冻结量至少保存 3 次;瞬时冻结数据,在非正常情况下,冻结当前的日历、时钟、所有电能量和重要测量量的数据,瞬时冻结量保存最后 3 次的数据;约定冻结数据,在新老两套费率、时段转换、阶梯电价转换或电力公司认为有特殊需要时,冻结转化时刻的电能量和其他重要数据,保存最后 2 次冻结数据;日冻结数据,存储每天零点时刻的电能量,可存储两个月的数据;整点冻结数据,存储整点时刻或半点时刻的有功总电能。

FM24C128 铁电存储器的核心技术是铁晶体材料,具有 4 个明显的优点。① 超低功耗,其写入能量消耗仅为 EEPROM 的 1/2 500;② 写入无须等待时间;③ 写入寿命长,新一代铁电存储器的写入寿命可达一亿个亿次;④ 拥有随机存取存储器和非易失性存储产品的特性。其特性符合电能表的存储要求。

CPU 和存储芯片 FM24C128 连接方式非常简单,只要连接数据线和时钟线就可以了。因为 PICC65 本身自带 I^2C 总线接口,所以与 FM24C128 直接相连即可,外接上拉电阻,FM24C128 与 CPU 的接口电路如图 7.31 所示。

在设计电能表的过程中,存储数据的安全性至关重要。因为在电能表工作时数据每时每刻都在写入,所以对存储器的性能要求特别高。因为 FRAM 可以读写一亿个亿次,每当单片机检测到一个脉冲时,就可以把它写入 FRAM 内,规定 1 度电是 3 200 个脉冲,即 32 个脉冲记为 0.01 度电,每 10 个脉冲往 FRAM 里写一次,一块电能表管理 24 个用户的用电量,计算可得FRAM 每个用户能存 1.3 万亿度电,对于单相表和单相复费率表来说,其写入次数还是足够用

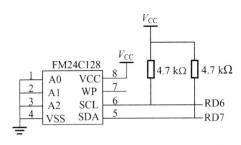

图 7.31　FM24C128 与 CPU 接口电路

的。 FM24C128 的容量为 $16\,384\times8$ bit，因为本身存储一户用电量的某个时刻占用 4 个字节，24 户分尖、峰、平、谷四个时段，$4\times24\times4=384$ B。存储器还存储相应时段的历史用电量及各类冻结电量，$384\times32=12\,288$ B，所以 16 384 B 的存储空间可以满足设计要求。与同类的 FM24C 系列的其他产品相比，FM24C128 的性价比也是最高的。

4. 基于 DS3231 的时钟电路设计

随着居民生活水平的提高，家用电器的不断增加，居民用电大幅度上升，尤其在经济发达地区，能源供应紧张问题尤为突出。电力部门对用电政策进行调整，逐步推行分时电价，即采用复费率计费的方式，当电力充足时，降低电价鼓励用电；当电力供应紧张时，提高电价来限制用电，以保证重点用电需求。实时时钟芯片是实现多费率功能的关键部件，其准确度与支付电费的准确性直接相关，因而对其精度要求很高，经过反复对比分析，选择了具有温度补偿功能的 DS3231 时钟芯片，以达到全温度范围内的高精度，在 $-25\sim+60$ ℃ 温度范围内，时钟准确度 $\sigma\leqslant\pm1$ s/d；在参比温度（23 ℃）下，时钟准确度 $\sigma\leqslant\pm0.5$ s/d，满足技术标准要求。

DS3231 芯片是一种以 I^2C 总线接口方式和单片机连接的实时计时的芯片，它拥有 2 个系统闹钟功能、振动停止检测功能、6 种中断发生功能、电源电压监视功能和时钟精度调整功能，它内置高精度可调整的 32.768 kHz 水晶振子。与其他同类芯片相比，贴片包装十分精巧，结构也很简单，因为是 I^2C 总线方式所以编程也十分简单。现在广泛地应用在移动手机、智能仪器仪表、工业控制等领域。DS3231 时钟电路的主要特点如下：

工作电压为 $1.7\sim5.5$ V；

输入输出均与 TTL 兼容；

双警告功能为 ALARM－W 和 ALARM－D；

具有内置 32.768 kHz 高精度调整的石英晶振输出，晶振工作电压为 $1.15\sim5.5$ V；

工作温度为 $-30\sim70$ ℃；

闰年自动日历更新，日历年为 99 年；

工作电流为 0.48 μA/3.0 V（TYP）；

支持 I^2C 两条总线高速频率（400 kHz）；

具有时钟精度校准功能，并能通过它来改变时钟设定；

具有芯片正电压检测功能；

DS3231 的供电方式有两种：电池供电和外围的电源供电，两种电源供电可以保证电能表在正常的寿命范围内不需要更换电源，让时钟正常工作。电池与电网供电通过两个二极管进行隔离。另外，电池端与 IMP809T 芯片连接，检测电池的电压，当电压低于一定值时，启动蜂鸣器报警，提醒厂家更换电池，DS3231 与 CPU 连接方式接口电路原理如图 7.32 所示。

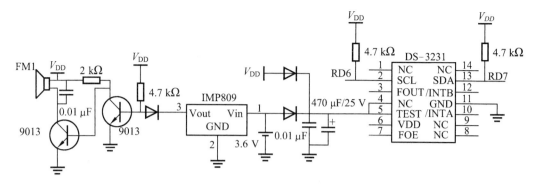

图 7.32　DS3231 与 CPU 连接方式接口电路原理

5. 液晶显示电路设计

显示器是电表的重要部件。早期使用的电子计度器存在一定卡字和错位的概率,其抗磁场干扰差,容易受到不法用户的攻击。数码管显示具有色彩鲜艳的优点,但功耗大、显示内容简单。液晶显示器因其可靠性高、显示信息多(汉字提示、多排显示等)、比字轮计度器更能防窃电、功耗低、可以停电时显示、黑暗中还可以采用背光显示等而获得越来越多用户的认可。

本设计显示电路采用 1602 液晶显示模块,该模块本身自带驱动电路,所以只需与单片机接口直接连接就可以实现显示功能。液晶显示模块具有体积小、功耗低、显示内容丰富、超薄轻巧等优点,在袖珍仪表和低功耗系统中有着广泛的应用。LCD1602 液晶显示模块可以显示两行,每行 16 个字符,采用单＋5 V 电源供电,外围电路配置简单,价格便宜,具有很高的性价比,在很多领域都有着广泛的应用。

液晶模块是一个集成的电路,所以外围只需很少的电路即可。只需在 LCD 背光电源正极加上拉电阻,在对比调节电压处加一滑动变阻器即可,液晶模块接口电路原理如图 7.33所示。

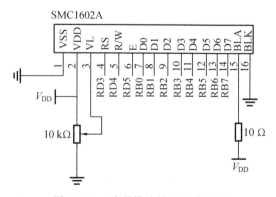

图 7.33　液晶模块接口电路原理

7.3.4　智能多用户电能表主从机之间数据传输接口设计

由于主机与从机之间的间隔距离视实际情况而定,直接将主从单片机的异步串口 TXD 和 RXD 相连不能满足应用要求,因此选用 RS485 通信实现。RS485 是一种抗干扰能力强、能有效延伸数据传输距离、便于实现多机通信的串行通信方式。其接口标准是一种多发送器的电路标准,它扩展了 RS422A 的性能,允许双导线上一个发送器驱动 32 个负载设备(某些驱动器

可接 128 个负载设备),负载设备可以是被动发送器、接收器或收发器,通信距离可达 1 200 m,这时传输速率为 100 kB/s,用中继器,可再延长距离。而且 RS485 电路允许公用电话线通信,半双工的通信方式又可节省信号线,所以特别适合远距离通信。

本设计选用 MAX1487 作为 RS485 收发器,其组成的差分平衡系统抗干扰能力强,接收器可检测低达 200 mV 的信号,是一种高速、低功耗、控制方便的异步通信接口芯片。

1. MAX1487 内部结构及管脚功能

MAX1487 采用 +5 V 电源供电,当供电电流约为 500 μA 时,传输速率达到 2.5 MB/s。它适用于半双工通信,通信传输线上最多可挂 128 个收发器,其输入输出的差动电压符合 RS485 标准,为 $\pm 2 \sim \pm 6$ V,其引脚排列如图 7.34 所示。

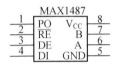

图 7.34   MAX1487 引脚排列

脚 1 RO 为接收器输出端;

脚 2 $\overline{RE}$ 为接收器使能端;

脚 3 DE 为驱动器使能端;

脚 4 DI 为驱动器输入端;

脚 5 GND 为地;

脚 6 A 为接收器非反相输入或驱动器非反相输出端;

脚 7 B 为接收器反相输入或驱动器反相输出端;

脚 8 VCC 为电源。

根据 MXIM 公司的资料,其器件特性如下:

供电电压为 4.75 V $\leqslant$ VCC $\leqslant$ 5.25 V、电流为 120 μA $\sim$ 500 μA,静态电流为 230 μA,共模输入电压范围为 $-7 \sim +12$ V,工作温度为 0 $\sim$ 70 ℃;

通信传输线最多可挂 128 个收发器;

传输速率为 2.5 MB/s,传输延时为 30 ns,跳变坡度为 5 ns。

2. MAX1487 与 CPU 接口电路设计

MAX1487 的输入脚 DI 可直接与单片机 CPU 的 RC6/TX/CK 脚相连,输出脚 RO 与单片机的 RC7/RX/DT 脚相连。MAX1487 内部的驱动与接收器是二态的,通过 DE(驱动器输出高电平使能端) 和 $\overline{RE}$(接收器低电平使能端) 进行信号的发送与接收,发送与接收的两种控制信号是反相的。将二者接同一个控制信号(图 7.35 中 RC5),即"1"电平控制发送,"0"电平控制接收,数据传输端通过二极管进行保护,防止电压过大造成器件损坏,两部分电源使用光耦隔离,确保通信不被干扰。MAX1487 与 CPU 接口电路原理如图 7.35 所示。

3. 从机拉合闸控制电路设计

从机采用 RS485 通信接口与主机进行数据传输,根据用户缴纳电费情况,通过继电器来接通或断开用户的供电回路以实现收费控制,本表最多需完成对 24 个继电器的控制,每个继电器需要 2 个 I/O 控制,同时从机还需要控制 24 个发光二极管的亮灭以显示每个用户的拉合闸状态,因此共需要 72 个 I/O 接口。从机 CPU 也选择 PIC16C65B,由于其 I/O 口资源有限,因

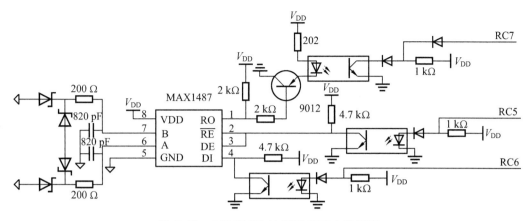

图 7.35　MAX1487 与 CPU 接口电路原理

此采用两片 82C55 芯片以扩展 I/O 接口数量。

(1)I/O 接口扩展。

82C55 引脚定义。82C55 为可编程的通用接口芯片,有三个数据端口 A、B、C,每个端口为 8 位,并均可设成输入和输出方式,但各个端口仍有差异。

① 端口 A(PA0 ~ PA7):8 位数据输出锁存/缓冲器,8 位数据输入锁存器;

② 端口 B(PB0 ~ PB7):8 位数据 I/O 锁存/缓冲器,8 位数据输入缓冲器;

③ 端口 C(PC0 ~ PC7):8 位输出锁存/缓冲器,8 位输入缓冲器(输入时没有锁存),在模式控制下这个端口又可以分成两个 4 位的端口,它们可单独用作输出控制和状态输入。

端口 A、B、C 又可组成两组端口(12 位):A 组和 B 组。在每组中,端口 A 和端口 B 用作数据端口,端口 C 用作控制和状态联络线。芯片采用 40 脚的 DIP 封装,82C55 引脚定义见表 7.7。

表 7.7　82C55 引脚定义

引脚名	功能	连接去向
$D_0 \sim D_7$	数据总线(双向)	CPU
RESET	复位输入 CPU	CPU
CS	片选信号	译码电路
RD	读信号	CPU
WR	写信号	CPU
A_0, A_1	端口地址	CPU
$PA_0 \sim PA_7$	端口 A	外设
$PB_0 \sim PB_7$	端口 B	外设
$PC_0 \sim PC_7$	端口 C	外设
VCC	电源(+5 V)	—
GND	地	—

在 82C55 中,除了 A、B、C 这三个端口外,还有一个控制寄存器,用于控制 82C55 的工作方式。因此 82C55 共有 4 个端口寄存器,分别通过指定 A_0、A_1 值来实现访问:

$A_1 = 0, A_0 = 0$,表示访问端口 A;

$A_1 = 0, A_0 = 1$,表示访问端口 B;

$A_1 = 1, A_0 = 0$,表示访问端口 C;

$A_1 = 1, A_0 = 1$,表示访问控制寄存器。

(2)82C55 与 CPU 接口电路设计。

82C55A 与 CPU 接口电路原理如图 7.36 所示。

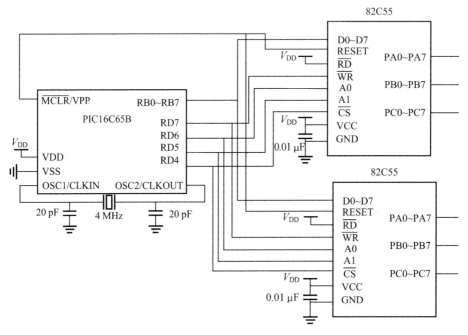

图 7.36   82C55A 与 CPU 接口电路原理

本电能表采用 82C55 三种基本工作方式中的方式 0:基本的输入／输出。两个 8 位口(A口、B口)和两个 4 位口(C口),可分别设为基本输入输出,由控制字的 D4、D3、D1 和 D0 组合选择。

端口 A、B、C 作为输出扩展 48 个 I/O 口控制 24 路继电器,芯片复位、写控制、地址选择和片选分别由 PIC16C65B 的 MCLR/VPP、RD7/PSP7、RD6/PSP6、RD5/PSP 控制。输入 D0 ～ D7 接 PIC16C65B 的 RB0 ～ RB7 口。

7.3.5   智能多用户电能表电源电路设计

智能多用户电能表电源电路设计采用电源供电,单相变压器变压输入,每路次级双绕组输出。先经过整流滤波,最后经过稳压芯片稳压之后,隔离出两路直流输出。为了有效地抑制过流、过压、高频干扰等,电源电路还设计了良好的保护措施,智能多用户电能表电源电路原理如图 7.37 所示。

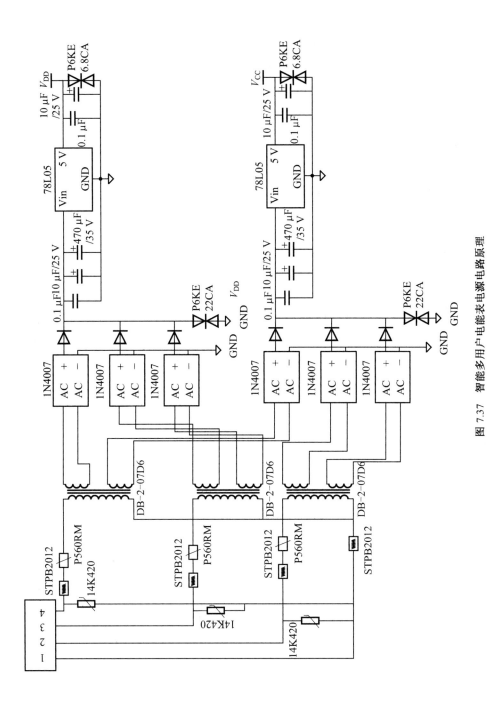

图 7.37　智能多用户电能表电源电路原理

1. 电源工作原理

从电源端出来的 220 V 电压经过变压器变压后,再经过桥式整流滤波,然后通过稳压芯片 78L05,最后得到 5 V 左右的直流电源。

电源分成两路,分别给不同的模块供电:一路给 CPU 及存储电路供电,另一路给显示及通信电路供电。光耦合器传递两部分的数据。不让电器直接连接,保证良好的绝缘性。这样计算机系统本身所产生的高频辐射就不会干扰到电路,同时也不会受到交流电源的干扰。

2. 元器件选择原则

变压器是由进口箔镍合金材料经过真空处理后制成的,质量高并且具有高导磁率。初次级转换效率可达 75%。整流桥封装形式采用贴片式,正向电流 3 A,反向耐压可高达 1 000 V。滤波电容采用红宝石高频电解电容。稳压器同样采用贴片封装,过流、过压保护作用良好。

3. 电源保护电路设计

变压器初级采用三极保护:过压保护、过流保护、高频串模干扰保护。过压保护采用的是压敏电阻限压,目的是限制电压上升,当供电电压大于 400 V 时,压敏电阻短路;当供电电压小于 400 V 时,压敏电阻自动恢复,正常供电。过流保护则是把热敏电阻串联在变压器初级回路上,当电流过大时热敏电阻的阻值也增加,阻值增加,电流就会减少,因此电流就不太大,可以起到限制电流的作用。高频串模干扰保护:高频磁珠串联在变压器初级回路上,一旦出现高频串模信号,此磁珠阻抗就会增加大,以此来限制高频的干扰。变压器次级经过整流后,采用瞬变二极管保护,保护尖脉冲和过电压。如果输入电压在 220 V 以上将自动短路。稳压模块采用专用器件 78L05 芯片 5 V 输出,本身带有过压、过流、短路、过热保护。

输出过压保护:输出采用瞬变抑制二极管保护。如果输出电压在 6.8 V 以上,则自动短路,不再输出,起到保护系统的目的。

4. 电源监测电路的设计

电源监测电路是实时监控整个系统的外部电源供给情况,采用的是 MAX809 芯片。三管脚的微处理器复位芯片 MAX809 是一种专用微处理器复位芯片,用于监控微控制器和其他逻辑系统的电源电压,它可以在上电、掉电和节电情况下向微控制器提供复位信号。当电源电压低于预设的门槛电压时,器件会发出复位信号,直到在一段时间内电源电压又恢复到高于门槛电压为止。电源监控软件通过读取连接芯片的 I/O 口状态信息,不断地采集当前外部电源的供给状态,存入内存,上报中心监控站,多用户电能表电源监测电路原理如图 7.38 所示。

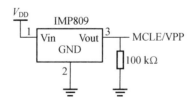

图 7.38　多用户电能表电源监测电路原理

7.3.6　智能多用户电能表继电器驱动电路设计

继电器驱动电路原理如图 7.39 所示。

继电器采用 JMX－99F(50A/220V) 微型磁保持继电器,采用光电耦合器 521－4 与

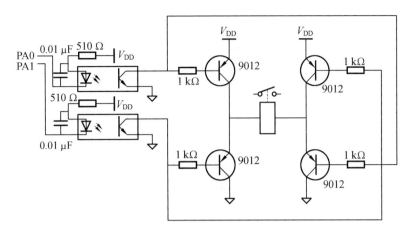

图 7.39 继电器驱动电路原理

82C55 的 I/O 口隔离，以避免继电器触点动作产生的尖峰脉冲干扰。在继电器触点之后设计了检测电路，当微处理器发出继电器合闸指令之后，若继电器合不上闸，则 LED 显示"BAD"，提示继电器失效；若微处理器发出跳闸指令后，检测电路仍有信号输出，则说明继电器坏了或有非正常用电现象（短路窃电），此时电表记录此状态的累计时间，然后通过远程抄表系统将异常状态返回用电管理中心系统机中，提醒电力局做相应的处理。

7.3.7 基于 ZigBee 的智能多用户电能表通信网络设计

1. ZigBee 技术特点

ZigBee 技术是一种短距离、低功耗、低速率的无线通信技术。它是基于 IEEE802.15.4 无线标准而研发的技术，主要用于近距离无线通信系统。非常适合用于家庭监测、工业控制、传感器网络等方面。ZigBee 技术主要有以下几个方面的特点。

① 功耗低。ZigBee 传输率低，工作在较低模式下可以休眠待机，所以它的功耗非常低，使用两节 5 号干电池就可以工作 3 ~ 6 个月。

② 成本低。ZigBee 协议栈没有协议费，各个开发商提供各自的开发环境，工作在 2.4 GHz，全球免费的，更无须投入资金进行线路改造，并采用抗干扰能力强的直序扩频传输方式。

③ 组网功能强大。一个完整的 ZigBee 协议栈具有自组网功能和自动路由功能，ZigBee 终端路由可自动发现并自动加入网络。

④ 时延短。一般为 15 ~ 30 ms。

⑤ 应用覆盖面积大。单个 ZigBee 节点的信号虽然有限，但是网络容量非常大，组网功能强，在网络内可以多级跳跃传输，极大程度地扩大了网络范围。

2. ZigBee 技术与其他无线技术的比较

①Wi−Fi。Wi−Fi 也是 IEEE 定义的一个无线网络通信工业标准，具有 Wi−Fi 认证的产品符合 IEEE802.11 无线网络规范。使用 Wi−Fi 网络的缺点有很多，包括开销大、功耗大、成本很高等。由于低速率无线通信的市场在扩大，ZigBee 系统和 Wi−Fi 系统结合使用的可能性很大，但是二者都是工作在 2.4 GHz 的 ISM 频段，因此工作时难免会产生干扰，所以二者共用时的很多问题也是急需解决的。

② 蓝牙。蓝牙技术也是一种短距离的通信技术,常常用在电子设备上,代替电线电缆等有线通信。如手机、笔记本电脑等常常用的就是蓝牙技术。蓝牙技术着重应用于小范围的无线网络,具有低成本、低功耗、短距离、灵活等特点。也是工作在 2.4 GHz 的 ISM 频段上,通信距离为 10 ~ 100 m。ZigBee 联盟认为,ZigBee 技术和蓝牙技术很多方面是可以互补的,相比较而言,ZigBee 的协议栈更加简单,相对容易,没有蓝牙那么复杂。

③ 宽频技术。UWB 也是一种低功率无线通信技术,是指信号相对于带宽大于 25% 或者是绝对带宽大于 500 MHz,通信频段在 3.1 ~ 10.6 GHz。与其他通信技术比较,优点是传输速率高、距离短、发射功率低;缺点是通信时占用的宽带很大,很容易对其他无线通信技术产生很大的干扰。UWB 和 ZigBee 应用的场合不同,它多用于数据量大的设备如多媒体通信等。

④ 现有的移动网络(GPRS 和 CDMA)。目前,使用现有的移动网络既需要长期付费也需要花钱购买终端设备,如手机等。相比较而言,ZigBee 网络不需要网络使用费,设备成本低。虽然和移动网络相比,ZigBee 网络仅仅是一个局域网,但是 ZigBee 网络是可以和其他的网络进行连接的,可以将一个个小的 ZigBee 局域网通过与其他网络连接组成一个更大的网络。

3. 基于 CC2430 的 ZigBee 外围电路设计

在通信模块上选用无线收发芯片 CC2430,其结构简单功能强大,可实现无线定位引擎。CC2430 具有 2.4 GHz DSSS 射频收发器核心。并且内嵌 51 内核,可充当无线网络的终端、路由、协调器;因为内嵌 51 内核,所以容易编程。CC2430 有 21 个可编程引脚,内部包括几个定时器、AES－128 协同处理器、看门狗定时器、掉电检测电路等,有两个可编程串行 USART,用于主从 SPI/UART,可与单片机串口通信,本设计就是通过串口连接 CPU 与 CC2430 芯片的。基于 CC2430 的 ZigBee 外围接口电路原理如图 7.40 所示。

CC2430 只需要很少的外围电路就可以实现收发的功能。外围连接非平衡天线,另外有一个非平衡变压器,可以使非平衡的天线性能更好。非平衡变压器是由一个电容、三个电感外加一个 PCB 微波输出线组成的。整个结构满足匹配电阻 50 Ω 的输入输出要求。晶振是由 32 MHz 的振荡器和两个 22 pF 的电容组成的,由 3.3 V 电源供电。

4. ZigBee 通信网络的设计

(1)IEEE802.15.4/ZigBee 概述。

ZigBee 是一种短距离无线通信技术,拥有统一的技术标准。对于物理层和 MAC 层,遵守 IEEE802.15.4 标准,网络层是 ZigBee 联盟规定的,应用层是开发商自己开发的。根据 IEEE802.15.4 标准,ZigBee 有 3 个工作频段,868 MHz、915 MHz、2.4 GHz,2.4 GHz 分为 16 个信号,传输速率是 250 kbit/s,免费使用的。ZigBee 是一种低功耗产品,它的发射输出为 0 ~ 3.6 dBM,通信距离为 30 ~ 70 m。

ZigBee 是一种确保低速率、低成本、低功耗的标准网络协议。它是在 IEEE802.15.4 的基础上建立的,IEEE802.15.4 定义了物理层和 MAC 层,ZigBee 定义了网络层和应用层。ZigBee 协议栈中,下层是为上层服务的,相关的两层,通过数据服务接口提供数据服务和管理服务。

(2)IEEE802.25.4/ZigBee 各层介绍。

① 物理层。物理层在开放系统互联模型中的最底层,为通信提供实现透明传输物理连接,为设备之间的通信数据通信提供传输平台和连接设备,为数据传输提供可靠的环境,是整个系统的基础。

②MAC 层。MAC 层主要功能包括组建、维修保护和断开设备间无线链路,确认帧模式

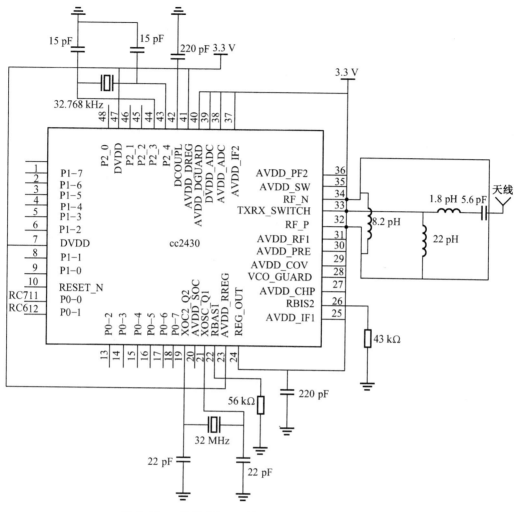

图 7.40　基于 CC2430 的 ZigBee 外围接口电路原理

的接收与发送,信道接收控制等。提供数据服务和管理服务,即通过 MAC 层管理实体 SAP 访问 MAC 管理服务,MAC 通用部分子层 SAP 访问 MAC 数据的服务。这两种服务为物理层和网络层之间提供接口。

③ 网络层。网络层提供网络的建立、维护等功能。完成了寻址、路由等任务。保证 MAC 层正常工作,为应用层提供接口。完成的功能包括加入离开网络、发现单跳邻居、存储相关邻居信息、对帧信息采取安全机制等。

④ 应用层。应用层包括四大块,分别是厂商应用的对象、应用支持子层、应用构架和设备对象。设备对象的功能是定义网络范围内协调器、终端、路由等的角色,并在通信过程中建立安全机制。应用支持子层的作用是维护设备的绑定表,发现设备,可以发现网络内的其他设备。厂商应用的对象则必须按照厂商自己的要求去设定。

(3)ZigBee 网络拓扑结构。

ZigBee 网络可同时存在两种不同的类型设备,一种是具有完备型设备(FFD),一种是简化功能设备(RFD)。在网络中,FFD 通常有 3 种工作状态,即作为协调器(PAN)、作为路由器和作为终端设备。一个 FFD 可以同时和多个 RFD 或多个其他 FFD 通信,而对于 RFD,它只能和一个 FFD 进行通信,故只能作为终端设备。

①协调器。协调器是整个组网的核心,每一个 ZigBee 网络只能有且仅有一个协调器。负责启动 ZigBee 网络,在 ZigBee 网络启动之后,负责选择信道和分配 ID。它必须是一个全功能器件。作用是初始化并建立网络,管理网络中的节点。

②路由器。路由器在整个 ZigBee 网络中起着中转的作用,帮助 ZigBee 实现多跳方式,允许其他 ZigBee 设备加入网络,它也必须是全功能器件。在接入网络后,它能获得一定的 16 位短地址空间。当用 CC2430 芯片组成 Zigbee 网络时,CC2430 的通信距离大约是 70 m,当有障碍物阻挡无法进行通信时,可以将 CC2430 设备设置为路由器设备,为 CC2430 模块提供路由通信路径。

③终端。终端也称传感器节点,其作用是接收和发送信息。终端既是简单化功能器件也全功能器件,只能与父节点通信,从父节点处获得网络标识符、短地址等相关信息。

IEEE802.15.4 和 ZigBee 联盟都定义了三种网络拓扑结构,即星形结构、树形结构和网形结构。在星形结构中,有一个协调器和一些终端。在这个结构中只存在协调器和终端进行通信,终端之间的通信都是通过协调器转发的。协调器必须是全功能设备(full function device,FFD),而终端是精简功能设备(reduced function device,RFD),共享信道与 FFD 通信。协调器是唯一确定的,选定 PAN 标示符,就可以让终端加入网络。

在树形结构中,大部分都是 FFD 结构的,只有树末端是 RFD 结构。整个局域网由一个协调器和多个星状拓扑结构组成,网络设备除了能与本身的网络通信外,还可以通过路由器选择和其他网络进行通信。

网状结构的基础是树状结构,可以直接连接具有路由功能的节点。实际上就是一种通信通道多,因为通道多,可以保证传输数据顺利到达目的地。减少了延时,增强了网络的可靠性。ZigBee 拓扑结构如图 7.41 所示。

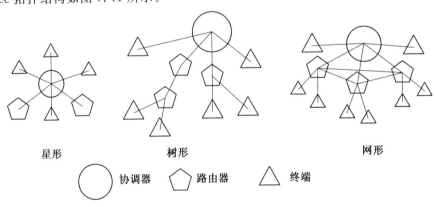

星形   树形   网形

协调器   路由器   终端

图 7.41   ZigBee 拓扑结构

(4)系统网络设计方案。

基于 ZigBee 无线方式的通信系统是为了解决有线方式的很多不足,将有线通信方式改为无线通信方式,可更好地实现通信,使数据更有效、快速地传输到电力部门。ZigBee 无线通信网络系统小区电能表通信网络,首先将一栋楼作为一个星形的网络进行连接,将其中的一个节点设置为路由器,其他的节点为附属终端,路由器的功能是将这个小网络的信息汇总后经中继转发,实现与其他星形网络通信;再将所有的路由组合起来,与 ZigBee 中心节点即协调器连接,协调器设置为管理中心,负责区分所有终端的地址,最终将整个小区的数据都汇集到小区控制中心,小区控制中心再将电量数据上传,从而组成一个小区的通信网络。小区控制中心的数据需要向电力部门传输,这个传输的过程可以选择有线方式传输,数据传到电力部门统一汇总处理,最后组成了从每块电能表的数据最终传输到电力部门的整个通信网络。ZigBee 组网模块结构如图 7.42 所示。

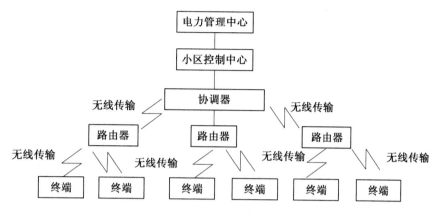

图 7.42　ZigBee 组网模块结构

7.3.8　智能多用户电能表红外接口电路设计

智能多用户电能表保留红外通信功能,在必要时还能通过电表的红外通信接口进行数据的传输,工作人员可以持掌上设备实现自动抄表功能。红外目前主要用于遥控和数据通信,遥控距离较远,但传输数据量较小,一般仅为几个至十几个字节的控制码。红外数据通信是近几年兴起的新技术,它具有数据传输量大,传输速率高等特点,IrDA 即为此类技术的一个标准,但其弱点为传输距离较近,只有 3 ～ 5 m。而红外自动抄表系统数据传输距离较远,抄表器须在 10 m 内实现数据准确无误传输。普通的红外遥控或 IrDA 协议都无法满足要求。本节设计了一种简单的红外发射接收电路,并通过对接口恰当的配置,使系统在 12 m 内实现可靠传输。

红外接口电路原理如图 7.43 所示。

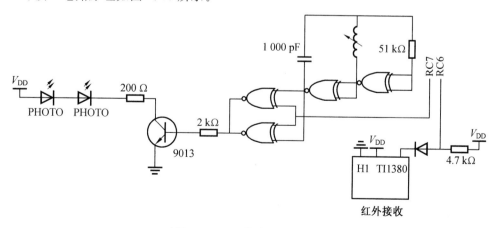

图 7.43　红外接口电路原理

在红外通信电路中,红外收发器件的性能是至关重要的。经过筛选,所使用的发射器件是 TSAL6200 塑封的红外发射二极管,其可将周期的电信号转变成一定频率的红外光信号。而接收器则采用 TMS1838 接收模块,它将滤光聚焦透镜、前置放大器、带通滤波器、峰值检波器和波形整形电路集成为一体。

振荡电路由逻辑门与 RC 构成,振荡频率调整在 38 kHz±1 kHz,双管串联是为了增大发射指向角以便使有效接收面积扩大。红外通信接口通信距离大于 5 m,通信角度在中轴线的正上方、左面、右面为 $\theta \geqslant 30°$,在中轴线的正下方为 $\theta \geqslant 45°$。接收电路设计时应注意保证该器件接地良好,以防止线路干扰,由于此器件具有抗连续脉动光干扰的特性,在进行数据通信时应发送一个字节后停顿大小为一个字节所占用的时宽,以满足此器件的脉动占空比的要求。另外,红外通信口都需双向通信,且一般接收器与发射电路距离很近,必须采用半双工的方式进行通信,并严格遵守自身发射时自身不接收的原则,否则容易自发自收,人为制造强大的干扰源而导致通信失败。

7.3.9　智能多用户电能表软件设计

为了实现多用户的电能的计量和用电的管理自动化,仪表应该具备性能可靠的数据采集、数据处理、读表功能、显示功能、抄表功能、时间设置功能、费率设置功能、参数修改功能等。PIC 系列的 C 语言是在 MPLAB 的环境下进行编程的。软件系统的各个模块应完成如下功能。

(1) 数据采集模块。

采用查询方式,分别读取 24 个用户对应的 I/O 口的脉冲计数,再在相应的单元计数,并根据脉冲数改变当前时段的电量存储信息。

(2) 最大需量模块。

电能表本身有时段控制功能,测量出不同时段用户用电量的最大值,再规定一个允许的最大值,如果实际的最大值超过允许的最大值,将会采取措施,提醒用户。

(3) 时钟模块。

时钟模块可设置时钟和时段功能,共 8 个时段,可实现分时付费的功能。

(4) 显示模块。

显示模块根据按键状态调用相关的数据显示,其中按键是由光照代替的,可显示时间和用户不同时段的用电量,可显示过去某个月的历史用电量。

(5) 通信模块。

通信模块读写数据存储中的所有信息,将数据通过 ZigBee 无线网络上传。

(6) 数据存储模块。

数据存储模块存储用户当前用电量信息,存储用户过去某个月的历史用电量。

1. 系统主程序流程设计

系统主程序流程设计在主循环程序中主要完成电量结算、时钟读取、看门狗的复位、数据保存、最大需量计算、按键转换等功能。

首先开始后,系统将被初始化,然后设置当前时间、设置时段功能、清看门狗等。在主程序中,不同条件的触发应对不同的处理方式,并在满足条件的情况下调用子程序,循环显示尖时段、峰时段、平时段、谷时段的总电量,主程序流程如图 7.44 所示。

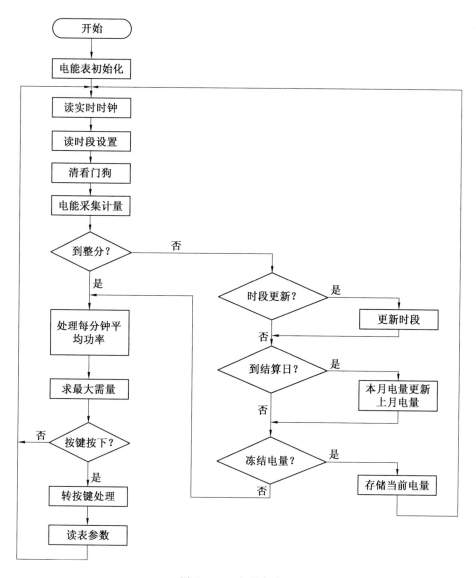

图 7.44　主程序流程

2. 电能脉冲采集模块

本系统设计中对多用户脉冲的检测采用总线查询的方式,接入 PIC16C65B 的多个用户的电能脉冲信号,通过判断信号电平的方式来检测。在第一次检测到下降沿,第二次检测到高电平时,认为该脉冲有效。采集的电流和电压经过计量芯片 RN8209 后,以电能脉冲的形式输出。这个电能脉冲的宽度是 90 ms。因为传统的单用户智能电能表计量的只是一个用户的电能,输出给单片机的也就是一个用户的脉冲。过去这样的脉冲都是通过产生一个外部中断来处理的,单片机的外部中断引脚接入输入信号,当该引脚检测到电平有变化时,就开始启动中断程序,记录收集的脉冲数,开始存储用电量数据。因为电能脉冲的频率是随时发生变化的,这种变化和负载的大小有关,当负载较低时,电能计量单元电路产生一个脉冲的时间较长,采用中断方式来检测脉冲的方法是可以的。但是在本系统中,有多达 24 个用户的电能脉冲需要检测,显然单片机的中断资源数量一般不够 24 个,所以采用查询方式较为妥当。脉冲采集模块的流程如图 7.45 所示。

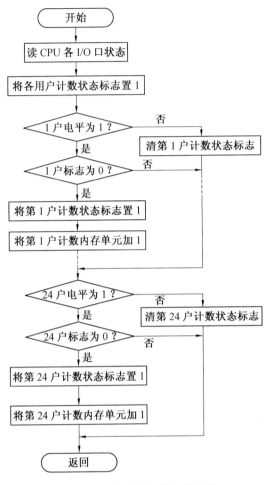

图 7.45　脉冲采集模块的流程

3. 最大需量模块

在居民用电时,不同时段的用电量是不同的,相比较而言,一般晚上会比白天用电量大。一天时间也就存在用电高峰期和用电低谷期,用电高峰期和用电低谷期两者之间的用电量差距很大,将不能充分利用发电、供电设备的容量,电网的使用效率将会变得很低。为了均衡用电,开始使用多费率电能表。因为在尖峰时段电网负荷曲线的值会很高,减小了这个峰值,可以提高电网的负荷率。所以采用计量最大需量的方法,可以让用户均衡用电,减少峰值。所以就引入了最大需量的计量方法,目的就是规定用户用电量的最大值,利用电能表测量用户的尖、峰、平、谷四个时段的用电量,比较取出最大值,然后再限定一个值,并与这个限定的最大需量进行比较,若取出的最大值超过了这个限定的值,将会采取措施提醒用户。

电能需量是指在指定的一段时间间隔内用户消耗功率的平均值,把这一段指定的时间间隔称为需量结算周期,我国电力部门周期规定 15 min 为需量结算周期。电能需量的表达式为

$$P = \frac{1}{T_0} \int_0^{T_0} p \, \mathrm{d}t \tag{7.1}$$

式中,p 为瞬时功率;T_0 为结算周期;P 为 T_0 时间内的平均功率(也就是有功功率),即需量。

例如,RN8209 的仪表常数为 3 200 个脉冲每千瓦时,即一个脉冲代表 5/16 W·h。由输出脉冲 f_0 可以求出其在 15 min(1/4 h) 内的平均功率(需量,单位为 kW) 为

$$P = \frac{1}{T_0}\int_0^{T_0} p\,dt = 4\int_0^{\frac{1}{4}} f_0\,\frac{5}{16}\,dt = \frac{1}{800}\int_0^{\frac{1}{4}} f_0\,dt \tag{7.2}$$

即输出电能脉冲 f_0 经过 800 分频后,再在 15 min 内累加,即可求出需量。最大需量就是一段时间内所有需量的最大值,通常把一个月定为一个电量结算周期,最大需量程序流程如图7.46所示。

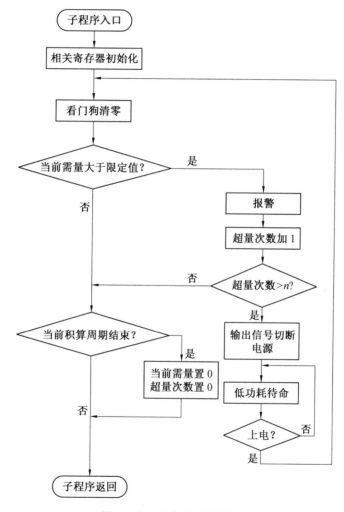

图 7.46　最大需量程序流程

4.显示模块软件设计

在本设计中 LCD1602 的主要作用是显示当前时间、24 户不同时段用电量及历史用电量。单片机对液晶的操作有固定的操作时序,包括写时序、写指令、读时序、读指令。因为本设计中液晶的主要作用是显示,因此只需写指令、写数据即可,不需要读指令。

(1) 写指令。

输入:RS＝L,RW＝L,D0～D7＝指令码,E＝上升沿。

（2）写数据。

输入：RS＝H，RW＝L，D0～D7＝数据，E＝上升沿。

在 1602 软件设计中常用 LCD 写指令如下。

① 写指令 38H：显示模式设置。

② 写指令 08H：显示关闭。

③ 写指令 01H：显示清屏。

④ 写指令 06H：显示光标移动设置。

⑤ 写指令 0AH：显示光标开关功能。

⑥ 写指令 09H：显示闪烁功能。

⑦ 写指令 0CH：显示及开关设置等功能。

液晶显示模块流程如图 7.47 所示。

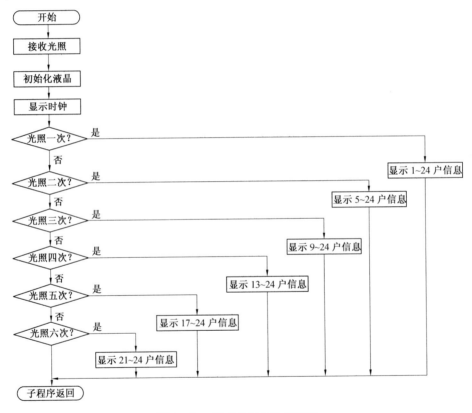

图 7.47　液晶显示模块流程图

电能表在光照下，单片机 RC5 引脚的光控三极管的变化将该脚拉低。然后提供执行用户用电量显示的程序。一旦接受光照，启动显示功能，液晶初始化，时钟初始化，显示当前时间。显示居民用电量的方法是采用追加查询的方式，初始化后，光照一次说明要从第 1 户开始显示用户信息，每 2 s 显示一户的信息，一直显示到第 24 户；光照两次，从第 5 户到开始显示，每 2 s 显示一户的信息，一直显示到第 24 户；光照三次，从第 9 户开始显示信息，每 2 s 显示一户的信息，一直显示到第 24 户；光照四次，从第 13 户开始显示信息，每 2 s 显示一户的信息，一直显示到第 24 户；光照五次，从第 17 户开始显示信息，每 2 s 显示一户的信息，一直显示到第 24 户；光照 6 次,从第 21 户开始显示信息,每 2 s 显示一户的信息,一直显示到第 24 户。在第 24 户都显示完毕后,液晶将自动关闭,等待下一次显示。

5. 通信模块软件设计

多用户电能表通信模块主要完成的功能是将电能表的数据上传,通过手持抄表器或将电能表数据统一汇总上传,采用中断的方式进行传输数据和交换信息。每块电能表都有自己唯一的地址,是由协调器进行分配的。通信模块软件流程如图 7.48 所示。

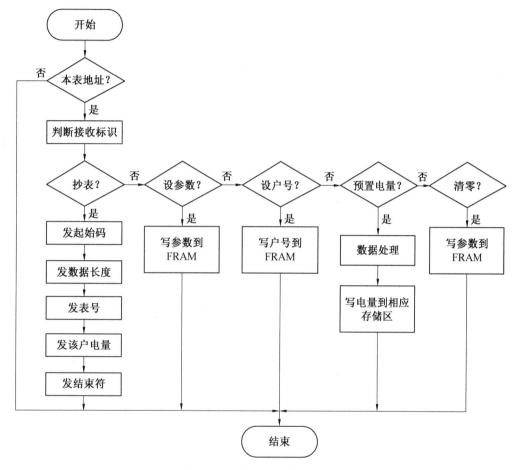

图 7.48　通信模块软件流程

当用 Zigbee 通信方式时,通常设置三种命令:① 查询命令,抄用电信息;② 设置命令,用于对某个表设置或是修改相关参数;③ 广播命令,当主控机需要校表时,电能表设置为接收状态,接受主控器发出的电能表地址符,与本表地址相比较,看看是不是本表的地址,若不是,则将其再转发出去;若是,则按照相应的命令方式执行。当电能表需要传输数据时,将电能表改为发送状态,将本表的信息按照固定的格式发送出去;如果是协调器发送的设置功能,就把户号写到 FRAM 中,把预置电量信息存入相应的存储区;如果发送的是清零命令,同样写参数到FRAM 中,执行相应的清零功能控制。

多用户电能表以整个小区的生活用电作为计量和监控对象,把小区不同用户的用电量分别计量统一处理,进行数据上传。这种电能表内部由大量的电子电路和集成芯片构成,可靠性高、性能优良、功能强大、结构紧凑,从根本上解决传统电能表计量系统的问题。多用户电能表

能实现多费率电价计算;循环显示用户的用电情况;各用户计量记录数据不会因停电而丢失;配有通信接口,组成通信网络,将数据上传,便于电力部门的用电管理。

习　题

1. 随着通信和计算机技术的进步,智能电能表功能更为丰富,请说明智能电能表的发展具有哪些新趋势?

2. 自动抄表是将数据自动采集、传输和处理并应用于电能供、用与管理系统中的一项新技术,采用通信和计算机网络等新技术自动读取和处理表计数据。目前,电力系统自动抄表的通信方式有哪几种? 各有什么特点。

3. 请画出采用电能计量专用芯片 RN8302 和 MSP430 单片机设计三相多功能电能表的总体原理框图。

4. 在被测电路中直接串入电阻取样的方法是目前测量电流的方法之一,取样电压一般要经过放大器放大再接到测量装置上。为达到一定的测量准确度,对取样电阻 R 有一些特殊的要求,请简述对取样电阻 R 的要求。

5. 预付费电能表具有断电控制功能,当用户出现欠费时可对该用户断电,请设计实现该功能的继电器控制电路,并说明元器件的选用原则和技术指标。

6. 多功能电能表具有事件记录功能,记录电能表工作异常或在非正常条件下工作的状态,请设计事件记录功能的软件程序流程图。

7. 智能多用户电能表采用专用电能计量芯片与高性能单片机相结合,实现多个用户用电量分别计量和集中数据处理。请设计具有 ZigBee 无线通信功能的 24 户多用户单相智能电能表的总体方案。

8. 请设计智能多用户电能表电源电路,说明元器件的选择原则及电源保护电路的作用。

9. 请设计智能多用户电能表脉冲采集程序的流程图。

参考文献

[1] 刘健.配电自动化系统[M].2版.北京:中国水利水电出版社,2003.

[2] 王士政.电网调度自动化与配网自动化技术[M].2版.北京:中国水利水电出版社, 2006.4.

[3] 龚静.配电网综合自动化技术[M].北京:机械工业出版社,2008.

[4] 雷慧博.电量变送器及其检验装置[M].北京:中国电力出版社,1999.

[5] 赵伟,吕鸿莉,郭蕴蛟.智能电能表及其在现代用电管理中的应用[M].北京:中国电力出版社,1999.

[6] 时澍.电气测量[M].哈尔滨工业大学出版社,1997.

[7] 陈士衡,唐统一.近代电磁测量[M].北京:中国计量出版社,1992.

[8] LI H J,HAN J R,ZHANG X H. The research on fusion and diagnosis method of multi soft fault of nonlinear analog circuit[J]. International Journal of U-and e-Service,Science and Technology,2015,8(11):191-198.

[9] 王兆安,杨君,刘进军,等.谐波抑制和无功功率补偿[M].北京:机械工业出版社,2015.

[10] ARRILLAGE J,WATSON N R.电力系统谐波[M].林海雪,范明天,薛惠,译.北京:中国电力出版社,2008.

[11] 张伏生,耿中行,葛耀中.电力系统谐波分析的高精度FFT算法[J].中国电机工程学报, 1999,19(3):63-66.

[12] 庞浩,李东霞,俎云霄,等.应用FFT进行电力系统谐波分析的改进算法[J].中国电机工程学报,2003,23(6):50-54.

[13] 王建光.基于FFT的电网谐波分析仪的设计与实现[D].中国科学院大学(工程管理与信息技术学院),2015.

[14] 宗建华,闫华光,史树冬,等.智能电能表[M].北京:中国电力出版社,2010.

[15] 刘振亚.智能电网技术[M].北京:中国电力出版社,2010.

[16] 张晶,徐新华,崔仁涛.智能电网用电信息采集系统技术与应用[M].北京:中国电力出版社,2015.

[17] 赵伟,吕鸿莉,郭蕴蛟.智能电能表及其在现代用电管理中的应用[M].北京:中国电力出版社,2001.

[18] 褚大华.智能电能表[M].北京:中国电力出版社,2009.

[19] 林宇锋,钟金.智能电网技术体系探讨[J].电网技术,2009,33(12):8-14.

[20] 刘佳.三相多功能电能表的设计[D].哈尔滨:哈尔滨理工大学,2013.

[21] 李娜.基于GPRS的网络化电能表设计[D].哈尔滨:哈尔滨理工大学,2015.

[22] 唐珍珍.嵌入式智能家居监控系统的设计[D].哈尔滨:哈尔滨理工大学,2015.

[23] 张斌.基于 Cortex-M3 的路灯监控系统的设计[D].哈尔滨:哈尔滨理工大学,2013.

[24] 高伟.基于电力载波技术的 LED 路灯监控系统研制[D].杭州:浙江大学,2012.

[25] 姚思炜,吴健宝.国内外高速电力线通信发展趋势[J].中国电力教育,2011,(33):160-161.

[26] 韩少云,奚海蛟,谌利.ARM 嵌入式系统移植实战开发[M].北京:北京航空航天大学出版社,2012.

[27] 冯新宇,初宪宝,吴岩,等.ARM 11 嵌入式 Linux 系统实践与应用[M].北京:机械工业出版社,2012.

[28] 王小强,欧阳骏,黄宁淋.ZigBee 无线传感器网络设计与实现[M].北京:化学工业出版社,2012.

[29] 杨洪耕,惠锦,侯鹏.电力系统谐波和间谐波检测方法综述[J].电力系统及其自动化学报,2010,22(2):65-69.

[30] 刘亚梅,惠锦,杨洪耕.电力系统谐波分析的多层 DFT 插值校正法[J].中国电机工程学报,2012,32(25):182-188.

[31] 熊杰锋,李群,袁晓冬,等.电力系统谐波和间谐波检测方法综述[J].电力系统自动化,2013,37(11):125-133.

[32] 赵阳,范文奕,安佳坤,等.基于智能加权混合模型的新型电力系统电量预测方法[J].电测与仪表,2022,59(12):56-63.

[33] 夏璐佳.电力系统自动化发展趋势及新技术的应用探讨[J].中国设备工程,2022(20):218-220.

[34] 谭苏君,孙雯.电力自动化系统中的调度故障与应对分析[J].集成电路应用,2022,39(10):240-241.

[35] 汪云.电力系统中配网自动化的应用研究[J].电子元器件与信息技术,2022,6(09):243-247.

[36] 李彩娟,王峰,程航.虚拟仿真培训系统在电力系统自动化综合实习中的应用[J].电子测试,2022(16):136-137,140.

[37] 韩志宏.电力系统自动化中智能技术的应用[J].电气时代,2022(8):102-104.

[38] 孙晨.配电网自动化技术及其在电力系统中的应用[J].光源与照明,2022(6):163-165.

[39] 刘啸,蒋斌.电力系统配网自动化通信的网络安全管理问题探讨[J].信息与电脑,2022,34(8):212-214.

[40] 孙天雨,谷万江,康勇,等.配电变压器低压侧无线式电流变送器的设计[J].电测与仪表,2014,51(24):70-75.

[41] 张金勋,王晓初,李克天,等.基于隔离技术的交流电压变送器设计[J].电测与仪表,2010,47(5):68-71,76.

[42] 肖永清,孙卫明.三相两元件无功功率变送器附加误差分析[J].电测与仪表,2009,46(S2):19-20,115.

[43] 常康,薛峰,杨卫东.中国智能电网基本特征及其技术进展评述[J].电力系统自动化,2009,33(17):10-15.

[44] 林海军,张礼勇,梁原华,等.基于数字模拟混合乘法器的谐波在线分析仪设计[J].电测与仪表,2007,44(1):29-32.

[45] 陈传岭,杨宪,孟耕,等.高精度(0.02级)标准电能表的设计[J].电测与仪表,2003,40(11):23-25,57.

[46] 郭松林,林海军,张礼勇.智能电能表专用芯片分类及原理[J].电测与仪表,2002,39(10):5-7,52.

[47] 沈甬海,韩松林.电网谐波对平均值测量原理和有效值测量原理变送器的影响[J].电测与仪表,1998,35(2):3-5,13.